中国科学院研究生教育基金会资助出版

国科大文丛

丛书主编/任定成

科学文化前沿探索

孟建伟 郝 苑 ◎ 编

科学出版社
北京

图书在版编目(CIP)数据

科学文化前沿探索/孟建伟，郝苑编.—北京：科学出版社，2013.3
(国科大文丛)
ISBN 978-7-03-037017-4

Ⅰ.①科… Ⅱ.①孟…②郝… Ⅲ.①科学哲学-文集 Ⅳ.①N02-53

中国版本图书馆 CIP 数据核字（2013）第 045457 号

丛书策划：胡升华　侯俊琳
责任编辑：侯俊琳　李　娄　裴　璐/责任校对：刘小梅
责任印制：徐晓晨/封面设计：黄华斌
编辑部电话：010-64035853
E-mail：houjunlin@ mail. sciencep. com

科学出版社出版
北京东黄城根北街 16 号
邮政编码：100717
http://www.sciencep.com
北京虎彩文化传播有限公司印刷
科学出版社发行　各地新华书店经销
*
2013年 4 月第　一　版　开本：B5（720×1000）
2021年 2月第十六次印刷　印张：24 3/4
字数：499 000
定价：99.00 元
（如有印装质量问题，我社负责调换）

国科大文丛

丛书弁言

“国科大文丛”是在中国科学院大学和中国科学院研究生教育基金会的支持下，由中国科学院大学人文学院策划和编辑的一套关于科学、人文与社会的丛书。

半个多世纪以来，中国科学院大学人文学院及其前身的学者和他们在院内外指导的学生完成了大量研究工作，出版了数百种学术著作和译著，完成了数百篇研究报告，发表了数以千计的学术论文和译文。

首辑“国科大文丛”所包含的十余种文集，是从上述文章中选取的，以个人专辑和研究领域专辑两种形式分册出版。收入文集的文章，有原始研究论文，有社会思潮评论和学术趋势分析，也有专业性的实务思考和体会。这些文章，有的对国家发展战略和社会生活产生过重要影响，有的对学术发展和知识传承起过积极作用，有的只是对某个学术问题或社会问题的一孔之见。文章的作者，有已蜚声学界的前辈学者，有正在前沿探索的学术中坚，也有崭露头角的后起新锐。文章或成文于半个世纪之前，或刚刚面世不久。首辑“国科大文丛”从一个侧面反映了中国科学院大学人文学院的历史和现状。

中国科学院大学人文学院的历史可以追溯至1956年于光远先生倡导成立的中国科学院哲学研究所自然辩证法研究组。1962年，研究组联合北京大学哲学系开始招收和培养研究生。1977年，于光远先生领衔在中国科学技术大学研究生院（北京）建立了自然辩证法教研室，次年开始招收和培养研究生。

1984年，自然辩证法教研室更名为自然辩证法教学部。1991年，自然辩证法教学部更名为人文与社会科学教学部。2001年，中国科学技术大学研究生院（北京）更名为中国科学院研究生院，教学部随之更名为社会科学系，并与外语系和自然辩证法通讯杂志社一起，组成人文与社会科学学院。

2002年，人文与社会科学学院更名为人文学院，之后逐步形成了包括科学哲学与科学社会学系、科技史与科技考古系、新闻与科学传播系、法律与知识产权系、公共管理与科技政策系、体育教研室和自然辩证法通讯杂志社在内的五系一室一刊的建制。

2012年6月，中国科学院研究生院更名为中国科学院大学。现在，中国科学院大学已经建立了哲学和科学技术史两个学科的博士后流动站，拥有科学技术哲学和科学技术史两个学科专业的博士学位授予权，以及哲学、科学技术史、新闻传播学、法学、公共管理五个学科的硕士学位授予权。

从自然辩证法研究组到人文学院的历史变迁，大致能够在首辑“国科大文丛”的主题分布上得到体现。

首辑“国科大文丛”涉及最多的主题是自然科学哲学问题、马克思主义科技观、科技发展战略与政策、科学思想史。这四个主题是中国学术界最初在“自然辩证法”的名称下开展研究的领域，也是自然辩证法研究组成立至今，我院师生持续关注、学术积累最多的领域。我院学术前辈在这些领域曾经执全国学界之牛耳。

科学哲学、科学社会学、科学技术与社会、经济学是改革开放之初开始在我国复兴并引起广泛关注的领域，首辑“国科大文丛”中涉及的这四个主题反映了自然辩证法教研室自成立以来所投入的精力。我院前辈学者和现在仍活跃在前沿的学术带头人，曾经与兄弟院校的同道一起，为推进这四个领域在我国的发展做出了积极的努力。

人文学院成立以来，郑必坚院长在国家发展战略方面提出了“中国和平崛起”的命题，我院学者倡导开辟工程哲学和跨学科工程研究领域并构造了对象框架，我院师生在科技考古和传统科技文化研究中解决了一些学术难题。这四个主题的研究也反映在首辑“国科大文丛”之中。

近些年来，我们在“科学技术与社会”领域的工作基础上，组建团队逐步在科技新闻传播、科技法学、公共管理与科技政策三个领域开展工作，有关研究结果在首辑“国科大文丛”中均有反映。学校体育研究方面，我们也有一些工作发表在国内学术刊物和国际学术会议上，我们期待着这方面的工作成果能够反映在后续“国科大文丛”之中。

从首辑“国科大文丛”选题可以看出，目前中国科学院大学人文学院实际上是一个发展中的人文与社会科学学院。我们的科学哲学、科学技术史、科技新闻、科技考古，是与传统文史哲领域相关的人文学。我们的科技传播、科技法学、公共管理与科技政策，是属于传播学、法学和管理学范畴的社会科学。我们的人文社会科学在若干个亚学科和交叉学科领域已经形成了自己的优势。

健全的大学应当有功底厚实、队伍精干的文学、史学、哲学等基础人文学科，以及社会学、政治学、经济学和法学等基础社会科学。适度的基础人文社会科学群的存在，不仅可以使已有人文社会科学亚学科和交叉学科的优势更加持久，而且可以把人文社会科学素养教育自然而然地融入理工科大学的人文氛围建设之中。从学理上持续探索人类价值、不懈追求社会公平，并在这样的探索和追求中传承学术、培养人才、传播理念、引领社会，是大学为当下社会和人类未来所要担当的责任。

首辑“国科大文丛”的出版，是人文学院成立10周年、自然辩证法教研室建立35周年、自然辩证法组成立56周年的一次学术总结，是人文学院在这个特殊的时刻奉献给学术界、教育界和读书界的心智，也是我院师生沿着学术研究之路继续前行的起点。

随着学术新人的成长和学科构架的完善，“国科大文丛”还将收入我院师生的个人专著和译著，选题范围还将涉及更多领域，尤其是基础人文学和社会科学领域。我们也将以开放的态度，欢迎我院更多师生和校友提供书稿，欢迎国内外同行的批评和建议，欢迎相关基金对这套丛书的后续支持。

我们也借首辑“国科大文丛”出版的机会，向中国科学院大学领导、中国科学院研究生教育基金会、我院前辈学者、“国科大文丛”编者和作者、科学出版社的编辑，表示衷心的感谢。

2012年12月30日

序

科学文化研究有着悠久的传统。无论是笛卡儿、康德、胡塞尔和卡西尔这样的近现代著名哲学家，还是赫尔姆霍兹、马赫与爱因斯坦这样的著名哲人科学家，都对与科学有关的文化问题作过深入的反思与探究。随着逻辑实证主义的兴起，科学哲学对逻辑分析和语言分析的强调，科学的文化要素被忽视，科学与文化的关联在很大程度上被遮蔽了。1959 年，斯诺提出西方科学与人文之间的分离与对立问题，使科学文化广受关注。自 20 世纪 60 年代开始，科学哲学内部发生了历史学转向、修辞学转向和解释学转向。由此，元科学研究不仅关注科学的逻辑性和实证性，而且开始关注科学活动本身所蕴涵的社会文化要素，关注不同历史时期的科学与其他文化的互动和关联，关注现代科学技术在社会与文化中产生的诸多后果和影响。科学文化研究开始在西方元科学研究中广受重视。

与此同时，以法国后结构主义为代表的后现代思潮，进一步推动了科学文化研究的发展。后现代思潮运用文字学、谱系学、人类学和心理分析等多种理论方法，探讨了科学知识的文化建构问题，并结合女性主义、后殖民主义和深层生态学的思想方法，对科学在现代文化中的地位进行了反思和挑战。后现代思潮对科学文化研究的渗透，一方面极大地丰富了西方科学文化研究的理论方法和思想内容，拓展了科学文化研究在人文社会学科领域的影响力；另一方面又给西方科学文化研究打上了相对主义的“烙印”，招致了不少推崇科学和理性启蒙的科学家和科学哲学家的诟病，并加剧了两种文化的分离和对立。

尽管西方科学文化研究因其激进的历史主义、建构主义乃至相对主义的立场而备受争议，但是，它从社会文化的视角透视了科学实践本身，大大拓宽和丰富了人们对科学的理解，因而在西方学术界和文化界中产生了深远影响，对中国的元科学研究也产生了不小的影响。

应当说，中国学术界对科学的理解自始就带有浓郁的文化关切。无论是明末清初的西学东渐，还是鸦片战争之后的洋务运动、维新变法和新文化运动中对西方科技的学习和吸收，都深深地蕴涵着如下的文化关切：西方科技会给中国传统文化乃至中华民族的前途命运带来什么样的影响和变化。20世纪20年代的“科玄论战”，则是科学派与玄学派围绕上述核心问题而展开的一次深刻而颇具启发的论战。论战大大丰富和深化了中国学人对科学的文化意蕴的理解。80年代之后，波普尔、库恩、费耶阿本德和罗蒂等科学哲学家的思想，极大地冲击了逻辑实证主义忽视科学文化内涵的教条，在中国学界重新唤起了对科学的文化内涵及科学与文化关联问题的普遍兴趣。90年代中国学术界关于人文精神的大讨论，则在本国的文化语境中，提出如何使“科学与人文从分离到融合”的重要问题。这些都有力地推动了中国科学文化研究的兴起。

由于文化语境和学术传统的不同，中国科学文化研究至少在以下两个方面与西方科学文化研究有所不同：其一，中国科学文化研究在整体上与极端的相对主义立场保持距离，强调虽然科学蕴涵着诸多文化要素，但是，科学知识本身并非是毫无客观根据与理性根据的文本叙事；其二，中国科学文化研究在整体上倾向于反对解构性后现代思潮的虚无主义立场，主张以建设性的态度来揭示科学与文化的关联，通过有效的对话交流和良性互动，推动两者的和谐发展和共同进步。

中国科学院大学人文学院在中国科学文化研究中有着独特的地位。早在20世纪80年代，人文学院的诸多学者就积极参与了西方科学文化研究的译介，为中国科学文化研究大大拓宽了学术的视野。90年代之后，他们在全球学术视野下，结合中国实际，在科学文化研究中提出了诸多对中国的学术和文化有一定影响力的观点。2000年之后，中国科学院大学人文学院不仅率先招收以科学文化为研究方向的研究生，开设相关的课程，而且在《自然辩证法通讯》杂志常设“科学文化和技术文化”栏目。该栏目已经成为国内刊载科学文化研究论文、交流该领域的思想和研究成果的重要平台之一。

本书是中国科学院大学人文学院部分师生相关工作的汇集。主要包括以下四个部分：第一部分的主题是“对科学的人文理解”，包括对科学文化的整体探讨，关于科学文化学的构想与论证，科学与人文精神的关系，功利主义和理想主义的张力，心理学主体生存论探讨，用思想考古学方法论考察心理学，尼采透视主义真理观研究，石里克的科学人文主义思想研究等内容。第二部分属于“科学文化史”范畴，包括对科学的人文根源、人文动力、人文目的、人文背景等问题的考察和研究，近代科学产生的艺术背景和宗教背景，对徐光启倡议演绎推理的分析，新文化运动时期的科学传播研究等内容。第三部分的中心议题是“科学与价值”，包括“科学蕴涵价值”辨析，科学与价值关系研究，科学与反科学的认知分歧，利奥塔对科学的后现代反思，现代新儒家的科学观，亚当·斯密的科学观，从“身心二分”到“身心合一”的医学观转变等内容。第四部分讨论的主题是“科学文化与社会”，包括从建设性的后现代角度考察“主客体之间的关系与环境保护”，对消费主义文化的符号学解读，阿伦特现代性反思视域中的自然破坏，医学工程化的人文困惑，科学战对文化研究的启示，媒体、文本与文化工业等内容。

值此书出版之际，我们要感谢学校和学院的支持，感谢作者们的配合，感谢编辑的辛勤劳动。我们也期待着读者们的批评指正。

孟建伟　郝　苑
2012年9月16日

目录

从书弁言　/ i
序　/ v

第一部
对科学的人文理解

经典·科学·文化　/ 003
关于科学的文化学构想与论证　/ 010
科学与人文精神　/ 020
功利主义和理想主义的张力　/ 032
心理学主体生存论　/ 043
思想考古学视域下的心理学　/ 055
尼采透视主义的真理观　/ 066
逻辑冰峰上的人文主义　/ 075

第二部
科学文化史

科学的人文根源　/ 091

科学的人文动力 / 105
科学的人文目的 / 118
西方科学的人文背景 / 132
近代科学产生的艺术背景 / 145
近代科学产生的宗教背景 / 159
宗教对科学思想的促动 / 172
新文化运动时期的科学传播与科学启蒙 / 180

第三部
科学与价值

“科学蕴涵价值”辨析 / 193
科学与价值关系研究述评 / 198
科学与价值之间的裂隙 / 212
科学与反科学的认知分歧 / 222
科学的悖谬与合法化危机 / 234
现代新儒家的科学观 / 245
在自主论与从属论之间 / 261
亚当·斯密的科学观 / 271
医学观的转变 / 289

第四部
科学文化与社会

主客体之间的关系与环境保护 / 303
消费主义文化的符号学解读 / 318
阿伦特现代性反思视域中的自然破坏 / 328
医学工程化的人文困惑及其消解 / 339
科学战对文化研究的启示 / 352
媒体、文本与文化工业 / 359

强国象征与公众幻象 /365

主题索引 /370
作者简介 /374

第一部
对科学的人文理解

经典·科学·文化*

一、科学传统是传统文化的有机部分

在被学以致用立竿见影的求学动机驱使了若干年之后，时下一些青年学子又开始注重内在追求，深度修炼，尊崇先贤讼读起经典来了。但是在国人眼中，似乎经典均出自人文领域，好像科学领域根本就不存在什么后世可读之作。一部公元前300年左右古希腊人写就的《几何原本》，1592～1605年的13年先后三次汉译而未果，经17世纪初和19世纪50年代的两次努力才分别译刊出全书来。近几百年来移译的西学典籍中，成系统者甚多，但皆系人文领域，汉译科学著作，多为应景之需，所见典籍寥若晨星。借20世纪70年代末举国欢庆“科学春天”到来之良机，有好尚者发出组译出版“自然科学世界名著丛书”的呼声，但最终结果却是好尚者抱憾归天。20世纪90年代初“科学名著文库”的出版，科学经典的汉译初见系统，但对经典感兴趣的读者中，究竟会有多少人打算认真阅读几部，收入或者没有收入这部文库中的汉译科学典籍，尚是一个未知数。

与此形成鲜明对照的是，在国家历史不长、原发了实用主义哲学、以崇

---

* 本文作者为任定成，原载《东方》，1995年第5期，第96～98页。

尚进步与变化和追求新生活与新观念著称的美国，竟对“过时的”科学经典表现出极端的热情。美国人所理解的古典作品，当然包括了科学经典。1919年，厄斯金在哥伦比亚大学优秀生班开设古典作品学习课程。1930年，年轻的芝加哥大学（芝大）校长哈钦斯亲自登台为一年级学生讲授古典著作阅读课。1934年，这门课程在芝大发展成为古典著作学习班，一时间在寓所、校园和酒吧里都听得到学生讨论古典佳作的声音。这些古典著作当中都包括了相当数量的科学名著。更有甚者，1937年，历史悠久却濒临关闭的圣约翰学院为了起死回生，干脆制订并开始实施贯穿四年学制的古典作品教学计划和实验计划，教学计划详列了教师必须精通、学生必须深研的100多部名著，实验计划要求教学中不得使用最新的实验设备而是借助历史上的科学大师所使用的方法和仪器复制品去再现划时代的著名实验。1939年，芝大成人教育部启动古典文献熏陶公众的终身教育工程，进入“大亨班”的商界精英们在讨论中常常受到哈钦斯的嘲讽但却每课必听，他们的受教育热情显然不是混文凭的动机所能激起的。以此为契机，哈钦斯在第二次世界大战之后开始实践他用古代圣贤智慧改造全美文化，通过提高全民素质来保持美国在“自由世界的领导地位”的野心。至1948年，美国举办古典名著学习班的城市达300个，学员50 000多名。是年秋，芝加哥市长宣布举行古典名著学习周，该市交响乐厅一次讨论会的参加者竟有3000人之多。结合读书运动，哈钦斯和他的战将艾德勒于1943年开始主持编译“西方世界伟大著作丛书”，耗资200万美元，于1952年完成。丛书根据独立创性、文献价值、历史地位和现存意义等标准，选择出74位西方历史文化巨人的443部作品，加上丛书导言和综合索引，辑为54卷，篇幅250万个单词，共32 000页。丛书中收入不少科学著作。购买丛书的不仅有“大款”和学者，而且还有屠夫、面包师和烛台匠。就是在美国文化反传统潮流极盛的1965年，丛书还售出50 000多套。迄今，这套丛书已重印30次左右，任何国家稍微像样的大学图书馆都将其列入必藏图书之列。

这场广泛而持久的古典名著阅读运动反映出它的介导者和数以万计的实践者对传统与现代、创造与继承、现实与永恒等事关人民素质、民族命运和世界使命的问题的思索和达成的共识。在他们看来，仅仅提供所谓现实生活中有用的课程乃是功利主义的平庸教育，这种教育给一个国家造成了最大的危险。发掘文化遗产、分享古典智慧、继承高雅传统，是加强自我修养、保持民族地位、振兴世界文明的必然要求。传统文化不是支离的碎片，而是统一的整体，科学传统是这个整体的有机部分。

二、科学文化的灵魂是精神传统

单就科学本身而言，它不仅外化为工艺、流程、技术及其产物等器物形态，直接表现为概念、定律和理论等知识形态，更深蕴于其特有的思想、观念和方法等精神形态之中。没有人怀疑，我们通过阅读今天的教科书就可以方便地学到科学经典著作中的科学知识，而且由于科学的进步，我们从现代教科书上所学的知识甚至比经典著作中的更完善。但是，教科书所提供的只是结晶状态的凝固知识，而科学本身是历史的、创造的、流动的，在这历史、创造和流动过程之中，一些东西蒸发了，另一些东西积淀了，只有科学思想、科学观念和科学方法保持着永恒的活力。这永恒的活力来自不朽的科学灵魂，而负载这不朽灵魂的身躯则是科学经典。科学经典或者是一场深刻的科学革命的丰碑，或者是一个严密的科学体系的构架，或者是一块生机勃勃的科学领域的基石。它们既是昔日科学成就的创造性总结，又是未来科学探索的理性依托。

就人类文明的整体而言，科学文化本身就充满人文精神，而同时科学所创造的器物、知识和精神又渗透进人文文化的一切方面，推动着人类整体文明，包括物质文明、制度文明和精神文明的发展。如果说科学精神是科学文化中最根本的成分，那么，负载科学精神的科学经典在推动人类文明进步的过程中就起到了特别重要的作用。

哥白尼的《天体运行论》是人类历史上最具革命性的震撼心灵的著作，它向统治西方人思想千余年的地心说发出了挑战，动摇了“正统宗教”学说的天文学基础。哈维的《心血运行论》以对人类躯体和心灵的双重关怀，满怀真挚的宗教情感，阐述了血液循环理论，推翻了同样统治西方人思想千余年、被“正统宗教”所庇护的盖伦学说。笛卡儿的《几何》不仅创立了为后来诞生的微积分提供了工具的解析几何，而且折射出影响万世的思想方法论。牛顿的《自然哲学之数学原理》标志着 17 世纪科学革命的顶点，为后来的工业革命奠定了科学基础。惠更斯的《论光》是唯一与牛顿的《光学》匹敌的名著，以此书的观点为代表的波动说与以后者的观点为代表的微粒说之间展开了长达200余年的论战。拉瓦锡在《化学基础论》中详尽论述了氧化理论，推翻了统治化学百余年之久的燃素学说，这一理性壮举被公认为历史上最自觉的科学革命。道尔顿的《化学哲学新体系》，奠定了物质结构理论的基础，开创了科学中的新时代，使19世纪的化学家们有计划地向尚未征服的领域进攻。达尔文《物种起源》中的进化论思想不仅在生物学发展到分子水平的今天仍然是科学家们阐释的对象，而且100多年来几乎在科学、社会和人文的所有领域都在施展它的有形和无形影响。

科学经典的永恒魅力令后人特别是后来的思想家为之倾倒。欧几里得《几何原本》以手抄本形式流传了1800余年，又以印刷本用各种文字出了1000版以上。阿基米德写了大量的科学著作，达·芬奇把他当做偶像崇拜，热切搜求他的手稿，伽利略以他的继承人自居，莱布尼茨则说，了解他的人对后代杰出人物的成就就不会那么赞赏了。为捍卫《天体运行论》中的学说，布鲁诺被处以极刑，伽利略遭终身监禁。伽利略说吉尔伯特的《论磁》一书伟大得令人嫉妒。拉普拉斯说，牛顿的《自然哲学之数学原理》揭示了宇宙的最伟大定律，它将永远成为深邃智慧的纪念碑。拉瓦锡在他的《化学基础论》出版五年后被法国革命法庭处死，传说拉格朗日悲愤地说，砍掉这颗头颅只要一瞬间，再长出这样的头颅100年也不够。《化学哲学新体系》的作者道尔顿应邀访法，当他走进法国科学院会议厅时，院长和全体院士起立致敬，受到拿破仑未曾享有的殊荣。当人们咒骂《物种起源》是“魔鬼的经典”、“禽兽的哲学”的时候，赫胥黎甘做“达尔文的斗犬”，挺身捍卫进化论。爱因斯坦说法拉第在《电学实验研究》中论证的磁场和电场的思想是自牛顿以来物理学基础所经历的最深刻的变化。

三、科学是唯一能够发现自身限度的文化

文化精髓蕴于经典之中，科学文化也不例外。

然而，假设构成悖论的是，后来的科学研究在科学经典提供的坐标中以与其出发点的时间间隔平方成正比的速度向前发展，按指数规律增长的科学

文献不断淹没包括科学经典在内的大量新旧文献。其实，科学文献量的增加只是科学发展状况的一个侧面，划时代的科学文献的出现是更有意义的事件。科学经典的范型功能是一般文献根本不具备的。20 世纪 70 年代末至今，我们曾经一次又一次站在“时代的高度”介绍科学工作中这个“论”那个“学”，激动得欢呼一场又一场新的“科学革命”的来临。但是这欢呼声还未停止，我们就发现，放到历史长河之中，这些工作虽然在一些细微的方面从某个特定的角度看很有意义，但是在基本思想和根本方法上却没有超越以前的经典工作。

梅森认为，科学有两个历史根源，即技艺传统和精神传统，正是这两个传统的合流才导致近代科学的诞生。如果丢弃了精神传统，科学工作无论做得多么精密，也不过是工匠式的活动而已。在我们陶醉于我们的教科书比科学发达国家的更为严密更为丰富，陶醉于我们的大学理科教育水平高于外国的水平的时候，也许我们正在做着变探索性教育为规则性灌输、赢得知识而牺牲精神的工作。战乱年代我们曾经在云南的破庙里为后来的诺贝尔奖获得者打下本科教育基础，但是和平年代我们却不敢肯定我们在平静的校园里为未来的诺贝尔奖获得者做些什么。今天，科学家中大多数已不再是科学家，而成了技术专家和工程师，成了行政官员和实际操作者，成了精明能干善于赚钱的人，他们越来越远离他们的内心，远离他们的天国。

似乎同样构成悖论的是，在科学经典所开创的新时代里，人们在享受科学文明的同时，却借助科学所提供的文化手段，利用科学对自身限度的认识，反过来诋毁科学文化。新杀人武器的使用、生存环境的恶化、道德观念的畸变等，人类所面临的一切问题，统统都可以归咎于科学。于是，就出现了从困境中拯救人类的种种办法。最为温和的办法是批判科学主义：科学只能提供关于自然的知识，它在精神领域和社会领域完全无能为力。在自然对象之外侈谈科学，所导致的就是精神和社会的扭曲。中国近现代化进程中出现的问题，都是科学主义的恶果。国际上不是有那么多批判科学主义的流派吗？最为积极的办法是改造现有的科学：近现代科学的哲学基点是西方的机械论，后现代的科学只能以东方神秘主义，说得好听一点就是以中国所独有的有机论为哲学依托。不是有那么多的西方科学家也在这样提倡吗？于是，有中国特色的具有革命意义的然而也是不可检验的“新学科”和“新理论”

纷纷登场，并且还赢得了阵阵喝彩声。最为激进的办法是取消科学：科学不仅不能揭示许多自然之谜，更不能认识自然界的最后本质和普遍联系，更何况以科学为代表的工具理性完全置人性于不顾，甚至扼杀人性。所以自然知识不需要具备科学要求，而是要靠因人而异的主观体悟去把握，所以对人的终极关怀负有使命的只能是科学之外不具有自我纠错机制的某种东西。于是，便有了面孔各异的救世菩萨来到人间。

实际上，科学主义是在科学的限度之外应用科学。不必说无数的科学成果可以用于改善人的素质和促进社会发展，就是科学的理性态度、规律意识和求证精神，对人的处世态度、情调情感，对人文文化的形式、手段和内容，对社会的控制和管理，都产生了实质性影响。当然，不顾后果地盲目应用科学，也给人类和社会造成了灾难性的后果。但是，科学是唯一能够确切发现自身限制的文化。科学的滥用并不是科学本身的过错，这只能说明人文文化在涉及科学的应用时更需要引进科学精神。置科学的应用、人的素质的提高和社会的进步过程中所出现的本该研究的新问题于不顾，只将这些问题简单地归咎于科学，实际上是把超出科学的限度的东西强加给科学，是在夸大科学的功能，这才是真正的科学主义。

科学一直在变化，并将以更快的速度变化。但是，无论怎样变化，新的科学创造都必须能够在主体间检验。我们所忌讳的所谓科学中的“机械论”，实际上不过是探究自然的可检验哲学。我们引以为豪的有机论自然哲学，实际上不过是探究自然的个体体悟哲学。弘扬这种被淘汰的哲学，很难说会把科学改造成什么样子。

科学文化并不只是干巴巴冷冰冰的公式。科学看似情感中立，实则充满了对个体人和社会人的最实际最客观因而也是最长远的关怀。人文文化需要科学精神，科学文化中含有人文精神。两种文化是不可偏废的。席文提出，17 世纪传入中国的天文学概念与方法为什么没有在中国社会激起像欧洲近代科学革命那样的多维度变革？这个问题可能会有各种各样的答案，但是我们从后来发生在中国和英国的两场关于两种文化论战的比较中，也许能得到某种启示。20 世纪 20 年代发生在北京大学和清华大学的科玄论战是由玄学向科学的挑战引起的，而 50 年代发生在英国剑桥大学的两种文化的论战则是由提倡填平科学文化与人文文化之间的鸿沟引起的。近现代科学产生于西方，但现在已经成为无国界的人类共同文化。时至今天，我们还要拒斥陈独秀等人在70多年前就大声呼唤过的“赛先生”吗?

胡适说:“欧洲的科学已经到了根深蒂固的地位，不怕玄学鬼来攻击了。几个反动的哲学家，平素饱餍了科学滋味，偶尔对科学发几句牢骚话，就像富人吃厌了鱼肉……一到中国，便不同了，中国此时还不曾享着科学的赐富，更谈不上科学带来的‘灾难’。让我们试睁开眼看看:这遍地的乩坛道院，这遍地的仙方鬼照相，这样不发达的交通，这样不发达的实业——我们哪里配排斥科学?”这位人文学者在70多年前说的这段话不是也适合于今天吗?

关于科学的文化学构想与论证*

自从斯诺于 1959 年在剑桥大学的演讲中提出两种文化的对立以来，科学文化就逐渐成为学界的关注焦点之一。而随着当代高科技日益成为生产力发展的核心要素，随着其精神和物质产品日益渗透进人们日常生产和生活的方方面面，几乎构成现代人的基本生活方式，它也必然在作为上层建筑和意识形态的社会文化中折射出来——因此，无论是从学理上，还是从现实层面上，关于科学文化的深层次探讨，都已成为学术深入之必然。

迄今，关于科学文化已发表了大量文献，对科学作为一种文化现象及其区别于其他文化形式的特征作了较多的描述和研究。但在表层的热闹背后，尚缺乏一种系统的思考，一种学科的规范和支撑，即缺乏一种文化学的理论基础和底蕴。尽管一种真正体系化、理论化的科学文化学的探讨，显然非本文之所能及，但它确实为科学文化深入探讨的题中应有之义。比之关于科学的哲学、史学、社会学，以至于伦理学、美学、逻辑学，甚至法学、经济学等学科研究的展开，一种科学的文化学研究似乎也已有顺理成章，水到渠成之势。因此，本文旨在提出笔者所理解的科学文化学的初步构想，并作相应论证，以作引玉之砖，就教于识者。

---

* 本文作者为胡新和，原载《自然辩证法研究》，2001 年增刊第 1 期，第 19～24 页。

一、概念：科学文化和科学文化学

从逻辑上讲，关于科学的文化学思考，其首要前提是从概念上澄清科学的文化性质，即科学究竟是否为一种文化？若是，又是怎么样的一种文化形态？

按照爱德华·泰勒的定义："文化或文明，就其广泛的民族学意义来说，乃是包括知识、信仰、艺术、道德、法律、习俗和任何人作为一名社会成员而获得能力和习惯在内的复杂的整体。"[1]这个经典的定义在西方具有深远的影响。按此定义，科学作为知识的一种，显然属于文化范畴。

继爱德华·泰勒之后，弗雷泽进一步从文化的进化角度，提出了"巫术—宗教—科学"的发展模式，在西方史学界引起强烈共鸣。而孔德也曾提出人类的主要观念或知识要经历"神学—形而上学—科学"三个理论阶段的学说。科学在二者中都作为文化发展的一种高级形态。

其后，精通自然科学与人文科学的马林诺夫斯基完成了文化学从经典到现代研究的转折，开拓了跨学科研究文化动态发展的道路，揭示出文化功能的整体性。

而从当前社会文化现实状况来说，自然科学、社会科学已不再仅仅是一种知识形态的文化；按照当今的科学概念，它同时是一种社会建制，一种人类的活动；作为一种高级的文化形态，它也不再仅仅局限于自身的文化形态之中，而是通过其技术应用，通过大众媒介的传播，普遍地包含在教育、卫生、体育、文艺等众多的其他文化分支及与其相关的种种现象中，深入而广泛地渗透到人们的物质生活和精神生活的方方面面，成为人们日常生活中的背景意识、行为能力，成为当今人们基本的生存状态。一方面，科技文明无疑是人们创造的，文化是人类活动的积累和成果；另一方面，这种在当代社会中已成为强势文化的科技文化也按照自己的形象和需要，塑造着现代人类的意识和言行，使得"社会成员获得能力和习惯"，即所谓的文化"化"人。无论是作为人类的一种特殊活动，作为人类所创造的一种知识体系，还是作为人们的基本生存状态，科学及其技术应用都必然要在作为人类的镜子的文化中反映出来。

因此，尤其是在今日社会，科学无疑成为一种人类文化现象，可以称之为科学文化现象。

那么，关于科学的文化学是否可能？是否存在呢？

关于文化学的概念，威尔凯姆·奥斯特瓦尔德的定义是："把人类种系与全部其他动物物种区别开来的这些独特的人类特性，都被包括在文化一词之中。因此，对这门关于人类特殊活动的科学可能最适于称做文化学……"[2]而更一般地，何星亮先生在《文化学概论》课程的"第一讲：导论"中有言："文化学是研究文化现象或文化体系的科学。它研究文化的一般规律和特殊规律，探讨文化发生和变迁的原因、动力及历程，分析各种文化体系的类型、结构、功能和象征，阐述人与文化的关系，并根据文化变迁原理，预测、控制文化的发展趋势。"[3]

据此定义，科学文化学应当是"研究科学文化现象或科学文化体系的科学。它研究科学文化的一般规律和特殊规律，探讨科学文化发生和变迁的原因、动力及历程，分析各种科学文化体系的类型、结构、功能和象征，阐述人与科学文化的关系，并根据科学文化变迁原理，预测、控制科学文化的发展趋势"。

从学理上讲，科学文化学应当是可能的。因为科学文化现象的确存在，它不仅有着有别于其他文化的特征，其发生和变迁也确有着自身特殊的原因、性质和规则，并且与不同种群的文化主体，与其他的文化系统处于复杂的互动过程中；从现实上讲，对科学的相对比较成熟的历史、哲学、社会学等相关研究中都已不同程度地触及一些文化学的论题，并做出了一些尝试，但一门系统完整的科学文化学尚未建立起来。无论从宏观上，还是微观上讲，关于科学文化的体系化、规律性的认识都还处于萌芽状态，这也正是我们今天所面临的任务。

二、特征：科学精神和科学方法

科学文化学究竟是否必要，同时也有可能成立为一门单独的文化学门类，首先要问它是否不同于一般文化，它有着怎样不同的特色。

无论是对科学文化的现象学、知识学、方法学、社会学的考察，还是对作为科学文化的主要创造者和承载者的科学家共同体的考察，都会使我们察觉和意识到其中有着某些共同的、作为其核心的东西，正是这些东西使他们区别于其他文化和共同体而具备其独特性。这些特质可以表述为实证性、逻辑性、客观性、功利性、无私利性、创新性等，集中体现于作为科学文化核心内涵的科学精神和科学方法之中。

在精神层面上，科学文化所体现出的特征是探索求知，严谨求实，怀疑批判，协同合作的精神。这就是说，科学文化和科学家共同体的精神特征首先表现为对大自然和人类自身奥秘的好奇，并坚信其为我们认识的理性主义信念；其次，表现为在获取知识和真理的过程中所付出的踏实严谨，艰辛劳作，殚精竭虑，持之以恒；再次，这种精神特征还表现为一种本质性的怀疑批判精神，不唯书，不唯上，不教条，不迷信，不相信什么终极性的真理，善于独立思考，理性思维，批判性地发现问题，把一切都诉诸实验的检验和理性的法庭；最后，还表现为一种与科学共同体其他成员之间的互助合作精神，科学是人类作为整体探索自然奥秘的集体性事业和历史性进程，尤其是在当今的大科学时代，只有遵守共同的道德规范，善于合作共进，才能为科学的进展做出自己的一份成就。

在方法层面上，科学文化所强调的当然是科学方法，即数学方法和观察、实验方法。数学方法主张立足于自然事物的量化特征来描述事物的性质和状态，用数学模型来表达事物及其性质之间的关系，用数学语言来把握自然界最根本的奥秘——基本的科学规律；观察和实验方法则主张立足于严格的、精心设计的观察和实验，来简化、强化和模拟自然过程，并坚持对照性、随机性和可重复性等实验原则，来探求事物之间的因果关系，寻求事物运动变化的规律。科学文化的特色，在很大程度上表现为这种由数学方法和实验方法的结合所形成的实证方法，正是这种实证性，使得“科学”一词在很大程度上等同于精确的、可靠的、有根据的或有证据的，并使之区别于人文文化。同样，也正是这种实证传统，这种定量、精确、计算性、功利性，成为许多人文学者批评科学文化的口实。

在知识层面上，科学文化具有客观性、普遍性和系统性的品格。科学知识是对自然界和人类自身的认识，这种认识的客观性首先在于它的对象的客观性，即它的对象是客观存在的；其次，也在于其认识的理想和目标的客观性，即追求关于客观对象的独立于个人和社群的客观知识；正是这种客观性保证了实验的可重复性，保证了科学知识的实证和可靠。也正是这种科学知识的客观性，使它得以超越了种族、社群和国家的不同而具有普遍性，使得科学的语言成为跨越边境的全世界的共同语言，使得科学共同体的成员得以在世界各地找到自己的同行和朋友。而科学知识的系统性则不仅在于它对其对象的系统划分和分门别类的系统研究，而且在于，从形态上说，科学知识本身就是一种系统化、理论化的知识，就具有一种整体性结构。唯其如此，科学文化有别于其他文化的一个特征，也就在于其整体性和有机性。

在历史形态层面上，科学文化表现出一种动态性和创新性。这是由于从本质上说，科学精神就体现为怀疑批判，探索创新，尤其是在掌握了正确的科学方法，积累起一定的知识储备之后，这种创新发展就会以一种加速度累进发展。事实上，以牛顿发表《自然哲学之数学原理》为标志，近代科学迄今不过300余年。与其他动辄以千年计的古老人文文化相比，它实在是非常年轻的，然而它所取得的成就，对人类文化所做出的贡献却毫不逊色，这无疑要归功于它的创新精神，归功于它与时俱进的品格。正如奥本海默所说，人文文化的特性是保守，是要保留古老的传统，而科学文化的要义，就在于创新，创新是科学文化的生命，是科学文化始终能保持其科学性的根本。

三、学科体系：主体内容和历史线索

果如上言，科学文化存在且有其特色，因而科学文化学有其存在的必要的话，其学科体系及主干内容应当是什么呢?

如前所述，作为研究科学文化现象或科学文化体系的学科，它首先要研究科学文化的一般性和特殊性。这是科学文化学的主要内容。这种研究有两个层次：第一，科学文化作为文化的一种，它与一般文化的关系，相对于文化的一般规律，它有着哪些自身的规律；第二，科学文化的这些特殊的规律，如它内在的特征：科学的精神和方法，创新，批判，实证，它与技术、经济发展、社会变革之间的互动等，在科学文化的层次上又是普遍的，相对于此，一种具体的、地域的、历史的科学文化，如近代中国的科学文化、文艺复兴时期的科学文化等，又有着自己的特殊规律，等等。一般与个别相结合的原则，普遍与特殊相结合的原则，实事求是、具体问题具体分析的原则，应当是这种研究中必须坚持的原则。

其次，科学文化要探讨科学文化发生和变迁的原因、动力及历程。运用历史唯物主义的观点，运用文化学的基本原理和规律，在丰富的科学史资料的基础上，探寻具体的科学文化，例如，近代西方的科学文化在当时社会整体文化背景下的发生学和动力学机制，无疑是科学文化学的重点内容。整体性特征、互动性原则、反对简单的单向决定论等，应当是这种研究中必须注重的。

再次，分析各种具体科学文化体系的类型、结构、功能和象征，阐述人与科学文化的关系。这是科学文化学中最要下工夫的学问，即所谓案例研究、比较研究。民族学和人类学上的多样性，使科学文化学不同于自然科学或社会科学，具有更多的人文色彩。每一种科学文化体系，无疑要受当时当地的哲学、宗教、艺术、文学、民间习俗等诸多影响。即使被认为是具有相当的普遍性和客观性的近代西方科学，在起源上也深深地打上了当时当地的文化烙印，如伽利略、笛卡儿、开普勒、牛顿等人思想的影响，又如这种科学文化中始终未能摆脱笛卡儿的主客二分的框架。一方面，历史地讲，笛卡儿的这种体系或二分对科学的发展是必要的，但另一方面，当它被发展到极致，也会造成人与自然的分离、科学与人的分离、科学与人文价值的分离，如斯诺所提出的两种文化的分裂；与之相比，中国传统文化在思想倾向上是不利于近代科学的移植和发展的，但同时它也可能为克服片面二分的弊端提供天人合一，人与自然统一或同一的启示。

最后，在发现并确立起若干真正站得住脚的普遍或特殊规律、动力学或发生学原理的基础上，就可以以此为依据，去预测、控制或推动科学文化的发展趋势。这应当是科学文化学所致力于的一种理想化状态或努力目标。

历史地看，如上所述，尽管科学文化学迄今尚未成为一种系统的理论建构的方向，但相应或相关的工作已经有了一定的基础。这主要体现在科学史、科学哲学、科学社会学，科学技术与社会（STS）及最新开展起来的科学技术人类学等方面的研究工作的理论成果中。因此，相应的研究应当建立在这些成果的基础之上。

众所周知，科学史立足于对科学发展的历史描述。经由孔德的实证主义到萨顿，提出了“科学的人性化”的口号，把科学史看成是人类文明史的一部分：“简言之，按照我的理解，科学史的目的是，考虑到精神的全部文化和文明进步所产生的全部影响，说明科学事实和科学思想的发生和发展。从最高的意义上说，它实际上是人类文明的历史。”[4]甚至早于斯诺，萨顿就指出了人文学者与科学家这两种看法不同的人们之间的对立和冲突，提出“在旧人文主义者同科学家之间只有一座桥梁，那就是科学史，建造这座桥梁是我们这个时代的主要文化需要”。“没有历史，科学知识可能会有害于文化，同历史相结合，用敬仰来调和，它将会培养出最高尚的文化。”[5]

科学哲学主要面向科学的知识或理论形态，即以科学理论为对象，探讨科学理论的分界、评价、结构、说明、发现和发展模式等一系列基本问题。尽管早期逻辑经验主义曾把科学理论从内容到形式都归结为其内部的、逻辑的必然性要求，但随着库恩、费耶阿本德等历史主义代表人物的开拓，历史主义思潮的兴起，人们越来越重视从社会、历史、文化的角度，来分析科学理论的建构，以至于有科学知识社会学（SSK）、后现代主义等思潮的兴起，强调理论的社会文化建构，尽管被主流学派视为大逆不道，如今却也渐成气候，影响日增。

科学社会学旨在探讨科学的社会建制，研究科学家的社会职业和社会角色，科学活动的社会结构和社会关系，更是与文化学素有渊源，因为其代表人物默顿的经典著作，就是以经验研究的方法，来说明科学作为一种社会建制是如何在特定的社会文化关系中培育生长的。而其后如上所述的爱丁堡学派的兴起，则更是极大地改变了其研究范式，把科学的社会研究拓展到对于科学知识本身的社会研究，尤其是文化研究，试图探究科学知识内容的社会建构和文化建构。拉图尔的《实验室生活》，赫斯的“科学技术人类学”等理论，已使这一发展渐成与人类学合流之势。

仅此几例似已说明，科学的史学、哲学、社会学等学科的研究思潮中，正有形成合流之势，其目标指向正是人类学和文化学，即不再简单地把科学看做纯粹的始终不渝的以追求真理和客观性为目标的精神性活动，而是把它作为人类整体文明活动中的一部分，作为人类的一种文化活动来研究。这正为科学文化学提供了一个粉墨登场的舞台。

四、问题：科学文化学视野内的主题

提出科学文化学的概念、特征和学科体系，只是搭起了这门学科的框架；但一门学科能否成立，关键在于在这种框架下是否有具体的内容，即它是否有自己的一组独特的基本问题。在这个意义上，一门学科也可以说就是一个问题域。因此，考察科学文化学作为一门学科是否成立，还得考察它是否具有，或者说形成了自己独特的问题。回首科学的历史发展，从文化学的视野来看，的确有不少涉及科学与文化的关系，或者说具有科学文化学学科性质的问题，而且其中有些问题的相关讨论业已展开。而随着科学哲学研究的深入，随着当代关于科学的社会研究和文化研究的兴起，这一类的问题更会突出起来。它们将构成科学文化学当下的主干。

1）科学中心的转移问题——近代科学在发展中曾经历过多次科学中心的转移，如意大利—英国—法国—德国—美国，其中每一次的转移都有着复杂的原因和伴生现象，但其中也不乏规律可循。例如它总是相关于不同的科学文化的发生和变迁。

2）李约瑟问题——李约瑟秉承萨顿宗旨，把科学史当做文明史，写出《中国之科学与文明》（更贴切的译名），强调科学与文明不可分，并提出了为什么近代科学没有在中国产生这一极有科学文化学意义的问题，引发了众多讨论。这一问题体现了科学文化学的比较特性，以及科学与文化的互动，科学文化的变迁及其原因探索等科学文化学研究方向。

3）近代科学在中国的传播——可作为科学文化传播的案例。如李约瑟问题中所讨论的，作为科学文化之一的近代科学很难在中国自发地产生；但若运用文化传播理论中的“极端传播论”来解释这一案例也显得过于绝对，似乎需要多种传播理论，多种传播途径的合力才能解释这一现象。

4）奥本海默命题——传统文化与科学文化的关系问题。在某种程度上说，这两种文化分别体现了文化的保守性与创新性：传统文化的重大功能是保持事物的稳定、平静和不变，而科学文化的创新功能则提供给我们迅速变革的工具[8]。两者是否可以整合，从而创生并继承了传统精髓，而又合乎时代精神的新文化，对我们这样正步入现代化进程的文明古国具有重要意义，亦即能否真正如胡适所说，通过“输入学理，研究问题，整理国故，再造文明”。这是科学文化学，也是整个文化学的时代性和历史性的课题。

5）斯诺难题——科学文化与人文文化的分裂和对立。这在西方是比较明显的现象，且违背了文化的整体性特征。其原因应归于人文文化的保守性，还是归于科学文化过于飞扬跋扈？如何整合二者，尤其是如何在学科设置，教育改革，课程配备中体现出来？这无疑涉及文化的整体性，现代教育的培养目标和社会发展的远景等问题。

6）萨顿理想——立足于科学的新人文主义。作为一种文化现象的科学文化不同于科学知识，有着科学性和文化性的两重性。萨顿提出科学史作为科学与史学的结合，应成为科学与人文主义结合的桥梁；进而言之，继承萨顿理想，科学文化就更应成为把人类精神和文化凝聚成一个整体而不是分裂的桥梁和黏合剂。

7）库恩论题——范式的社会和文化因素。科学哲学中以库恩为代表的历史主义学派强调了科学研究的主体——科学共同体，强调了这种主体是在范式的指导下从事研究的。而这种主体和范式无疑受到社会历史文化因素的影响，这种认识中所获得的真理以及客观性对不同的理论和文化共同体具有一定的相对性。因此，真理和客观性是历史的，相对的，不断发展的，但极端的相对主义和不可比性是应当拒斥的。

8）科学批判理论——如何应对尤其是在西方渐成气候的对科学的种种文化批判。既要坚持科学的批判品格，认识科学自身的局限性，反对那种主张科学方法万能的极端的科学主义，也要反对那种由相对主义而来的把科学等同于一般文化艺术，从而实际上抹杀了科学文化与其他文化的区别，否认了科学文化存在的必要的理论。

9）科学知识社会学——强调科学知识的社会和文化建构，认为其不是受制于自然，而是科学共同体在不同社会和文化背景下的协商和建构，因而是多元的，相对的，可选择的。如何既承认理论建构中一定程度的文化因素，又坚持科学理论的客观性，坚持理论中自然要素对文化相对性和任意性的抵抗和限定，应当是一个重要的研究课题。

10）科学技术人类学——相关研究中的最新动态，提出采用田野方法和民族志方法，走入实验室，观察科学家如何工作，写出民族志那样的调查报告。其基本理论是认为科学知识一如其他各种信念系统，受社会条件制约，是社会集团的产物，是特定人群活动的成果，即社会建构，文化建构的，体现了对科学的人类学研究方向。这应当是科学文化学研究的一个课题，问题依然在于如何克服相对主义。

无疑，上述问题在科学史，科学哲学和科学社会学中分别展开过程度不同的探讨，但在科学文化学的视野中，它们将会被赋予新的意义，引发出进一步的讨论，甚至会引申出新的问题，从而为科学文化学的成长做出贡献。

参考文献

[1] 李鹏程．当代文化哲学沉思．北京：人民出版社，1994：38.

[2] 胡潇．文化现象学．长沙：湖南出版社，1991：57.

[3] 何亚平，张钢．文化的基频——科技文化史论稿．北京：东方出版社，1996：114.

[4] 童恩正．文化人类学．上海：上海人民出版社，1989：49.

[5] 萨顿·G. 科学史和新人文主义．北京：华夏出版社，1989：88，89.

科学与人文精神*

在当今学术界，存在着一种将科学精神与人文精神对立起来的倾向：似乎科学精神和人文精神是两种截然不同的精神，弘扬科学精神，不仅无助于人文精神的发展，反而对人文精神是一种遏制或损害。本文认为：①狭隘的科学观和文化观是导致科学与人文精神分离和对立的重要根源；②科学精神本身就是一种人文精神，或者更确切地说，是人文精神的一个重要的组成部分；③根据我国的历史和现实的国情，我们需要弘扬的是包括科学精神在内的人文精神。

一、两种科学观的局限

有两种科学观深深地影响着人们对科学的理解：一种是科学主义的科学观，另一种是功利主义的科学观。

以逻辑经验主义为代表的科学主义的科学观强调：①真正的科学知识只有一种，那就是自然科学，除此之外，并不存在其他种类的科学。所谓人文科学或者精神科学并不是真正意义上的科学，它只是"文化生活的体验方法"[1]。②科学与其他文化之间存在着一条截然分明的界线，可将经验证实

* 本文作者为孟建伟，原载《哲学研究》，1996年第8期，第18～25页。

原则作为区分科学与非科学的划界标准。在科学主义者的视野里，科学文化与人文文化分别属于两种截然不同的世界：前者属于科学（认识）世界，后者属于人文（体验）世界。科学世界强调的是纯粹的客观性：它以认识世界为目的，试图通过数学计算和经验证实的方法，为各个研究领域建立起严密的逻辑体系；科学以事实为依据，在价值上保持中立。相反，人文世界体现的则是纯粹的主观性：它以体验世界为目的，采用的是丰富的想象和兴奋的情绪，追求一种富有诗意和激情的理想境界；人文世界的依据是价值判断，它所使用的语言虽有表达个人感情和理想的作用，并能以此感染别人，但是并没有表述任何经验事实，因而在认识上是无意义的。

然而，按照这种对科学的“客观主义”的解释，“科学就被看成是某种超出人类或高于人类的本质，成为一种自我存在的实体，或者被当做是一种脱离了它赖以产生和发展的人类的状况、需要和利益的母体的‘事物’”[2]。科学主义者对科学所作的“客观主义”的解释以及关于两个世界的划分潜藏着一种危险，那就是科学与人类其他文化活动的分离和科学与人文精神的分离：当科学主义者们强调自然科学的“客观性”和科学方法的独特性，否认人文学科的科学性并宣布其在认识上无意义的同时，实质上也排除或否认了自然科学的人文意义或人文价值，否认了科学与人文精神的关联。

功利主义的科学观由来已久，至少可以追溯到 17 世纪初的弗兰西斯·培根。弗兰西斯·培根认为：人对自然的统治乃是道德的至上命令；知识就是力量；科学的目的就是为了控制和调节自然力，强迫自然为人类服务。显然，功利主义的科学观注重的是科学的工具价值，即从科学的效用这个角度来评价科学。“从根本上说，把科学看做一种实现目标的手段，而不是看做为了获得知识。”[3]科学在社会各个领域的广泛应用，特别是对经济的发展越来越起着决定性的作用，于是，“这种观点在我们的社会中传播非常广泛并且居于统治地位，因此遮盖了关于科学的社会功能的其他观点”[3]。

毫无疑问，促进社会生产力的发展，满足人们不断增长的物质生活的需要，既是推动科学进步的一个强大而持久的动力，也是发展科学的最重要的目的之一。但是，将科学作纯粹的功利主义理解，即仅仅理解为人们征服自然、获取物质利益的手段，显然是狭隘的。狭隘的功利主义科学观不仅容易促使人们为谋求眼前的利益而不恰当地使用科学，从而导致科学技术的异化，给人类社会带来负面影响，而且严重地忽视了科学的其他社会功能，特别是忽视了科学对人类自身发展和精神文明建设的重要意义和作用，从而导致科学与人文精神的分离和对立。

二、两种文化观的偏颇

与上述两种科学观相呼应，也有两种文化观深深地影响着人们对人文精神的理解：一种是现代西方的人本主义的文化观，另一种是现代新儒家的文化观。东西方这两种不同的文化观，在对科学的理解和态度上却颇为一致，他们都把科学归结为所谓的“客观主义”和“功利主义”，并将它置于人文精神的对立面予以批判。

与科学主义者相反，现代西方人本主义者强调只有非理性的生命体验（或情感、意志、本能等）才是最真实的存在，是人的本质，而科学与理性只不过是人类意志的工具，并无实在的意义。他们批判科学抹杀人的情感和个性，让人服从于外在世界的逻辑，将世界变成为一个机械的、无意义的世界。他们把科学精神归结为功利主义，而功利主义恶性发展的后果，即现代人丧失人生根基，道德衰退，灵魂空虚和精神沦丧，于是，科学成了使西方陷于“病态社会”的根源。

现代新儒家也有类似的看法。他们认为，科学在人文世界与人生经验中有其自身不可超越的限制，科学精神与人类其他文化活动（如宗教、道德、艺术等）的精神不同，科学关注的是客观世界和人类的物质利益，与人的主体开发如修身养性、收拾精神、培养本源等无关，因而触及不到中国儒家的人文精神。在他们看来，中国儒家人文精神是“本”，科学只能作为“用”，它与“内圣外王”中的“内圣”方面无关，而只能作为“新外王”的一种手段，而且必须在儒家的人文精神指引下才有意义。现代新儒家们也将西方陷入“病态社会”的根源归结为“科学的破产”，并认为以人伦为主要内容的儒家思想及其人文精神是救治现代“工业文明”病的良方。

那么，究竟什么是人文精神呢？这两种东西方不同的文化观有着不同的理解。

现代西方人本主义者主张一种以“人”为本的人文精神，而他们所谓的

“人”其本质就是非理性的生命体验（或情感、意志、本能等），于是，他们常常将人文精神与艺术精神等同。例如，尼采强调生命本身是非道德、非功利的，而“只是作为审美现象，人世的生存才有充足理由”[4]。他宣称：“只承认一位‘神’”，那就是“一位全然非思辨、非道德的艺术家之神。”[4]他认为宗教、道德和哲学是人的颓废形式，科学是对“生命的某种限制和降级”，唯有艺术才是“生命的最高使命和生命本来的形而上活动”[4]。海德格尔也强调只有通过“存在的诗”，人们才能真正体验到曾经存在过的“世界”和我们“现在”这个“世界”。萨特则用他的存在主义的文学来表达他的“人道主义”的哲学。而马尔库塞更是将艺术同“人的实现和人的解放”联系在一起，称艺术“所召唤的是人们对解放形象的向往”[5]。

现代新儒家强调的是一种“以伦理为本位”的人文精神。由于中国儒家历来注重人与人之间的伦理关系，甚至将道德活动看做是人类生活的唯一重要的内容，所以，在这种泛道德主义的影响下，现代新儒家往往将人文精神直接等同于道德精神。这在唐君毅的著作中写得十分明白。他认为，“道德自我是一，是本，是蕴涵一切文化理想的。文化活动是多，是末，是成就文明之现实的”；“人之各种文化的精神活动，皆人之道德的精神活动之各种化身”[6]。为了说明道德理性同人文精神直接相契，唐君毅对文化精神作了“人文”、“非人文”、“次人文”和“超人文”的区分，在他看来，宗教精神是超人文精神，科学精神是非人文精神，艺术精神是次人文精神，只有道德精神才是真正的人文精神[6]。

显然，无论将人文精神等同于艺术精神，还是等同于道德精神，都是相当褊狭的。现代西方人本主义者反对从文艺复兴运动以来以科学精神和理性精神为旗帜的人文精神，批判科学和理性使人变成了“单向度的人”。的确，将人文精神仅仅局限在对知识和理性的追求之中，这是远远不够的。但是，他们从根本上否定科学精神和理性精神，并用艺术精神和非理性主义取而代之，这样做的结果是否也会导致另一类“单向度的人”呢？对于现代新儒家来说，也存在着同样的问题。正如成中英先生指出的，现代新儒家将人文精神等同于道德精神，“这也反映出价值概念的狭隘化，缺少了知识理性的滋补，陷入单向线形的价值观、人生观、文化观、甚至本体观”[7]。而且，我们还应当清楚地看到，现代新儒家所推崇的儒家的“道德精神”是以宗法社会的等级制度为前提的，有着浓厚的封建色彩，在许多方面同人的自身发展、自由和解放是完全背道而驰的，因而同人文精神是不相容的。

东西方这两种文化观都给人们带来一种错误的观念，即把人文精神看做是一种与科学精神相对立的“文人精神”，或者说是“人文科学的精神”，从而进一步加深了科学文化与人文文化的对立、科学精神与人文精神的对立。

当然，导致科学与人文精神的分离和对立的原因不仅仅在于观念上，还有更深层次的社会历史根源，那就是科学的资本主义应用。一方面，科学的资本主义应用既推动了社会生产力的发展，又促进了科学的发展。正如马克思所说的，“只有资本主义生产方式才第一次使自然科学为直接的生产过程服务，同时，生产的发展反过来又为从理论上征服自然提供了手段。科学获得的使命是：成为生产财富的手段”[8]。由此可见，资本主义的生产方式是导致功利主义科学观的社会根源。“只有在资本主义制度下自然界才不过是人的对象，不过是有用物；它不再被认为是自为的力量；而对自然界的独立规律的理论认识本身不过表现为狡猾，其目的是使自然界（不管是作为消费品，还是作为生产资料）服从于人的需要。”[9]还有，科学主义和理性主义之所以曾经能够在西方哲学中作为主流并长期居于统治地位，这也是与科学的资本主义应用及科学在整个“西方文明”中所占的重要地位分不开的。另一方面，科学的资本主义应用，也是科学技术发生异化的社会根源。马克思早就指出：“在机器上实现了的科学，作为资本同工人相对立。而事实上，以社会劳动为基础的所有这些对科学、自然力和大量劳动产品的应用本身，只表现为剥削劳动的手段，表现为占有剩余劳动的手段，因而，表现为属于资本而同劳动对立的力量。”[10]在现代，科学技术异化的后果还集中表现在环境污染、生态平衡破坏、能源危机、战争残酷性加剧以及人们的道德意识衰退等许多方面。其实，现代西方人本主义者和现代新儒家对科学技术的异化所展开的批判并非是完全没有道理的。但是，他们将科学技术的异化归咎于科学技术本身，显然是错误的。因为导致科学技术异化的根源在于资本主义的应用，而科学的资本主义应用从根本上违背了科学的精神。

总之，将科学精神与人文精神对立起来，这是人为的。理由是上述两种科学观和两种文化观都把科学归结为“客观主义”或“功利主义”。但事实上，恰恰相反，正如下面将要论述的，科学在本质上是一种充满人类理想和激情的并与人类自身发展、前途和命运息息相关的社会活动。

三、科学精神是人文精神的重要组成部分

一般来说，所谓人文精神，应当是整个人类文化所体现的最根本的精神，或者说是整个人类文化生活的内在灵魂，它以崇高的价值理想为核心，以人本身的发展为终极目的。如果我们超越上述科学观和文化观的狭隘视野，便不难看到，作为整个人类文化生活的重要组成部分的科学活动，它所体现的精神就是一种人文精神，更确切地说，是人文精神的不可分割的重要组成部分。

首先，对真理和知识的追求并为之奋斗，这是人类最崇高的理想之一，也是科学作为一项认识活动所体现的最根本的文化精神。“这种精神并不是新的，它几乎像人类自身一样古老。它充满于整个科学的发展，从早期人类极其简陋的实验直到现代物理学家最大胆的演绎。”[11]在著名科学史家乔治·萨顿看来，这种精神比科学给人类带来的物质利益更加宝贵，它是“科学的生命”。正是有了这种精神，科学才成为一项迷人的事业，促使人们全力以赴，用他们的智慧和才能去扩大和丰富人类的精神财富。从科学作为探求知识和真理的认识活动这个角度看，它对人类自身发展的意义至少包括两个方面：一是给人以知识的修养。人对真理的渴望，如同人对美和善的渴望一样，这是人类的本性。科学“所揭示出来的宇宙的那种难以想象的无限性不仅在纯物质方面没有使人变得渺小，反而给人的生命和思想以一种更深邃的意义”[11]。二是给人以崇高的精神境界。科学不仅用创造性的成果不断提高人类的思想水平，更重要的是，科学活动所体现的对真理的无私追求的精神(这种精神包括严谨求实的精神、自由探索的精神、勇于批判的精神、大胆创新的精神、毫无私利的精神和为真理献身的精神等)，永远激励着人类向着真善美的最高境界奋勇前进。

其次，促进人类智力的发展，永远向着“更快、更高、更强”的方向迈进，也是人类最崇高的理想之一，又是科学作为一项智力活动所体现的最根本的文化精神。从科学作为一项智力活动这个角度看，现代科学活动在本质上就是一种与奥林匹克体育运动相“平行”或“类似”的智力运动。它与奥

林匹克运动具有同样的文化精神或精神气质。用奥林匹克格言来描述，那就是“更快、更高、更强”。如果说，奥林匹克运动显示了人类对“更快、更高、更强”的体力的向往的话，那么，现代科学活动则集中地体现了人类对“更快、更高、更强”的智力的追求[12]。因此，从这个角度讲，科学对人类自身发展的意义也至少包括两个方面。一是提高人类的智力水平。正如在体育运动史上每一项新纪录都是人类对自身体能的极限所作的挑战那样，在科学上的每一项重大突破，都意味着人类在智力上跃过了一个新的高度。二是它像奥林匹克体育运动那样，赋予我们一种崇高的理想和精神，即奥林匹克精神。这种包括理想主义的精神、爱国主义的精神、集体主义的精神、英雄主义的精神和公平竞争的精神等在内的奥林匹克精神，是人类社会宝贵的精神财富，它对人类社会走向文明、进步、繁荣和富强，起着不可估量的重要作用。

最后，为人类的自由和解放而奋斗，这无疑也是人类最崇高的理想之一，又是科学作为一项与人类的前途和命运息息相关的社会活动所体现的最根本的文化精神。人类自由的关键是使劳动真正成为自由的活动，成为吸引人的活动，成为个人的自我实现。在马克思看来，“物质生产的劳动只有在下列情况下才能获得这种性质：①劳动具有社会性；②劳动具有科学性，同时又是一般的劳动，是这样的人的紧张活动，这种人不是用一定方式刻板训练出来的自然力，而是一个主体，这种主体不是以纯粹自然的、自然形成的形式出现在生产过程中，而是作为支配一切自然力的那种活动出现在生产过程中”[13]。也就是说，劳动能否成为自由的活动，一是取决于劳动的社会性质，即取决于是否消除劳动的私人性质和异化性质；二是取决于劳动是否具有科学的性质，即是否用高度发达的科学技术武装起来。因此，人类要从必然王国走向自由王国，科学起着十分关键的作用。只有具备了高度发达的科学技术这个条件，人类才有可能消除城乡差别、工农差别和脑力劳动与体力劳动的差别，才有可能使生产劳动从一种负担变成为一种“身体锻炼”[13]，“变成一种快乐”，“给每一个人提供全面发展和表现自己全部的即体力的和脑力的能力的机会”[14]，让“他们在这个过程中更新他们所创造的财富世界，同样地也更新他们自身”[13]。恩格斯指出：“没有一个人能像马克思那样，对任何领域的每个科学成就，不管它是否已实际应用，都感到真正的喜悦。但是，他把科学首先看成是历史的有力的杠杆，看成是最高意义上的革命力量。"[15]由此可见，在马克思看来，科学的发展不仅同人的自由联系在一起，而且同人的解放联系在一起。马克思说："只有在现实的世界中并使用现实的手段才能实现真正的解放；没有蒸汽机和珍妮走锭精纺机就不能消灭奴隶制；没有改良的农业就不能消灭农奴制；当人们还不能使自己的吃喝住穿在质和量方面得到充分供应的时候，人们就根本不能获得解放。"[16]因此，无论人类从自然力中获得解放，还是从社会关系中获得解放，或者还是同这两方面相联系的思想解放，科学都是"一种在历史上起推动作用的、革命的力量"[15]。

我们从无数科学家身上都能看到那种为真理而献身，为人类的自由和解放而献身，为人类服务和造福于人类的崇高品格。布鲁诺为捍卫哥白尼的日心学说和发表宇宙无限的思想而被宗教法庭送上了火刑场。伽利略也因出版他的《关于托勒密和哥白尼两大世界体系的对话》一书，支持哥白尼学说而被判处终身监禁。在现代科学史上，也涌现出不少像居里夫人那样为科学而献身的伟大的科学家。居里夫人的话很有代表性，她说："我和其他科学家一样，坚信科学是一项非常美好的事业，并准备为之献出自己的一切。我相信在科学上对未知的热爱和对冒险的追求并不能导致我们时代的没落，相反我认为，这恰恰是社会进步的唯一希望。"[17]爱因斯坦在《悼念玛丽·居里》一文中指出："第一流人物对于时代和历史进程的意义，在其道德品质方面，也许比单纯的才智成就方面还要大。即使是后者，它们取决于品格的程度，也远超过通常所认为的那样……她的坚强，她的意志的纯洁，她的律己之严，她的客观，她的公正不阿的判断——所有这一切都难得地集中在一个人的身上。她在任何时候都意识到自己是社会的公仆，她的极端的谦虚，永远不给自满留下任何余地……居里夫人的品德力量和热忱，哪怕只要有一小部分存在于欧洲的知识分子中间，欧洲就会面临一个比较光明的未来。"[18]这就是科学家的理想人格，也是科学给予人类的崇高的道德境界。这种道德境界同那种狭隘的功利主义、个人主义和拜金主义是根本不相容的！

以上我们只是从科学作为一种认识活动、智力活动和社会活动这三个角度，探讨了科学的最根本的文化精神。事实上，科学精神要比上述三种文化精神丰富得多。但是，尽管如此，人们也不难从中发现，科学世界本身也是一个十分丰富的人文世界：科学在创造物质文明的同时也在创造着精神文明；科学在追求知识和真理的同时也在追求着人类自身的进步和发展；它像人类其他各项创造性活动一样，充满着生机，充满着最高尚、最纯洁的生命力，给人类以崇高的理想和精神，永远激励着人们超越自我，追求更高的人生境界。科学精神也并非只是自然科学的精神，而是整个人类文化精神的不可缺少的组成部分。它同艺术精神、道德精神等其他文化精神不仅在追求真善美的最高境界上是相通的，而且不可分割地融合在一起。可以说，有些精神（如创新精神）既是科学精神又是艺术精神，有些精神（如为人类服务的精神）既是科学精神又是道德精神，有些精神（如奥林匹克精神）则既是科学精神又是体育精神。因此，在科学精神和其他文化精神之间并不存在着一条截然分明的界限，那种将科学精神与人文精神截然区分开来并且对立起来的观点，是根本站不住脚的。应当看到，离开人文精神的"科学精神"并不是真正意义上的科学精神，而离开科学精神的"人文精神"也只是一种残缺的人文精神。

四、弘扬包括科学精神在内的人文精神

科学精神是人文精神不可分割的重要组成部分，这个观点不仅具有重要的理论意义，而且也具有重要的实践意义。

从理论上看，一方面有助于进一步加深对科学精神和人文精神的理解。科学精神是人文精神不可分割的重要组成部分这个观点，既克服了那种将科学精神归结为"客观主义"或"功利主义"的狭隘见解，又超越了那种将人文精神等同于"文人精神"或"人文科学的精神"的狭隘观念，从而为更加全面、更加深刻地理解科学精神和人文精神开辟了一条新的思路；另一方面为沟通两种文化（科学文化和人文文化）提供了一种可能性。以科学主义为代表的科学观和以人本主义为代表的文化观两者对立的结果导致了科学文化和人文文化的断裂。尽管后来许多思想家想方设法试图在这两种文化之间寻找某种连接点，但结果并不能令人满意。如果科学精神是人文精神不可分割的重要组成部分这个观点成立，那么，我们便找到了一种能够沟通两种文化联系的"纽带"或"桥梁"。

从实践上看，有利于进一步弘扬科学精神，实施科教兴国战略，从而促进我国的现代化建设和社会的全面发展。

首先，根据我国的历史和文化传统，我们需要进一步弘扬科学精神，以弥补传统的人文精神之不足。我国是四大文明古国之一，有着悠久的历史和灿烂的文化，尤其是我国古代的科学技术成就特别突出，在一个相当长的历史时期中一直居于世界领先地位，对世界文明做出过杰出的贡献。但是，到了近代，我国的科学技术却落后了，而且后来离世界先进水平的差距越来越大。为什么古代中国的科学技术如此发达，但近代科学却不能出自中国？为什么从 16 世纪以后中国的科学技术每况愈下、逐渐落后了呢？明清以来我国科学技术大大落后于西方的主要原因是什么？要回答这些问题，答案是相当复杂的，既有中国古代科学技术体系自身的原因［如缺乏数学（逻辑）体系和实验精神］，也有制约着科学技术发展的政治、经济、文化等外部原因。从外部条件来看，近代中国科学技术落后的根本原因当然是中国长期的封建制度的束缚以及落后的生产力。除此以外，中国的传统文化以及特有的“人文精神”也颇值得反思。在中国古代的诸子百家、三教九流当中，除少数学派以外，大都是轻视科学、鄙视技术的，尤其以儒家为最甚。于是，在我国的传统文化中，人文精神几乎等同于“文人精神”。近代欧洲早在文艺复兴时期就倡导一种以科学精神和理性精神为旗帜的人文精神，这对推动科学技术的进步，使西方迈入“科学的时代”无疑起到了十分关键的作用。可是，在中国却是另一番景象：到了明清以后，封建统治者还是按八股文取士，将大批知识分子引入潜心古籍，埋头于注疏、考据、钻研儒家经典的死胡同。在这种完全排斥科学技术的文化氛围之中，在这种与科学精神相对立的“人文精神”的遏制下，我国近代的科学技术怎能不落后呢？因此，在应当弘扬什么样的人文精神这个问题上，我们有着深刻的历史教训！

其次，按照我国现实的国情，我们更需要弘扬一种包括科学精神在内的人文精神。从我国目前所处的发展阶段来看，实现社会主义的现代化是我们的基本目标和必由之路。要实现现代化，必须依靠科学技术。而要发展科学技术，必须有一个有利于科学技术发展的良好的社会文化氛围，尤其是要大力倡导和弘扬科学精神。弘扬科学精神对现代化建设至少有以下三个方面的重要作用。一是促进科学的发展。的确，社会的需要和经济的发展给科学的发展以巨大的推动力，但是，由于科学在本质上是一项非功利性的活动，所以，要使科学活动持续地、健康地向前发展，除了社会的需要以外，还必须依靠科学精神作为科学活动的强大的精神动力。二是在整个现代化进程中，社会的政治、经济、法律、文化等各项体制或规则的确立、改革和完善，都离不开科学精神和理性精神。三是弘扬科学精神对于精神文明建设来说也具有不可估量的重要作用。要是那种不畏艰难、坚忍不拔的探求真理的精神，那种永远向着“更快、更高、更强”奋进的奥林匹克精神，那种为人类的自由和解放而奋斗、为人类服务和造福于人类的崇高的奉献精神真正在一个国家和民族中间深深地扎下根来，那么，这个国家和民族的精神文明水平必将有质的飞跃。

最后，值得注意的是，在当今之中国，“科学的时代”尚未真正到来，但学术界反对“科学主义”和“科技主义”、呼唤人文精神的声浪却很高。客观地讲，这种声浪既有积极的一面，也有消极的一面。积极的方面是，提醒人们注意，科学并不是万能的，对它的不恰当的利用有可能给人类带来负面影响；要注意“科学主义”和“科技主义”的偏失和不良后果，特别是要从“后现代”西方社会所患的“工业文明”病中吸取经验教训。消极的方面是，在这些声浪里面也包含着对科学精神的深深的误解，即将科学精神等同于科学主义和功利主义，然后同人文精神截然对立起来。显然，这与大力发展科学技术、推进我国现代化建设的气氛是格格不入的。毋庸置疑，在整个现代化建设进程中，我们需要高扬高尚的道德精神、崇高的艺术精神等人类优秀的文化精神，尤其是道德建设在整个精神文明建设中占有十分重要的地位，应当予以高度重视，但绝对不能忽视或低估作为人文精神的一个重要组成部分的科学精神对社会现代化和精神文明建设的重要意义和作用。将科学精神与人文精神对立起来，不仅是人为的，而且是有害的。

当然，要使科学精神真正能够得到发扬和光大，除了正确地认识和理解科学精神以外，还必须通过深化科技体制改革，搞好政策调节，努力避免或遏制科学技术的异化。当前，我们所面临的一个重要的问题是关于科学技术市场化或商品化的问题。毫无疑问，将科学技术推向市场的确能够产生巨大的经济效益，同时又给科学技术（特别是应用科学或技术）以巨大的推动力。但是，我们也应当警惕：科学技术的市场化或商品化，也容易导致科学技术的异化，从而与科学精神和人文精神相违背。

参考文献

[1] 洪谦．维也纳学派哲学．北京：商务印书馆，1989：132.

[2] 瓦托夫斯基·M W. 科学思想的概念基础——科学哲学导论．范岱年译．北京：求实出版社，1982：29.

[3] Ziman J M. An Introduction to Science Studies. Cambridge：Cambridge University Press，1984：112.

[4] 尼采．悲剧的诞生．周国平译．北京：生活·读书·新知三联书店，1986：2，275，363.

[5] 麦基．思想家．周穗明译．北京：生活·读书·新知三联书店，1987：73.

[6] 黄克剑等．唐君毅集．北京：群言出版社，1993：26，75，225，400，401.

[7] 成中英．当代新儒学与新儒家的自我超越：一个致广大与尽精微的追求．新华文摘，1996，(3)：69.

[8] 马克思，恩格斯．马克思恩格斯全集（第 47 卷）．北京：人民出版社，1956：570.

[9] 马克思，恩格斯．马克思恩格斯全集（第 46 卷 [上]）．北京：人民出版社，1956：393.

[10] 马克思，恩格斯．马克思恩格斯全集（第 48 卷）．北京：人民出版社，1956：39.

[11] 萨顿．科学史和新人文主义．陈恒六，刘兵，仲维光译．北京：华夏出版社，1989：49，96.

[12] 孟建伟．科学与奥林匹克精神．哲学研究，1994，(11)：28.

[13] 马克思，恩格斯．马克思恩格斯全集（第 46 卷 [下]）．北京：人民出版社，1956：113，226.

[14] 马克思，恩格斯．马克思恩格斯全集（第 3 卷）．北京：人民出版社，1956：333.

[15] 马克思，恩格斯．马克思恩格斯全集（第 19 卷）．北京：人民出版社，1956：372，375.

[16] 马克思，恩格斯．马克思恩格斯全集（第 42 卷）．北京：人民出版社，1956：368.

[17] 李汉林．科学社会学．北京：中国社会科学出版社，1987：34.

[18] 爱因斯坦．爱因斯坦文集（第 1 卷）．北京：商务印书馆，1976：339，340.

功利主义和理想主义的张力*

一、两种传统与两种科学观

重功利的技术传统与重理想的精神传统和科学一样源远流长，一直可以追溯到“科学的黎明”。

著名科学历史学家乔治·萨顿在他的巨著《科学的历史》中一开头就这样写道：“科学从何时开始？它从哪儿开始？它开始于人们试图解决无数的生活问题的那个时候和那个地方。最初的解决办法纯粹是权宜之计，但是开始时必须这么做。这些权宜之计大概后来逐渐地通过比较、概括、合理化、简化、相互联系和一体化，于是，科学之网便慢慢地被编织而成了。”[1] 接着，萨顿又说：“好奇心（人类最深刻的品性之一，的确远比人类本身还要古老）在过去如同在今天一样也许是科学知识的主要动力。需要称之为是技术（发明）之母，而好奇心则是科学之母”[1]。

如果说乔治·萨顿对科学的两种传统的描述只局限于古代科学的话，那么，斯蒂芬·梅森则十分明确地阐述了整个科学传统是由技术传统和精神传

* 本文作者为孟建伟，原题为《功利主义和理想主义的张力——关于科学的动力、目的和社会价值问题的思考》，原载《哲学研究》，1998年第7期，第16～22页。

统汇合而成的。他说："科学主要有两个历史根源。第一是技术传统，它将实际经验与技能一代代传下来，使之不断发展。第二是精神传统，它把人类的理想和思想传下来并发扬光大。"[2]斯蒂芬·梅森认为，这两种传统在文明出现以前就已经存在了，在青铜时代及往后的文明中，这两种传统大都是分开的。总的来说，"一直要到中古晚期和近代初期，这两种传统的各个成分才开始靠拢和汇合起来，从而产生一种新的传统，即科学的传统。从此科学的发展就比较独立了。科学的传统中由于包含实践的和理论的两个部分，它取得的成果也就具有技术和哲学两方面的意义"[2]。斯蒂芬·梅森不仅阐述了技术传统和精神传统在历史上的汇合，而且也阐述了这两种传统在科学内部始终存在的张力。他认为，直到现在，技术传统和精神传统之间的"老障碍的残余仍然存在"，例如，"实验科学家与数理科学家之间，纯理论科学家与应用科学家之间，在地位上仍然存在着区别"[2]。

科学史学家所提供的关于科学的两种传统的历史线索有助于我们更加深刻地理解功利主义和理想主义这两种科学观。显然，功利主义和理想主义的科学观分别根源于代表着重功利的技术传统和重理想的精神传统。

功利主义的科学观至少可以追溯到 17 世纪初的弗兰西斯·培根。培根十分强调关于科学知识的实际应用，并对将自然知识看做是目的本身的观点极为不满。他认为，过去科学之所以仅仅取得极小的进步，一个"重大的、有力的原因"之一就是目标没有摆正。他批评当时绝大多数人的研究方式"只是雇佣化的和论道式的"，指出"即使在大群之中居然有人以诚实的爱情为科学而追求科学，他的对象也还是宁在五花八门的思辨和学说而不在对真理的严肃而严格的搜求。又即使偶然有人确以诚意来追求真理，他所自任的却又不外是那种替早经发现的事物安排原因以使人心和理解力得到满足的真理，而并不是那种足以导致事功的新保证和原理的新光亮的真理"[3]。而"科学的真正的、合法的目标"应当是"把新的发现和新的力量惠赠给人类生活"[3]。由此可见，功利主义的科学观强调的是科学的功利价值，并将功利看做科学的根本目的和动力。这种科学观同科学史上的技术传统显然是一脉相承的。

理想主义的科学观似乎比功利主义的科学观还要古老得多，可以一直追溯到古希腊的亚里士多德。亚里士多德认为，求知是人类的本性，而为求知而从事学术，并无任何实用的目的，即不为任何其他利益而寻找智慧，这是求知的最高境界。在他看来，知识或智慧是分等级的："有经验的人较之只有些观感的人为富于智慧，技术家又较之经验家，大匠师又较之工匠为富于智慧，而理论部门的知识较之生产部门更应是较高的智慧。这样，明显地，智慧就是有关某些原理与原因的知识。"[4] 亚里士多德强调，高级的学术并不是一门"制造学术"。"古往今来人们开始哲理探索，都应起于对自然万物的惊异；他们先是惊异于种种迷惑的现象，逐渐积累一点一滴的解释，对一些较重大的问题，如日月与星的运行以及宇宙之创生，作成说明。"[4] 由此可见，理想主义的科学观强调的是科学的精神价值，并将对理想或精神境界的追求（如求知）看做是科学的根本目的和动力。这种科学观同科学史上的精神传统显然是一脉相承的。

当然，功利主义和理想主义这两个概念可以理解得相当宽泛，而且两者之间是有联系的。例如，功利主义者强调科学应当服务于人类生活本身就是一种崇高的理想，而理想主义者也常常积极地倡导科学的合理应用。而且，我们在许多伟大的科学家（如爱因斯坦等）身上，看到两者完美的结合。他们一方面积极主张"要使科学造福于人类"，另一方面，又把科学看做是一种高尚的精神追求。但是，在关于科学的动力、目的和社会价值的问题上，两种科学观及其两种传统的张力的确是存在的。究竟科学的动力来自社会，还是来自科学活动内部？科学的价值是工具的，还是精神的？它的根本目的是服务于人类的物质生活，还是对理想和精神境界的追求？这些问题是需要加以探讨的。

二、两种科学观的意义及其局限性

既然科学的历史可以看做是技术传统和精神传统这两种传统的融合与发展的历史，那么，很显然代表着技术传统的功利主义科学观和代表着精神传统的理想主义科学观都有其充分的合理性，至少可以说，它们从不同的角度阐明了科学发展的动力、科学的目的及其社会价值最为重要的方面。

功利主义科学观的立足点似乎在科学的外部。它将科学、技术与社会三者联系起来思考科学的动力、目的及其价值问题。这种思考方式当然要比

“为科学而科学”的理想主义科学观宽广得多。事实上，科学的确不可能在真空中成长，它必须根植于社会，服务于人类生活，并从社会需要中获得巨大的动力和支持。而且，与服务于人类、为人类造福这个宏大目标相比，“为科学而科学”这个目标的确是显得有些苍白无力，甚至微不足道了。

事实上，功利主义科学观对科学的工具或功利价值的强调的确对科学的进展起着巨大的推动作用。关于这一点，默顿对最有代表性的17世纪英国的科学、技术与社会的考察向我们提供了强有力的证据。他说：“对于当时疑问重重的托马斯们所提出的那个含蓄的、偶尔却又是明确的问题——为什么要从事科学、为什么要支持科学？——自然哲学家们、教士们、商人们、矿主们、士兵们和民政官员们开列出一张予人深刻印象的清单，说明科学的各种‘功利’：展示出上帝杰作的智慧的宗教方面的功利；使人们能够在日益加深的矿井里采矿的经济和技术的功利；帮助航海者们安全驶抵更远的地方，以实现探险和贸易目的的经济和技术的功利；提供出更有效更廉价的杀敌方法这种军事上的功利；提供了一种智力训练形式这种自我发展的功利；以及（随着他们拥有更多的发现和发明的领先权）扩展和加深英国人的集体的自尊心这种民族主义的功利。这些宗教的、经济的、技术的、军事的甚至还有自我发展的功利，看起来为支持和开发科学提供一种外在的、无须进一步阐发的理论基础。”[5]由此可见，强调科学的功利性，对近代以来的自然科学的产生和发展确实起着举足轻重的作用。它的重要意义在于三个方面。

首先，有利于使科学赢得民众，让社会来关注、扶植和支持科学，并且激励更多的人直接投身于这项事业。具有这样的社会基础，对科学的发展当然至关重要，尤其是在近代科学的早期。因为，在科学获得作为一种社会组织的牢固基础以前，它需要合法化的外部来源”[5]。也就是说，近代科学的合法性需要由它的功利性来奠定其牢固的基础。

其次，有利于促使科学同社会需要特别是同生产密切地联系起来，从而在推动经济和社会发展的同时，科学本身也获得了巨大的推动力。正如恩格斯所说的，“如果说，在中世纪的黑夜之后，科学以意想不到的力量一下子重新兴起，并且以神奇的速度发展起来，那末，我们要再次把这个奇迹归功于生产”[6]。因为“社会一旦有技术上的需要，则这种需要就会比十所大学更能把科学推向前进”[7]。

最后，有助于实验方法乃至整个实验科学的孕育、产生与发展。功利主义往往同经验主义是密切相关的。培根就是一个典型：他既是一个功利主义者（当然不是狭隘意义上的），又是一个激进的经验主义者。他的主要兴趣是工匠的操作技术及其工业生产过程，而不重视学者的传统；他十分强调归纳-实验方法，要求彻底地利用系统的实验来获得新的自然知识，而认为数学对科学毫无作用。无疑，培根的观点是颇为片面的，但是，它对纠正亚里士多德的方法，弃绝经院哲学的学术传统起了巨大的作用。默顿在分析 17 世纪英国"新科学的动力"时也谈到了实验方法与功利主义的联系。他指出，科学之所以投合当时对英国的科学起重要推动作用的清教徒们的口味，"首先就在于它拥有两种受到高度赏识的价值：功利主义和经验主义"[5]。"主动的实验方法体现着一切经过挑选的德行而摒弃一切有害的恶习。它代表着对那种传统上跟天主教联系在一起的亚里士多德主义的一种反叛；它用主动的操作取代被动的默思；它所许诺的是实用的功利而不是不结果的臆想……无怪乎清教对价值的重新评价便带有着对实验主义的始终如一的赞许。"[5]

当然，轻视精神价值的技术传统及其功利主义科学观的局限性也是十分明显的。除了以上所说的过于夸大经验主义，忽视或排斥数学方法和理性因素以外，功利主义的科学观有可能导致科学的片面发展。例如，只重视应用科学的研究和开发，而忽视基础科学的深层探索与发展，以致最终妨碍科学的前进。默顿曾经对此表示深深的担忧，他说："当前对于科学的社会功利性的迫切要求，也许预兆着一个新的限制科学研究范围的时代。"[5]此外，功利主义的科学观只是从科学的外部或只是从技术的角度来理解科学的动力、目的和价值也未免过于简单化：它严重忽视了科学活动本身对社会的相对独立性及其自身的运行规律。而且"科学的世界观和现代的、社会的、政治的、宗教的和美学的思想不可分解地交织在一起，因此不能把科学简单地看做是达到基于'非科学'理由选择的目的的手段"[8]。

理想主义科学观的立足点显然在科学的内部。它侧重于在科学的内部寻找科学活动的动力、目的和价值，于是更多地强调科学的、思想的、精神的或理想的价值，并将对知识和真理的追求等看做是科学的根本目的和动力。这种科学观同功利主义科学观恰好相反：功利主义科学观突出强调的是科学的工具价值和功利性，而理想主义科学观则将科学本身作为目的，并认为科学在本质上是非功利的。默顿揭示的四条著名的科学家行为规范，即普遍性规范、公有性规范、无私利性规范和有条理的怀疑主义规范就是理想主义科学观的体现，其核心是“为科学而科学”，而不是为了谋求任何功利。默顿的规范在科学社会学家中间引起很大争论，其根源之一是由于他们没有将科学的两种传统区分开来。毫无疑问，从技术传统角度看，这些规范的确是难以成立的，但是，从精神传统角度看，“作为非常广泛的、支配科学生活方式（至少是理想化的方式）准则的一般样式，默顿的描述显然是可以自圆其说的”[8]。也就是说，从科学内部的精神传统这个角度看，尤其是在从事基础科学的科学共同体看来，科学在本质上是一种高品位的学术活动，在那里理想主义的科学观有着极其重要的甚至至高无上的地位。于是，对科学的、学术的、思想的、精神或理想境界上的追求也对科学活动起着不可忽视的重要的推动作用。这种推动作用包括以下三个方面。

第一，给科学家们以持久而强有力的精神动力。爱因斯坦说：“对真理和知识的追求并为之奋斗，是人的最高品质之一。”[9]他把人们对自然规律的和谐所感到的“狂喜的惊奇”或对宇宙的秩序怀着“尊敬的赞赏心情”比做是“宇宙宗教感情”。他认为，“宇宙宗教感情是科学研究的最强有力、最高尚的动机。只有那些作了巨大努力，尤其是表现出热忱献身——要是没有这种热忱就不能在理论科学的开辟性工作中取得成就——的人，才会理解这样一种感情的力量，唯有这种力量，才能做出那种确实是远离直接现实生活的工作”[10]。可见，追求知识和真理的精神力量对科学活动的推动作用是巨大的。

第二，使科学保持高度的学术性，不断走向更加深层的探索。自近代以来，科学发展的一个重要特点是：一方面，经验性和应用性的研究越来越得到加强，从而使科学越来越接近现实，对社会产生越来越大的影响；另一方面，基础科学的研究又越来越艰深、越来越抽象，从而使科学似乎越来越“远离”现实，越来越具有学术性。毫无疑问，这两方面的研究对科学的发展都是至关重要的：没有经验性和应用性研究的扩展，基础理论就没有新的生长点；反之，没有在基础理论上的重大突破，就不会有更加广阔的应用前景。值得注意的是，为什么在近现代社会如此强有力的功利主义驱动下，科学却依然保持如此高度的学术性？其原因显然与科学的精神传统密切相关。用爱因斯坦的话来说，就科学作为一项学术活动而言，“科学是为科学而存在的，就像艺术是为艺术而存在的一样”[10]。因此，如果说，经验性和应用性研究的动力主要来自科学的外部即社会对技术的需要的话，那么，理论性和学术性的研究的动力则有很大一部分来自科学的内部，即科学家对知识和真理的理想主义的追求。

第三，有助于数学方法乃至整个理性思维方式的孕育、产生和发展。理想主义的精神传统往往同理性主义密切相关。笛卡儿就是一个典型：他深信从不可怀疑的确定性的原理出发，用数学方法或类似的演绎程序，就可以把自然界的一切显著特征演绎出来。于是，他与培根正好相反：“培根不了解科学方法中数学所起的作用，而笛卡儿则忽视了实验的作用。在这个意义上，这两个哲学家的工作是相互补充的，培根保存了工匠传统的经验方法，而学者传统的思辨倾向则为笛卡儿所保存下来。”[2]显然，理性主义对近现代科学的产生和发展也是至关重要的。正如爱因斯坦曾经明确指出的，“科学不能仅仅在经验的基础上成长起来，在建立科学时，我们免不了要自由地创造概念，而这些概念的适用性可以后验地用经验方法来检验……近来，改造整个理论物理学体系，已经导致承认科学的思辨性质，这已经成为公共的财富”[10]。

当然，轻视技术价值的精神传统及其理想主义科学观的局限性似乎更为明显。除了以上所说的有可能过于夸大理性主义，忽视或排斥实验方法和经验因素以外，理想主义科学观往往过于狭窄，只是将科学看做是一项纯粹的学术活动，并只是从科学内部来寻找科学的目的和动力，而忽视了比“为科学而科学”更为重要的目的——直接为人类服务或造福于人类，忽视了还有比来自科学内部更为重要的推动力，即来自社会的推动力。

三、恰当地把握功利主义和理想主义的张力

综上所述，在关于科学的动力、目的及其社会价值的问题上，功利主义和理想主义两种科学观及其相应的两种传统给我们提供了两个非常重要的视角，可以说，缺少其中的任何一个都会失之偏颇，影响对科学的动力、目的

及其社会价值的全面理解。毫无疑问，根据社会现实的发展状况，恰当地把握好功利主义和理想主义的张力，不仅有利于促进科学活动的健康发展，而且有利于更加充分地挖掘并利用科学的技术资源和精神资源，从而推动整个社会的全面进步。

对于科学来说，应当牢牢地把握好以下两个方面。

一方面，应当坚定不移地面向社会需要，特别是面向经济建设的主战场，大力推动经济建设与社会的发展。的确，对科学的动力、目的和价值的理解，不能仅仅局限于科学自身。作为人类活动的一个重要组成部分，科学活动理所当然地肩负着神圣的历史使命：那就是为人类服务、为人类造福。这是科学最大的目标和最大的价值，也是科学之所以赢得社会最大限度的支持及其享有特殊的文化地位的重要根源。显然，离开为人类服务和为人类造福这个宏大目标和社会价值，离开社会对技术的需要及其对科学的大力支持，科学事业就不可能有那么大的动力支持和那么重要的文化地位，就不可能走向兴旺发达。尤其是我国正处在以经济建设为中心，实施科教兴国战略，并且整个国家正在蓬勃发展的今天，我们的科学事业更应当同整个国家的现代化事业紧密地联系起来，进一步调整科研结构，更好地面向经济建设，从而推动整个现代化的进程。无疑，这也是科学技术本身获得迅猛发展和赶超世界先进水平的极好的历史机遇，因为实现社会现代化的必要条件之一，首先应当是科学技术的现代化。我们必须抓住这一极好的历史机遇，用科学技术推动社会现代化，同时在社会现代化建设的进程中首先实现科学技术的现代化。

另一方面，应当遵循科学自身的发展规律，充分尊重科学家和科研人员的积极性和创造性，从而不断提高科研水平和学术水平，促使科学活动健康地向前发展。除了强调科学应当服务于社会、造福于人类以外，还要看到科学活动的确还有其自身的价值目标，那就是对知识和真理的追求，而且这种对理想或精神境界上的追求的确蕴涵着巨大的精神动力。我们在开普勒、伽利略、牛顿、爱因斯坦、居里夫人等许多伟大的科学家身上，都能看到对知识和真理的无私追求的精神和这种精神所具有的伟大的力量。可以说，要是没有这种精神，就不可能有真正意义上的科学。因此，从科学内部看，更确切地说，从精神传统的角度看，科学作为一种探求知识和真理的认识活动，在本质上是非功利的。因为在那里，科学活动的核心是提出科学思想或科学理论，而首先，科学思想或科学理论往往并不能同社会对技术上的需要直接挂钩，也就是说，它们同其实际的应用往往存在着很大的距离；其次，科学理论往往具有超前性，即在眼前看来不一定是“有用的”，只是在几代人以后才有可能导致某种实用的结果；再次，有些科学理论的提出和证明，其意义甚至只是理论上的、认识上的或智力上的，也许永远不可能“有用”，因此不能纯粹用功利主义的观点来评价它们的意义。所以，过分地强调科学的功利性，必然导致对科学思想或科学理论研究的忽视，从而影响科学的健康发展。

对于社会来说，更需要全面地理解和把握科学的价值及其社会功能。

首先，毫无疑问，社会应当而且必须优先关注科学的技术价值，并将它置于其所有价值的首位，因为以科学为依托的技术直接推动着社会生产力的发展、经济建设的发展和整个社会物质文明水平的提高，它是决定一个国家发展速度、国际竞争力和综合国力的最重要的因素之一。对于正处在现代化建设进程中的中国来说，当然更应当突出强调科学的技术价值，充分挖掘并利用科学的技术资源，以此来带动经济的高速增长和生产力的巨大发展，走现代化的强国富民之路。

其次，社会也应当充分重视科学的文化价值、思想价值和精神价值。科学的社会功能不仅仅只表现为技术价值这一种价值，除了技术价值以外，科学还具有重要的文化价值、思想价值和精神价值。科学作为一种文化，它具有至少同艺术并行的文化价值和社会功能：艺术集中体现着人类对美的向往和追求，而科学则集中体现着人类对知识和真理的追求；艺术有利于增进人的艺术上的修养，而科学则有利于发展人的理智上的才能。因此，科学同艺术一样，同人的自身素质和自身发展密切相关。在许多科学家看来，“对真理的追求要比对真理的占有更为可贵”[10]。这就是科学的文化意义和价值。科学的思想价值在于，它不仅不断提高着人们的思想水平，而且无论在历史上还是在今天都对人们起着解放思想和更新观念的作用。科学的精神价值在于，它“用创造性的工作所产生的成果为提高人类的精神境界而做出贡献”[9]。可见，科学作为一种特殊的文化，它不仅提供给人们崭新的思想，而且还体现了一种崇高的精神。这种精神既是推动科学蓬勃发展的巨大动力，又是促进社会进步的重要的精神力量。毫无疑问，实现社会现代化的过程应当是社会的全面发展的过程。因此，人们在突出强调科学的技术价值，大力开发和利用科学的技术资源，以推动经济发展和物质文明建设的同时，也应当重视科学的文化价值、思想价值和精神价值，充分挖掘和利用科学的精神资源，从而促进文化建设、精神文明建设和社会的全面发展。

最后，正如前面所论述的，功利主义和理想主义这两个概念还可以作进一步的分析。至少，功利主义可区分为狭隘的功利主义和高尚的功利主义。例如，那种自私自利、物欲主义、小团体主义和只顾眼前利益不顾长远利益的功利主义等显然是狭隘的功利主义；而那种为人类谋福利和为人类的自由和解放而奋斗的功利主义则是高尚的功利主义。同样，理想主义也可以作狭隘的理想主义和高尚的理想主义的区分。例如，纯粹为了满足个人的好奇心或纯粹为了个人名利的那种理想主义就显得比较狭隘；而那种为提高人类的精神境界和为人类的自由和解放而做出贡献的理想主义则是非常高尚的。此外，理想主义还可作切合实际的理想主义和脱离实际的理想主义的区分。毫无疑问，全社会应当积极倡导那种高尚的功利主义和高尚的并且切合实际的理想主义。可以认为，高尚的功利主义和高尚的并且切合实际的理想主义在为人类的自由和解放而奋斗这个最高目标或最高境界上不仅是相通的，而且是统一的。

在当今世界（特别是西方社会）流行的反科技思潮当中，有些倾向是颇值得反思的：一是将科学的本质归结为技术的本质，完全从功利主义（而且是狭隘的功利主义）这个角度来理解科学；二是将科学技术的异化归咎于科学技术本身，并且将它同自然和人对立起来，完全对其采取消极的、悲观的和否定的态度。第一种倾向充其量只是从技术传统这个角度来理解科学，而严重忽视了科学的精神传统，看不到科学还具有重要的文化价值、思想价值和精神价值。第二种倾向显然是对科学的技术价值的根本否定，严重忽视了科学技术对推动社会生产力和社会进步的重要作用。更进一步说，它不仅否定了科学最根本的社会价值，而且也从根本上否定了社会进步的意义，从而导致彻底的虚无主义的观点。当然，我们也应当对科学技术的狭隘的功利主义的应用予以严重关注并加以有效地遏制。应当看到，对科学技术的不恰当的应用（特别是狭隘的功利主义的应用）的确有可能已经对人类社会产生诸多负面影响，甚至带来全球性问题。

参考文献

[1] Sarton G. A History of Science，Ancient Science through The Golden Age of Greece. London：Oxford University Press，1953：3，16.

[2] 斯蒂芬·梅森．自然科学史．周照良等译．上海：上海译文出版社 1980：1，2，136，155.

[3] 培根．新工具．许宝骙译．北京：商务印书馆，1984：58，59.

[4] 亚里士多德．形而上学．吴寿彭译．北京：商务印书馆，1959：3，5.

[5] 默顿．十七世纪英国的科学、技术与社会．范岱年等译．成都：四川人民出版社，1986：23，26，27，133，137.

[6] 马克思，恩格斯．马克思恩格斯选集（第 3 卷）．北京：人民出版社，1972：523.

[7] 马克思，恩格斯．马克思恩格斯选集（第 4 卷）．北京：人民出版社，1972：505.

[8] 约翰·齐曼．元科学导论．刘珺珺译．长沙：湖南人民出版社，1988：127，164.

[9] 爱因斯坦．爱因斯坦文集（第 3 卷）．北京：商务印书馆，1979：50，190.

[10] 爱因斯坦．爱因斯坦文集（第 1 卷）．北京：商务印书馆，1976：282，285，309，394.

心理学主体生存论*

现代科学心理学历经 100 余年演变和传承，其本质内涵并没有发生太大的改变，依然是以本体论和实证论为哲学基础，以精致的客观方法和严谨的程序设计为支撑。问题在于，在心理学自然科学品性的背后，心理学研究主体的生存方式在自然科学精神的昭示下，他们的研究立场和原则因为不证自明性，体现着强烈的客观性和中立性，从而使研究主体与客体的分离、研究者与现实生活的割裂及研究者个性的消解，换言之，心理学研究主体的生存方式没有得到明显体现，其研究立场消失或隐身于“科学化”追逐中了。正如自然科学也不会深究科学家活动一样，似乎心理学主体的生存方式无须关注；再换言之，他们的生存方式的客观性也是不证自明地在研究中，不会掺进个人情感、意愿等主观因素，以确保研究立场的价值中立性。那么，是否需要重新关注心理学主体在心理学中的位置？心理学主体的生存方式果真无须关注吗？

一、心理学主体自然科学样态生活方式考证

（一）研究主体与客体之间绝对二分

现代科学心理学以本体论和实证论为根基，借助实验方法走上了科学化

* 本文作者为孟维杰，原题为《心理学主体生存论探新》，原载《自然辩证法通讯》，2009 年第 3 期，第 112～117 页。

道路。本体论哲学假设在我们之外存在着一个客观的、共证的经验世界。这个经验世界是普遍的，不以人的意志为转移的。科学心理学的任务就是去揭示人以外的经验世界共有的、具有普遍意义的心理和行为规律。既然人类共有心理机制和规律普遍存在，就必须采用客观、实证方法来研究和说明。这就是现代心理学研究主体与客体的绝对分离的前提假设。

自笛卡儿以来，西方哲学开启了主体哲学和理性绝对至上的大门，从而确立了人在世界存在的中心地位，成为万物的尺度和真理判定法则，主体理性上升至立法者位置。主体哲学的三个隐喻即"笛卡儿的镜像隐喻、洛克的白板隐喻和康德的哥白尼革命的隐喻"[1]，造成了主体与客体的分离，至近现代以来演变成一切科学研究的最高评判依据和指导准则。伴随而来狭隘的实证主义与功利主义科学观所导致的结果是，一方面，逻辑实证主义者完全从逻辑和实证观点来看待和理解科学，其结果是逻辑主义掩盖了科学的思想性，以实证主义否定了科学的创造性，以客观主义抹杀了科学与人文之间深刻关联，这样一来，科学变成了与人无关的纯粹的客观事实或外在世界的逻辑；另一方面，功利主义者完全从功利和工具观点来看待和理解科学，把科学看做与人无关的外在工具或工具理性，其结果是消解了科学内在动力、思想、价值及其与其他文化的深刻关联[2]。"功利主义者强化了认识（科学）与体验（人文）两个世界的截然划分，似乎科学世界是一个纯粹的客观技术世界，而人文世界则是纯粹主观的精神世界。于是，当他们将技术主义加以绝对化的同时，也进一步从根本上切断了科学是生命的关联，从而进一步从根本上解构了科学生存论意义。"[3]科学心理学主体今天所持有的科学观与从事的活动则体现了逻辑实证主义和功利主义的特征。现代科学心理学为了实现科学化目的，秉持着主体哲学的精神旨趣，不仅使心理学如愿以偿地登上科学殿堂，而且也确立了心理学研究主体在心理学领域中绝对主体和理性代言人的中立、客观位置，人类心理相对于人这一主体而言的客体位置。心理学主体与客体的绝对分离，成为心理科学化的前提条件。

现代心理学从主体哲学假设出发，假设在人类自身以外存在一个客观、普遍意义的心理实体，即心理现象存在。只要研究并掌握了心理实体的运行机制和规律，就可以推而广之，不仅可以探知出人类心理现象的规律性，而且，也可建构出以科学主义心理学为范型的全人类统一心理学。为此，心理学研究者力求在与心理现象保持一定距离的前提下，不惜剥离社会文化环境因素，凭借其感官或延长了的物理工具来捕捉和分析心理现象，将心理现象抽象化、客观化和形式化，努力以公正、客观和合理原则说明、描述和揭示心理规律，以应用技术实现对人类心理现象的预测、干预和控制，并将推导出的心理规律不断外推到更多的人类群体，以验证心理规律的普遍适用性和文化的跨越性。这其实就是现代主体哲学中主客二分模式下自然科学研究范式“人-物”关系模式的沿革和复制，至今依然是现代心理学赖以推崇和遵循的研究准则。于是，心理学研究中，研究者这一绝对主体似乎就不用再提及，不用再追问，他就是客观地存在在那里，不提及在那，也不追问在那，最终他似乎被人们所遗忘，退隐到心理现象的影子后面，作为心理客体的心理现象反倒被凸显出来。研究主体与研究客体之间的主客二分性，依旧是今天心理学研究中主体与客体之间关系的突出写照。

（二）心理学主体与生活世界的割裂性

长期以来，现代心理学研究一直以理性精神为支撑。这种理性精神源出于笛卡儿的“我思故我在”这一命题，将人类理性推至绝对至高地位，并成为衡量和评定万事万物的尺度和准则。在康德这里，理性演变成为自然界法则，自然界所有的一切都超脱不了理性之网；而黑格尔则将理性演绎极致，理性成为科学话语强势权力的另一种命题。人类至那时起，开始以理性解释世界，说明世界，观照世界，人类成为自然的当然立法者、游戏规则的制定者和世界中心的话语强权者。推而至自然科学范畴，研究主体演变成为逻辑理性的自然化身，研究主体理性成为支撑和贯穿科学研究的精神、理念和灵魂；再推至心理学研究中，心理学引进和模仿自然科学研究模式后，这种理性主义精神旨趣当然地被加以推崇、强化甚至是放大，心理学者成为现代心理学当然的理性化身，决定、把握着心理学的发展和走向。

为了实现科学化目的，心理学主体在自然科学理性主义精神支配和昭示下，以实证方法论为基础，奉行“合理性原则”，追求普遍性心理机制，然后将客观、精致实证方法引入心理学，试图把握和描述人类心理规律，期望建构起心理学强大的“理性世界”或“科学世界”。事实上，他们也的确建立起了心理科学庞大的抽象的理论体系。相应地，也建立起以心理学理论体系为架构并与人们生活世界相对应的“理性世界”。然而，“理性世界”尽管有着极强的逻辑表征和理性辩证诉求，彰显着浓烈的学术气息，但对提升人们的心理生活质量，寻求内心幸福的作用十分有限，尤其是当发生大规模的社会运动时，科学心理学实在是勉为其难，甚至是无能为力。它成了一张石蕊试纸，检验出以美国为首的整个科学心理学的不成熟性[4]。其时，强大的理性力量已经把心理学和现实生活远远地隔离开来，使心理学不仅忘却或是有意离弃了心理学另一种品质——文化品性，而且，也有意拒绝、否定或是分割了具体现实生活中人民大众习俗性心理学——一种使人的心灵活动得到素朴、直观理解的心理学，将自己与现实生活割裂开来。这样，一方面，心理学主体依旧不断地制造着精心演绎的理论，尽管该理论体系并不合情但却有着合理性；另一方面，现实生活中人们往往得不到心理科学眷顾，他们解决现实中的问题往往依靠的是习俗、规范及日常观念等，尽管并不合理但却有着合情性。理性的高远与日常的写实性之间距离往往无法跨越。事实上，远离了人民大众心理生活世界，脱离了现实生活的土壤，心理科学只能变成少数心理学家把玩的一种“器物”；心理学家同样如此，将自己隔离于生活世界，隔离于社会，隔离于大众，割裂与“非科学”所有联系，孤傲地沉醉于心理学抽象、逻辑的追逐中而自赏。

（三）心理学主体活动的价值无涉性

心理学主体与被研究者之间的绝对分离，与现实生活的割裂，产生了心理学主体的第三种生存样式：中立性。这是一种价值中立、情感中立、意志中立、“前见”中立，换言之，心理学家在心理学研究中，力求不带任何个人主观因素从事研究。在他眼中，剥离了一切文化意蕴的被研究者如一件器具一样被审视、被研究和被说明，而自己正如自然科学家一样，隐藏起自己的生命意识和价值取向，毫无偏见地去把握面前鲜活的生命。这依然是近现代以来挥之不去的理性主义精神的影响和制约，也是心理学研究中自然科学主义情结难以释怀的最终结果。

当孔德主张实证主义是自然科学所贯穿的一种精神和理念以后，毫无疑问，这种理念和精神也影响到了社会科学。在追求科学化的道路上，许多社会学科研究主体为实现科学化目的，不惜以牺牲本学科特点为代价，力求以研究立场中立性来诠释本学科的科学性与客观性。这其中，将中立性原则发挥至极致的社会学科首推心理学。长期以来，科学心理学者一直奉行着价值无涉的原则立场，力避将个人主观愿望掺杂进整个研究历程中，将自己的研究定位于客观的科学研究活动。但是，需要追问的是，自然科学研究的是物以及物背后的物性，它可以静心、客观地去探究；心理科学研究的是人及人背后的人性，物性与人性之间的巨大差异在于前者是“在那”的，而后者则是变动不居的。心理学家是否能真正做到抽离自己的文化背景和被研究者的文化背景，实现客观探索并描摹出真正的人性；作为人类，当看到心理学家以还原论或是决定论为基础所探究的人性规律，或者将动物得出的结论外推至人类时，是否能体味到人心被理解的喜悦，是值得商榷的。以抽象的数据和逻辑化图表分析所架构的人性大厦能否为人类真正遮挡风雨，人们对此不能不予以思索。事实上，价值中立性一直是心理学科学化的一种标签。当我们对这一标签产生怀疑并试图将其摘下时，心理学的科学化是否能经得起推敲，这就需要对心理学研究者的生存方式予以文化性格的拷问。

应该说，现代心理学发展到今天，与心理学家的研究立场或者是生存方式息息相关。正是心理学家客观、中立的研究立场或是理念，不断地为维系和强化心理学的科学化水平，努力地求证、求索。但是，缘于心理学家生存方式的“无情性”，也为心理学发展带来了更多的羁绊和桎梏。科学心理学一副拒社会现实、常识心理学于千里之外的姿态，实则是将自己封闭在自然科学的狭小圈子中，割裂其求取生存和发展的厚实的生活世界土壤，断绝了其进步和传承的文化资源的滋养。事实上，尽管心理学家一直以科学研究主体自居，从事着严谨而又理性的科学研究，但是，心理学毕竟是一门特殊学科，对自然科学品性的极度推崇和迷信，可能会使自己误入科学主义泥潭。根据文化学观点，在心理学家研究人的过程中，人与文化共生性决定其价值中立立场维系的艰难性，更多的则可能是心理学家带着自身的文化背景和文化判断，对研究客体的文化支持系统进行考究和评说，实则是心理学主体与研究客体之间的一种对话[5]。所以，在讲求多元和开放的时代背景下，心理学研究者须当反思自身研究立场与生存方式对心理学发展的意义。

二、心理学主体生存方式文化性格转向

一直以来，诸如对“什么是科学的最深刻动力，什么是科学的生命，人为什么要从事科学，科学对生命的意义是什么，生命对科学的意义又是什么”等问题的追问，从来就没有停止过。同样，关于对心理学的诸如此类的追问与探究也始终在进行。其实，如果从文化学视角看，心理学主体的研究活动与生存方式带有浓郁的文化个性。他们在研究人的时候，不仅仅是一种客观理智的科学研究活动，更多的时候，他们的研究活动从主观上充满了对人类心理智慧和心灵活动的理解与诠释，实现着与研究客体之间的相互理解。在他们身上，更多的是凝聚着他们的独特个性、这个社会的时代特征以及他们所生活于其中的文化传统印记。他们的研究与其说是在探究人类心理规律，毋宁说是在追问、解读和感悟人类心灵世界。从文化学层面来对心理学主体研究方式作别样考察，抛开他们外在的自然科学个性，会以新的视角勾描出他们的生存方式的文化性格。

（一）寻求理解而非只有说明

对话与理解是21世纪的主流话语[6]，也是20世纪中后期现代性与后现代思潮对话浪潮中所生成的一种话语方式。这种话语方式在涤荡过各个领域后，其敏感的触角也伸向了心理学领域，并对心理学者的研究立场产生了当然影响。

事实已经证明，科学心理学主体所奉行分离性、割裂性和价值中立性的研究立场原则，在后现代思潮呼啸而来，解构与建构理念发生着剧烈碰撞的今天，已经遭遇越来越多的难题，面临着来自学界方方面面的责难。事实上，“人们开始逐步摆脱那种由理性哲学倡导的独白式思维模式，打破传统本体论理念束缚，用生活现实替代客观实体，用对话代替独白”[7]。

理解首先是在心理学主体与客体之间进行。要改变自然科学中“人-物”关系二分法，使心理学者从“人-物”关系高高在上的神坛上走下来，走进研究对象，走进研究客体的文化世界，把人视为人，建构起一种平等、开放

的“人-人”关系模式，伽达默尔称其为“效果历史性关系”[8]。之所以解构心理学主体与客体之间“人-物”简单的主客二分关系模式，不仅仅因为心理学主体是一群特殊的研究共同体，也不仅仅因为心理学科的科学性是以观照和解读人类心性为己任，更重要的是，被研究对象——人的特殊性与复杂性：他有自己的文化背景，有自己的评判标准和价值取向，有自己的感悟和智慧。在研究中，不但心理学者在研究他，他也以自己的特有方式在研究心理学主体——他的心理生活不是一个静止的实体，而是个体经验在与现实生活相互交融中不断地演变和发展。这就需要心理学主体一方面带着文化之镜，走进研究领域，不回避，不躲藏，不隐瞒，直面研究客体；另一方面，心理学主体参与到被研究者的心理生活中，理解而不是试图解释他的心理生活，感受而不是说明他的心理生活，领悟而不是干预他的心理生活，力图达到二者的“视域融合”。当心理学者在理解、感受和领悟被研究者心理生活的时候，对话其实已经在发生、发展。实质上，这是二者背后文化支持系统之间交流和碰撞的过程，这样的心理学研究或许更具有现实性和真实性。

心理学主体对现实生活的理解。科学心理学长期以来一直将自己封闭于自然科学狭小的圈子中，心理学家也一直以科学研究主体自居，一直囿于心理学严谨的科学体系建立，试图将心理学打造成纯粹的自然科学门类，从而将自己隔离于现实社会生活之外，弃掉了心理学赖以生存和发展的现实土壤。其实，心理学的生命力源于社会现实，社会现实生活中有解不完的人生命题、人生事实和人生价值。心理学在走进人生命题，面对人生事实，感悟人生价值中，总能生成一种人生理念、一种人生态度、一种人生意识。在与社会现实生活对话和交流中，体会到人心与人性的丰富多彩和变幻多端。也唯其如此，才能使心理学家从缥缈的云端漫步状态转而在坚实的土地上自信行走，尽管心理学家不执著于琐碎繁杂的个别事实陈述，但是，他们与社会现实生活对话，是基础，是前提。这就涉及科学心理学与另一种水平的心理学即常识性心理学之间关联问题。尽管常识心理学有着非科学、不严谨的嫌疑，但是，在现实生活中，却能很好地理解、体验人们的心理生活，千百年来，就一直这样构筑、解释着人们的心灵世界；也尽管有诸多不合理之处，但有着更多的合情的地方。心理学者应该对常识心理学持一种包容、借鉴和反思的态度，须知，心理学不能也无法替代它而宰制人们的心理生活。所以，心理学者须放下骄傲姿态，与常识心理学对话，聆听常识心理学话语，在聆听中去借鉴，去吸收，去成长，去建构，这是科学心理学进步之要义所在。

科学心理学主体之间需要理解。科学心理学源于西方文化，应该说，心理学家身上都有着或隐或显的西方文化烙印。事实上，西方现代心理学史实质是各个心理学流派不断争论、对抗和冲突的历史，而所属不同心理学派的心理学家也因为研究立场、观点和方法论不同而对别派尽管也有借鉴、理解和对话，但更多时候是相互指责、鞭挞和敌对，突出的要数德国结构主义与美国机能主义心理学之间及行为主义心理学与人本主义心理学两大阵营之间的对抗，这体现了心理学者拒绝交流、沟通和借鉴的研究视野，使心理学追求独立性和统一性的梦想越来越遥远，其分裂局面愈发加剧了他人对心理学科学水平的质疑。为改变这种近乎尴尬的境遇，提升心理学研究质量和品味，心理学者之间须放下彼此成见，坦诚相对，以己之长，补人之短，加强对话意识、反思意识和理解意识，以自己独特的研究品格和文化性格，为他人研究提供一种视角、一种契机和一种平台。所以，心理学者既不可坐井观天、故步自封，亦不可妄自尊大、居高临下，须以开放心态，宽容胸襟，打破学派间森严的学术壁垒，开掘出思想融汇的通道。这是现代心理学进步、成长的不可或缺的前提条件。

（二）生存于生活世界而非仅只有科学世界

无疑，科学心理学主体生存于自己精心打造的“科学世界”中。科学世界是一种与生活世界无论是存在方式，还是表现样态都迥异的世界。在科学世界中，只有客观，只有理性，只有逻辑语词，只有主客二分，一句话，这是一个缺少温情和关怀的“冰冷”世界。生活世界在美国心理学者 Schneider 看来存在着三个维度：其一是情感、本能和想象，是一些不言自明的经验；其二是整体的、复杂的和多重的结构；其三，当生活世界成为知识主题时，总是包含着研究者与被研究者所构建的框架。研究者能意识到自己是被研究事实的一部分[9]。第三个维度明确指出，如果心理学研究者进入或回归生活世界，他们可能会更关注于人及其心理生活、有价值的心理事实。心理事实是心理学研究须直面的对象，但如果没有价值、没有意义，事实则变得可有可无了。心理学主体须将研究视野从仅仅关注人的心理现象转而关注人的心理生活，赋予心理现象以意义，以价值，以情感，在人的心理生活世界中寻找人性之本真。如果说科学世界中的心理学者多是从技术、概念、程序形式等方面，以外在、表层、规范来说明人类心理现象，生活世界中的心理主体者则多从目的、精神、价值等内在、深层、底蕴上理解人类心理生活。从一定意义上说，生活世界更贴近人的现实、社会现实和文化现实。心理学的最终目的是为了人类寻求心灵幸福，这种幸福单靠科学世界中的生硬数据和理性分析是无法实现的，至少有相当的难度。幸福作为一种感受，在生活世界中追寻或许能有希望存在，正如伽达默尔所言："问题不是我们做了什么，也不是我们应当做什么，而是什么东西超越我们愿望和行动一起发生。"[8]心理学作为一种提升人类心理生活质量，关注生命存在优化的科学，其本质是一种精神性活动，这远不是心理学自然科学品性所热衷的抽象化和程序化的科学逻辑术语所能深刻观照的。正如维特根斯坦所说："我们觉得即使一切可能的科学问题都能解答，我们的生命问题还是没有触及。"[10]因此，心理学主体转向生活世界不是心理学者本身思维能力的蜕化，相反，它是在解除了种种心理学本真遮蔽之后重新获得对生活和世界的洞察力量，在自由的理性思考和不断反思人生体验之中，将触及生活世界得以可能的更为深远的思想源头，促成心理学作为一种新的文化精神的兴起。

（三）张扬独特个性而非面无表情

科学世界中的心理学主体在科学主义精神感召下，隐藏起自己鲜活的生命特征，以客观、理智、单纯的自然科学家的身份，试图实现对人类心理规律的说明和把握，这对于以探究人类心性为要务的心理学而言，不啻是一种误区。心理学需要心理学主体张扬个性，以自己个性来探究人性，来理解人心，来感悟生活，这样才能有个性的发现、个性的理解和个性的解说，也才会有个性的人之学说。

心理学主体不仅是生长于某个时代的人，他无法独居一隅，闭门造车，做媚俗文章，而且他拥有着一种强烈的社会责任感，促使他融入广袤的、沸腾的社会生活，投身于严肃的科学活动中。"科学家将自身导向自由和解放，然后，科学家用创造性的成果和崇高的精神境界激励人们走向自由和解放。"[3]社会责任感与科学精神可以并行不悖，相互渗透，相互促进，它体现的是一种荣誉、一种动力和一种选择。社会责任感彰显的是一种人生个性、社会个性，因为不同时代会向心理学者提出不同的责任要求，他所生活的文化模式样态，也会赋予其不同的文化个性，这些是心理学主体从事心理学研究不可或缺的动力源泉和思维材料。更多的时候，心理学主体是以自己特有的"文化之镜"审视、考评人心与人性，从而引导着心理学研究的时代走向和学术价值方向。这样，我们眼中的心理学主体不再是单一的缺少文化温情的人，而是有着自己独特个性的心理言说者。

心理学主体个性还体现在其身份从单一维度向多元维度转向。科学心理学者单一的学术身份决定了其学术视野的狭隘性。其实，心理学科特殊性就在于，要想深刻领悟、洞悉、捕捉人类心性，治心理之学，没有丰富的人文和自然科学的知识底蕴，恐怕是很难的。纵观心理学史，哪一个伟大的心理学家不是学贯各领域，身兼心理学家之余，更多地可能是教育家、哲学家、社会学家、物理学家、化学家等。从古至今我们所阅读的伟大的经典心理学名著，无不反映了作者深厚的人文、社会乃至于科学上的底蕴、意识和理念，更是他们个体心灵生活的结晶。从中，我们不仅仅在单纯地阅读心理学著作，而是在解读作者对人性感悟的智慧以及对社会、人生的深刻理解。如果单从学术上分析某部心理学著作，可能会略显单薄、干瘪，但如果结合作者生活史、时代史和文化史，则可读懂其中所蕴涵的深刻的文化品性和作者的独特个性、视角。

三、结　论

应该说，心理学主体自然科学品性所张扬的科学精神表达的是对理性的真诚信仰，对可操作程序与技术的执著追求，对公正、普遍和创新等准则的遵循，这是人类在追求进步和解放过程中宝贵的精神内涵，体现了人类对自身及与自然之间关系的追问精神。于是，心理学在西方一元单边文化中通过构建理论之间的桥梁，形成一个宏大理论视野，进而推动心理学朝自然科学化方向前进[11]。但是，今天的科学心理学主体拥有的是逻辑实证主义与逻辑主义科学观，缺少对自己所从事的科学活动与人文之间深刻关联的理解与把握，缺少对自己的生存方式和立足基础的反思精神。所有心理学家，无论所持什么样的观点，为了在不同文化中理解行为，都必须认真面对世界上人类行为多样性和个体行为与其文化背景的联系[12]。

对心理学主体文化个性分析和解读的新视野在于，使心理学主体在文化框架中，重新审视自己持有的科学观，使之从脱离文化背景的抽象的研究主体转变成为与文化背景相关联的现实的研究者。心理学主体不再是冷漠的旁观者、客观的研究者及价值无涉的绝对主体，而是拥有自由之思、深沉责任感及文化价值追求的个体：他的自由在于以一种自由探索、自由反思的学术勇气，敢于打破陈旧观念，以自由表达的学术态度，自由发表独立见解；他的责任感在于明确自己之所为，以丰富、提升人类心理生活质量，关注人类心灵幸福，以推动社会走向积极进步为目标；他的价值追求在于深刻表达个人理想，并将个人理想与社会进步关联起来。心理学主体所承载的责任和价值在与历史和社会的自由对话中不断明晰、显现和确定，并直接走进被研究者的精神世界。一个没有责任感、价值追求及为自由而奋斗的信念的心理学家是不可能实现真正的心理学研究的，缺少了心理学者的自由、责任及价值追求的使命的命题，心理学就不可能会成为真正的“人之学”。这样，心理学主体生存方式深刻地转变为将科学与生命融合为一体的“科学人生”的观念[3]。

参考文献

[1] 姚大志．现代之后．北京：东方出版社，2000：105-210.

[2] 孟建伟．论科学的人文价值．北京：中国社会科学出版社，2000：69.

[3] 孟建伟．科学生存论研究．齐鲁学刊，2006，(2)：112.

[4] Moscovici S. Society and theory in social psychology//Taifel Z H，Israd. The Context of Social Psychology. Pcoutledge：New York-London，1972：19.

[5] 张春兴．论心理学发展困境与出路．心理科学，2002，(5)：57.

[6] Scott G. Failing off the edge of the modern. American Psychologist，2001，56 (4)：367.

[7] Jack M. Modernity , postmodernity and psychology. American Psychologist, 2001, 56 (4): 370, 371.

[8] 伽达默尔. 真理与方法. 洪汉鼎译. 上海: 上海译文出版社, 1997: 56-117, 178.

[9] Kirk J. Schneider toward a science of the heart. American Psychologist, 2000, 53 (3): 280-282.

[10] 维特根斯坦. 逻辑哲学论. 贺绍甲译. 北京: 商务印书馆, 1996: 103.

[11] Staats A W. Unificationism and unification of psychology : Fad or new field. American Psychologist, 1991, (46): 899-912.

[12] Segall H M. Cross-cultural psychology as a scholarly dislipline: On the flowering of culture in behavior reserch. American Psychologist, 1998, 53 (10): 1105-1110.

思想考古学视域下的心理学*

一、思想考古学视域下的心理学论要

思想考古学与其说是一种思想，不如说是一种方法论。作为一种方法论，思想考古学更多地关注人文科学与自然科学内在的话语方式，尽可能地来考察话语方式的割裂、断层、差异，以及边缘对话语方式在概念体系、基本命题及逻辑思维等予以分析和还原，并力求以初始状态来深入挖掘其历史原貌，其核心就在于通过对思想本身的分析和还原，来辨读隐匿在历史文本背后的思想秘密运动的深层力量[1]。对心理学的重新审视与理解正是借助"思想考古学"这一方法论，通过对心理学概念系统、基本命题、逻辑推理、话语方式等进行"考古"分析，描述和解构其已有的话语形态，从中发现和建构新的话语实践，使之成为重新解读心理学的立论依据，以便发现和辨析隐匿在心理学自然科学品性背后的思想运动的秘密力量。

一直以来，心理学界就侧重于将"心理学"理解为一种静态的知识体系，或者视心理学为静态的许多相互关联的心理学知识体系的总和，或者视

---

* 本文作者为孟维杰，原题为《文化语境的逃离与回归——思想考古学视域下的心理学》，原载《福建师范大学学报（哲学社会科学版）》，2010年第5期，第30～35页。

心理学为静态的某些基础性心理学知识的概括，或者视心理学为静态的某种结构化心理学知识的体系表述。总体而言，学界对心理学认识与理解的诸多理念和用法，研究视野始终围绕着心理学本身静态意义上的知识体系打转，也始终是在比较狭窄的科学层面上来认识心理学。这些观点的共同之处与现代人对科学的狭隘理解有关。现代人只是将科学理解为一种由概念、范畴、命题构成的静态知识领域。如此理解对于建设和发展一门学科而言是有好处的，但是，对于以研究人为己任的心理学来说，仅仅将其局限于概念、范畴、命题等逻辑意义中来理解和认识，似乎还远远不够。

事实上，科学不单单是一条条零散的确证知识，也不单单是一系列得到这种知识的逻辑方法。怀特认为，科学并不意味着必须从科学活动本身结构和历史来说明，而是首先从根本上把科学看做是一种社会活动，看做是发生在人类社会中的一系列行为。“我们必须把科学看做是一种行为方式，一种解释实在的方式，而不能把它看成一个实体或现实的一部分。”[2]所以，理解“科学”应该具有开放的理念。从根源上讲，科学是从文化中生发而来，只有在文化语境中，才能理解科学发展轨迹。科学只有向文化开放，才能得到理解。科学的成果意即发明与发现，本身就是一种具有社会特征的过程的产物，而不仅只是科学成果本身。只有将其置于社会环境中，才能正确理解科学成果本身，才会有更“科学”的道理，才可能会形成科学与其他叙事方式的平等科学观。而政治权威、职业体系、等级分层及文化理想和价值，在解读科学本身过程中，具有基础和前提作用，也是不可或缺因素。所以，才有“科学是一种文化过程”这一命题[3]。文化成为解释和观照科学活动的一个重要维度[4]。既然理解科学有更为宏大的视野，那么，理解心理学也不应该局限于心理学作为静态知识体系本身，也要向文化开放。从科学文化哲学的视角来审视，在动态意义上来使用和理解“心理学”，把心理学置于特定的文化框架中，将其视为心理学者在特定文化背景下进行的特殊活动方式，文化便成为一个解释框架。探索心理学文化品性的新视野与新理念立足于文化框架，通过对心理学各元素的文化分析，揭示心理学在“科学主义”心态遮蔽下诸要素的若干重要文化特征，重新构建和揭示心理学的本身所具有的文化内涵，以及心理学诸如研究对象等构成部分与文化之间的深刻联系，从而还原出心理学本真的风貌，并挖掘出心理学背后的深层次文化思想的秘密的运动力量。所以，从思想考古学这一方法论视角审视心理学，心理学不仅仅具有自然科学品性，同时也具有浓郁的文化品性。这样的理解视域会给心理学开拓出广阔的研究视野，为其提供高远的思想意境。

二、分析心理学文化品性实现人的回归

心理学在长期的建设与发展中，形成了两种研究取向：科学主义和人文主义，这与它们背后传统是一致的，即科学文化与人文文化，两者在知识上、道德上和心理气质上存在着差异。两种文化取向在心理学研究方式上表现为科学主义研究和人文主义研究[5]。应该指出，无论是科学主义心理学还是人文主义心理学，为了实现科学目的，它们往往将“科学”标准抽象化，将其意义局限于科学“术语”本身，试图将自己的研究遵循“科学”标准。事实上，当抽象的科学标准成为衡量各自研究的准则以后，也将各自研究引上了科学极致化道路。所不同的是，科学主义心理学是将人“明目张胆”地抽象化，而人文主义心理学是将人先放置在崇高位置上，然后再将提炼和抽象出的“人性”置于神坛之上，顶礼膜拜。所以，人在科学主义和人文主义心理学研究中，都不约而同地遭到了“放逐”。心理学世界中的“人”失落了。人抽象为平面化、结构化、数字化的形象。分析心理学文化品性为实现心理学中的人从失落走向回归成为可能。

分析和探讨心理学文化品性带给心理学的根本变化之一就是改变了视心理学为单纯的一项“学术事业”的认识误区与路向。在这个命题观下，将心理学置于特定的文化框架中，心理学被看做是特定的文化背景下的特殊活动方式，把心理学的各个元素纳入或还原到文化框架中予以整体分析与理解，以“思想考古学”方式来揭示和探讨心理学与一定的文化之间的内在关联。这样，心理学就转变成为一门与社会、历史、文化等因素关联起来而不再是抽象的学科。“科学成果——科学的发明与发现是一种具有基本的社会特征的过程的产物”，“只有从政治权威、职业体系、等级分层以及文化理想和价值等层面，才能对科学本身更科学地理解”[3]。对心理学的理解也理应如此。分析心理学文化品性注重将心理学中的各个元素置于文化框架中，由文化赋予其意义，对其理解也从所处的文化背景中来进行。无论是作为研究主体的

心理学者，还是作为研究客体的被研究者，都是如此。这样，研究主体将不再是脱离了自己的文化背景、讲求价值中立的研究者了。被研究者也从心理学单一的学科取向的抽象化境地超脱出来，被纳入或置于特定的文化框架中来寻求理解，不仅注重他的文化“前见”，同时，也注重他与研究主体之间的“对话”，寻求的是他与文化之间关联的特定意义。这种意义是分析心理学文化品性所追求的。这样，心理学中的“人”的形象得以获得回归，从抽象层面走向具体现实，从意义干瘪走向形象丰满。正如吉尔吉指出的那样，“心理学必须依照心理对象原来依存的文化系统予以解读，深刻地观照，而非按照自然科学的理念来说明它们”[6]。

心理学在人类思想成长和人性关爱中应发挥其作用，这是心理学必须承担的“思想任务”。剖析心理学文化品性并非是心理学哲学层面思考感性化和表象化的“回归”，也不是对心理学科技理性抽象化和逻辑化的追捧，而是对心理学理论思维深度的新拓展，是对心理学适应时代发展要求自我约束和调整所彰显的“人”的生命力与形象的回归。

三、分析心理学文化品性实现心理学理性辩护

自启蒙运动以来，自然科学与人文科学之间的分裂与斗争清晰地存在着。如果说，知识的客观性、有效性、精致性和确证性自 19 世纪末以来成为自然科学所追求的“说明”这一永恒的法则的话，那么，“理解”则是精神科学中被以狄尔泰为代表的人文科学家们极为推崇的广泛适用理念[7]，寻求的是对生命、历史和社会的主观体验和理解，用狄尔泰经典的一句话说：“我们说明自然，我们理解心灵生活”，“自然科学和自然科学心理学‘说明’，人文科学心理学‘理解’”[8]。科学与人文之间的人为的分野直接影响了现代心理学的走向，奠定了今日心理学分裂与争斗的基础。“它曾强烈地激荡着从希默尔（Simmel）到施普兰格的现代思潮，而有关理解这一概念在逻辑和心理学两方面的复杂性，自艾宾浩斯-狄尔泰的争论以来的几十年中已经得到阐明。”[8]

解决自然科学与人文科学之间存在的沟壑的希望是伴随着海德格尔的诠释学从方法论向本体论转向而出现的。自从狄尔泰提出“理解”这一命题以

后，对“理解”本身的理解也是见仁见智的命题。其实，“理解”并非是狄尔泰所主张的在从事人文科学活动中特有的研究方式，而是人的思想与说明所能达到的认识活动的前提和基础。从这个层面而言，可以将自然科学的内在逻辑规律的探究活动纳入到解释学框架下来予以认识，从而凸显出科学的解释学的基础[9]。于是，理性和逻辑的科学也彰显、流露出主观和人文意蕴，科学已不再是单纯的学术的“名词”，不再热衷于对科学概念、命题和逻辑体系的静态分析。“理解”作为一种思维方式、话语方式也以不可抗拒之势走进科学，成为理解科学的别样“理解”视角。哈贝马斯在探讨知识的构成时候，就主张，每一种关于自然构成的理论其实都暗含了科学家的研究旨趣，也都负载着探索者的文化语境、语言特征以及历史的印迹。就其知识的构成理论而言，不过是一种特定的知识形式，而这种知识的形式无不隐藏着探索者的特定的文化痕迹，这种文化痕迹在人类知识与认识之间起到媒介的作用[10]。这就意味着，科学并非是单纯的、纯粹的理性探索活动，同时，也是一种流露着文化活动的深层次的理解的活动，如果将科学从文化语境中剥离出来，科学将会成为无源之水，理论的探索始终渗透在科学的活动中，那种认为中性的科学活动其实是对科学本身的最大的误会，理论的“前见”一直在隐身与科学的探索之中。因此，就不再坚持科学家在超人类力量面前表现了恰当的谦卑看法，科学具有亲和性[11]。这说明，“科学理论已经不再是传统意义上的一种叙事知识，相反，其合法性只有经过科学共同体的论辩才成为可能”[12]。没有理解，科学不过是作为一种“理性的卓越形式”而超越人类雷石和文化母体而已。波普尔就认为“理解并非是人文科学特有的方法，自然科学也运用理解，甚至理解在一定程度上直达事物的本真”[13]。同样道理，“理解”也并不是人文科学的唯一法则，它也可以成为用以深入“说明”自然科学深层的东西[14]。

这就是科学的本来、真实的精神和个性。它不仅仅是理性、逻辑和演绎推理的客观理智活动，科学中也渗透着人文精神，科学中也有“理解”。当自然科学本身从形式到内容正发生着由“严肃”向“亲和”的深刻转向之时，现代心理学家则依旧试图在为将心理学打造成为单纯学理意义上的自然科学而努力，他们的研究视野中的科学依旧是只具有抽象的“名词”意义，而没有清醒地认识和反思科学的真正精神和个性。“行为主义主张具体的行为模式的简单化与去文化，认知心理学强调人与计算机的同质性，但是，事实上，人的工具行为离不开具体语境的存在，而计算也无法离开人的深情和意义。"[15]所以，心理学既然是作为一种科学，那么，从对科学的开放、多元和包容的层面来分析和审视心理学本身，则它本身也深蕴着一种具体存在但很有可能我们一直忽略的东西——人文的精神和操守。这种人文精神其实就一直潜蕴在科学精神的背后，不管承认也好，否认也罢，其实就一直在那里。只是，这种精神，是需要"理解"才能理解的。尽管从一定意义上讲，可能会使人产生一种心理学有"理解"会削弱其科学性的误解，但是，真正的心理学不单需要彰显其科学精神的"说明"，同样，也需要凸显其人文精神的"理解"。仅仅将其置于抽象科学"名词"意义上来认识心理学，而忽视了它应有的文化精神，这种一叶障目的做法是值得商榷的。或许，心理学本身所追问的终极目标并非是一种自然科学的理念，而是相对而言的合情性与合理性，合情性体现的是心理学作为一种人学对人类自身的关注；合理性体现是心理学在文化精神以外的对心理学知识体系客观性说明的探究。

四、分析心理学文化品性实现心理学重新解读

（一）心理学观的根本性转变

心理学观是理解和把握心理学学科性质，实现对心理学全面认识的前提和根本。它是对心理学如何发生和构造的基本认识，关涉到心理学范围和边界，它的研究方法的可信性和有效性，它理论构造的合理性和合法性，它的知识体系的评价标准和评价程序，它的应用技术手段的适当性和限度，等等。在心理学研究中，心理学观可以是明确的，也可以是隐含的，无论是明确的还是隐含的，都会使心理学家不自觉地追随和贯彻某种特定的科学观，决定着他们对心理学研究对象理解和对心理学研究方式的确定[16]。一直以来，现代主流心理学囿于自然科学的崇拜和羡慕，为了实现自身的科学化，直接将其继承为自己的心理学观，即实证心理学观，使其成为支配和统治心理学科学化研究方式与方向的主导科学观。应该说，在承认和认可这种心理学观带给科学心理学荣誉和尊严的同时，也必须看到它的局限性。分析心理

学文化品性无疑会扭转单一狭隘的实证心理学观，对心理学有一个全新的把握和理解。从根本上，心理学不仅仅是一种心理学知识探求和知识体系建构的理智活动，主要目的也不仅仅在于心理学知识结构的构筑和积累，外层的自然科学形式也不仅仅是使其获得科学门槛的通行证，而主要在于它是一种对人性的深切关怀，一种关涉人的文化理想的深刻表达，一种对人类、民族、历史和社会的深切关注。它关注的焦点是人在内在精神活动和过程，在逻辑思维的影子中，还存在着绝对不能忽视的隐喻式思维，在理性的自然科学化追逐中，还有着人类可贵的人文精神诉求。"我们会同时发觉人类的心理经验范畴不但可以涵盖物理方面的东西，同时也包含着原来自然科学所不屑的价值意义、美学以及伦理层面的东西。"[17]所以，仅以实证心理学观是难以统括心理学全貌的。分析心理学文化品性会有助于实证心理学观发生深刻改变，对心理学认识与理解从过去的单一、平面和抽象走向全面、立体和具体。

（二）从科学世界深入到生活世界

分析心理学文化品性会使心理学者从关注心理学学科的科学世界深入到人的生活世界。一直以来，现代心理学者执著于心理学学科的科学世界的设计与构筑。科学世界只是一个特殊的、局部的、抽象的逻辑世界。它仅仅能为人类提供道理和事实，但却无法为人类提供价值和意义，在这样的语言（逻辑）世界里，居住着我们的躯体，却安顿不下我们的灵魂[18]。生活世界是以人类现实经验为中心，以人的意向性活动所构成的与人类生活紧密关联的世界，人其实就是有意义地生活在这个现实环境中。在最一般意义上，人先有这个生活世界。生活世界是优先于任何外在的抽象理论预设的概念世界和逻辑语词世界。正如高清海先生所说："因为人无法脱离生活世界而遗世独立生存"，"要实现对科学世界的真正理解，我们必须回到生活世界，阐述生活世界在科学建构和发展中所发挥的作用"[19]。正如罗素所说："价值问题往往根本就不是从科学中派生出来。科学告诉我们实然性的事实性问题，但却无法回答应然性的价值问题"。历史上，那么多伟大的心理学家在其经典名著中的许多创见和见解尽管在今天看来或许有些背时，甚至是片面的，但是，他们的著作、论说之所以在今天依旧堪称经典，哪怕是只言片语，现在读来思索仍旧回味无穷，就在于他们不凡的见解、深邃的思想和独具个性的洞见无不来源于生活世界，来源于对历史经验深刻的反省和批判，来源于对人类命运现实和未来的深切关注。在生活世界中，人类的心灵、理想价值和精神追求能真正得到安顿和实现，人类自身能得到真正的理解和同情，人类的洞见与思想能得到真正的表达和诉说。分析心理学文化品性无论是研究方式、思维方式、前提假设，还是方法论，都可以看做是建设构筑生活世界的一种方式，一种前提，或者是一种理念。文化品性是生活世界的一种表达的框架，或者说是通往生活世界的便利途径。正是因为对心理学文化品性的探讨与分析，才使得对生活世界的关注成为可能。心理学文化品性的理念、精神或思维构成了生活世界元素。所以，心理学者从学科的科学世界深入到人的生活世界则隐喻着对心理学当下单一本体论思维方式的理性拒绝，也是对任何外在于心理学绝对权威科学主义特权意识的反思和批判，更是对在摆脱科学主义的遮蔽之后重获对人自身和生活世界的体察力量。心理学也将会从对自然科学的简单追逐和真理地位的建构的偏执情绪中转向现实生活世界，实现对人自身的深切关怀。

因此，心理学转向生活世界不是心理学本身思考能力的退步，而是通过对心理学本身的真正的全面思考，达成对人类自身的全面的考量与反思，从而可能会对触及生活世界所能够给予我们的最基本的思考的力量，从而促成心理学作为一种新的文化精神的兴起。

（三）心理学者生存方式的根本转变

分析心理学文化品性为心理学者生存方式的根本转变提供了可能，使其从与研究客体之间的绝对分离状态转向与研究客体对话，获得自由与责任。其实，“心理学并不仅仅是简单的自然科学，而且，在盲目的效法当中，也将自己推到了一个十分尴尬的位置和处境——自然科学家在科学研究中也处处渗透着价值之思”[20]。同样道理，心理学者也不再是理智、客观、价值中立的研究主体，而是渗透着价值之思的主体。对心理学者文化分析和解读的新视野在于，推动和引领心理学者在文化框架中，重新审视自己的身份与角色扮演，使之从脱离文化背景的抽象的研究主体转变成为与文化背景相关联的现实的研究者，从理性层面的价值无涉走向文化层面的价值涉入，从逻辑层面的“隐身”形象走向现实生活的开放主体，从有意回避责任到社会良知唤醒。心理学者不再是冷漠的旁观者、客观的研究者及价值无涉的绝对主体，而是拥有自由之思、深沉责任感及文化价值追求的个体：他的自由在于以一种自由探索、自由反思的学术勇气，敢于打破陈旧观念，以自由表达的学术态度，自由发表独立见解；他的责任感在于明确自己之所为，以丰富、提升人类心理生活质量，关注人类心灵幸福，以推动社会走向积极进步为目标；他的价值追求在于深刻表达个人理想，并将个人的理想与社会进步关联起来。因此，研究主体与研究客体之间将不再是绝对分离，而是不断走近、不断理解，生成为一种对话关系。心理学者所承载的责任和价值在与历史和社会的自由对话中不断明晰、显现和确定，并直接走进被研究者的精神世界。一个真正的心理学者在心理学研究中，须当承担起他应该承担的责任、道义与义务。一个没有责任感、价值追求以及为自由而奋斗的信心的心理学者是不可能实现真正的心理学研究的，他的研究注定也是苍白无力的。所以，缺少了心理学者的自由、责任及价值追求的使命的命题，心理学就不可能会成为真正的“人之学”，这样，心理学主体生存方式深刻地转变为将科学与生命融合为一体的“科学人生”的观念[21]。

五、结　　论

思想考古学作为一种全新的方法论，带给学界审视和理解心理学视角的深刻转换。以思想考古学方法论为镜，通过对心理学概念系统、基本命题、逻辑推理、话语方式等进行“考古”分析，描述和解构其已有的话语形态，从中会发现和建构新的话语实践。心理学文化品性的探索与挖掘将触及生活世界得以可能的更为深远的思想源头，促成心理学作为一种新的文化精神的兴起。它的揭示与凸显使心理学中人的形象回归和对心理学科学的理性辩护与重新解读成为可能，也为重新探索心理学人文精神提供了思想前提与基础。

参考文献

[1] 康杰，熊和平．作为方法论的思想考古学．自然辩证法研究，2005，(10)：8.

[2] 怀特．文化科学——人和文明研究．曹锦清译．杭州：浙江人民出版社，1999：4-7.

[3] 巴伯．科学与社会秩序．顾昕译．北京：三联书店，1997：9，10，81-101.

[4] 石中英．教育学文化性格．太原：山西教育出版社，1999：80，81.

[5] Kimble K A. Psyvhology's two culture. American Psychologist，1984，39(6)：184.

[6] Giogi A. Psychology as a Human Science ：A phenomenological Based Approach. New York：Harper Row，1970：138.

[7] Brash H. Hedegger and the Problem of Historial Meaning. London：Martinns Nijheff Publishers，1988：211.

[8] 墨菲，柯瓦齐．近代心理学历史导引．林方，王景和译．北京：商务印书馆，1980：790.

[9] 吴炜．论自然科学诠释学性质．人文杂志，2004，(2)：5.

[10] 哈贝马斯．现代性的地平线——哈贝马斯访谈录．李安冬译．上海：上海人民出版社，1997：199.

[11] 罗蒂．后哲学文化．黄勇译．上海：上海译文出版社，1999：69-73.

[12] 汪民安．论福柯的“人之死”．天津社会科学，2003，(5)：21.

[13] 波普尔．客观知识．舒炜光等译．上海：上海译文出版社，1987：194.

[14] 乔治 ·萨顿．科学史和新人文主义．陈恒六等译．北京：华夏出版社，1989：122，123.

[15] Churchill S D，Wertz F J. An introduction to phenomenological research in psychology//Schneider K J，Bugental J F T，Pierson J F. The Handbook of Humanistic Psychology. Thousand Oaks：Sage Publication，2001：251.

[16] 葛鲁嘉．心理文化论要．大连：辽宁师范大学出版社，1995：290，291.

[17] Davidson L，Cesgrove L A. Psychologyism and phenomenological psychology revisited part1：The liberation from naturalism. Journal of Phenomenological Psychology，1991，(3)：85.

[18] 张祥云．人文教育：复兴“隐喻”价值和功能．高等教育研究，2002，(1)：12.

[19] 高清海．寻找失去的哲学自我．北京：北京师范大学出版社，2005：164.

[20] Nagel E. The Structure of Science ：Problem in the Logic of Science Exploration. New York：Pioutledge，1961：450-485.

[21] 孟建伟．科学生存论研究．齐鲁学刊．2006，(2)：115.

尼采透视主义的真理观*

真理的本质是西方哲学的核心问题之一，虽然对真理存在着诸多不同的理解，但大多数科学家和哲学家都认同，科学旨在探求真理。因此，真理观又构成科学观的重要内容。尼采作为一位划时代的哲学家，对西方传统观念都进行了颠覆，其中也包括西方传统的科学观。尼采对西方科学观的颠覆，突出体现于他根据权力意志哲学而提出的透视主义的真理观。尼采的真理观由于它初看起来自相矛盾的表述方式和非系统的论述，在相当长的时间内遭到了分析哲学和科学哲学的误解。本文力图从科学哲学和生存论的视角，对尼采的真理观进行系统的重构和细致的澄清，希冀由此能给予尼采透视主义真理观更为全面的描述和更为公正的评价。

一、真理与谬误

在西方哲学传统中，真理往往与谬误对立。然而，尼采早在《快乐的科学》中就宣称，“究竟什么是人的真理？——不可驳倒的谬误便是”[1]。这一思想在他未完成的主要论著《权力意志》中，更是一再出现。尼采这种对真

---

* 本文作者为高阳 、郝苑，原题为《论尼采透视主义的真理观》，原载《自然辩证法研究》，2008年第5期，第30～35页。

理本质的悖谬式的阐述，自然引起了人们的疑虑。毕竟，科学追求的是真理，避免的是谬误。如果真理竟是谬误，科学活动还能有清晰的目标吗？没有清晰的目标，科学活动还能正常进行吗？更为重要的是，如果将尼采的真理观一以贯之，那么，尼采关于“真理”本质的知识也将属于谬误。于是，在许多哲学家看来，尼采的真理观既不符合科学实践，又自相矛盾，根本不值得认真对待。

然而，以上反驳并未真正理解尼采真理观的要旨。这些反驳将尼采对真理的阐释误解为尼采对真理的全盘否定，从而才产生了上述矛盾。但是，尼采并非想否定所有的真理，而是反对西方传统形而上学所理解的“真理”。传统的形而上学真理观将符合于实在的知识称为“真理”，然而，尼采认为，这种真理观建立于不可信的本体论信念之上。具体来说，传统的真理观假定了一个存在着客观事实和理性规律的真实世界，它可以通过理性而被人类把握，真理是与外部世界形成同一和符合关系的知识。

尼采认为，传统的本体论信念之所以被普遍地信奉，只是因为这些信念对人类的生存有用。人类要在残酷的自然环境中获得生存，就需要运用理性和科学来认识自然和控制自然，而人类只有在相信世界存在规律和事实的前提下才有可能进行科学研究。现代科学固然在近几个世纪获得了巨大的成就，但是，在尼采看来，并不是因为自然界确实是有规律、有秩序和真实的，所以科学才取得这样的成功。恰恰相反，正是因为科学知识在人类生活中所起的不可或缺的作用，才让人们相信作为科学认识对象的世界具有理性所能够把握的事实、秩序和规律。

为了更深入地揭露有关客观世界的本体论信念的谬误，尼采在他的论著中分别对“事实”、“规律”和“同一性”概念进行了分析。首先，尼采指出，相信世界中存在着事实的信念是不真实的。传统的西方真理观总是假定，世界中存在着客观事实。科学作为一种有效的研究方法，只发现和说明事实，而无法发明和建构“事实”。但尼采认为，所有科学，包括作为最成熟科学的物理学，都是人对世界进行解释的产物，“……物理学也仅仅是对这个世界的解释和整理（根据我们自己的要求，如果要我说的话！），而不是对这个世界的说明”[2]。科学是对世界中存在的事实的解释，这也就意味着，科学受研究者的实践需要和文化追求的影响。每个揭示事实本质的科学，说到底都无法摆脱研究者的视角。由科学共同体享有的范式，往往暗中渗透到科学研究的抉择中，将那些能够满足科学家的实践要求的“事实”在众多可能的研究结果中选择出来，成为一个客观事实。因此，“‘有效’乃是真正的‘存在事实’，唯一的‘存在事实’”[3]。人们为了更有效地生活，才相信存在着“事实”，“事实”恰恰是人们为了实践而构造出来的信念。

其次，尼采宣称，有关自然规律的本体论信念也是不真实的。传统的真理观将真理当成是对自然规律的正确描述，规律的存在似乎无可怀疑。但在尼采看来，“根本就没有‘自然’、‘自然规律’之类的概念”[3]。自然规律被认为存在于不同事物或事件反复以相同方式发生前后相继的现象背后。然而，尼采认为，“相继序列的‘规律性’只不过是一个比喻的表达……为了表达一种一再重现的序列，我们找到一个公式：借此我们并没有发现任何一种‘规律’，更没有发现一种作为导致重现的原因的力量”[3]。自然中存在的只是混沌，而不是规律和秩序，但是我们人类“强加给混沌以如此之多的规律性和形式，以满足我们的实践需要”[3]。作为满足人类实践需要的工具，规律与人的生存状态有着非常紧密的关系，随着我们感官的敏锐性而呈现出不同的形态。“我们的生存条件规定着那些最普遍的规律，我们在其中才看到、才可以看到形式、形态、规律……”[3]人们为了追求更高效的实践，才相信存在着“规律”。“规律”也是人们为了生存而发明出来的信念。

最后，关于事物同一性的信念，也不是真实的。确保研究对象的存在的同一性是真理不自相矛盾的前提。传统的真理观认为，这也是逻辑和理性所能保证的信念。然而，尼采则从两个层面提出了异议。从感官的层面讲，不同感觉器官对事物同一性的判断是不一样的，“较粗糙的器官看见许多表面的相同性”[3]。从精神的层面讲，那种将感官收集来的印象纳入同一个现成体系中的做法，表面上看似乎是理性和逻辑在工作，其深层的机制则是像无机体那样的自我同化。尼采争辩说，这不是理性对世界本质的洞察，而是生命体追求同化和相同性的意志发挥作用的结果。因此，初看起来，是因为有了事物存在着同一和相同的属性，才给了探求真理的逻辑方法以合理性。但事实上恰恰相反，“一切思想、判断、感知作为比较，都是以一种‘设为相同’为前提的。更早地，还以一种‘搞成相同’为前提，搞成相同就等于把所占有的材料吞食到阿米巴（Amoebe）中”[3]。同一性只是为了顺畅地使用逻辑而预设的信念。人们为了更好地满足权力意志同化不同事物的要求，才相信存在着“同一性”。“同一性”也是人们为了知识探求而创造出来的信念。

通过以上的分析，尼采指出，世界其实是一片混沌，所谓的秩序和规律，则是人通过自己的意志强加于自然之上。而西方传统的真理观或者忽视或者否认“真理”所预设的本体论信念的非理性根源，企图完全用理性和逻辑来证明科学知识和真理的有效性和普遍性。但若严格按照形而上学真理观的标准，那么人类迄今获得的知识，由于其非理性的本体论前提，也就变成了一种谬误。可以看出，尼采有意运用了归谬法来揭露西方传统真理观的悖谬。所以，尼采表面自相矛盾的表述并非是他缺乏逻辑思维的拙劣表现，反倒是尼采苦心孤诣颠覆传统观念的修辞策略。通过揭示传统真理观在本体论上的内在不融贯，尼采从根基处撼动西方传统的真理观，并为他阐述自己的透视主义真理观开辟了必要的空间。

二、透视真理的视角

尼采透视主义真理观的核心在于对“透视”（perspective）的解释和阐发上。“透视”原本是绘画的术语，有景观、远景和视角等含义。“世界是可以不同地解说的，它没有什么隐含的意义，而是具有无数的意义，此即‘透视主义’。”[3]尼采将他的认识论称为“透视主义”，其用意主要在于凸显它与现代哲学所主张的“神目观”（God-Eye-View）的差别。对于现代哲学来说，真理是对实在的镜式反映，认识真理的过程，也就是摆脱个人的偏见，达到普遍理性共识的过程。因此，正确的认识不仅与认知者所占据的视角和所处的境遇无关，而且还需要认知者不断摆脱和克服自己的视角可能带来的偏见，以上帝般全能、冷静而又超然的眼光来认识一切事物。在尼采看来，这种传统的真理观恰恰忽略了认知者的透视在认识中所起的作用，并使人们对真理的理解走上歧途。综观尼采的论著，透视性关系所确认的视角主要包括以下三个方面。

1）生理上的视角：每种生物都有自己独特的感官，因此，生命体感知和表象世界的方式并不具备普遍性。尼采声称，“世界是由这些生命体组成的，而且对每个生命体来说都有一个细小的视角，生命体正是由此来衡量、觉察、观看或者不观看的"[3]。因此，包括人在内的生物对世界的认识，都无法摆脱生命体本身的生理构造所带来的局限。

2）社会和文化的视角：对于人类来说，他处于具体的历史和文化环境中。社会与文化赋予人类各种价值、利益和兴趣，由此也构成了他认识真理的一个视角。

3）理性思维的视角：一个认知者即使能暂时排除社会和文化视角的影响，并严格按照理性的教导进行认知，他依旧无法跳出视角的局限。这是因为，理性思维所运用的工具同样是一种视角。尼采断言，理性用来描述世界的语言，"乃是根据最幼稚的偏见构造起来的"[3]。以主谓搭配为特点的西方传统语言形式，才让人相信存在着主客相符合的真理观。进而，理性用来指称世界的概念，也同样只是理性思维基于自身视角的构造。比如，"纯粹机械论意义上的'吸引'和'排斥'乃是完全的虚构"[3]。至于理性所使用的数学和实验方法，也只是理性为了将质的世界转化为量的世界，以此来标示和描述世界，从而成为具有规整、征服、简化和缩略作用的权力的手段[3]。理性思维对世界的认识也无法摆脱它预设的视角。

围绕着透视在认识中的作用，尼采又大致从以下三个方面阐述了他对"透视真理的视角"的理解。

首先，认识总是认知者从某个特定视角出发的透视活动。因此，认知者总是受由认知者和认知对象的相对关系所确定下来的视角的束缚。尼采指出，"并没有自在的事件（Ereigniβan sich）。发生的东西，就是由某个解释者所挑选和概括的一组现象"[3]。传统认识论力图摆脱个人的视角来把握一切现象，但"这意思就是扬弃一切透视性关系，这意思就是无所把握，错认了认知者的本质"[3]。

其次，透视性视角并非仅仅局限于人的视角，任何力的中心都可能形成透视真理的视角。强调真理相对性的观点古已有之，古希腊的普罗泰格拉在反对柏拉图的哲学的时候就已指出，"人是万物的尺度"，真理是相对于人而言的真理，评定真理的标准有赖于人所处的状态和境遇。这种相对主义的真理观往往被等同于尼采的观点，然而尼采绝对不是对普罗泰格拉的相对主义真理观的简单模仿。尼采固然赞同将人的因素归属于"真理的标准"，但他并不赞同普罗泰格拉的人类中心主义的真理观。在尼采看来，“过去的幼稚性只在于，把人类中心主义的特质当做事物的尺度，当做衡量‘实在’与‘非实在’的准绳：简言之，就是把某种限制性条件绝对化了”[3]。并非只有人才能够拥有构造真理的视角，“每个力之中心——而不仅仅是人——都从自身出发来构造其余整个世界”[3]。因此，真理相对的视角，并不仅仅指人的视角，尼采所倡导的真理观，也并非是以人类为中心的相对主义真理观。

最后，透视真理的视角并不奠基于“自我”。在西方哲学史上主张真理奠基于“自我”或“主体”的哲学家大有人在，无论是笛卡儿的“我思故我在”，还是贝克莱的“存在即被感知”，乃至维也纳学派的现象主义，都以不同方式预设了真理所奠基的“自我”或“主体”。然而，尼采的透视主义却与这类带有唯我论倾向的真理观截然有别。对“自我”或“主体”概念的实在性，尼采坚决地持否定态度，“主体不是什么起作用的东西，而只是一种虚构”[3]，“自我（ich）……其实只不过是一种抽象的综合”[3]。既然“自我”、“主体”只是心灵的主观构造，那么，它们就不是构成真理和科学坚实基础的固定不变的实体，“一个主体的范围总是在不断增大或者不断缩减——系统的中心不断地推移……”[3]。由此可以看出，尼采所倡导的真理的视角，绝对不是固定不变的，而是随着主体意志的强力等级的变化而相应发生变化，这就与强调自我实体的唯我论有着根本的差别。

通过对尼采所阐明的有关视角、认知者和认知对象的认识论立场的分析，可以看出，尼采的真理观试图超越在西方哲学中盛行的绝对主义、人类中心主义和唯我论的真理观，克服传统真理观所包含的种种问题和困境。然而，由于尼采的真理观强调了真理的透视视角的相对性，那么，它是否会陷于相对主义的泥潭呢？如果没有，尼采又以何种标准来判别真理呢？

三、真理与生命

按照尼采透视主义的真理观，真理是相对于透视视角的真理，判定真理的标准往往无法摆脱这些视角的影响。但尼采并不主张基于不同视角而得以确立的真理不存在优劣高低之分，更没有主张所有透视真理的视角是不可通约、不可比较的。对于尼采而言，“我相信事情是这样的，这一价值评估乃是‘真理’的本质”[3]。认知者对真理的透视，产生了对真理的信念，而对真理的信念，本质上渗透着认知者的价值。在尼采看来，正是不同视角所负载的价值，决定了视角以及视角透视下的“真理”的优劣与高下。

值得注意的是，尼采对“价值”的理解与经验主义传统的价值观有很大不同。休谟以来的经验主义，主张明确区分价值与事实。前者被当做与个体满足感有关的“主观”趣味的反映，因此不可能在价值问题上达成客观和普遍的共识。如果依据经验主义的价值观，那么尼采的真理观就始终带有相对主义的倾向。然而，尼采并不认为价值是个纯粹主观的概念，更反对“价值只与个人的自我满足感有关”的主张。他在“主观价值感批判”中明确指出，“自我满足并不是与它相关的东西的价值尺度，一如自我满足的缺失并非否定某个事物的价值的反论据”[3]。既然主观的自我满足感并非衡量价值的尺度，那么真正衡量真理的价值尺度来自何处呢？要回答这个问题，就需要弄清尼采对“认识目的”的理解。

尼采宣称，“不是‘认识’，而是图式化（schematisiren）——强加给混沌以如此之多的规律性和形式，以满足我们的实践需要”[3]。认识的目的是为了满足实践需要，实践需要是在生命之中的需要。于是，认识最终是为了生命，衡量真理的价值尺度也就需要从生命之中寻找。

需要澄清的是，尼采所谓的“生命”与它所处时代开始盛行的达尔文主义对“生命”的理解有着泾渭分明的差别。按照达尔文主义的理解，生命主要致力于自己个体和族类的保存。在自然残酷的生存竞争中保存下来的生命，具有较高的价值。尼采对此颇不以为然，他针锋相对地给出了一个对生命的替代性的界定：“但什么是生命呢？在这里就必须对‘生命’概念做一个新的更确定的把握。对此，我的公式是：生命就是权力意志。”[3]在尼采看来，“生命之本质包含着生长欲望，即提高。生命的任何保存都服务于生命的提高。任何一种生命，如果一味地自限于单纯的保存，那么它就衰败了”[4]，甚至都无法保存已有的生命，因为生命的保存也只有在不断超越和提升的生命境界中才能得以最好的实现。由此，尼采得出结论：提升生命比保存生命更有价值。按照这种价值观，也就能确定真理及其视角的优劣和高低：“真理拿什么来证明自己呢？用关于提高了的权力的感觉（一种确信之信仰）——用有用性——用不可或缺性——简言之，就是用优势。”[3]

于是，真理成为服务于生命，提升生命力量的手段和工具。凡是有利于生命力提升的，就是好的真理；凡是不利于生命力提升，又不利于人的创造和超越的，就是糟糕的真理。根据这一原则，尼采对科学追求的真理做出了如下评判：一方面，绝对主义真理观对科学和知识提出了过高的要求，如果按照这种要求来看待科学知识，那么科学知识所揭示的“真理”都将被当做“谬误”来对待。然而，即便如此，谬误依旧是生命不可或缺的工具。那种完全不相信真理的理论立场，归根结底只是一种虚无主义。而“虚无主义乃是我们的一种懒惰”[3]，违背了生命和权力意志的要求，因而是不可取的。另一方面，如果将科学揭示的真理当成最终的绝对真理，那么，“真理比谬误和无知更富灾难性，因为它禁阻了人们赖以从事启蒙和认识的那些力量”[3]。科学就可能消解人们创造的冲动与激情，从而不利于生命力的提升，枯竭生命的活力之源，成为压制生命发展壮大的敌人。相比之下，艺术“是生命的伟大兴奋剂”[3]，它美化着生命，刺激着生命不断提升和超越。正是出于这种考虑，尼采主张艺术比真理更有价值：科学家需要由艺术之美来激发其创造的激情，需要由艺术追求的自由来消解其独断和教条，以便使科学揭示的真理能够更好地服务于生活，服务于生命。

四、评　　价

根据以上论述，可以看出，尼采透视主义的真理观，力图在绝对主义与相对主义的真理观之外，开辟出一条新的道路。

绝对主义真理观将真理当做摆脱一切视角的客观和普遍的知识，它只关注真理中符合逻辑和理性要求的内容，并力图将一切历史和文化的因素从真理中排除出去。尼采的真理观通过揭示绝对主义真理观蕴涵的本体论信念的非理性根源，详细阐明了透视视角在认识中所起的重要作用，有力地撼动了绝对主义真理观的基础。由此，尼采将情绪、意志、价值和文化等传统上被边缘化的“非理性”因素引入对真理的哲学反思中来，从而大大拓宽了对真理的理解。

相对主义真理观虽然意识到真理的相对性，但往往倾向于把真理相对的视角狭隘地理解为人类的主体自我，把人视为万物的尺度。在尼采看来，相对主义真理观违背了生命通过不断变换视角、通过不断创造出基于新视角的智力成果，来达到提升生命力等级的内在要求。尼采倡导根据权力意志所设定的价值等级来判断真理的好坏优劣，倡导和高扬那些有助于生命提升的真理，拒绝和扬弃那些有碍于生命和文化繁荣昌盛的教条。由此，尼采试图通过将透视主义真理观与他关于权力意志的学说结合起来，来摆脱相对主义真理观可能导致的虚无主义的倾向，将生命的关切和生活的实践引入对真理的哲学反思中，从而大大增强了真理的人性色彩和文化意蕴。

尼采的透视主义真理观虽然在上述方面克服了传统真理观的局限，为对真理与科学的理解开辟了新的思路，然而，尼采“突出强调艺术与非理性的重要性”，过于凸显真理对生命的实用价值，遮蔽了科学求真中蕴涵的理想价值。尼采以真理对生命的效用来解释人们对真理的本体论信念，否定了科学的客观性和自然界的实在性，撼动了科学的合理性，造成了科学家对尼采哲学的反感，从而加剧了科学文化与人文文化、科学精神与人文精神的对立与分离[5]。由此观之，只有克服了尼采对真理和科学做出的狭隘的实用主义的理解，尼采的真理观才能真正为真理和科学描绘出一幅公正而全面的哲学画像，才能为科学文化与人文文化的积极互动与对话搭建一座可靠的桥梁。

参考文献

[1] 尼采．快乐的科学．上海：华东师范大学出版社，2007：265.

[2] Nietzsche F. Beyond Good and Evil：Prelude to a Philosophy of the Future. Cambridge：Cambridge University Press，2002：15.

[3] 尼采．权力意志．北京：商务印书馆，2007：12，37，40，122，126，161，165，190，224，224，276，278，287，362，363，440，448，893，906，1068，1070，1112，1188，1194，1248.

[4] 马丁·海德格尔．林中路（修订本）．孙周兴译．上海：上海译文出版社，2004：242.

[5] 孟建伟．论科学的人文价值．北京：中国社会科学出版社，2000：88.

逻辑冰峰上的人文主义*

石里克作为维也纳学派的主要创建者和领导人，对维也纳学派的科学哲学做出了重要的贡献。然而，石里克并非仅仅致力于对科学进行逻辑分析和语言分析，而是自觉地站在“科学人文主义”的立场上，对哲学、艺术、伦理学等人文文化进行了全面而彻底的改造。与纽拉特、哈恩、弗兰克和卡尔纳普等持有激进立场的左翼维也纳学派成员不同，石里克始终保持着与现实生活的距离，始终保持着冷静和豁达的态度来审视世界，始终保持着克制和宽厚的姿态来面对来自各方面的误解和不公。石里克科学人文主义的这些特点，在一定程度上导致了他日后与纽拉特等左翼维也纳学派成员的冲突乃至决裂。在主要由左翼维也纳学派成员撰写的维也纳学派宣言中，左翼维也纳学派暗示石里克是那些逻辑冰峰上自甘寂寞的隐者之一，由于不屑与大众交流，他们仅仅支持科学人文主义所倡导的“科学世界概念”，而无法像战士那样捍卫“科学世界概念”[1]。这种观点显然一方面既片面地理解了石里克的科学人文主义的内涵，另一方面又多少低估了石里克科学人文主义思想的意义和价值。本文试图系统梳理石里克的科学人文主义思想，并揭示其在科学哲学、科学的人文理解以及科学人生观等方面的启发和影响，希冀由此昭

---

* 本文作者为郝苑，原题为《逻辑冰峰上的人文主义——论石里克的科学人文主义思想》，原载《自然辩证法通讯》，2008 年第 6 期，第 1～7 页。

示出这种“隐遁于逻辑冰峰”的科学人文主义的本真意义和价值。

一、石里克的科学人文主义

卡尔纳普将维也纳学派的“科学人文主义”概括为以下三个维也纳学派成员都普遍赞同的观点。第一，人类并没有超自然的保护者或敌人，因此，做任何可以改善生活的事情是人类自身的使命。第二，人类有能力以这样的方式来改善他们的生活状况，许多今日人类遭受的痛苦将得以避免，个人、团体乃至整个人类的外在和内在生活处境将最终在基本上得到改善。第三，所有深思熟虑的行动都以有关世界的知识为前提，科学方法是获取知识的最佳方法，因此，科学必然被当成是改善生活的最有价值的工具之一[2]。

作为维也纳学派的典型代表，上述三个观点也鲜明地勾勒出了石里克科学人文主义的基本轮廓：第一，否定超自然力量的存在，拒斥神秘主义和形而上学对自然世界和人类生活的解释；第二，肯定人类积极自主地改变世界和改善生活的能力，相信人类能够凭借自身的理性来处理物质生活和精神生活中的各种困境；第三，强调科学在建构文化和塑造人性中的重要作用，主张以自然科学的方法和研究成果来捍卫、完善和精致西方传统的人文主义。

应当说，石里克并没有专门撰写论著来专题或系统地阐发他的科学人文主义。但是，从整体上看，石里克的基本科学哲学立场或多或少反映了他的科学人文主义思想。这相应地主要体现于以下三个方面。

首先，石里克通过反对形而上学来否定神秘主义和超自然力量的存在，将人性从宗教和迷信的各种思想教条中解放出来。石里克认为，超自然力量之所以能在现代文化中继续施加它的影响，人类之所以在科学发挥巨大作用的时代里仍然不时乞灵于超自然力量，在很大程度上归咎于形而上学的迷误。形而上学不满足于常识和自然科学的知识主张，力图超越经验现象，去描述和研究现象背后的本体实在。而根据西方哲学的传统观点，相对于不断发生变化的经验现象，本体实在是固定不变的，它构成了经验现象的基础，并对经验现象的变化给出最终的解释。由此，形而上学成为一切科学的女王，并在哲学史中以一元论、二元论和多元论的不同方式影响着人们对自然的理解[3]。在石里克看来，形而上学运用超越人类经验的原因和实体来解释自然现象，并以无法被经验检验的命题或假设来建构科学知识大厦的基础，这不仅给科学发展造成了巨大的障碍，而且还为各种颂扬超自然力量的宗教和迷信对人类文明继续施加影响创造了条件。比如康德的形而上学所预留的“物自体”就“贬斥知识，为信仰留下地盘”，而黑格尔的历史哲学中倡导的“世界精神”，则在斯宾格勒的论著《西方的没落》中演变成反对科学理性和质疑人类自主性的悲观主义历史哲学。石里克敏锐地意识到，这些推崇超自然力量的宗教和神秘主义哲学，事实上威胁了人类对自身能力的肯定，动摇了人类文化对人类理性的自主性、独立性和有效性的信念，深刻地威胁着人类运用科学和理性积极独立地改造物质世界和精神世界的实践活动。因此，就需要从哲学中清除这些阻碍人类进步的偏见的形而上学根源。

需要指出的是，石里克虽然对干预科学自由探索，僵死地以《圣经》的内容来解释自然现象的宗教信仰没有好感，但是，石里克并不像纽拉特、卡尔纳普等激进的维也纳学派成员那样极端地否定宗教对科学和人类文化的人文意义。作为一名心胸开放、海纳百川和富于远见的科学人文主义者，石里克十分清楚宗教信仰在人类生活中的积极作用，也了解有着深厚文化积淀和人文传统的基督教思想对现代人的思想、文化和生活实践的深远影响。过于激进地反对宗教传统，不但无法真正克服宗教信仰中的不合理因素和内在缺陷，而且还会极大地限制科学在各种传统文化中的灵感之源，最终反而不利于科学的发展和科学人文主义的健康成长。因此，石里克反对的仅仅是束缚科学和人类文化自由发展的形而上学或宗教教条，而并不一般地反对宗教。这正如石里克的弟子费格尔（Herbert Feigl）所言，“如果一个人用宗教指的是一种根据神学前提的宇宙说明和道德规范推导，那么宗教确实在结论、方法和一般的世界观上与科学存在着逻辑上的不一致。如果宗教意味着一种致力于人类价值（比如公正、和平、对苦难的慰藉等）的真挚态度，那么在宗教和科学之间不仅不存在冲突，而且还有着相互补充的需要”[4]。

其次，石里克坚信人类理性的力量，并极力倡导运用人类的理性能力来解决人类现实中遇到的各种问题。以马赫为代表的批判学派和爱因斯坦通过对经典力学基本概念和基本原理的意义分析和理论批判，促进了科学知识的发展。石里克从中深受启发，他据此认为，科学和其他智识文化中遇到的困难，在很大程度上都源于概念和命题意义的混淆。克服智识生活中矛盾的办法有两种：第一种是无批判地接受生活和科学中构架起来的概念，进一步用辅助性的概念来发展和补充它们，并最终将这些概念纳入到一个其概念要素之间完全和谐并融贯一致的观念体系之中；第二种办法则回归到科学概念产生的源头，并试图直接洞察这些概念间矛盾的根源，由此从科学的根源处阻止矛盾再次发生[5]。石里克认为，前者导向教条的、脱离人类经验的形而上学图景，而后者才是人文主义所倡导的独立运用理智来解决自然科学或人文文化中的问题的方案。正是为了在学术研究中营造一种自由、开放和自主的人文氛围，捍卫科学和人文文化的合理性，石里克的科学哲学才会主要致力于运用逻辑分析的工具来澄清语词意义的活动，“哲学就是那种确定或发现命题意义的活动。哲学使命题得到澄清，科学使命题得到证实。科学研究的是命题的真理性，哲学研究的是命题的真正意义”[6]。

虽然石里克智识生活的主要关切点集中于对科学命题意义的澄清，但这丝毫不意味着石里克并不关切人类理性对现实的改进。事实上，石里克深信包括他自己在内的维也纳学派的“科学的哲学”（scientific philosophy）是当时正处于鼎盛时期的现代主义的一部分，而推崇科学理性的现代主义将给整个人类文化的重构带来新的契机。通过将科学、哲学、艺术、建筑和社会价值进行科学化的整合，人类最终将实现更为美好的生活方式。石里克对现实的人文关切不仅在推动着他自己的哲学研究，而且也影响着其他维也纳学派成员的哲学研究。在 1928 年 1 月 4 日写给卡尔纳普的一封信里，石里克建议卡尔纳普将其新作的名字改为《世界的逻辑构造》（*Der logischer Aufbau der Welt*），以替代原先具有新康德学派特点的名字（Konstitutionstheorie）。Aufbau 在第一次世界大战后的德语世界里有着独特的含义，它不仅意味着城市的重建，还意味着在一个崭新而确定的科学理性的基础上，建构一个不同于以往的政治、哲学和美学的世界[7]。石里克的建议显然是有意要凸显维也纳学派的“科学的哲学”，从属于更为普遍的、富于批判性和现实关切的科学人文主义的文化运动的一部分[7]。

最后，石里克倡导的“统一科学”充分反映了石里克“科学人文主义”思想中科学的重要地位和不可或缺的作用。19 世纪末至 20 世纪初，德国一些重要哲学家（如狄尔泰、文德尔班和李凯尔特等）极力主张区分自然科学和精神科学。在他们看来，自然科学和精神科学研究对象不同。前者研究的是客观自然，后者研究的是人类精神的文化产物。由于研究对象的不同，也就导致研究方法的不一致。前者主要运用的是致力于对自然现象进行因果说明的归纳法和演绎法，而后者主要运用的是通过外在的历史文化表现形式来揭示他人的内在生命体验内容的解释学方法。石里克对此颇不以为然，他主张，无论是自然科学还是精神科学，它们的研究对象都不是主体对实在的当下体验，"对自然科学而言它往往是一个结构的问题，而这是我们可以认识的问题"[3]。在石里克看来，任何科学的真正研究对象是，构成事实经验的诸要素的相互关系、结合关系和排列方式。虽然精神科学和自然科学的体验内容不同，但是精神科学只要还宣称自身是一门知识，那么就必然和自然科学一样，关注体验内容之间的关系和结构，从而可以运用和自然科学类似或相同的方法和概念来构造自己的知识体系。由此，精神科学和人文科学就成为人类知识的统一系统，该系统为人类提供了一幅有关人类世界的整体图景。也正因为如此，任何历史时期的自然科学，都将对人文文化产生巨大的影响。石里克指出，科学至少在以下两方面推动了人文文化的发展。一方面，科学的发展不断揭示出世界新的特征，产生新的科学概念和命题，从而不断给予哲学新的分析和反思的素材，可以认为，"哲学家只有从自然科学的世界图景出发才能达到他的世界观"[8]。而哲学家基于新科学知识产生的新世界观，为文化的变革和超越提供了根本的范式。另一方面，自然科学的方法不但批判地考察人类生活方式中形成的日常概念，澄清因为日常概念意义的不清晰和混乱所引起的种种观念上的混乱，而且从心理学和生理学的角度增进人类对自身的理解和认识，为建构符合人类自然本性的科学生活方式创造了条件。

虽然石里克强调科学在人文主义或人文文化中的重要性，但他绝非极端的科学主义者。他没有像卡尔纳普或纽拉特等左翼维也纳学派那样主张用"科学的逻辑"（logic of science）来替代传统哲学，更不主张盲目摒弃世界、灵魂、存在等传统哲学的术语。这初看起来是因为石里克认为，极力回避使用这些术语并不会带来思想的解放，只有当思想通过逻辑分析从这些术语的传统语境下解放，并不带偏见地使用它们时，思想才能真正从传统的教条中解放出来[9]。但更深刻的理由与石里克对科学的人文理解有关：作为一名具有深厚人文素养的科学哲学家，石里克相当清楚地意识到西方人文主义传统带给科学的积极意义。科学并不能在人文文化的优良传统完全缺失的真空下健康发展。石里克的科学人文主义能在科学与人文之间保持适度张力，没有导向极端的科学主义，这在很大程度上要归功于他对科学的人文理解。

二、石里克对科学的人文理解

石里克虽然主要致力于澄清科学命题的意义，然而，石里克并没有把科学仅仅当成是一组现成的科学陈述。对于石里克来说，科学概念和命题仅仅是科学研究的结果，而科学同样还是一种人的创造活动，与人的生活世界和人文文化有着密切的联系。科学的意义、价值和目的，深深扎根于人的生活世界和人文文化中。

在石里克的年代里，存在着多种对科学目的的人文理解，最常见的观点之一是试图从宗教和形而上学的立场赋予科学一种“绝对的”价值。这种价值与人们从事科学所带来的乐趣毫无关系，仅仅是科学将我们引向的真理本身赋予了科学这种完全无法为人的经验所理解的绝对价值。石里克坚决反对这种观点，因为其一，实践中的科学并不保证其研究成果都是不容修改的“真理”。恰恰相反，科学中的绝大多数知识都在新的经验证据面前要经受考验和修改。若依靠真理的“绝对价值”来赋予科学意义，那么难免会导致“大多数科学实践是没有价值的活动”的结论。更为重要的是，传统观念所倡导的真理的超越快乐和痛苦的“绝对价值”，是无法经由经验证实，因而无法为人类所理解的概念。石里克指出，这种学说由于受到宗教思想的影响，出于对人类的快乐和痛苦的偏见，认为将价值还原为人类欢欣苦痛的感觉，是对价值崇高感的亵渎。然而，“这种理论把价值概念提到形而上学的稀薄的大气之中并且相信这样一来就提高了价值概念的地位，然而实际上这只会消解价值概念并把它变成一个纯粹的词语”[10]。

在石里克看来，试图从形而上学的神秘立场来赋予科学价值，这无异于缘木求鱼。只有站在人文主义的立场上，将科学的价值扎根于人性的体验，扎根于人类的生活实践之中，才有可能真正发掘出科学的价值。这正如奥斯特瓦尔德所言，“科学是人为人的目的而创造的”[11]。石里克相当赞同这个观点，他指出，“所有知识原初都只是服务于实践的目的……实践常常对纯粹研究提供新的刺激并向它提出新的问题，所以直至如今我们仍然可以说新科学直接从生活的需要中产生"[10]。事实上，不仅应用科学的价值直接与人类生活的需要有着直接的关联，而且理论科学的价值同样也与人类生活的需要有着密切的关联。许多起初无法预知实际效用的理论科学，在经过理论应用和技术革新后，给人类的生活带来了惊人的变化。比如巴斯德起初仅仅是为了研究微生物的生命自然发生的可能性，其后该理论研究却引发了医疗卫生的重大变革。伏特和法拉第起初仅仅是致力于研究电磁学理论，其后却促成了电动机等技术的诞生。居里夫妇以惊人的毅力发现了放射性元素镭，该项理论发现随后被应用于治疗癌症。石里克认为，科学史中诸如此类的例证不可胜数，对于现代人而言，科学的价值与人类生活实践的紧密关系是如此明显的真理，以至于无须再进一步强调。

然而，石里克发现，在当时的学术界存在着一种过分强调科学的实用价值的观点，这种观点反对“为科学而科学”的主张，认为科学服务于现实的需要才是科学的主要价值。而科学家不考虑科学效用的主张受到了来自社会的道德指责，这种指责认为科学家以追求真理为借口，只关注自己的研究兴趣，实际上却忽略了他作为一个公民对国家、社会和其他公民的责任，枯竭了科学研究的来自生活世界的意义，从而实际上贬损了科学的价值。石里克并不认同这种矫枉过正的观点：科学固然具有满足人类生活和实践需要的一面，但是，如果要求科学仅仅以追求有用的真理为目标，那么，这才真正贬损了科学的意义和价值。因为科学知识的有用性并不是当下可见的，如果将科学研究目标仅仅锁定于当下可见是有用的课题时，那么必然会忽视一大批暂时看不出实用性，但在将来会逐步显露出巨大现实效用的科研课题。因此，石里克认为，经验表明，最好地确保科学研究长期具有实用价值的唯一方法，是将真理本身当成科学的最终目标[10]。

石里克反对将科学的价值仅仅局限于实用性还有着更为深刻的理由。对于石里克而言，科学在一开始虽然仅仅是一种保存生命的工具，但是，随着人类理智的发展，原先作为保存生命手段的科学，也有了自身的意义和价值。这正如马赫指出的，“某些领域，像力学、热和其他事物，尤其富有教益，因为在它们之中我们最清楚地看到，科学如何从手工技能和行业中发展起来：逐渐地，物质和技术需要的原动力为纯粹的理智兴趣让路"[12]。石里克十分强调科学从人的理智兴趣中获得的快乐。科学之所以能从单纯的保存生命的工具和手段，转化为具有内在价值的目的，其原因就在于人类能够从科学探求真理的活动本身中体验到满足理智兴趣的快乐，而这些快乐赋予了科学独立于狭隘的实用价值的目的和意义。

在石里克看来，科学由单纯的求生手段转化为有内在独立价值的生存目的，这对丰富人类文化和人生体验，有着极其重要的价值。石里克深受20世纪初兴起的“青年运动”（jugendbewegung）的影响[13]，石里克推崇“青春”的激情和生命力，他并不欣赏把人生仅仅固定于有限的目的之中。他赞同席勒、尼采的观点，认为如果将生命交给传统习俗所固定的人生目的来支配，那么势必会导致人们过着因循守旧的机械生活，扼杀生命本身的激情，枯竭人的想象力和文化的创造性。然而，石里克并没有像尼采那样，尝试着推翻一切传统价值来寻求自由的人生和强有力的生命，而是努力将传统上仅仅作为手段的工作性的、劳心费神的人类活动转变为快乐的自由“游艺”。按照石里克的思想，“所谓的‘游艺’……并不是指游嬉玩耍类似儿戏的事情，而是它们对于人类那种绝对自由的、自愿的、或乐趣的，却不为任何目的所支配的行为”[14]。人类的活动通过与游艺发生直接关联，才达到人生自由的最高境界，在那种境界里，言谈变成了诗歌的吟咏与音乐的歌唱，行走变成了舞蹈，观看变成了欣赏，耳闻变成了聆听，工作则变成了游艺。在游艺的境界中，这些原本是劳作性的手段本身获得了人类精神中的快乐[10]。

石里克声称，这种游艺的境界，不仅在艺术中有突出体现，而且也适用于自然科学。石里克出色地阐明了科学由单纯的手段到具有内在价值的目的的转化，科学正是从这种自由地追求真理的“游艺”精神中获得了它最为根本的价值和意义。生活需要固然是科学价值的重要根源之一，但是，“生活本身并不具有价值；它之所以成为有价值的只是由于它的内容，由于它充满了乐趣。知识以及艺术和其他成千上万的事物，就构成了这种生活的内容”[10]。因此，在石里克看来，科学最根本的价值和意义，源于科学自由追求真理的游艺精神带给人生的乐趣。

石里克将科学的人文价值与生活世界中的实际需要和自由游艺的人生乐趣联系起来，他的这种对科学的人文理解无疑充满着乐观主义和快乐主义的色彩。然而，在石里克所处的时代里，一方面，欧洲由于战乱和经济危机而弥漫着浓郁的悲观主义情绪，石里克的乐观主义和带有玫瑰色彩的世界观即使在他的那些在失业和压抑的境遇中成长起来的学生中都觉得不容易理解[10]。另一方面，由于当时盛行的悲观主义和虚无主义，人们往往对“受难”比对“快乐”更为关切。石里克在这种整体上流行悲观和虚无的文化氛围中，依然逆流而上，坚持运用乐观主义和幸福论的科学人文主义立场来审视科学的意义和价值，这无疑与石里克的科学人生观有着紧密的关联。

三、石里克的科学人生观

石里克乐观的人生态度和肯定世俗快乐的人生观，是他的科学人文主义在伦理学的反思中自然推导出的结论。石里克相当重视伦理学，他认为，人生是由一系列深思熟虑的行为构成的，而这些行为都是以有关世界的知识为前提的。伦理学作为一门科学，它是影响人类行为的知识的重要组成部分，科学人生观奠基于科学伦理学的基础之上。石里克在双重意义上将伦理学理解为一门科学：在关于伦理学的方法问题上，石里克认为逻辑方法起着相当重要的作用。石里克并不认同卡尔纳普和纽拉特等左翼维也纳学派提出的“科学的逻辑”，因为在石里克看来，逻辑应用的领域并不仅仅局限于科学。在日常生活中，逻辑也起着广泛而重要的作用。一个人若“善于清楚地指明那些关于生活关系、关于事实和愿望的陈述和问题的意义”，就能更为明智地做出生活中的选择[6]。在关于伦理学的目的问题上，石里克认为，伦理学不是空洞的道德说教。仅仅抽象地给出道德规范的命令，仅仅告诉人们“事实上把什么东西当做行为准则”，这并不是伦理学的中心任务。作为一门科学，伦理学要将自身建立于心理学的基础之上，从人的经验、动机和心理学规则来解释“为什么要把特定的规范当成道德行为准则”。石里克强调，“被当做最终规范或终极价值的东西，必须是从人的天性和现实生活中抽象出来的”[15]，显然，石里克试图先基于人类生活世界中的实际经验给出关于传统道德规范的理性说明，然后再根据道德规范的理性依据来科学地指导人类解决实践问题。

石里克认为，支配人的意志行为的根本动机是追求快乐。“在许多观念目标冲突的情况下，人会朝最令人愉快的方向行动”[15]，因此，只有通过人追求快乐的心理动机才能给出大多数道德规范形成的合理依据，并由此建构一个乐观而健康的人生观。然而，传统的观念认为，人类心理强度是不可测量、无法定量研究的。如果传统观念是正确的，那么，快乐原则如何能够用以指导人类在具体的处境下合理地做出人生选择呢？石里克承认，用感觉的和与差来计算快乐和痛苦，是没有意义的，在这点上，传统观念没有错。但是，感觉的强度虽然无法单独测量，但不同感觉的关系是可以比较的。有必要把人的意志行为看成是一个动态的权衡过程。假设头脑中存在着两个目标 a 与 b，在这两个目标在头脑中交替出现并相互权衡的过程中，从目标 a 到目标 b 变更的体验，存在着快乐和不快的区别。如果变更的体验是快乐的，则说明 b 是快乐感更强的目标，反之则 a 是快乐感更强的目标。因此，虽然每个意愿目标的快感强度无法孤立地以科学手段直接测量，但是，通过不同意愿目标的对比权衡，就能确定不同目标的相对快感的强度，并依据这种相对快感的强度来有效指导人类做出适合于他自己的选择。

然而，对快乐的充分肯定难道不会低估苦难对人生的意义和价值吗？正如当时在文化界相当流行的尼采、叔本华和陀思妥耶夫斯基的哲学思想所指出的，苦难是人生的一个不可分割的组成部分，没有痛苦的比照，根本就谈不上什么快乐的感受。更重要的是，人类的历史充分表明，苦难往往是刺激个人和民族通过科学、艺术和其他人类文化的创造而实现超越自我的有效动力。

石里克同意尼采等思想家所揭示的苦难的意义，但他认为，从心理学的角度看，虽然苦难与幸福的反差可能增强了人们对快乐的体验，然而，并不能由此认为任何快乐都必然要在经历过严厉的苦难之后才会被体验，其实感受快乐需要的是心理对不同快乐的敏感性，通过不同幸福状态的对比，人类同样也能获得极大的快感。石里克相信，随着科学的发展、文明的进步，人类摆脱了生存的奴役和精神的束缚后，“苦难”就不再成为人类感受快乐的必要参照点。进而，在日常语言中，“苦难”这个概念的意义并不清晰。事实上，“‘苦难’一词的确切含义总是用于表示混合的形态和复杂的体验，它的感觉色彩从来就不是完全的和纯粹的痛苦”[15]，“如果诗人向往苦难，那么，正是苦难中的甜蜜使它成为渴望的对象”[15]。在石里克看来，快乐和痛苦都能激发起人类意志的创造力，“对人生而言，这种激发在双重意义上是崇高和伟大的：它在心灵生活中的力量是非凡的，它是强烈的欢乐之源"[15]。通过人类精神的创造性活动，痛苦被转化为强烈的欢乐之源，让人类超越现实苦难的重负，在这个并不完美的现实世界中追求和实现着理想的幸福和深邃的欢乐。石里克明确地指出，苦难诚然无论在生活中还是在人类文化进步的历程中都起过也正在起着相当重要的作用，但是，无论是人生还是人类文化的最终目的都不是苦难，而是人类的快乐和人生的幸福。石里克真诚地希望，"也许文化的真正进步恰恰在于，为了释放强大的实现快乐的力量，苦难变得越来越没有必要，苦难的这种作用越来越多地为欢乐的激动所承担"[15]。

对于石里克所倡导的快乐主义的科学人生观来说，还有另一个历史久远的怀疑：美德往往与个人利益相冲突，因此，服从美德并不能保证个人的人生幸福。强调快乐在人生中的重要性，难道不会导致人们逃避责任，只关注自己的私人快乐吗？石里克认为，传统道德强调义务和责任至上，要求人们为了道德而克制自己的欲望，这种观点本身就违背人性，因而无法真正在现实中得到普遍实现，真正的道德需要建立于心灵的真实欲求和动机之上。石里克相信基于心理学等现代科学研究成果的科学文化将有效地改造人类的心灵，使其超越利己主义的狭窄视野，不断培养出超越于单纯生理和物质财富的较高级的精神追求，并让低级欲求和高级追求在一个完整的人格中保持着积极而富有创造性的和谐状态。石里克深刻地看到，通过克制自己的欲望来服从道德的义务，这并不是最高的道德境界。将痛苦与道德的义务联系起来，恰恰表明这个人并没有真正将道德自然地纳入自身完整的人格结构和人生观之中，因此才需要用强制的力量来迫使自己在相互冲突的心理中选择社会传统所倡导的行为模式。而道德的最高境界是道德要求本身就成为最大的快乐之源，一个人从各种可与他人分享的精神创造以及救助他者的行动本身中获得最大的人生快乐。此时，拥有最高道德境界的人不再强制自己做善事，而是自愿和自动地行善。正如石里克所言，"最上乘的道德是没有纷争的'纯洁无暇'"[15]。

石里克的科学人生观，不仅揭示了基于人类经验的快乐在生活世界和人类文化中的重要作用，还进一步表明科学通过揭示人类的心理规律，为塑造和谐的人格，培养高尚而务实的德行，以及推动人类文化沿着合乎人性的方向健康发展做出重要贡献。总之，理想人性的塑造和人文文化的构建不应当回避或轻视科学。

四、结　　论

通过以上论述，可以清楚地看到，纽拉特等左翼维也纳学派在双重意义上误解了石里克的科学人文主义。一方面，石里克的科学人文主义绝没有鄙视大众的清高和孤芳自赏。恰恰相反，石里克积极倡导运用科学的世界概念来指导构造新的生活世界，改变现实，并深刻地影响了包括卡尔纳普在内的一些重要的维也纳学派成员的科学人文主义。石里克之所以没有像左翼维也纳学派那样积极地参与激进的社会和文化的运动，这与其说是他对现实的反感，还不如说是因为他宽厚开放的人文态度无法赞同左翼维也纳学派所鼓吹的以“科学逻辑”来彻底反对传统哲学的极端立场。另一方面，石里克的科学人文主义也并非仅仅关注“科学的逻辑”，而是自觉地将逻辑延伸至人生与人文文化，既运用逻辑清除日常生活的观念混淆，让人更合理有效地做出本真的人生选择，又将逻辑和自然科学的意义和价值扎根于倡导快乐和游艺自由的西方人文传统之中，从而为科学与人文搭建起深层的关联。如果说石里克的哲学确实隐匿于逻辑的冰峰之上，那么支撑着这座逻辑冰峰的，恰恰是由石里克推崇的西方科学人文主义孕育而成的坚实大地。

可见，石里克的科学人文主义构成他哲学研究和思想发展的主要动力之一。由于石里克的科学人文主义始终在科学与人文、传统与革新、理论与实践之间保持着合理的张力，所以他的哲学立场比较温和开明，而他运用新的数理逻辑和语言分析的方法积极应对同时代盛行的反理性主义和形而上学对科学人文主义的攻击，又给他的科学人文主义赋予了 20 世纪鲜明的时代气息。虽然在今天看来，石里克所领导的维也纳学派的科学哲学存在着诸多值得商榷的立场和观点，但是支持着石里克等维也纳学派的科学人文主义思想以及由此而来的科学研究和哲学研究的精神动力，依然值得人们学习、反思和借鉴。

参考文献

［1］ Neurath O. Empiricism and Sociology. Dordrecht：D. Reidel Publishing Company，1973：317.

［2］ Carnap R. Intellectual autobiography//Schilpp P A. The Philosophy of Rudolf Carnap. Illinois：Open Court Publishing House，1963：83.

［3］ Schlick M. The Problems of Philosophy in Their Interconnection. Dordrecht：D. Reidel Publishing Company，1987：19-22，165.

［4］ Feigl H. Naturalism and humanism//Cohen R S. Herbert Feigl，Inquiries and Provocations：Selected Writings 1929—1974. Dordrecht：D. Reidel Publishing Company，1981：374.

［5］ Schlick M. Identity of space，introjection and the psycho-physical problem//Mulder H L，Schlick B. Moritz Schlick，Philosophical Papers：Volume Ⅰ（1909—1922）. Dordrecht：D. Reidel Publishing Company，1979：190.

［6］ 石里克．哲学的转变//洪谦．逻辑经验主义．北京：商务印书馆，1989：9，11.

［7］ Galison P. Constructing modernism：The cultural location of aufbau//Giere R N，Richardson A W. Origins of Logical Empiricism. Minneapolis ：University of Minnesota Press，1996：17，34，35.

［8］ Schlick M. Philosophie und naturwissenschaft. Erkenntnis，1934，4：396.

［9］ Schlick M. The vienna school and traditional philosophy//Mulder H L，Schlick B. Moritz Schlick，Philosophical Papers：Volume Ⅱ（1925—1936）. Dordrecht：D. Reidel Publishing Company，1979：493.

［10］ 石里克·M. 普通认识论．李步楼译．北京：商务印书馆，2005：125-127，131.

［11］ 弗里德里希·奥斯特瓦尔德．自然哲学概论．李醒民译．北京：华夏出版社，1999：5.

［12］ 恩斯特·马赫．认识与谬误．李醒民译．北京：华夏出版社，2000：86.

［13］ 哈勒．新实证主义．韩林合译．北京：商务印书馆，1998：128.

［14］ 韩林合．洪谦选集．长春：吉林人民出版社，2005：125.

［15］ 莫里茨·石里克．伦理学问题．孙美堂译．北京：华夏出版社，2001：17，30，106-108，110，153.

第二部
科学文化史

科学的人文根源*

在科学诞生的过程中，人文文化起了极其重要的作用。“科学不可能在真空中成长，它需要有一个能促进科学发展的良好的人文文化背景。”[1]如果说，科学是一棵大树，各个科学部门是它的枝干，那么，人文文化就为这棵大树提供了生长所需的阳光、空气和土壤。脱离了人文文化提供的各种有利的先在条件，要完整、全面和深刻地理解科学的诞生，就几乎是不可想象的。为了更好地理解科学的诞生，就有必要充分理解和认识孕育科学的人文文化，而这也就意味着到西方人文文化的源头——古希腊和古罗马那里去探寻科学的本体论、方法论和价值论的根源。

一、科学本体论的人文根源

人类对自然存在着多种描述方式。除了科学的描述外，人类还会运用神话、形而上学等其他方式对自然进行理解与描述。不同文化之所以会采用不同的方式来描述自然，一个根本原因在于，它们各自对“自然是如何存在的”、“自然的存在是否有秩序和规律可言”等本体论问题的认识和信念不

---

* 本文作者为郝苑，原题为《论科学的人文根源》，原载《自然辩证法通讯》，2006年第3期，第9～15页。

同。对于那些处于科学起源阶段的科学家来说，他们普遍相信自然中存在着可被人认识的规律。具体说来，这包含以下四层含义。

第一，自然界中存在着规律。无论是将自然定律理解为人的理智产物，还是独立于人的心灵的客观实在，科学家在科学研究中都预设了自然规律的存在。第二，自然规律普遍支配着世界。世界的运行严格按照科学规律进行。由于自然界的复杂性，存在着一时无法被已发现的自然规律解释的现象，但不存在永远无法被自然规律解释的现象。第三，自然规律可以通过理性而被人认识。每个有理性的人，在经过适当的训练和学习，都能够把握自然规律。第四，被发现的自然规律，不仅能够用语言进行交流，而且应当用语言公之于众，以接受知识共同体的其他成员的检验和批判。上述自然本体认识和信念的确立，在很大程度上依赖于自然科学之外的人文文化，它们可以在古希腊文化中找到根源。

卡西尔认为，古希腊文化史上那场由神话和宗教思维转向自然理性思维的重大变革，“就其出发点和就其目标去观察，大致上可被概括地归纳为一个基本概念。这一概念被希腊哲学所发现并由希腊哲学顺着它的各种侧面做出增补完成。于希腊思想发展中扮演这一种角色的，是逻各斯（logos-be-griff）这一个基本概念”[2]。由此可知，逻各斯在古希腊文化和思想中占据着极其重要的核心地位，它见证着希腊思想文化的发展和演变，并以它多义的内涵反映着希腊文化的多种面貌。笔者认为，古希腊文化的主要特征大致可以归结为“逻各斯”的四层含义。而由这四层含义所对应的希腊文化的四方面重要特征，恰恰为西方人文文化确立了自然科学产生所需要的对自然本体的认识和信念。

逻各斯的概念最早由前苏格拉底的哲学家赫拉克利特提出。赫拉克利特虽然在不同的含义上使用“逻各斯”，但逻各斯还是具有一个基本的含义，也就是“一个尺度、大小、分寸，即数量上的比例关系……这种尺度当然也是一种规律”[3]。赫拉克利特肯定了自然以及人类的经验是不断变化的，但他强调，这些变化是有规律的，“逻各斯”首先就意味着自然现象的变化规律。

逻各斯的基本含义恰恰是古希腊文化肯定自然的秩序和规律的生动写照。古希腊文化的这种自然观形成于它的神话。古希腊诗人赫西俄德在他系统总结希腊神话的名作《神谱》中生动地描绘了创世之初，以宙斯为代表的象征秩序的奥林匹斯诸神战胜象征混沌的提坦诸神的过程，从而确立了诸神之间严格的等级秩序和关系的过程。神祇之间严格的等级秩序是宇宙、城邦中存在的一切规律的根源。值得注意的是，《神谱》在很多段落中都不是对神灵的直接描述，而是“重述被理解为神（theoi）的行为后果的那些被观察到和经验到的一系列事件”[4]，这些事件大都是一些自然现象。如《神谱》有关宙斯与最后一位提坦神——提丰的战斗的章节，诗人所描述的雷鸣、闪电、火光、地震，以及提丰的外形，就是取材于地中海埃特纳（Etna）火山（位于意大利西西里岛东北部，是欧洲最高的活火山）的外形及其爆发时产生的震撼人心的自然现象。因此，希腊神话中所反映的不同神祇之间存在着明确的谱系和严格的等级秩序，是严格地对应于人们能够观察到的自然现象的。于是，不同的自然现象之间，也就被理所当然地认为与奥林匹斯的诸神一样，存在着明确的联系和秩序。由此，希腊文化也就肯定了自然现象中存在的逻各斯。

其次，作为自然变化规律的逻各斯是普遍有效的。“正是逻各斯以及由逻各斯决定的现实的普遍性和共同性，才让哲学家和科学家的工作成为可能。”[5]因此，普遍有效的逻各斯，就要求“以理智说话的那些人，必须依靠万物之中共同的东西，就像一个城邦依赖于法律”[6]。有理性的人必须依照普遍支配世界的自然规律行事。

相应地，在古希腊的各种文化中，也几乎处处可以感受到规律的支配作用。在希腊的政治生活中，自从梭伦在公元前594年最终建立起古希腊法律体系，法律一直对古希腊人的政治活动、道德行为起着重要的规范作用。而古希腊法律制度所反映的自然法思想认为，法律源于自然界中存在的规律，法律的普遍性，恰恰体现了自然规律的普遍性。古希腊的美学思想认为，美是可以通过客观规律来反映和描述的。在这种美学思想的影响下，希腊人的许多艺术形式（如雕塑），并不注重刻画个别事物的特征，而是强调与理想模式的关系，试图通过艺术作品反映一种普遍的规律与特性。古希腊悲剧也力图展示那些反映宇宙秩序和规律的命运，它们制约着每个人（包括英雄）的人生，并驱使悲剧事件不可避免地发生，从而揭示了冷酷无情的自然规律和秩序的强大力量。甚至是古希腊的体育竞技中，也充斥着各种规则与条律。这些规则一方面用以指导运动员有效地提高体能和运动的技能，另一方面规范运动员、裁判和观众在奥林匹亚竞技场上的各种行为，保证竞赛的公正。既然规律普遍支配着古希腊文化所反映的世界的各个方面，那么，就没有理由认为自然世界会成为例外。由此，古希腊文化确立了自然现象普遍受规律支配的信念。

再次，逻各斯作为普遍的规律，它可以被人的理性所认识。赫拉克利特认为，“健全的思想是最优越最智慧的：通过对自然给予关注，它能说出真理并按照自然的本性行事”[6]。而且，“人人都能认识自己并正确地思考”[6]。所谓的“自然的本性”和“真理”，就是作为自然规律的逻各斯，而“健全的思想”反映的是人的理性能力。赫拉克利特不仅肯定了自然规律是可以认识的，而且还表明，每个人凭借的是理性，而不是什么神秘的力量来认识自然。这是古希腊文化的主流哲学思想对西方文明所作的最大贡献之一。在希腊哲学的开端，泰勒斯就以“水”来解释万物的本原和变化的规律，坚持了以理性可以把握的内在于自然的原因来解释自然，之后的自然哲学家们也大都坚持了这个立场。赫拉克利特的对手，另一位前苏格拉底哲学家巴门尼德，通过提出“思维与存在的同一”而肯定了人的理性能够认识规律。而到了希腊哲学的鼎盛时期，当理性与知识受到带有相对主义倾向的智者派的威胁时，苏格拉底及其弟子柏拉图倾尽一生的心血和智慧与之斗争，并在亚里士多德的哲学中将当时所取得的关于世界的理性知识架构成一座系统的知识大厦。希腊理性主义哲学所取得的建设性知识成就在当时完全压倒了相对主义和怀疑主义的影响，为后世树立起一座人类理性知识的丰碑，从而确立和维护了人类对理性把握自然的认识能力的信念。

最后，作为可被理性认识的普遍规律，逻各斯要求通过语言来表达自身。事实上，“理性的逻各斯这个术语原来的词根的意思是‘讲述’或‘叙说’”[7]，逻各斯作为一种讲述和叙说的话语，就需要执行话语的功能，也就是“让人看话语所谈及的东西……借助所谈的东西把所涉的东西公开出来，从而使他人也能通达所涉的东西”[8]。因此，按照逻各斯的内在规定，当逻各斯被有理性的人们发现和掌握后，还要在有理性的人们之间交流和讨论，并在交流和讨论中进一步加深对逻各斯的认识和理解。

强调知识的交流和沟通也是古希腊文化的重要特征，这和希腊民主的政治体制有着密切关联。在民主体制下，揭示各种规律的语言就被用来为各种政治主张进行辩护，“政治和逻各斯之间就有了密切的相互联系。政治的技能主要就是驾驭语言的技能，而逻各斯最初也是通过它的政治功能认识了自己，认识了它的规则和有效性”[9]。为了更好地服务于民主政治中的辩论，希腊文化发展出了一系列与语言的有效沟通、论证有关的技能和学科知识，如演说术、雄辩术、修辞学、语言学乃至逻辑学。这些学科努力寻求语言表达和交流中存在的种种规律，为后世总结和积累了大量有效地表达、交流和传播知识的经验。此外，古希腊的艺术风格又造就了一种有利于传播和交流科学知识的语言风格。雅典政治家伯里克利曾说，雅典人“喜好简约美，语词会像其他任何事物那样被简约地使用着”[10]。相较于希伯来等文明的语言，古希腊的语言表达给人以一种简洁明快的感觉。这种语言风格使描述自然规律的科学知识得到有效传播和交流。古希腊文化传播、交流自然知识的成功经验不但为后世提供了简洁、有效地传播、交流科学知识的范例，而且从根本上确立了自然规律可以通过语言来传播和交流的信念。

由此可知，近代科学所预设的本体的认识和信念，都可以在以逻各斯所表征的希腊文化的四方面重要特征中找到根源。文艺复兴时期的人文学者在译介古希腊文献的过程中，重新复活了这些本体论的认识和信念，从而从文化上为科学的诞生奠定了一个坚实可靠的本体论基础。

二、科学方法论的人文根源

科学要合理地认识自然，就需要借助独特而有效的科学方法。众所周知，自然科学两个最重要的方法是数学与实验。这两种方法之所以会被科学家广泛运用于认识自然，除了它们本身在认识自然上的优点外，还极大地受益于古希腊和古罗马的人文文化。

（一）数学方法的人文根源

自然科学家将数学作为认识自然的基本方法的背后，蕴涵着一场西方思想史上的革命。在这场革命中，产生了一种新的理解外部世界的观念，即

“那种将‘外部世界’当做其真实的、‘自在的’描述是由数学公式构成的东西的观念”[11]。在这种观念的引导下，自然被数学化，并“以用数学方式奠定的理念世界暗中代替唯一现实的世界，现实的由感性给予的世界，总是被体验到的和可以体验到的世界——我们的日常生活世界”[12]。

伽利略等近代自然科学家将自然数学化的构想，可以追溯到古希腊的人文文化。古希腊的毕达哥拉斯学派就已经提出了“万物皆数”的思想。这个学派认为，世界上一切事物的本原都可以最终归结为数，因为像水、火、土、气等元素都会随着现象的变化而变化的，但数字则不然。即使外观上极其不同的两个事物，比如 5 只鸡和 5 头牛，就它们的数目而言，却是相同的。进而，每个数，都可以通过适当的步骤，转化为可见的图形，成为事物的原因。“‘一’就是点，‘二’是线，‘三’是三角形，‘四’是四面体。数之为事物的原因就在于它限定了事物的界限或极端，正如点确定了图形一样。”[13]既然数是自然的本原，要描述、认识自然，就有必要采用数字的形式。

毕达哥拉斯学派强调的是数字在自然中的本原地位，而柏拉图的哲学思想，则进一步强调了数学方法作为阐释世界的方法的重要地位。柏拉图认为，现实世界的经验由于其不断变化，不足以成为理性认识的对象。只有在现实世界背后稳定和完美的理念，才是理性认识的对象。数学是认识理念的一种颇为理想的方法。一方面，数学是对感性事物描述，因此，它与现实经验有着密切联系。另一方面，数学对感性事物的描述是高度抽象的，它揭示的只是感性经验中与数有关的抽象属性和关系。因此，数学被认做是由感性世界通向理念世界的一座桥梁，它使人的灵魂抛弃短暂易逝的表象，转向对永恒事物的沉思。也正是因为数学对人的认识和灵魂有着如此重要的作用，柏拉图学院的门口才写着“不懂数学者不得入内”的箴言。

古希腊崇尚数与数学的哲学思想，是与希腊文化中蕴涵的数学思想和方法分不开的。对于古希腊文化而言，数的力量“在人的所有行为和思想中，在所有的技艺和音乐中，都发生作用”[14]。

希腊文化中美的标准是那种能够被数学方法所发现和描述的和谐与比例。古希腊的艺术作品努力展现表现美的数字比例，如在雕塑中，人物身体每个部位就是按照严格的比例塑造的，甚至连一个手指和脚趾的比例都没有被忽略。希腊人简朴的建筑总是呈长方形，其长、宽、高的比例都是严格确定的。而在音乐中，希腊人发现，琴弦的长度与它发出的声音存在着严格的对应关系。琴弦的长度之比，又与发出的声音是否和谐有关。于是，希腊文化将音乐也还原为数与数之间的关系。

古希腊的道德与法律也与数学有着紧密联系。古希腊道德与法律力求“公正”，亚里士多德认为，“公正就是某种比例，而这种比例并非抽象数目所独具，而且由普遍数目所形成。比例就是比值相等”[15]。也就是说，要实现道德与法律中的公正，就有必要在参与立法、经济贸易、政治选举、财产分割等人类活动的各种力量间找到一个合适的比例、尺度，根据这种比例和尺度来规范、制约人与人之间的行为，实现公正的要求。“合理的计算方法（logismos）一旦被发现，就能结束停滞状态，带来和谐。”[9]在这种思想的指导下，亚里士多德在其伦理学论著中，就多次借鉴数学方法阐释了如何在具体情况下分配“正义”的问题。

古希腊文化从自然本原的角度论证了数的重要性，并通过数学方法在希腊人的文化和生活中的成功运用，在西方文化中确立起一种对数学方法的普遍有效性的信念。这种信念通过文艺复兴时期的艺术家和思想家复兴，影响了伽利略等近代科学家，为其“自然数学化”的革命创造了有利的文化条件。

（二）实验方法的人文根源

自然科学中的实验，主要是用来检验科学的假说、猜想的，因此，与被动的观看不同，实验更强调对自然进行有目的的观察。正如波普尔所言，在科学中，“理论家提出某些确切的问题给实验家，后者试图用他们的实验来对这些问题而不是其他任何问题，给出一个判决性的回答：他努力排除所有其他问题”[16]。实验也并非原封不动地将自然现象搬进实验室，“许多实验创造了那些迄今在宇宙的纯粹状态中尚未存在的现象”[17]。实验者不是一个与实验现象没有任何关联的旁观者，他将根据理论兴趣，利用仪器和设备去主动干预相关的自然现象，以求得问题的解答。

因此，科学要普遍运用实验方法，就需要唤醒人们对自己在自然面前的积极、主动地位的意识，要求人们重视理论对实践的干预，重视制造和操作仪器的技能。这种对实验方法不可或缺的态度，普遍存在于文艺复兴时期的工匠和技师之中，近代许多伟大的科学家重视实验和技艺的态度，在很大程度上就是在他们与技师、工匠的直接或间接交流中培养出来的。例如，伽利略的一生就是在由技师做助手的工场中度过的。在与技师们的交流中，他赞扬工场里的工匠“一半靠继承的经验，一半靠他们自己的观察，在解释现象方面变得极其内行”[18]，并由此意识到实践和干预对认识自然的重要性。可以说，“只有在技艺中有了一个相当可观和迅速的进步之后，才出现了近代科学”[19]。而这种对技艺的重视态度，主要导源于古罗马的人文文化。

从总体上讲，古希腊文化虽然在理论研究上取得了巨大的成就，但是，希腊人并不屑于将理论应用于实践。因而，技艺也一直没有受到人们应有的重视。这种局面在古罗马文化中得到了转变。罗马人吸取了希腊文化衰败的教训，开始强调理论的实际运用和现实效用。他们反对将理论与实际的经验脱节，反对陷入纯粹的逻辑推理和抽象思辨。但是，他们并不轻视能够指导实践的理论学习和研究，尤为重视那些能够很好地将理论与实践结合的技艺。罗马人利用他们从希腊人那里学习到的科学知识，指导农业、建筑业、军事、医疗等方面的技艺，并在这些实践方面获得了巨大的成就。罗马文化对技艺的强调增强了人类利用科学知识去干涉、改造自然的能动意识，并将科学的视域从抽象的理念王国拓展到具有丰富内容的自然现象和现实生活，从而孕育了科学理论与实际经验相结合的实验精神。

另外，罗马文化在发展建筑、医学的过程中，由于实践的需要，改进了许多与科学实验相关的仪器和设备，积累了一定的操作经验和实践技巧，并且意识到了测量和实用几何学的重要性。古希腊的几何学满足于思想中的演绎、推理，忽略了发展对现实生活的各种对象进行测量的技术。而罗马人擅长将几何学与实际问题结合起来，即使是对抽象的几何定理的证明，在他们的教科书中也往往与军事、建筑等方面的实际问题联系起来。西塞罗在谈及几何学的时候，认为几何学虽然在希腊文化中获得了长足而迅速的进步，但是希腊人尚未弄明白这门技艺的意义和作用，而罗马人“……已经确定了这门技艺的范围，即它只用于测量和计算方面”[20]。正是在这种思想观念的影响下，罗马人积极地将几何定理和数学计算运用于解决城市建设、农田分配等方面的实际问题，大力强调发展测量的技术。古罗马文化所创制的仪器，所发展的仪器操作技术和测量技术，为科学实验积累了许多可贵的经验。古罗马文化从思想观念和物质技术两方面为实验方法的兴起和成熟做出了不可或缺的贡献。

三、科学价值论的人文根源

科学蕴涵的价值，揭示了人们从事科学研究的意义。正是因为深切感受到科学的价值，才会有一大批科学先驱不顾教廷和宗教裁判所的压力和威胁，舍身从事科学研究。按照科学满足的人的需要是否与认识、真理相关，科学的价值大致可以分为两类：认知价值和非认知价值。普特南指出，“所有的价值，包括认知价值，都是从我们关于人类繁荣兴盛的理念和理性的理念中获得它们的根据的”[21]。相应地，科学的两种价值也可以在崇尚理性的古希腊文化和崇尚实用的古罗马文化中找到各自的根源。

（一）科学认知价值的人文根源

探求自然的真理是科学的一个基本目的，因此，“科学是以追求真理（或真知）为价值导向的……科学的这一基本价值是科学持续进步的动力和科学生命的真正源泉之所在”[22]。在科学诞生的过程中，近代科学家从事科学的最根本的动机，源自他们想通过科学来认识自然和世界的精神渴求，源自他们对科学认知价值的推崇。近代科学家的这种态度深受推崇求真价值的古希腊文化的影响。

古希腊哲学极其推崇追求真理的认识活动。前苏格拉底时期的自然哲学，便已经开始以不同的态度来对待、评价真理与意见了。巴门尼德将他的哲理诗区分为关于真理（alétheia）与关于意见（dóxa）的两个部分来论述，赫拉克利特则猛烈抨击大多数人依据各自的主观感觉而形成的意见。他认为，这些仅依据意见下判断的人，只是生活在各自的梦境中，而无法对所有人共同拥有的世界做出明智的判断。唯有那种能用理性和逻各斯把握世界的人，才能对人们共同拥有的现实世界做出真实的判断，才是最明智和最优秀的。而“一个人如果是最优秀的，那他就抵得上一万个人”[23]，一个明智和优秀的人依照理性做出的判断，就远比一万个仅仅依靠自己的主观感受和意见的人做出的判断要可靠，要有价值。真理并不取决于同意它、掌握它的人的数目。因此，真理不仅具有高于意见的价值，而且还能赋予拥有真理的人以价值，真理的价值要远高于意见的价值。柏拉图更进一步区分了真理与意见。真理是关于理念世界的真正知识，而意见只是暂时为真的认识。尽管意见间或能对人们有所帮助，但它无法真实地反映世界，因而无法具有和真理一样的认知价值。在认识的对象中，恰恰是真理，才最值得人们追求。

古希腊文化对真理的执著追求，是和它对人的理性本质的认识分不开的。希腊哲学家明确地将人定义为理性的生物，人的理性成为人类相较于其他生物的优越性的最根本体现。亚里士多德详细阐释了理性的意义和价值。他认为，每种生物的成长都可以用目的因来解释，而目的因所体现的目的是这个物种的本质所规定的。现实往往阻碍生物实现其本性，但是生物以实现它的本性为最大的幸福。人作为理性的生物，则以实现它们的理性本质为最大幸福。求真的最大价值并不在于知识以外的目的，而在于求真的过程和活动能够实现和提高人类的理性能力。由此，亚里士多德才会在《形而上学》的开篇处宣称，求知是所有人的本性。

希腊人旺盛的求知欲还和他们对待人生的整体态度有着紧密的关联。相较于古埃及与古印度文化对自然和现实生活的悲观逃避态度，古希腊文化从整体上对自然和现实生活抱着乐观和肯定的态度。“对希腊人而言，外部世界不仅是真实的，而且还是有趣的。”[10]古希腊人酷爱视觉，大力发展了诸如雕塑、绘画等视觉艺术。这些艺术所揭示的自然之美，又进一步促使希腊人将注意力投向心灵之外的自然，不断激发人们对各种自然现象产生新的惊异和好奇，从而不断产生探求科学知识的强烈愿望和持久动力。古希腊文化深刻揭示了求真的认知活动对人的本性的满足，从人的理性本质的角度论证了科学认知价值的基础和内涵，确立了西方文化推崇理性和求真的基调，并在文艺复兴的人文文化所创造的有利环境中，为科学家提供了他们进行科学研究的正确目标和根本动力。

（二）科学非认知价值的人文根源

科学的非认知价值揭示了科学改造人类的物质世界和精神世界，改善人类生存环境的功效，为科学研究争取了国家和公众的普遍支持。科学诞生的初期，科学家为了抵御来自宗教的迫害，往往用科学的实际效用来说服君王、贵族乃至教会中的开明人士为其科学研究提供保护和物质支持。因此，科学的非认知价值，也对科学的诞生起了不可或缺的作用。而科学家的这种让科学为人类的繁荣昌盛服务的实用态度，主要导源于古罗马的人文文化。

古罗马文化是一个注重实效的文化。“罗马人理当被视做是一个实践的民族”[24]，他们怀着极大的兴趣，将希腊人在天文学、外科学、几何学等方面所取得的最为显著的理论成就运用于改造现实，服务于古罗马的政府、军队和人民的实际利益。罗马人还不断组织来自世界各国、各地的科学家、技师和工匠，运用他们的知识和技巧，来共同完成一系列宏大的工程。他们在组织、管理改造自然的工程实践中充分体现出希腊人无法比拟的创造性想象力和实践能力。罗马人凭借着他们运用科学的实践能力，筑起了一座座巍峨的城堡，开通了一条条高效的水上运输通道，并改造了一块块不毛之地，使之成为一片片肥沃的农田。古罗马虽然在科学的基础理论上少有建树，却较为成功地利用了当时的科学知识与技术，在建筑、农业、医学等领域获得了极大的成功，增强了罗马人驾驭自然的能力，提高了罗马人的生活福利水平。许多科学史学家认为，罗马人的这种实用态度阻碍了当时科学的发展，这种观点无疑是有道理的。但是事物都有两面性：一方面，古罗马令人遗憾地忽视了科学的认知价值，不利于科学在古罗马文化中的整体进步；另一方面，古罗马文化却给了人们充分体验科学改造自然，改善人类生活的非认知价值的机会。在对这些科学知识和技术的运用中，科学改造物质世界，改善人类生活水平的功效和价值在西方文化中逐渐深入人心。

另外，在基督教之前支配着古罗马人文文化的斯多亚主义（Stoicism），从提升人性和人生幸福的角度论证了科学知识的非认知价值。斯多亚主义的核心问题是探求指导人生，使人获得幸福的原则。斯多亚主义认为，顺应自然的生活方式是最幸福的。“我听从自然的指导——这是所有斯多亚派一致同意的一条原则。"[25]所谓自然，也就是宇宙的秩序、普遍的规律。按照自然的生活，一方面是要求一个人按照自然的模式和规律来塑造自己，认识自己的本性和能力，过着那种与自己的自然本性和谐一致的生活；另一方面，通过认识自然的"自由技艺"，坦然接受自然规律和必然性带给自己的所有后果，并在面对困境和束缚的超然心境中获得宁静和自由。正如塞涅卡所言，智者不受必然性的束缚，因为他愿意接受必然性强加给他的一切。因此，人要获得幸福，就有必要了解自然的秩序、规律，并由此确定自己能力的范围。"总之，只有在认识了什么取决于你，你不再欲求或悲叹任何不取决于你的事情，你才拥有自由。"[26]斯多亚主义揭示了对自然的认识与自由之间的深刻关系，从而基于人性追求善与自由的角度，阐明了科学知识的非认知价值的内涵，大大拓展和深化了人们对科学知识的非认知价值的理解与认识。

古罗马文化全面揭示了科学知识改造人类的物质世界和精神世界的非认知价值，补充了古希腊文化对科学价值的片面认识，使科学有可能赢得更多人和更广泛的社会力量的支持，以加快自然科学的成长与成熟。古罗马人文遗产也对科学的诞生做出了不可或缺的贡献。

四、结　论

综上所述，推崇理性和真理的古希腊人文文化和推崇实践和经验的古罗马人文文化，由于各自的片面性，都无法独立地孕育出近代科学。唯有在文艺复兴时期的人文学者融合这两种文化的创造性努力之下，才产生了一种既注重理论和理性，又注重实践和经验，既强调用数学来描述自然，又强调用实验来拷问自然，既肯定科学的求真价值，又不忽视科学的实用价值的全面、均衡的人文文化。"文艺复兴时期的人文主义所强调的'人'，是理想化的'完整的人'、'完全的人'或'完美的人'，所强调的'人的经验'，也是人的'完整的'、'完全的'或'完美的'经验。"[27]也正是在这种善于在多极间保持张力，并注重人性的完整、全面发展的人文文化中，真正意义上的自然科学才逐渐成长和繁荣起来。

参考文献

［1］孟建伟．科学与人文的深刻关联．自然辩证法研究，2002，（6）：7.

［2］恩斯特·卡西尔．人文科学的逻辑．关之尹译．上海：上海译文出版社，2004：6.

［3］汪子嵩，范明生，陈春富等．希腊哲学史（第一卷）．北京：人民出版社，1997：459，460.

［4］Greene M. Natural Knowledge in Preclassical Antiquity. Baltimore and London：The John Hopkins University Press，1992：53.

［5］Schofield M，Nussbaum M. Language and Logos：Study in Ancient Greek philosophy. Cambridge：Cambridge University Press，1982：31.

［6］Cohen S，Curd P，Reeve C. Readings in Ancient Greek Philosophy：From Thales to Aristotle. 2nd ed. Indianapolis/Cambridge：Hackett Publishing Company，Inc，2000：28，29.

［7］瓦托夫斯基．科学思想的概念基础——科学哲学导论．范岱年译．北京：求实出版社，1982：10.

［8］海德格尔．存在与时间（修订译本）．陈嘉映，王庆节译．北京：生活·读书·新知三联书店，1999：38.

［9］Vernant J. The Origins of Greek Thought. London：Methuen & Co. Led.，1982：50，96.

［10］Hamilton E. The Greek Way to Western Civilization. New York：New American Library，1948：26，57.

［11］Putnam H. The Many Faces of Realism. LaSalle. Illinois：Open Court Publishing Company，1987：5.

［12］胡塞尔．欧洲科学的危机和超越论的现象学．王炳文译．北京：商务印书馆，2001：64.

［13］莱昂·罗斑．希腊思想和科学精神的起源．陈修斋译．桂林：广西师范大学出版社，2003：59.

［14］克莱因．数学与知识的探求．刘志强译．上海：复旦大学出版社，2005：43.

［15］亚里士多德．尼各马科伦理学（修订本）．苗力田译．北京：中国社会科学出版社，1999：101.

［16］Popper K. The Logic of Scientific Discovery. London and New York：Routledge，

2002：78.

［17］ Hacking I. Representing and Intervening：Introductory Topics in the Philosophy of Nature Science. Cambridge：Cambridge University Press，1983：XIII.

［18］ Mason S F. A History of the Sciences：Main Currents of Scientific Thought. London：Routledge & Kegan Paul Led，1953：121.

［19］ Hall E W. Modern Science and Human Values：A Study in the History of Ideas. Princeton：D. Van Nostrand Company Icn，1956：70.

［20］ 克莱因．西方文化中的数学．张祖贵译．上海：复旦大学出版社，2004：85.

［21］ Putnam H. Realism with a Human Face. Cambridge：Harvard University Press，1990：141.

［22］ 李醒民．关于科学与价值的几个问题．中国社会科学，1990，（5）：50，51.

［23］ Kahn C H. The Art and Thought of Heraclitus：An Edition of the Fragments with Translation and Commentary. Cambridge：Cambridge University Press，1979：57.

［24］ 巴洛．罗马人．黄韬译．上海：上海人民出版社，2000：154.

［25］ 塞涅卡．强者的温柔：塞涅卡伦理文选．包利民译．北京：中国社会科学出版社，2005：347.

［26］ Bobzien S. Determinism and Freedom in Stoic Philosophy. Oxford：Clarendon Press，1998：342.

［27］ 孟建伟．科学与人文主义——论西方人文主义的三种形式．自然辩证法通讯，2005，（3）：29.

科学的人文动力*

“科学中的一切，都是由科学家用生命去发现和创造的。没有科学家，就没有科学；没有科学家的生命，就没有科学的生命。”[1]科学作为人类创造活动的产物，“它是由人类创造、更新，以及发展的。它的规律、结构以及表达，不仅取决于它所发现的实在的性质，而且还取决于完成这些发现的人的本性的性质”[2]，而科学家的本性与生命，又与他所处的人文文化息息相关。因此，不同人文文化给予科学家的人文动力，往往对科学的成长与发展，起着至关重要的作用。不同历史时期的人文文化所建构的人性观和人文体验，使不同时代的科学家形成了相应的科学研究的境界、兴趣、意志和激情，从而在很大程度上决定了科学家研究动力的大小和取得成就的高低。本文将分别从古希腊、近代和现代三个时期，阐明人文文化如何为科学提供相应的动力，从而揭示人文文化与科学发展的紧密关联。

一、古希腊科学的人文动力

相较于其他同时期的文明，古希腊在科学上取得了辉煌的成就，这极大

* 本文作者为孟建伟、郝苑，原题为《论科学的人文动力》，原载《南开学报（哲学社会科学版）》，2007 年第 6 期，第 39～46 页。

地受益于古希腊人文文化为科学提供的强大动力。希腊科学的人文动力，首先源自希腊文化孕育的乐观豁达和自由开放的自然主义人性观。这种人性观一方面包含着希腊人对自身的理性认知能力的信心，另一方面也包含着希腊人对外部自然现象的人文关切。

希腊人积极自信的自然主义人性观，是和希腊文化发展的特定优势分不开的。尽管希腊文化也不乏各种天灾人祸的威胁，然而，在希腊文明的鼎盛时期，"无论如何，希腊人享受着大量的有利条件……没有移民（我们所知的移民发生于希腊民族的内部）；没有其他民族的入侵（这会导致旧的生活方式的中断，并遮蔽对它的记忆）；没有导致信仰僵化的宗教危机，最后也没有任何长期的奴役"[3]。因此，相较于其他文化，古希腊文化蕴涵着更为乐观和自由的人生态度。而且，宗教力量相对薄弱，希腊诸神对命运并不是全知全能的，比如，"他们不仅为了诱惑的目的而需要改变形体的精巧伪装，而且他们也彼此防范没有限制地行使他们意愿的一时兴致"[4]。即使是主神宙斯，他也常常不自觉地受陷于命运的束缚。如果说，《伊利亚特》中奥林匹斯诸神还多少干预世俗事务，那么，在《奥德赛》中，神就越来越少地干预人的生活，命运作为一种必然规律，取代了宗教和神对人的掌控。

古希腊悲剧集中体现了悲剧的必然性。然而，希腊悲剧中的主角并不被动接受命运的安排，他们往往尽个人的最大努力来与命运抗争。希腊悲剧在承认命运的必然性的前提下，讴歌和颂扬了希腊英雄积极与命运抗争的人生态度。由此，希腊悲剧唤醒了希腊人的自我意识，这种自我意识在充分意识到自然规律必然性的情况下，并没有采取弃世的方式来回避矛盾，而是依旧不放弃自我的意愿来认识与改造自然。

希腊悲剧突出反映了希腊人改变自然和生活命运的意愿，但由于尚未意识到理性的力量，希腊悲剧最多只能对人与命运抗争的失败结局做出宣泄和哀叹。而希腊自然哲学，充分强调了人性中理性的地位和力量。赫拉克利特断言，支配万物的"逻各斯"能被人的理性所认识，阿那克萨哥拉主张奴斯（理智）推动着世界的变化发展。这两位著名的自然哲学家，分别从客观规律的可知性和世界发展的主观动力两方面，论证了人依靠自己的理性来认识自然和改造自然的能力。原先不可测的命运，现在转变成能被人的理性掌握的规律。希腊人逐渐对理性的力量产生了信心。

希腊人文文化不仅通过肯定理性的力量，唤起了希腊人理性认识自然的积极性，而且通过揭示认识自然与人生幸福的关联，极大地激发了希腊人对外部自然现象的人文关切。古希腊人有着追求幸福和快乐的天性，然而，希腊人的幸福观是建立于理性的自我认识之上的。德尔斐神庙的两大箴言之一就是“认识你自己”。对于希腊的哲学家而言，要想实现一个人乃至城邦中所有人的幸福，首先就需要认识人的自我。苏格拉底从正反两个方面论证了自我认识对幸福的重要意义。从反面来看，无人自愿作恶。人们之所以为恶，是因为他们既没有认识到该行为会对他们自己的危害，又没有认识到自己究竟要什么。从正面来看，德性就是知识。一个人只有对自我，自己真正的需求，自己所要达到的目的和实施的行为之间的关系，有一个理性和清晰地认识，才能真正实现人生的幸福。于是，自我认识成为希腊人解决他们的人生幸福问题的首要条件之一。

应当指出，在古希腊的人文文化中，并不存在一个与外部世界相对立的自我的实体，主体与客体并没有分离。认识自我，不是去认识为一切外部经验和知识奠定基础的主观的自我，而是认识与自然有着紧密联系，通过自然反映自身的自我。因此，希腊人就需要借助与智力、灵魂相似的东西（如可看清的形式、数学真理或者神）来认识自我。而根据古希腊的自然哲学，那些相似于自我的事物中，自然又居于一个非常特殊的地位。自泰勒斯开始，古希腊的自然哲学家就一直把人当做自然的一个部分来认识。自然是如何构成的，人也如何构成。因此，可以通过对自然的认识来更好的认识人。阿那克萨哥拉断言，自然事物与人是“同类体”（stoichenon）。而德谟克利特又进一步认为，人是相应于自然界万事万物的“大宇宙”而生的“小宇宙”。所以，了解了作为“大宇宙”的自然，就能充分认识作为“小宇宙”的人的自我，才有可能实现真正适合于个体和城邦的幸福。在这种自然主义的人性观的引导下，希腊文化就极其强调观看，并对自然始终抱有强烈的好奇心和兴趣。

然而，仅仅依靠兴趣和好奇心，似乎并不足以保证对自然的认识朝着严密、系统和深刻的科学知识的方向发展。正如海德格尔指出的，好奇并不是为了真正、彻底了解所见之物，而是仅为了看，“它贪新骛奇仅为了从这一新奇重新跳到另一新奇上去。这种看之操心不是为了把捉，不是为了有所知地在真相中存在，而只是为了能放纵自己于世界"[5]。一味地好奇于新奇事物，往往让人浅尝辄止，仅仅满足于关于自然的一般的技艺性的知识，而不会去深入探究自然现象之间更为深刻的规律。所幸的是，希腊人文文化通过凸显理性和真理的人文效用和价值，极大地提升了希腊科学的理论旨趣，使希腊科学避免流于空泛肤浅。

自公元前 5 世纪末的赫拉克利特和巴门尼德起，古希腊哲学就明确地提出了真理与意见之间的区别，并强调了真理相对于意见的优先地位。"在这个意义上，哲学从一开始起便是对真理的寻求。"[6]而按照希腊哲人看来，真理是不会随着时间和空间的变化而丧失其真实的效力的。于是，寻求真理，也就是寻求那种在不同人的不同生活世界中都同样有效的知识，寻求那种不仅仅能够满足特殊人的特殊兴趣的知识。由此可见，探求真理，需要一种超越于个人世界和个人兴趣的动力，而这种动力因素，在很大程度上是由古希腊倡导民主、平等和公共理性的人文文化提供的。

正如韦尔南所指出的，希腊人的自我是无人称、超个性、不与周围世界脱节的。这也就意味着，希腊人的生存是与周围的社群紧密结合起来的。"一个人的所是，他的价值，他的本体，都要求他被类似的人组成的团体所承认"[7]，倘若希腊人被赶出了自己的城邦，那么，他也就变得一无是处，不再能像人那样地生存。正因为这种紧密的关系，希腊人不可能满足于那些仅仅局限于由某个或某些个体构成的私人世界的知识，而是要努力提高知识的深度和广度，使得知识能够在所有人都共有的世界里面同样有效，从而让知识能够得到所有人的认可和承认。这种源自实践和生活的需求，经过哲学化，就导致对私人兴趣的普遍悬搁，并让希腊哲学和科学将追求绝对无误的知识，当做自身发展的任务。正是这种对知识的公共性、普遍性和确定性的追求，才让希腊科学能够发展出诸如欧氏几何这样严密而系统的理论知识。没有古希腊人文文化所提供的超越私人兴趣的动力，希腊人就很难摆脱意见和技艺的束缚，创造出真正符合科学基本要求的理论知识。希腊人文文化对理性的公共、普遍而又精确的人文效用的强调，大大提高了希腊科学所追求的境界，为希腊科学的发展提供了不可或缺的动力。

二、近代科学的人文动力

由基督教统治的中世纪，教条化的宗教思想否定人的自然本性，贬低人的情感与感官快乐，而人解决自身与自然之间的各种问题的能力，往往都有赖于上帝的意旨。在这种依附于神性的人性观的影响下，人们不仅缺乏对自然的兴趣，而且也无法形成独立地去认识自然、改造自然的自我意识。而宗教裁判所树起的火刑柱，在近代伊始，也尚未失去威力。科学研究者常常要冒遭受迫害，乃至被剥夺生命的风险。在这种情况下，近代科学想要获得发展，就亟待近代人文文化从新的人性观和更广阔的人文经验的层面出发，为科学的发展探寻到更为强大和丰富的动力源泉。

文艺复兴时期的人文主义，首先对中世纪依附于神性的人性观进行了批判和改造。文艺复兴时期的人文主义者们大力讴歌了人的理性和自由意志，肯定了人能够通过自己理性和思想上的努力，独立、自由地塑造自身，积极地认识、改造自然。意大利人文主义者皮科在他那篇被誉为近代人文主义宣言的论文《论人的尊严》中，以雄辩的声音宣称，人凭借着上帝所赐予的理性和意志，具备能够为自己的地位和形象进行自由选择的能力。他借造物主（supreme maker）之口对亚当（Adam）说，“所有其他生物的本性被限定和约束于我们所制定的律法，与之相较，你不受这样的限制的阻碍。凭借着我们交由你保管的你自己的自由意志，你可以自己勾勒出你本性的特征”[8]。由此，人开始以独立、主动、理性地认识自然、改造自然的主体身份，出现于自然面前。文艺复兴的人文主义，开始逐步形成盛行于近代人文主义思潮的主体主义人性观。

近代人文文化极力彰显理性力量的“主体主义”的人性观，通过笛卡儿的哲学思想而最终得以确立。古希腊的人本主义思想虽然将人作为万物的尺度，但是，正如海德格尔指出，希腊人的那个作为万物尺度的“人”，并不是一种没有限制的尺度，它与它所表象、认识的客体一起归属于希腊人知道的真理的无蔽状态。人对自然的认识所起的作用，受着先在的无蔽域的限制。因此，人的理性并非全知全能。比如，智者普罗泰格拉就认为，人由于自身的种种局限，无法断定是否存在神。而近代人文文化，“通过笛卡儿、并且自笛卡儿以来，在形而上学中，人即人类自我（ich）以占据支配地位的方式成为‘主体’（subjekt）”[9]。人的自我成为主体，也就使得人成为了万事万物得以存在的基础，对任何事物的知觉和理解，都需要预先设定人类的主体自我，甚至上帝的存在，也有赖于人的主体自我的设定。人的主体自我，在认识世界和揭示真理的过程中，起着几乎是无所不在的积极作用。近代人文文化的主体主义的人性观，虽然过于极端，但在当时对科学的发展，却起了非常重要的推动作用。由此，近代科学才得以从宗教启示真理的认识模式中彻底解放出来，科学家才能有信心独立依靠理性来解决与自然相关的一个个难题。

面对保守的宗教势力的压迫，科学要获得独立发展的学科地位，就需要尽最大可能地从各种人性因素中获得动力支持。因此，近代人文文化努力将科学认识与其他人文经验联系起来，并从爱这种基本的人文关切上找到了近代科学发展动力的直接而又充满活力的源泉。远在古希腊时代，柏拉图就曾经谈到爱欲与认识的关系，但是，由于亚里士多德过分排他的理性观的巨大影响，古希腊文化从整体上还是把科学当做一种与爱无关的理性活动。不同于古希腊，在近代人文文化看来，科学的认识是与爱无法脱节的人类活动。歌德年轻时就曾说过，“人们只能认识自己所爱的，爱，或激情越强烈越充沛，认识就越深刻越完整”。这意味着，“对象首先出现在爱的过程之中，然后感知才描述它们，理性随后对它们做出判断”[10]。反过来，达·芬奇又极力主张，“伟大的爱是伟大的认知之女，认识得越确切，爱得也越深”[11]。近代人文学者意识到，认识不仅受到爱的指引和约束，爱同样也需要有正确的认识来支撑、深化和提升。

爱与认识的这种双重关系与近代人文文化对爱的双重理解有着密切关系。文艺复兴时期的人文主义者将爱分为阿加佩（Agape）与厄洛斯（Eros）两类，它们分别象征着天国之爱与人间之爱[12]。文艺复兴时期对爱的理解奠定了近代人文文化理解爱与认识之间的关系的基调，从而分别从宗教和世俗两个层面上为近代科学的发展提供了有力的动力。

从宗教的层面看，象征着天国之爱的阿加佩作为上帝、自然与人三个环节的桥梁，极大地缓解了宗教与科学研究的矛盾。爱上帝就需要更好、更深地认识上帝，而自然极为完美地体现了上帝的荣耀和能力。因此，要更好、更深地认识上帝，就需要更好、更深地去认识上帝创造的自然。在这种人文文化的影响下，以牛顿、波义耳为代表的近代科学家就认为，与科学相关的“这些世俗活动和科学成就彰显了上帝的伟绩，增进了人性之善”[13]。宗教信仰不但变得不与科学研究冲突，而且还给予科学新的动力。

从世俗的层面看，象征着人间之爱的厄洛斯肯定了作为人的自然欲求和感性生活的重要性，极大地刺激了人为了改善生活，满足自然本能而去控制、干预自然。人们若要试图更好地控制自然，就必然要加深对自然的认识，精致控制自然的仪器设备，并提高各种技艺的能力和效率，这些要求都在不同程度上刺激着近代科学的发展。如果厄洛斯仅仅意味着个体的欲望，那么，这种世俗之爱就很容易满足于工匠们对自然的一知半解。但是，近代西方文化中的厄洛斯，并不仅仅追求个体欲望的满足，而是还追求、关切那些超越于个体欲望的整个人类的福祉。因此，近代科学家没有仅仅满足于一些技巧上的小智小慧，而是努力去发掘更具普遍效用的知识和技术，以造福于当时和未来的人类。超越于个体需求的厄洛斯，又从普遍的世俗功利的角度，为近代科学的迅速发展提供了另一股强大的动力。

三、现代科学的人文动力

随着近代科学在理论和实践的疆域的扩大，出现了无法用经典科学理论解释的重要的实验结果，世纪之交出现的物理学危机，预示着自然科学需要进行一次彻底的变革。然而，正如波普尔所言，“一个理论，甚至是科学的理论，可能变成一种知识的风尚，一个宗教的替代物，一个已经确立的意识形态”[14]。科学家想要突破牛顿物理学的范式，发展出一套在基本的概念、原理和方法上都大为迥异的现代科学的理论体系，就将面对产生自近代科学的知识教条的压制。新理论的提出者很容易受到排斥、孤立，不被同行理解。一个科学家在面对反常的实验现象时，如果仅仅出于保持自己在科学共同体的既有地位的考虑，那么，他很可能选择一条不触及基本理论框架的四平八稳的研究进路。如果世纪之交的科学家被以维持现状为导向的人生观所支配，那么，就很难想象会产生现代科学革命。科学革命需要不断超越、勇于批判和创新的世界观和人生观。现代人文文化从彰显生命意志的人性观出发，极大地激发了现代科学家彻底怀疑、批判和超越近代科学教条的动力。

现代人文文化所孕育的彰显生命意志的人性观，首先抵制了将科学平庸化的研究倾向。现代人文文化的先驱叔本华强调，日常生活中充满着痛苦，对于天才来说，他们对痛苦远较一般人更为敏感，要摆脱痛苦的一条道路就是通过知识获得解放。因此，是“生存意志的本能将驱策天才去创造完成自己的作品，而丝毫不考虑回报、喝彩或同情之类的事情……天才思想中考虑更多的是后世而非今世，因为迎合今世只会将他引入迷途，唯有后世才是人类的未来和希望”[15]。叔本华的思想对现代科学家产生了深刻的影响，爱因斯坦就曾经说过，“至于艺术上和科学上的创造，那末，在这里我完全同意叔本华的意见，认为摆脱日常生活的单调乏味，和在这个充满着由我们创造的形象的世界中寻找避难所的愿望，才是它们的最强有力的动机”[16]。科学研究并不仅仅是科学家获取名利的工具，而是摆脱现实生活的苦恼和无聊，赢得心灵的内在自由的活动。科学研究的过程本身就是对科学家最大的报酬。由此，许多发起科学革命的现代科学家们就能在更深更广的人性层面将科学与自己的生命结合起来，抵制短视的功利追求，执著地发展和完善他们开创的伟大而艰难的研究纲领。

其次，现代人文文化还从人性的层面为科学的自我批判和自我超越提供了新的力量源泉。叔本华的后继者尼采在反思和批判西方哲学传统的基础上，提出了“上帝已死”的论断，撼动了作为西方文化基础的超感性价值的合理性。西方文化的一切传统习俗、价值和信念，都亟待代表现代人性的强力意志的重新理解和估价。“哲学不仅仅是知识的一种形式，它也是文化的一种表达”[17]，尼采的这一思想，充分反映了现代人文文化批判和超越传统的典型特征。正如薛定谔所言，“我们的时代被一股批判传统习俗和观念的强大冲动所支配。正在产生一种新的精神，它不愿意接受任何权威……这种精神是现在每门科学危机的潜在的共同原因。它的结果只能是有利的；任何科学的结构都不会完全毁灭：值得保存下来的将会把自身保存下来，而不要求任何保护”[18]。由此可见，现代人文主义一方面给予科学以批判过去理论教条的动力，另一方面又没有让现代科学家陷入怀疑主义和虚无主义的泥潭，而是积极地策动他们重新构造新的有发展前景的理论。现代人文文化的这种积极的批判态度，更为显著地体现于以马赫为代表的批判学派的思想和精神中。批判学派将批判奉为科学的生命，但同时“批判学派不是只管批判，不顾建设。它不仅扑灭了‘有害的虫豸’，而且的确也创造出了一些‘有生命的东西’”[19]。在哲学思想上将尼采和叔本华奉为先辈，并深受批判学派启发的爱因斯坦，通过提出与经典物理学的物质观、时空观、能量观和运动观迥异的学说，最终打开了现代物理学革命的大门。西方现代人文文化深深地影响了 20 世纪初的一批科学家的研究态度。在那个敢于向传统的各种思想和价值观挑战的年代里，有抱负的科学家获得了极大的勇气来对经典科学的基础发起攻击和批判。

再次，强调自我超越的现代人文文化，为现代科学跨越学科边界，实现新的知识整合提供了重要的动力。改变现代文化基调的尼采将生命理解为强力意志，对于强力意志而言，它并不主要追求尚未满足的本能欲求，而是依据意志的强力等级所指明的方向，去意愿更高的意志。尼采将价值理解为保存—提高生命的条件，保存是为了生命的提高，而一味的保存，不仅不能让生命强大，甚至连原有的强力等级也无法保持。由此，尼采的生命哲学建构了一幅不甘平庸，自强不息，勇于超越的英雄主义的人性图像。这种人性观深深影响了著名的西班牙人文主义者加塞特（José Ortega Y Gasset），后者在《大众的反叛》一书中就比照这种充满着自我超越精神的人性观批判了现代的“大众人”（Mass-Man）的平庸和短视，并进而批判了由“大众人”支配的科学专业化带来的野蛮。他尖锐地指出，“使实验科学近一个世纪的进步成为可能的专业化正在临近一个阶段，在此阶段，除非更优秀的一代人为它提供一种新的原动力，否则它将无法仅靠自己来维持科学的进步”[20]。加塞特等现代人文主义者的思想，给予了那些超越本学科界限来思考、论述乃至研究新课题的科学家们极大的鼓励和支持。比如，物理学家薛定谔在他的“科学与人文主义”的著名演讲中就以赞许的口吻谈到，加塞特让“人们越来越意识到专业化不是优点而是一个无法避免的弊端，越来越意识到所有的专业研究只有放在完整的知识总体背景中才有真正的价值”[21]。薛定谔通过他基于物理学的视角对生命做出的诠释而在现代生物学界产生了巨大影响，这证明了在现代人性观的激励下，科学家完全有可能冲破专业知识的狭隘视角，实现不同学科知识的互动与融通。可以认为，现代人文文化有力地提升了现代科学家的研究境界，刺激了现代科学向着不同学科知识的交叉、互动和综合的方向发展。

由此可以看出，现代人文文化不仅从生命意志的人性层面出发，为科学提供了批判和超越经典科学的动力，而且还从基于生活世界的多样的人文追求中为科学提供更为强大、可靠和持久的动力。两次科技革命开始显示科学改善人类物质福利的巨大能力，大大提高政府和公众对科学物质效用的期望，一度推动科学的发展，然而，现代社会的这种对待科学的功利主义态度的过度张扬，使商业意识形态开始腐蚀和威胁科学的自由发展。正如波普尔所担忧的，“富裕也可能成为一种障碍：太多的钞票却可能追逐太少的思想”[14]。狭隘的功利主义的科学观，将发展科学理论的动力通通还原为人避苦趋乐的功利追求，这一方面忽略了生活世界中多样的人性追求对科学发展的影响，另一方面又倾向于把科学贬降为服务于特定阶层的特定需求的技术工具。这无疑限制了科学发展所必需的自由，并有可能导致科学的单向度发展，枯竭孕育科学原动力的源泉。

所幸的是，现代人文文化有力地抵制了这种脱离生活世界，枯竭科学生命之源的科学观。胡塞尔极力强调生活世界对科学的意义和价值，他认为，“自然科学的意义和崇高任务就是从单纯主观的范围——像生活世界的范围——出发，达到所能达到的最大客观性……近代科学内部的（在其自身的基础之中）以及外部的（在其对‘生活’及对人及其人类价值和抱负的关系上）危机的加剧，正是由于忘记了这个起源”[22]。费耶阿本德指出，约翰·斯图亚特·穆勒（John Stuart Mill）在论述思想自由的同时，批判了那种将科学方法脱离人性和人的生活的科学观。他的思想启发人们意识到，“科学的方法是一种关于人的普遍理论的一部分。它从这种理论中接受它的规则，并依据我们关于一种有价值的人类生存的理念而建立起来”[23]。因此，相应于不同的生活实践，科学并不仅仅只有唯一的方法和价值。科学要自由、健康地发展，就需要重新唤起对人的实践需求的复杂性和多样性的意识，需要认真对待人性和人的经验在生活世界中的多样性和差异。而马赫试图把科学扩展到人类知识和人类生活的新基础的尝试，又极大地影响了逻辑实证主义，使他们在学派宣言中明确表示，“科学的世界概念服务于生活，生活也接受这种科学的世界概念”[24]。无论这条原则是否在逻辑实证主义者的所有理论思想中得到成功、有效的贯彻，他们毕竟通过其与大量一流的现代科学家的直接接触和对话，让现代科学家充分意识到生活世界对推动科学发展的重大意义。总之，不同现代人文文化致力于将科学重新奠基于生活世界之中，这种努力主要从以下三个方面为科学的发展增添了多元而丰富的动力。

将科学奠基于生活世界中，首先有效地维护了现代科学家多样的人文追求。作为日常生活世界中的人，科学家在工作时除了要揭示自然现象间的规律外，还可能同时具有领略科学真理之美，实现人之潜能等多种人文追求。现代人文文化没有简单地突出其中的任何一种，而是力图将这些不同的追求统摄在生活世界的人文体验中，让这些不同的人文追求一起为科学的发展提供更为强大的动力。

其次，现代人文文化通过揭示生活世界丰富的人文需求，使现代科学家学会尊重生活世界中人所表现的需求的复杂性和差异性，学会开放宽容地理解来自社会各阶层普通人的需求。比如，爱因斯坦就指出，“我们不仅要容忍个人之间和集体之间的差别，而且确实还应当欢迎这些差别，把它们看做是我们生活的丰富多彩的表现”[25]。这种态度有利于避免科学被完全贬降为给特殊群体和阶层服务的工具，从而为现代科学的独立而自由的发展提供了必要的动力。

最后，现代人文文化还强调生活世界中理性主体的对等性和交互协同性，倡导以平等主体间的理性商谈的方式来对待科学中的不同理论和观点，从而避免了某一或某些科学理论退化成支配科学共同体的意识形态的危险，为现代科学的进步提供了持久的动力。

四、结　　论

综观科学发展的历程，人文文化对科学的发展产生了巨大的作用。它不仅为科学提供了自由的外部发展空间，还为科学提供了有力的内部发展动力。“如果说科学外部的人文背景给了科学以巨大的推动作用的话，那么，科学内部的人文动因对科学所起的推动作用则更大。”[26]不同历史时期的人文文化从不同的人性观和人文经验出发，为科学的发展提供了不可或缺的动力。

希腊人文文化所孕育的自然主义人性观，唤醒了希腊人对理性力量的信念，而希腊人文文化又通过揭示人类理性对个人幸福、城邦和谐的人文效用，培养了希腊人认识自然的持久兴趣、旺盛的求知欲以及超越私人兴趣的理论旨趣，从而有力地推动了希腊科学的发展。

近代人文文化极力张扬主体主义的人性观，由此将人运用理性认识自然、改造自然的积极性和信心提升到前所未有的高度。通过将爱的体验引入科学研究之中，近代人文文化一方面积极改造和利用宗教信仰中有利于科学的信条和思想，从压制科学的敌人那里找到了新的动力源泉，另一方面又将科学与世俗幸福联系起来，为科学赢得了来自政府和公众的支持，从而为科学的发展挖掘到了更深广的人文动力。

现代人文文化努力凸显生命体验和生活世界的意义与价值。人文文化对追求强力和超越的意志的推崇，培养了科学家批判近代科学范式、建构现代科学理论的勇气、信念和毅力。而对生活世界的关注，又让科学在保证开放性和学术自由的前提下，能够更好地与人类的繁荣兴盛结合起来，从而让科学获得更为强大、多样和持久的动力。

因此，科学的发展，离不开人文文化所提供的动力。没有人文文化，科学就会沦为一种脱离人性之根和生活之源的科学。而一种脱离了人性之根和生命之源的科学，即使短期有所成就，也无法保持长久的生命力。

参考文献

[1] 孟建伟．科学生存论研究．齐鲁学刊，2006，(2)：113.

[2] Maslow A H. Motivation and Personality. New York：Harper & Row，1954：1.

[3] Burckhardt J. The Greeks and Greek Civilization. London：Harper Collins Publishers，1998：23.

[4] Blumenberg H. Work on Myth. Cambridge：The MIT Press，1985：18.

[5] 马丁·海德格尔．存在与时间．陈嘉映，王庆节译．北京：生活·读书·新知三联书店，1999：200.

[6] 克劳斯·黑尔德．世界现象学．倪梁康等译．北京：生活·读书·新知三联书店，2003：36.

[7] 让-皮埃尔·韦尔南．神话与政治之间．余中先译．北京：生活·读书·新知三联书店，2001：410.

[8] Mirandola G. Oration on the Dignity of Man. Chicago：Henry Regnery Company，1967：7.

[9] 马丁·海德格尔．尼采（下卷）．孙周兴译．北京：商务印书馆，2002：773.

[10] 舍勒．舍勒选集（下）．刘小枫选编．上海：上海三联书店，1999：776，777.

[11] Sarton G. Six Wings：Men of Science in the Renaissance. Bloomington：Indiana University Press，1957：233.

[12] Tillich P. Love，Power and Justice. New York：Oxford University Press，1960：5.

[13] 默顿．科学社会学（上册）．鲁旭东，林聚任译．北京：商务印书馆，2003：314.

[14] Popper C. The Rationality of Scientific Revolutions//Hacking I. Scientific Revolutions. Oxford：Oxford University Press，1981：96，98.

[15] 叔本华．叔本华论说文集．范进等译．北京：商务印书馆，1999：411.

[16] 爱因斯坦．爱因斯坦文集（第一卷）．许良英等译．北京：商务印书馆，1976：285.

[17] McKeon R. A philosopher meditates on discovery//Mckeon Z，Swenson W. Selected Writings of Richard McKeon Volume 1：Philosophy，Science，and Cluture. Chicago：The University of Chicago Press，1998：60.

[18] Schrödinger E. Science Theory and Man. London：George Allen and Unwin Ltd，1957：38.

[19] 李醒民．马赫．台北：东大图书公司，1995：254.

[20] Gasset J. The Revolt of the Masses. Indiana：University of Notte Dame Press，1985：100.

[21] Schrödinger E. Nature and the Greeks and Science and Humanism. Cambridge：Cambridge University Press，1996：111.

[22] 赫伯特·施皮格伯格．现象学运动．王炳文，张金言译．北京：商务印书馆，1995：218.

[23] Feyerabend P K. Problems of Empiricism. Cambridge：Cambridge University Press，1981：6，7.

[24] 汉斯·汉恩，奥托·纽拉特和鲁道夫·卡尔纳普．科学的世界概念：维也纳学派．曲跃厚译//陈波，韩林合．逻辑与语言：分析哲学经典文选．北京：东方出版社，2005：214.

[25] 爱因斯坦．爱因斯坦文集（第三卷）．许良英等译．北京：商务印书馆，1979：157，158.

[26] 孟建伟．科学与人文的深刻关联．自然辩证法研究，2002，（6）：7.

科学的人文目的*

求真是科学的主要目的。传统的科学哲学致力于澄清科学所追求的“真理”在逻辑和经验上的意义，但同时也边缘化了那些构成科学真理之追求的背景的人文目的。然而，纵观科学史，不仅科学求真之目的具有极强的人文色彩，而且各个时代的科学家和思想家也常常运用科学来解决许多人文领域的重要问题。正如奥斯特瓦尔德所言，“科学是人为人的目的而创造的”[1]。科学的人文目的，不仅体现了各历史时期科学的发展水平，而且反映了不同时代人文思潮与科学的关系。因此，阐明科学人文目的的历史沿革，不仅能让人们在更为宽宏的背景中理解科学的求真目的，而且能揭示出在人类历史的重大变革时期，科学与人文之间的紧密关联和积极互动。本文试图通过对古希腊、近代和现代这三个重要的历史时期的考察，勾勒出科学的人文目的大致的历史发展脉络，希冀从科学目的的维度再现那些伟大的创造性年代，科学与人文之间进行的激动人心的对话、互动与交融。

一、古希腊科学的人文目的

一般认为，古希腊是前科学时期，但又是西方科学不可或缺的萌芽时

---

* 本文作者为郝苑，原题为《论科学的人文目的》，原载《自然辩证法通讯》，2007 年第 6 期，第 1～7 页。

期。也正因为古希腊科学处于萌芽阶段，自然科学在希腊文化中并非是一个独立的学科，而是与神话、自然哲学等人文文化相互交融，许多探究自然知识的学者同时又是诗人和哲学家。由于研究者身兼多职，科学的知识与方法也就被这些研究者用来解决他们同时关切的文化问题。

众所周知，希腊是一个由不同城邦组成的文化，许多城邦有着迥异的政治制度、信仰和习俗。而古希腊城邦又分布于地中海中或地中海沿岸，在当时是东西方交通的重要枢纽。不少希腊学者（如哲学家泰勒士、历史学家希罗多德等）都有机会到埃及等东方国家参观、游历和学习，从而接触到了不同于希腊文明的风俗习惯和思想文化。“当希腊人发现他们周围存在的大量生活形式和大量用于让他们接受（别人意见）的说服工具后，他们以不同方式做出了反应。”[2]如何应对不同文化观念的冲撞，这成为许多希腊思想家迫切试图解决的问题。

以智者派为代表的一些希腊思想家将文化规范当做人为的约定，并以相对主义的立场对不同文化传统保持着宽容的态度。然而，以柏拉图为代表的主流希腊文化则致力于“提出一个进一步的、更为‘客观的’解决这种多元文化的方式：以单一的一个抽象传统来替代所有这些生活形式，接受这个传统的‘客观’规律，并试图通过使用这些‘客观’规律所包含的抽象关系来证明这些‘客观’规律”[2]。文化传统应奠基于人的本性。要从根本上解决文化冲突，首先就需要理性地认识有关人性的客观规律，然后根据这些客观规律，重新确立文化和社会的规范，并根据这些规范来建构合理的文化和制度，从而解决由文化冲突带来的一系列具体问题。根据希腊盛行的自然主义，人又是自然的“同类体”（stoichenon）。因此，人性的规律与自然的规律存在着一种类比和对应的紧密关联。通过发现自然规律就能进一步推演出人性的规律。

依循这条思路，崇尚自然理性的希腊人走上了运用科学和理性来解决文化冲突的道路。柏拉图在《法律篇》中坚称，“法律和有目的的建构是由于自然而存在的，而不是由于低于自然的任何东西而存在的，因为它们是从理性和真思想产生出来的”[3]。因此，柏拉图认为，“将人教化为真正的和‘纯粹的’人的文化之最高可能性条件，是获得真正的科学。真正的科学是提高并尽可能获得所有其他真正文化的必要手段”[4]。在这种思想的引导下，柏拉图及其后继者试图通过科学和理性揭示的规律，设计出一个理想国，其中公民的等级、权利与义务，都依据他的“自然本性”来确定。柏拉图相信，理想国将有效地防止雅典城邦受到其他文化的腐蚀而发生衰败。

以上设想虽然美好，但是一方面，由于科学在希腊尚未成熟，柏拉图所指的那些知识，往往混杂着诸如“理念说”这样带有研究者主观好恶的玄想，很难对不同文化传统和社会建制做出合理而公允的评价。另一方面，正如劳埃德（G. E. R. Lloyd）所指出的，古希腊“对自然的研究普遍地局限于少数精英的活动，而能理解科学的人，也多不到哪里去”[5]。因为希腊科学远离大众的研究导向，使希腊科学对现实事务施加的影响，远远无法与近现代科学相比。因此，事实上希腊科学解决文化冲突的功效是比较有限的。但值得注意的是，虽然在现实中科学的影响并没有达到哲学家的乐观预期，这并没有对希腊科学研究的热情造成明显的负面影响。这在很大程度上是因为，与现实相比，希腊人更注重超感性领域的幸福。而追求科学知识，恰恰能帮助他们实现这种形而上意义上的幸福。

希腊人虽然不排斥感性生活，但是感官经验的流变给他们敏感的心灵带来了不安全、不确定和不自由的重负。于是他们总是将眼光投向感性经验无法企及的天空，以及自然经验背后永恒不变的规律（logos），以此来摆脱日常经验的不确定带来的焦虑和烦恼，获得内心在超感性领域的自由和宁静。柏拉图相信，天文学“这门学问至少驱使心灵向上看，并把它从世间的事物引向天上的事物”[6]。至于数学，更被毕达哥拉斯、柏拉图及其后继者当做沟通现象和理念的一座桥梁。“通过使心灵抛弃对可感知和易逝事物的思考，而转向对永恒事物的沉思，这样数学就净化了心灵。用这种超度的方式，通过数学达到了对真、善、美的理解，并进而接触到上帝”[7]。可以看出，“毕达哥拉斯的数字宇宙和柏拉图造物主都不会有任何实际的用途，却有意帮助人在宇宙中发现他的位置。当然，这正是希腊人想的东西，科学的真正目的和意义”[8]。希腊科学所力图实现的人性目标，还典型地体现于亚里士多德的思想中。亚里士多德将人的理性与好奇心当做人的本性。而自然界的每个事物，都为了实现自身的本质而运动着，并从实现自身本性的过程中获得最高的幸福。科学探究的过程，既不断满足着人对自然的好奇心，又为作为人的本性的理性能力提供了自我实现的机会。正是在这种意义上，对于希腊人来说，“知识的追求本身就是目的。它是完美生活所不可缺少的”[6]。

从整体上讲，希腊科学的人文目的，有偏重于追求超感性领域的幸福的倾向。尽管希腊也有一些医生和机械技师，试图运用科学来解决实际的技术问题。但是，囿于希腊科学的实际水平，以及希腊文化轻视实践和现实经验的偏颇，希腊科学并没有非常成功地解决文化冲突的现实问题，也没有运用科学理论发明出大量有效地改造物质世界的技术。

二、近代科学的人文目的

古希腊文化关注超感性领域的倾向，中世纪基督教文化进一步推波助澜，使人们在很大程度上脱离了现实经验的土壤，沉溺于超感性领域的思辨和信仰之中。这成为自然科学发展的严重阻碍。近代科学在争取自身发展的过程中，也就不可避免地要克服或改变这种忽视现实经验的生活形式。然而，基督教信仰和神学思想在近代初期的文化建制中的支配地位和巨大影响，是近代科学家无法马上克服和全盘否定的。所以，近代科学家首先尝试着改造中世纪的宗教信仰。他们在论证科学研究的合法性的过程中，将现实的人文关切和人性体验，引入到原先忽略了现实的经验和人性追求的宗教信仰之中。通过将宗教人性化，近代科学家为科学的发展和繁荣，赢得了必要的自由空间，这具体体现在以下三个方面。

第一，近代科学往往强调通过对自然的认识来提升人的信仰，从而将宗教信仰与理性和自然界的经验联系起来。大多数近代科学家，尤其是18世纪之前的科学家，虽然对腐败而僵化的教权组织没有好感，但是，他们一般并不持有无神论的观点，而是力图调和宗教信仰与科学之间的关系。他们声称，科学研究将在世人面前揭示出上帝新的荣耀，为传统信仰发掘出新的有力证据。

比如，伽利略宣称，自然是上帝用数学写就的一本大书，要赞颂上帝的伟大，也就不能无视上帝在自然造物中显现的伟大业绩。开普勒指出，自然造物无法自己赞颂造物主的伟大，“当我们说它们自己赞美上帝时，只是因为它们为人类提供了赞美上帝的思想”。因此，就需要由人的理性来“解开苍天和大自然的歌喉”[9]。近代初期的科学家运用科学来论证和颂扬上帝的方式，与传统神学有着很大差别。科学家为了在宗教许可的范围内按照自己的意愿来研究自然，就在他们用科学对宗教信仰的论证中，将关切现实经验的理论态度悄悄引入到传统的基督教信仰中。

第二，近代科学家并不满足于仅仅在理论上颂扬上帝，他们往往试图通过改善人类福祉来履行对上帝的责任。伦敦皇家学会就明确表明，“科学改善人类的物质条件的这种力量，不仅具有纯属世俗的价值，按照耶稣基督的救世福音教义看来，它还是一种善的力量”[10]。近代科学家通过改善人类的物质条件来尽宗教义务的做法，使科学成为一个中介，将宗教信仰与人的现实生活联系起来。

第三，近代科学家在通过研究自然来颂扬上帝的过程中，往往能够体验到审美的快感。开普勒坦言，从事天文学能够通过认识天体的简洁、和谐的秩序而获得极大的美感，从而让人“在毕达哥拉斯和哥白尼所建造出来的行星体系中找到如此巨大的欢乐，使得他为此而放弃整个世界，宁愿用测量装置去统治天体轨道，而不愿用君王的节杖去统治臣民”[9]。科学家歌颂上帝的目的，不仅维护了科学研究的合理性，而且还保证在科学中体验到的审美快感的合理性。这似乎暗示着，宗教信仰不应该盲目地排斥所有现世的快乐。科学家在颂扬上帝的同时，也悄悄地将肯定现世快乐的人生态度，逐渐引入到宗教信仰中，使宗教信仰呈现出一个越来越人性化的面貌。

近代科学对宗教的人文化，导致了自然神论在欧洲的兴起和盛行。依据自然神论的观点，人类作为自然界的一员，受着自然规律的支配，上帝的神圣力量体现于受自然律严格支配的自然之书中。也就是说，上帝对人类事务的作用和影响，仅仅呈现于他维持和保障这些自然规律的普遍有效性的活动中。由此，自然神论坚持，“仅凭理性而无须启示，足以使我们得以正确地理解宗教和道德”[11]。能被人类理性认识的“自然”，就逐渐取代了上帝的位置，成为近代文化的新权威。在这种新的人文背景中，“不管你是寻求对什么问题的答案，自然界总是验证和标准；人们的思想、习俗和制度假如要想达到完美之境，就显然必须与‘自然界在一切时间里，向一切人所显示’的那些规律相一致”[12]。以牛顿力学为代表的近代科学在说明和预测天上与地下的自然现象方面取得的巨大成功，给近代思想家带来了巨大的震撼和启发，对牛顿和自然科学的崇拜成为一时的文化风尚。以伏尔泰为首的哲学家发起的启蒙运动，逐渐使近代文化形成了这样的信念，“他们都相信人类行动应该由自然而不是由摘自《圣经》的规则控制；同时他们也相信，自然科学为人性的运作提供了远见卓识”[13]。正是在这种文化背景下，近代科学的理论和方法被人们有意识地用来解决现实世界的问题。

改造现实是近代科学的主要目标之一。很多科学家都认为，科学有别于那些哲学和神学上的玄想之处，就在于它具有控制自然、为人类增进福祉的力量。培根“知识就是力量”的名言，恰恰代表了近代科学家解决现实问题的明确意识。对于他们来说，“科学能够也应当‘通过获得和运用自然知识来转变人类生活的境况’，这些知识会赐予我们‘新发现和力量’”[14]。近代科学改造自然的实践意向，不仅存在于个别科学家的研究态度之中，而是明确地体现于新出现的各种科学学会的研究纲领中。“新学会的目标在于为新实践提供一种新颖的、特别适用的组织形式……它们试图把科学进步与民众所关心的事情而非纯学术的或宗教的事务联系在一起，并取得了不同程度的成功。”[15]

近代科学改造现实世界的追求，并不局限于物质生活，而是同时还试图孕育一个进步的人文文化。诸如伏尔泰、孔多塞，以及百科全书派的科学家和哲学家，通过传播科学的知识、方法与精神，努力以科学理性去启蒙民众，让民众脱离依赖于牧师、教皇等权威的不成熟状态，抛弃未经理性批判就接受的迷信与偏见，实现智识生活（intellectual life）中的独立自主。康德在哲学的高度上概括出了启蒙的根本要求，即“要有勇气来运用你自己的理智！”（Sapere aude！)[16]。近代科学对民众的启蒙，主要包含以下三方面内容。

其一，近代科学扫除了人们因为迷信和愚昧而产生的偏见与暴行。根据盛行于文艺复兴时期的赫尔墨斯神智学（hermeticism）的神秘主义观点，“地球是在这个巨大的、包罗万象的有生命的宇宙中类似于人的活的有机体”[17]，因此，地球上存在着一些神秘的物理对象、力量和过程，它们被认为具有类似于人的精神的能力，并能被人用特殊方式（如巫术）来召唤和控制。人间的灾难，往往被认为是魔鬼或巫师使用巫术的结果。于是，宗教裁判所毫不留情地烧死那些被控诉为魔鬼和巫师的人。这种建立在无知和迷信基础上的野蛮的宗教审判机制，即使在 17 世纪，依旧盛行于欧洲，并几乎在每年都造成成千上万的无辜者在火刑架上死去。近代科学在说明、预见和控制自然方面获得的惊人成就，很快就被进步的思想家用来破除各种愚昧和迷信。生理学和医学揭示了各种疾病的原因，提供了治愈疾病、减缓痛苦的多种手段，天文学和气象学提供了预见灾害、减少损失的有效方法。科学在控制和支配自然方面所取得的成就，动摇了人们对神秘主义和迷信的信念。而由近代科学所确立的世界观，力主精神世界与物质世界的区分，“物理对象和过程无法思考或推理”[18]，因此，仅凭精神感应，无法驱使物理对象或物理过程按照人的意志行动。这种科学的世界观从根基处撼动了迷信的可信性，并进而导致了人们逐渐废黜了与此相关的非人道的刑罚。

其二，近代科学致力于提高民众独立思考的判断能力。“科学是迷信的天敌，教条的克星，也是人为的权威的消解剂。”[19]由近代科学激发的启蒙运动，并不试图确立一个新的教条和权威，来取代旧的教条和权威，而是试图让民众转换思维模式，学会用理性批判的态度来避免任何有可能造成不必要的仇恨和杀戮，扼杀人性自由，阻碍人类幸福的偏见和教条，并由此建立有坚实文化基础的自由和民主的社会。百科全书的创始人狄德罗坦言，百科全书的目的“不仅是提供大量确定的知识，而且要引起一场思维模式的转变”[20]。孔多塞也明确指出，科学“最重大的好处或许是推翻了偏见，并在一定意义上重建了人类的理解能力”[21]。经过科学方法的熏陶，人们不再将传统的合理性视为理所当然，而是开始用批判理性的方式来重新审视以往各种文化习俗和社会建制。正如阿伦·布洛克所言，“启蒙运动的了不起的发现，是把批判理性应用于权威、传统和习俗时的有效性，不管这权威、传统、习俗是宗教方面的、法律方面的、政府方面的，还是社会习惯方面的。提出问题，要求进行试验，不接受过去一贯所作所为或所说所想的东西，已经成为十分普遍的方法论”[22]。

其三，近代科学的批判理性力图通过它所揭示人的自然状态，为现实的变革，寻找一种普遍的合理规范。君权神授制将地上君主的权力追溯到上帝，世俗的力量无法挑战君王的权威，人民也没有反抗暴君压迫的权利。君王利用这种政治思想，为自己确立了世俗的特权，并往往与教士、贵族一起滥用这种特权。近代科学获得的巨大成功，让人们感到，自然规律的伟大力量似乎在世界每个角落里都拥有普遍效力。于是，不依靠神灵和上帝的新的自然法精神，开始成为近代启蒙思想家的主导思潮。在这股新的思潮中，只有符合人在自然状态下的本性的传统习俗和社会建制，才是合理的。正如怀特海所言，“18 世纪的人把近代社会生活加以理性化，并将他们的社会学理论奠基于对自然事实的诉求之上”[23]。政治家、法学家和伦理学家不再依靠《圣经》或上帝的启示来评判社会生活中各种道德和制度的合理性，而是依据人的自然状态和自然律来审视现有的道德、习俗和法律，并试图据此来重构新的社会秩序。由此，近代科学为民众运用自己的理性来自由和平等地探讨社会政治问题创造了条件，从而大大推进了西方社会的民主进程。

总之，近代科学将关注的目光，从超感性领域重新拉回到现实生活。近代科学干预现实的抱负，并不仅仅局限于通过改造自然来提升人类的物质生活水平，它还力图依据普遍有效的自然律则来规范现实世界。近代科学获得的巨大成就和近代人文文化积极乐观的精神气质，使科学被人们赋予了保证和推动人性无限完善和人类社会无限进步的辉煌使命。

三、现代科学的人文目的

与近代科学相比，现代科学的人文目的显得更为多样化，它们主要体现于改造现实的功利追求和形而上的理想追求两个方面。

现代科学改造现实的功利追求显得比以往任何时代都更为明确、深刻和强烈，以至于它在现代科学共同体的社会形态、社会公众对现代科学的期望，乃至现代科学所孕育的世界观等不同层面上，都有着系统而鲜明的表现。

从现代科学共同体的社会形态上看，一方面，随着科学的成熟与发展，科学家队伍的社会构成发生变化。现代科学家来自社会的各个阶层，科学成员不再主要是由有闲的贵族组成，而是呈现出平民化和多元化的趋势。这就使科学有可能广泛地代表不同社会阶层的利益。现代科学家在正式进入科学研究之前的生活经历，也让他们更能理解社会不同阶层的实际需要，更具有改造社会、促进人类文明的繁荣兴盛的责任感和使命感。另一方面，现代科学共同体的组织形态也发生了重大变化。与近代科学相比，现代科学的实验仪器和研究规模远超过了个人所能承受的极限。大量科学研究需要形形色色的大型实验室、精密仪器、专业的仪器操作人员、昂贵的研究经费等，而一篇科学论文中又常常需要引证大量相关的最新研究成果。对于许多大型研究课题来说，仅凭单个科学家的时间、精力和财力，是根本不可能完成的。近代的“小科学”已逐渐让位于现代的“大科学”。大科学的形成和发展，让科学共同体中的科学家更需要得到社会和政府的支持。这固然给科学研究带来了不少约束，但也在客观上紧密了科学家与公众的联系，提高了科学家服务公众和造福人类的社会意识。

从现代科学受到的公众期望上看，由于现代科学在控制和改造自然上所取得的举世瞩目的成就，科学转化为技术生产力的效率的增加，现代科学通过技术应用而在日常生活中产生的影响的增大，政府与公众对科学改造世界的目标给予了极高的期望。现代社会中的公众对科学实用价值的乐观期盼，显著地影响着民主议程所产生的科研政策，决定着科研经费的分配，从而进一步强化了现代科学改造现实的功利追求。

从现代科学所孕育的世界观上看，通过科学哲学的理论化，现代科学服务于生活的趋势上升到了世界观的高度。这突出体现于维也纳学派的宣言中。以维也纳学派为代表的现代科学哲学认为，科学改造的不仅是物质世界，更重要的是它能利用逻辑和科学的方法，扫清在现代科学看来已经明显落伍的思想观念在人类生活中造成的障碍，帮助人们形成“科学的世界概念”，从而让“科学的世界概念服务于生活，生活也接受这种科学的世界概念”[24]。

现代科学高扬改造现实的人文目的，这无疑具有历史的合理性。但是，流行的社会思潮以肤浅化了的功利主义和实用主义的方式来理解科学，又对科学的目的进行了片面和偏激的理解。这导致许多人只关注科学理论对现实的效用，鼓励应用科学的研究，忽视理论科学的意义，以至于“科学家因其单纯为了知识之爱而对科学进行的探究，受到了道德上的指责”[25]。那些片面张扬科学的功利追求的观念，遭到了许多有远见卓识的伟大科学家的反对。波兰尼就指出，只以实用和功利的标准来要求科学，将会导致人们对精神自由的价值产生彻底的怀疑，从长远看会破坏科学研究的自由和健康的发展。公众片面追求科学实用价值的行为模式，“它已经对现代世界，做出如此之多破坏性的打击：它挥舞的是社会激情之锤，击打的是怀疑主义之凿"[25]。彭加勒则强调，"真理只有结合在一起才是多产的。如果我们仅仅使自己囿于期望从中获得直接结果的真理，那就会缺少中间环节而不再连贯"[26]。虽然现代科学带有强烈改造世界的人文追求，但同时也有许多抽象理论在向着远离人类直接经验的微观和宏观领域突进。许多现代科学家，尤其是对现代理论科学做出卓越贡献和根本性变革的哲人科学家，依旧充满激情地追求着形而上的理想，这分别在现代科学对美与善的追求中有着不同于以往时代的鲜明体现。

关于现代科学对美之理想追求，与以往时代相比，许多现代科学家对美之追求非但没有减弱，而且对美在科学发现和科学评价中的作用还有了更为深刻的体会，他们明确地将对美的追求摆到了研究目标的核心位置。彭加勒指出，"科学家研究自然，并非因为它有用处；他研究它，是因为他喜欢它，他之所以喜欢它，是因为它是美的。如果自然不美，它就不值得了解；如果自然不值得了解，生命也就不值得活着"[27]。爱因斯坦对此深表赞同，"我同意彭加勒，相信科学是值得追求的，因为它揭示了自然界的美"[28]。而作为现代量子电动力学的创立者之一的狄拉克，他对科学理论美的追求表现得尤为强烈，他甚至主张，"让方程体现美比让这些方程符合实验更为重要"[29]。

相较于近代科学，现代科学家的审美趣味，明显具有多样性和丰富性的特点。由于现代科学理论、方法和表达形式上的互补性，现代科学家以及科学共同体，"对如何判断一个特定理论的审美价值可能有非常不同的想法。所以，那些卓越的物理学家对哪些理论是美的、哪些理论是丑的无法达成一致，是不足为奇的"[30]。对于大量现代科学家来说，现代科学中出现的对美的不同理解，既与科学理论本身有关，也与科学家所受到的科学之外的文化传统的熏陶有关。因此，面对不同的科学审美趣味，大多数科学家都保持了相互的宽容，而没有强求将它们还原为同一种美。

科学审美趣味的多样化，反映的是科学家的生活形式的多样化。由于现代社会对信仰自由的倡导，现代科学家有可能是虔诚的信徒，也有可能是无神论者。于是科学美就未必直接与上帝或宗教信仰有关，而是与科学家在他多元的生活世界中的精神追求息息相关。通过科学研究中的审美活动，科学家获得了日常生活中难能可贵的内心的自由、充实与安宁。爱因斯坦在自传中坦言，他自小就相信有独立于人而存在的巨大的外部世界，"对这个世界的凝视深思，就像得到解放一样吸引着我们，而且我不久就注意到，许多我所尊敬和钦佩的人，在专心从事这项事业中，找到了内心的自由和安宁"[28]。爱因斯坦在庆祝普朗克 70 岁生日所发表的演说中，进一步阐明了他所理解的科学的审美追求：科学研究是用世界体系（cosmos）来代替经验世界，并通过这种充满着美的体验的活动，来"找到他在个人经验的狭小范围里所不能找到的宁静和安定"[28]。可以看到，现代科学家更为注重的是科学美"给人的生命以自由、快慰和更深邃的意义"[31]，将对科学美之追求扎根于现实人生的体验之中，这比近代科学对美之追求具有更浓郁和更丰富的人性色彩。

关于现代科学对善之理想追求，由于休谟对事实与价值做出的严格区分在现代思想观念中产生的巨大影响，现代科学不再继续根据自然律来制定放之四海皆准的道德规范，而是试图通过科学家自身的行为来引导社会，反对战争，为整个人类树立道德的楷模。随着科学的社会影响力全方位的增长，许多有良知的现代科学家越来越意识到自身在充当人类社会楷模时所担负的提升人性和道德的责任。爱因斯坦在悼念居里夫人时指出，"第一流人物对于时代和历史进程的意义，在其道德品质方面，也许比单纯的才智成就方面还要大……居里夫人的品德力量和热忱，哪怕只要有一小部分存在于欧洲的知识分子中间，欧洲就会面临一个比较光明的未来"[28]。波兰尼更是直截了当地指出，"今日世界对科学的需要，首先是作为良好生活的范例。尽管灭顶之灾不断发生，即令今天，遍布这行星上的科学家们，依然构成伟大而良好的社会之主体"[25]。现代科学家希望通过科学界的杰出代表所展示的精神品质和道德情操，使人们即使在最黑暗的战争时期，对自由、正义和理性的信念也能够继续存续和成长。

从传统的哲学观点上看，现代科学在现实和理想上的多样追求，难免有冲突之处。但现代科学在理论方法上的特点，启发了现代人在这两者之间保持必要的张力，进而也为不同民族和文化的理解、对话与和谐发展，搭建了一座新的桥梁，开辟了一片充满希望的互动空间。正如杜威所言，"科学现在为我们呈现的不是一个封闭的宇宙，而是一个在空间和时间上无限的宇宙……因此它也是一个开放的世界，一个无限多变的世界，一个在古代意义上几乎一点也不能称为宇宙的世界；它如此多样而广大，以至于无法用任何一个公式来概括和领会"[32]。现代科学所支持的开放多元的世界观，主要源自量子力学的互补原理。玻尔根据互补性原理提出了这样的文化构想，"正如在原子物理学中，对用不同实验装备得到的，而且只能用互斥的观念来具体想象的那些经验，我们用'互补性'来表征它们之间的关系；使用同样的术语，我们可以正确地说，不同的人类文化是彼此互补的。事实上，每一种文化都代表传统习俗之间的一种和谐的平衡；利用这种平衡，人类生命的潜能会在一种方式下展现出来，以向我们揭示它的无限丰富性和无限多样性的新方面"[33]。

可以认为，现代科学倡导的开放互补的研究态度，在很大程度上有利于现代科学在现实追求和理想追求之间保持适度的张力，从而使现代科学在基础理论和应用实践等多个领域取得丰硕的成果。而在现代科学多样和互补的人文目的背后所蕴涵的宽容和理解的文化态度，从长远看也将对世界不同民族和文化的和谐发展带来深远的积极影响。

四、结　　论

科学的发展要靠科学的目的来把握方向。从不同历史时期科学追求的人文目的可以看出，"科学世界本身也是一个十分丰富的人文世界"[34]。科学的发展方向多少确实受到了科学家的人文关切和同时代的人文文化的影响，"科学的发展不但需要人文，而且也离不开人文"[35]。反过来，科学的人文目的又使得科学的进步转化为人文文化的发展动力，推动着人文文化的革故鼎新，"人文的发展也需要科学，而且离不开科学"[35]。由此观之，有必要不断激励科学与人文之间进行积极而有建设性的批判、对话与互动，这样才有可能保证科学与人文在各自的领域内保持超越自身所必要的活力，并在适当的历史契机下再创那些激动人心的时代中所呈现的知识与文化上的辉煌与荣耀！

参考文献

[1] 弗里德里希·奥斯特瓦尔德．自然哲学概论．李醒民译．北京：华夏出版社，

1999：5.

[2] Feyerabend P K. Problems of Empiricism. Cambridge：Cambridge University Press，1981：7.

[3] 波普．开放社会及其敌人．杜汝楫，戴雅民译．太原：山西高校联合出版社，1992：82.

[4] 胡塞尔．第一哲学（上卷）．王炳文译．北京：商务印书馆，2006：45.

[5] Lloyd G E R. The Revolution of Wisdom：Studies in the Claims and Practice of Ancient Greek Science．Berkeley：University of California Press，1987：331.

[6] 劳埃德．早期希腊科学——从泰勒斯到亚里士多德．孙小淳译．上海：上海科技教育出版社，2004：67，128.

[7] 克莱因．西方文化中的数学．张祖贵译．上海：复旦大学出版社，2004：32.

[8] 杰米·詹姆斯．天体的音乐——音乐、科学和宇宙自然秩序．李晓东译．长春：吉林人民出版社，2003：57.

[9] 海森伯．物理学家的自然观．吴忠译．北京：商务印书馆，1990：40，43.

[10] 默顿．科学社会学（上册）．鲁旭东，林聚任译．北京：商务印书馆，2003：317.

[11] 罗兰·斯特龙伯格．西方现代思想史．刘北成，赵国新译．北京：中央编译出版社，2004：131.

[12] 卡尔·贝克尔．18世纪哲学家的天城．何兆武译．北京：生活·读书·新知三联书店，2001：55.

[13] 托马斯．汉金斯．科学与启蒙运动．任定成，张爱珍译．上海：复旦大学出版社，2000：166.

[14] Stevenson L. The Many Faces of Science：An Introduction to Scientists，Values，& Society. Boulder：Westview Press，2000：15.

[15] 史蒂夫·夏平．科学革命：批判性的综合．徐国强，袁江平，孙小淳译．上海：上海科技教育出版社，2004：130.

[16] Kant I. An answer to the question： “What is enlightenment?” //Reiss H S，Kant I. Political Writings. Cambridge：Cambridge University Press，1991：54.

[17] Debus A G. The chemical debates of the seventeenth century：The reaction to robert fludd and jean baptiste van helmont//Bonelli M，Shea W R. Reason，Experiment，and Mysticism in the Scientific Revolution. London：the Macmillan Press Ltd.，1975：22.

[18] Toulmin S. Cosmopolis，The Hidden Agenda of Modernity. New York：The

Free Press，1990：112.

［19］李醒民．科学的文化意蕴：科学文化讲座．北京：高等教育出版社，2007：54.

［20］Cassirer E. The Philosophy of the Enlightenment. Boston：Beacon Press，1960：14.

［21］孔多塞．人类精神进步史表纲要．何兆武，何冰译．北京：生活·读书·新知三联书店，1998：166.

［22］阿伦·布洛克．西方人文主义传统．董乐山译．北京：生活·读书·新知三联书店，1997：84.

［23］Whitehead A N. Science and the Modern World. Cambridge：Cambridge University Press，1929：71.

［24］陈波，韩林合．逻辑与语言——分析哲学经典文选．北京：东方出版社，2005：214.

［25］迈克尔·波兰尼．自由的逻辑．冯银江，李雪茹译．长春：吉林人民出版社，2002：4.

［26］彭加勒．科学的价值．李醒民译．北京：商务印书馆，2007：87.

［27］彭加勒．科学与方法．李醒民译．沈阳：辽宁教育出版社，2000：7.

［28］爱因斯坦．爱因斯坦文集（第一卷）．许良英，范岱年等译．北京：商务印书馆，1976：2，101，304.

［29］詹姆斯·W. 麦卡里斯特．美与科学革命．李为译．长春：吉林人民出版社，2000：13.

［30］Kragh H. Dirac：A Scientific Biography. Cambridge：Cambridge University Press，1990：287，288.

［31］孟建伟．论科学的人文价值．北京：中国社会科学出版社，2000：240.

［32］Dewey J. Reconstruction in Philosophy. Xi’an：Shaanxi People's Publishing House，2005：304.

［33］Bohr N. Essays 1932—1957 on Atomic Physics and Human Knowledge. Woodbridge：Ox Bow Press，1987：30.

［34］孟建伟．科学与人文精神．哲学研究，1996，(8)：23.

［35］孟建伟．科学与人文的深刻关联．自然辩证法研究，2002，(6)：7，8.

西方科学的人文背景*

科学的产生、成长和发展受着多种因素的影响和推动，其中，与经济和技术相应的社会需要对于科学发展来说，无疑具有根本性的作用。但是，与思想和文化相应的人文背景往往对科学产生更为直接而深刻的影响[1]。因此，只有充分理解相应的人文背景，才能全面而深刻地把握科学产生、成长和发展的历史图景。本文试图通过对文艺复兴、近代和现代这三个关键的历史时期的考察，来揭示科学产生、成长和发展的人文背景。

一、文艺复兴：科学产生的人文背景

文艺复兴时期科学的人文背景，主要包括两种人文文化：一种可称为文学人文主义；另一种可称为科学人文主义。这两种人文主义共同为科学的产生创造了极其有利的文化氛围。

文学人文主义大多是由对古典文学抱有浓厚兴趣的诗人、文学家以及宗教中的开明学者所开创和支持的人文主义，代表人物为彼特拉克[2]。文学人文主义在时间上要早于科学人文主义。它直接改变了西方自中世纪以来的文

---

* 本文作者为郝苑、孟建伟，原题为《论西方科学的人文背景》，原载《清华大学学报（哲学社会科学版）》，2006 年第 6 期，第 129～136 页。

化和思想的基调，为科学的产生提供了一片开阔的文化空间。

文学人文主义为科学产生做出的一个非常重要的贡献是，它撼动了中世纪经院哲学和古典学术的无上权威，促使人们到自然中去寻找知识和真理。中世纪的经院哲学推崇的是一种脱离经验的理性主义，经院学者将经院化了的亚里士多德主义奉为权威，他们宁愿相信亚里士多德书中所写的，也不愿相信他们眼睛所看到的。通过翻译大量古希腊、古罗马的古典文献，文学人文主义者发现，古希腊、古罗马的思想家，尤其是亚里士多德的思想遭到了经院哲学的重大歪曲。文学人文主义者和经院学者常常就古典文献的不同理解而发生争论。当人们在典籍文献中找不到能够彻底说服对手的证据时，就不得不到自然中去寻求新的证据。为了维护自己所信赖的古典文献的权威性，人文学者修订了书中与事实不符的错误。但是，随着增补和修订书籍的不断增多，最后反而淹没并推翻了原先的权威[2]。无论是基督教的经典文献，还是翻译过来的古典文献，当它们不再有能力充当判定真理的最终权威时，人们强烈地感到有必要到自然中去探寻新知识了。由此，文学人文主义孕育了那种摆脱书本教条，主要依照自然经验来进行自由探讨的科学精神。

文学人文主义更为重要的贡献是为当时的人们提供了一种与中世纪迥异的人性观。在中世纪一切以神为中心，人的一切活动，都无法脱离上帝的注视和干预。人在出生时就带有原罪。人只有克服自然的欲求，以追求来世拯救的自由。文学人文主义完全拒斥了这种人性观。彼特拉克宣称，“个人能够通过从精神上走出他的文化的过时的中心而获得自治”[3]。皮科则认为，人性并非自出生就已被决定，上帝并不用铁的必然法则来束缚人，而是给人以意志和行动的自由[4]。因此，人性是自由而独立的，人完全能够从人的角度来审视这个世界。于是，人性得到了肯定，人在宇宙中的地位得到了提升。

这种人性观的变革转换了人感知世界的视角。这种视角的转换，为当时科学的产生创造了有利的文化氛围，其中最典型的例子是哥白尼的日心说。中世纪的宇宙观虽然将人置身于地球这个宇宙的中心，但是一切都是由上帝安排的。因此，人对地球上的任何事件的解释都有赖于上帝的眼光。地心说符合中世纪将人性隶属于上帝的观念，但不符合文艺复兴所倡导的那种追求人性独立和尊严的人性观。而哥白尼的日心说将人从宇宙的中心移开，表面上似乎降低了人的地位，但这恰恰能使人类在不求助于上帝的情况下独立地对地球上的各种事件做出解释。尽管哥白尼“总是被谴责为将人从宇宙的中心移开，但事实上相反的情况才是真实的——他将人移入天空”[5]，从而提升了人性独立的尊严和价值。哥白尼的日心说符合了当时文学人文主义倡导的人性观，所以，在日心说理论尚不完备的情况下，它依旧得到包括伽利略等伟大科学家在内的广大文化精英的支持。这使它有机会进一步发展，从而避免了被扼杀在思想摇篮之中的危险。

文学人文主义酝酿的人性观的变革，还给科学带来了以下两方面的积极影响。一方面，随着人性得到肯定，人们不再压制符合人性的快乐，由此产生了认识自然，以满足好奇心和改造自然，以提高生活水平的要求。由于自然科学能很好地满足这两方面要求，于是吸引了一大批思想家和学者积极投身到科学研究中。另一方面，人性的自由和完美，突出体现于人向各方面发展的潜能。因此，早期的文学人文主义并不否定认识自然的价值，他们也热情地翻译了托勒密的《地理学》、塞尔苏斯的《医学论》等有关科学的古典文献。这些文献对古代科学传统的复兴和发展，起着非常重要的作用。

文学人文主义为科学的产生所作的贡献是毋庸置疑的。然而，文学人文主义依旧存在着保守的一面，它“对古代作品的强烈钦佩导致了这样的信念，即在希腊文明的黄金时代之后，人类的才能和成就持续地衰落，向上的进步要求的是向那遥远的过去的模仿，而非沿着陌生道路进行的冒险”[6]。文学人文主义的这种保守性导致了它在 16 世纪之后的衰落：随着译介的古典文献数量的增多，文学人文主义者逐渐囿于引经据典的诠释活动中，他们越来越强调灵魂的美，越来越忽视自然的美与价值。这一切都使得文学人文主义很难继续对科学的产生和成长起着积极的影响。

随着文学人文主义的衰落，科学人文主义逐渐取代了它为推动科学的产生和成长所扮演的角色。科学人文主义试图将自然科学知识和人文主义结合起来，以此来捍卫人性的价值和尊严。科学人文主义主要包括工匠传统中的实用主义，和赫尔墨斯神智学（Hermeticism）、毕达哥拉斯主义以及新柏拉图主义中的神秘主义。前一方面的代表人物有阿尔伯蒂、达·芬奇等，后一方面的代表人物有帕拉塞尔苏斯、赫尔蒙特等[2]。

科学人文主义揭示了自然与人的紧密关系。按照赫尔墨斯神智学的神秘主义观点，“地球是在这个巨大、包罗万有的有生命的宇宙中类似于人的活的有机体”。作为小宇宙的人，通过相似性而紧密地联系起来，“大宇宙的事件影响着人，而人作为小宇宙，反过来又能影响大世界”[7]。因此，自然科学不仅是描述事实，而且蕴涵着美和伦理的价值，这些价值充分体现了人的尊严和高贵。要全面地肯定人性、热爱生命，就需要将人性的美与善建立在自然的真理之上。因此，科学人文主义比文学人文主义更为显著地强调了在科学与艺术领域的均衡、全面的发展，而像达·芬奇这样著名的科学人文主义者，“也已经通过他自己的例子表明，追求美与追求真理并非互不相容”[8]。科学人文主义中强调实用的工匠传统又进一步加强了自然与人的关联。工匠的技艺注重知识的运用对现实生活产生的实际效应，这就将人们的注意力进一步引向自然经验，并逐步唤醒人们主动干预、操纵自然的意识，有利于科学的实验方法的发展与成熟。

科学人文主义继承下来的毕达哥拉斯传统，通过绘画、音乐等艺术方面的巨大成就和影响，为数学方法在科学中普遍运用提供了思想和观念上的准备。当时像阿尔伯蒂这样著名的艺术家，普遍认为自然的和谐是通过特定的数来实现自身的，艺术应当充分展现出自然中的比例关系。因此，音乐、绘画、雕塑和建筑，分别反映了算术和几何的比例关系。为了更好地描绘自然，达·芬奇和丢勒等艺术家，发展了绘画的透视法，并专门研究了透视理论，从而加深、加强了人们对自然的数学结构的理解和信念，有利于科学的数学方法的发展和成熟。

总之，文艺复兴时期的人文文化根据相似性思维建立的比拟，将人当做自然的对应者。因此，科学认识也不仅是事实的描述，还是美与善的价值的反映。通过科学地认识自然和改造自然，人性得到充分的肯定和全面的实现。正是在这种人文背景下，自然科学受到了人们的广泛关注，科学中的实验和数学方法开始兴起，从而为近代科学的产生打下了坚实的基础。

二、近代：科学成长的人文背景

文艺复兴时期的神秘主义虽然在某种程度上为科学的产生做出了积极的贡献，但随着科学的逐渐成熟，它却从两个方面阻碍了科学的进一步发展：

一方面，赫尔墨斯神智学的神秘主义产生了大量的迷信，将许多并没有什么经验根据的超自然因素和神秘实体引入科学研究，不利于人们按照自然本来的面目来进行有效的科学研究；另一方面，神秘主义将科学应关注的动力因与神学的目的因混淆起来，并将人们主观推崇的美学或神学的价值与对自然的事实描述混淆起来，给科学研究带来了许多不必要的约束，不利于科学发展成一门独立的学科。

科学要发展，就需要克服以上两种阻碍。近代的人文文化，顺应了当时科学的这种发展要求，帮助科学逐渐摆脱了神意和迷信的影响，为近代科学发展成一门独立的学科创造了有利的文化环境。

文艺复兴时期那种拟人论和活力论的自然图景，在两位享誉世界的人文主义者——塞万提斯和莎士比亚的作品中，分别受到了嘲讽和挑战。由此，这两位人文主义者既终结了文艺复兴时期的思维方式和自然观，又预示了一种新的的自然观。

在塞万提斯的《堂吉诃德》中，文艺复兴时期的相似性思维遭到了反讽和质疑。堂吉诃德不断将他的旅途中的所见所闻，比附成巨人、仙子等超自然的现象。自然似乎随处都受到神秘因素和超自然力量的影响。然而，塞万提斯以一种高超的手法对堂吉诃德的思维方式进行了嘲讽。每当堂吉诃德似乎能从自然经验中找到证实他的超自然信念的相似物时，相似物总在最后一刻被揭示为另一种毫不相干的东西，神秘信念与自然之间人为构造的相似性被打破了，自然现象以它原本的面目呈现于读者的面前。可以认为，“《堂吉诃德》是对文艺复兴世界的否定……相似性与符号解除了它们先前的共通性；相似性已经靠不住了，接近于幻想或疯狂”[9]，而建立在相似性基础之上的炼金术、占星术所使用的研究自然的方式，也变得不可靠起来。

莎士比亚一系列伟大的悲剧，又有助于将科学从目的论中解放出来。莎士比亚的剧作中，很难看到善恶必报的观念，而彼岸生活和末日审判，也不是莎士比亚所关心的主题。虽然超自然力量依旧存在于他的剧作中，但是，“这种超自然的力量只是一种装饰品，其目的只是突出真正的因果关系的线索”[10]。通过莎士比亚的戏剧，自然主义的态度逐渐渗透到人们的意识中。人们逐渐相信，上帝以及超自然力量，并非不时地对自然现象和经验进行干预。铁一般的自然规律，并不轻易被各种伦理或信仰上的考虑改变。

塞万提斯和莎士比亚所预示的自然图式，在笛卡儿的哲学体系中得到了系统的论述。通过将自然界分为两种截然不同的范畴，广延（res extensa）和思维（res cogitans），笛卡儿使身体和心灵不再具有直接的关联。物质被还原为几何学意义上的广延，目的因和物活论不再适用于物质[11]。根据是否与人的感官有关，物质的性质被分为包括形状、数量等的第一性质和包括颜色、声音等的第二性质。第一性质是独立于人的物质内在的性质，而第二性质由于受到主观因素的影响，无法反映自然的真实面貌。因此，第一性质是自然科学的主要研究对象，而要真正认识、掌握第一性质，就需要以数学的方式把握自然的空间和时间结构。

由此，超自然力量、神秘因素和形而上的拟人假说，逐步退出了自然科学的研究领域。自然科学主要研究的是自然现象间可量化的数学关系，其他关系如果不能够还原为这种量化关系，那么，就很难被科学家认真对待。这种自然图景极大地影响了牛顿、波义耳等科学家的思想。牛顿“清楚地看到，需要将科学的问题（他称之为‘实验哲学’）从我们会称为‘形而上学的’问题（如，关于引力的终极本体的本质问题）中区分出来”[12]，人在科学研究时应当努力避免做出主观的形而上假说，应当按照不依赖于人的数学关系来研究自然。于是，“人成为一个巨大数学体系的微不足道的旁观者”[13]。

这种自然图景虽不无片面之处，但它对近代物理学的发展，却是不可或缺的。科学实验正确地将注意力放到对自然的客观描述上，而不必去关注那些没有经验根据的神秘实体。而且，当时不同学科的知识并非都十分精确、完善，如果没有这种自然观提供信念支持，牛顿学派就容易在面对反常和异例时，过于草率地放弃其研究纲领。但是，虽然牛顿认为，自然自创生之后，其定律就会稳定地运作很长时间，“他实际上没有意图要把上帝对那台巨大的发动机的目前控制和偶然干涉分离出去”[13]，在牛顿的宇宙体系中，上帝还兼有保证自然永远具有规律性和秩序的职责。因此，牛顿、波义耳那一代科学家依旧为上帝干涉自然和科学研究留下了可能性。所幸的是，牛顿之后的人文文化，沿着此前的思路，彻底将与科学无关的因素从科学研究中清除出去。

牛顿之后的艺术中，与事实有关的艺术形式，如散文，受到了近代文化的普遍推崇，而像诗歌这样与虚构的相似性和象征有关的艺术形式，普遍受到轻视。为了挽回诗歌的地位，蒲伯、德莱塞等著名诗人提出，应当仿效科学，重视诗歌中的客观性和秩序感。近代诗歌的语言不再是反映强烈情感要素的象征性语言，而是变得简洁、平衡、对称，严格遵循类似数学规律一样的诗歌语法[14]。至此，近代艺术也从整体上极力拒斥神秘主义的倾向。这进一步削弱了神秘主义思维的影响。

在伦理学中，以休谟为代表的思想家认识到，“理性是且应该只是激情的奴隶，它永远不能装扮任何其他职责，除非服侍并遵从它们”[15]。理性只涉及行动的手段，而不考察行动的目的所反映的价值，应当区别开事实与价值。由此，事实成为科学研究的对象，而价值则被当做情感、趣味等个人主观因素的反映，从科学研究中被排除出去。

在神学领域，牛顿苦心孤诣地为上帝保留了维护自然运作的职能，遭到了以莱布尼茨为代表的许多哲学家的质疑。在他们看来，宇宙的运作远比牛顿设想的要好得多，整个宇宙的运动似乎并不需要特别的维护。于是，上帝这位神圣的技师在这个世界中显得越来越无所事事[16]，许多哲学家倾向于将其当做一个“多余的”实体。拉普拉斯则走得更远，他甚至宣称，他的宇宙论体系已经不需要“上帝”这个假设了。无论如何，在 18 世纪的近代文化中，科学研究基本获得独立发展的地位，超自然的力量和神秘因素，几乎不再可能像以前那样，直接干涉自然科学了。

近代人文文化极力张扬一种自然主义的人性观和自然观，人由自然的对应者变成了旁观者，科学研究不再考虑拟人论的神秘实体和神意操纵下的超自然力量，自然科学变成了一项只研究事实，而与反映主观因素的价值无关的智力活动。据此，科学家摆脱了那些没有经验根据的形而上学假设，以更客观、自由的方式来研究自然。由此可见，近代人文文化为科学独立而自由的发展，做出了重大贡献。

三、现代：科学发展的人文背景

近代人文文化在很大程度上为科学摆脱了来自外部的形而上学教条。然而，人们将牛顿的经典物理学当做一种能够描述整个宇宙的神目观（god'seye eiew)，其中，人只是自然的旁观者，科学家对自然的观察结果不受他的理论观点、认知环境等主观因素的影响。科学研究是与人的主观因素无关的事业，各种形式的形而上学被当做人的主观臆断，都遭到了人们的本能拒斥。然而，正如普特南所指出的，“那种认为宇宙图式是如此完备，以至于它实际上将描绘宇宙的理论家—观察者都包括在内的幻想是一种物理学的幻想，这种物理学也是形而上学”[17]。这种源自近代科学内部的形而上学将科学当做神目观的产物，忽视了科学理论建构中人所起的积极作用，把经典物理学中许多带有人为约定性质的科学概念和假设未加批判地接受下来，从而阻碍了科学的进一步发展。

要克服这种源自科学内部的形而上学，急需重新认识人与真理、科学的关系，充分揭示人在科学中的积极作用。现代的人文文化恰恰满足了现代科学这方面的发展要求，从多个层面为科学摆脱源自内部的形而上学做出了重要的贡献。

近代科学的神目观，在康德那里，首次遭到了有力的挑战。“康德首先看到，无论人类试图描述世界中的任何事物，我们的描述都形成于我们的概念选择。”[18]因此，科学认识无法完全摆脱人的因素，人的概念选择、认知环境，将影响着科学对自然的描述与认识。进而，康德先验辨证论表明，任何思维方法，都有着它适用的范围。一种思维方法，一旦超出其适用的范围，就会产生二律背反，造成思维悖论。康德的学说充分揭示了人类理性的有限性。既然人类理性是有限的，那么，由人类理性所产生的任何单一的科学理论，也就无法穷尽自然中蕴涵的全部真理。近代试图以单一的科学理论来说明、推导出包罗万象的自然现象的神目观，也许只不过是不切实际的幻想。

康德哲学的这些观念虽然有助于冲破近代的形而上学教条，然而，由于当时科学发展的水平，以及康德所处的近代时期牛顿崇拜的思想基调，康德的这种思想倾向在当时并未激起什么科学上的变革。尽管如此，康德的思想中的批判意识，对人类理性有限性的强调，以及对神目观的批判，深远地影响了现代的人文文化和自然科学。

现代的人文文化，以对传统习俗、价值和观念的强烈批判为典型特征。正如薛定谔所言，“我们的时代被一股批评传统习俗和观念的强大冲动所支配。正在产生一种新的精神，它不愿意接受任何权威……”[19]这些反叛性或颠覆性的文化趋势集中反映于尼采的哲学中。尼采的“上帝已死”的论断，绝不仅仅指信仰的崩溃，而是意味着自柏拉图以来统治着西方文化的超感性世界所推崇的价值的自行废黜。随着作为西方文化基础的超感性价值的自行废黜，西方文化的一切传统习俗、价值和信念，都受到了动摇，原先的原则、信念都亟待重新理解、重新估价。由新的人文文化孕育的反思与批判的时代精神，为科学家突破近代科学中的形而上学教条创造了机遇。在这种文化氛围中，经典物理学中的基本概念、基本原理，遭到了马赫等批判学派的批判和质疑，爱因斯坦提出了与经典物理学的物质观、时空观、能量观和运动观迥异的学说，哥本哈根学派则对传统因果律以及科学中主观与客观的截然两分提出了挑战。总之，西方现代人文文化深深地影响了 20 世纪初一批科学家的研究态度。在那个敢于向任何基本观念和价值挑战的时代里，有抱负的科学家获得了前所未有的勇气来对经典科学的基础发起攻击和批判。

现代的人文文化依循着康德的思路，进一步揭示了人与真理之间的关系。叔本华和克尔凯郭尔以各自的方式，揭示了人的非理性因素在认知中的作用和意义。尼采则激进地主张，以往一切时代所欲追求的那种唯一真实的、客观或超验的自然知识是不存在的。谈论自然的真理和实在的知识，就不能忽略它们的持有者在其文化中形成的独特视角。真理和知识，永远是某种视角下的真理和知识。这种视角主义（perspectivism）的真理观，动摇了古典时期的人文主义者将事实与价值截然两分的教条。尼采声称，“‘真实的世界和虚假的世界’——我把这种对立的来源追溯到价值关系”[20]。威廉·詹姆斯又进一步指出，科学知识往往预设了某种认知价值，科学中的事实与科学知识的合理性，无法与科学家在科学实践中接受的某种价值观完全脱节。科学家接受的认知价值，不仅源自他的科学实践，而且也源自科学家所接受的各种文化[18]。作为科学研究对象的事实，与人性及其所处的文化所倡导的价值，有着紧密的关联。“科学是，也应当是我们时代整个世界观的一部分。”[21]

现代的人文文化同时也继承了康德的理性有限性的思想。海德格尔将康德的哲学视做形而上学奠基的一种基础本体论，而“基础本体论意味着对为‘属于人类本性’的形而上学准备基础的人类有限本质做出本体论分析”[22]。海德格尔的思想突出体现了人类此在的有限性，此在的有限性不仅意味着人类作为时间中有限的存在，无法永恒地生存于这个世界中，还意味着他无法脱离他被抛的那个环境来看待、理解这个世界。而维特根斯坦的早期思想，通过将语言划分为能够说的和必须对之沉默的，揭示了语言表达的界限。这种语言有限性的思想又与维特根斯坦后期思想中语言游戏的多样性有着关联：每一种语言游戏都反映了一种生活形式，每种生活形式都为看待世界提供了一种独特的姿态。

现代人文主义将理性有限性的思想与视角主义结合起来，就倾向于认为，源自不同视角的知识，它们不但不相互抵触，而且还有可能相互补充，让人类得以更自由而全面地认识和理解世界。

现代人文文化有力地支持了现代科学的认识论立场，由此，科学家能够更为开放地接受那种充分体现人的主体性因素的科学知识。科学的认识活动无法摆脱人类主体的参与，作为自然的一分子，人在用仪器观察自然的过程中不可避免地改造着自然。因此，"我们所观测的不是自然本身，而是由我们用来探索问题的方法所揭示的自然"[23]。科学认识渗透着人的因素，在这种情况下，不同的个体，从不同的实验状态和认知角度，就有可能对同一个对象产生相互补充的同样为真的知识图像。正如玻尔所言，"同一个正确的陈述相对立的必是一个错误的陈述；但是，同一个深奥的真理相对立的则可能是另一个深奥的真理"[24]。

新时代的人文文化强调语言的多样性，这也有利于现代科学的全面发展。现代语言哲学对多样的语言游戏的研究，动摇了逻辑实证主义用物理语言来统一整个科学的独断梦想，这也支持了玻尔等物理学家有关科学语言的观点。玻尔充分意识到了经典物理学的语言和概念的有限表达能力，于是提出互补性原理来克服这方面暂时的困难。而玻尔等物理学家对物理语言的有限性和科学表述的多样性的主张，也让物理学家意识到，"特有的生物学规律性代表着一些自然规律，它们和用来说明无生物体的属性的自然规律之间存在着互补关系"[25]。于是，当物理学家运用他们的规律来研究生物学的时候，就不会将生物学仅仅还原为物理学规律。这就使现代生物学避免了近代科学在机械自然观的引导下所犯的错误，保证了 20 世纪生物学研究踏上正确的道路。

现代人文文化还在方法论的层面上推动了现代科学的发展。概率和统计方法是现代科学的重要方法，而它们在经典科学中却未受重视。很多受机械决定论影响的科学家不重视偶然在科学认识中的地位，从而不承认概率和统计方法对自然科学的重要意义。现代人文文化对人类理性有限性的强调明显改变了这种观念。正如加拿大科学哲学家哈金指出的，在诸如诺瓦利斯这样的浪漫主义者的影响下，偶然在人生、自然和认识中的地位得到了重新的理解，像尼采这样的哲学家“领悟了我们至今所遇到的关于偶然最难懂的哲学课。必然和偶然错综在一起，谁也离不开谁。必然解释不了偶然，偶然也解释不了必然，就像头不能解释尾，尾不能解释头一样”[26]。现代人文文化松动了近代时期关于必然和偶然的形而上学教条，让人们得以用新的视角来理解因果性，这为概率和统计方法在自然科学中的普遍应用做出了思想观念上的准备。

现代的人文文化，将人由自然的旁观者转变为自然的观察者和参与者。自然科学不再是那种与价值和文化相脱节的纯粹的事实描述，事实与价值是相互渗透的。现代人文文化提出的人类理性的有限论和视角主义的观点，突出了人在科学理论创造中的积极作用，有助于克服近代时期神目观的形而上学教条，并从认识论、语言观和方法论等多个层面支持了现代科学思想和观念的形成。现代人文文化对现代科学的发展做出了极其重要的贡献。

四、结　　论

综上所述，不同时期的人文文化不仅帮助科学摆脱大量不利于科学产生、成长和发展的形而上学教条和偏见，使科学能够更自由而开放地创造新的理论和假说，更大胆地运用新的研究方法，而且为许多有发展前景而又尚未成熟的科学理论，提供了进一步发展的宽松而自由的学术空间，从而避免这些科学理论被研究者过于草率地放弃。相应于西方科学的批判精神，西方近现代的人文文化并没有囿于传统，而是与科学一样，也存在着大量的变革。人文文化的这些变革，或者成为西方科学革命的先声，或者与西方科学革命的思想观念和思维方式相呼应，为新范式下的科学理论创造了一个有利的发展空间。

参考文献

[1] 孟建伟．科学与人文的深刻关联．自然辩证法研究，2002，(6)：7.

[2] 艾伦·G. 狄博斯．文艺复兴时期的人与自然．周雁翎译．上海：复旦大学出版社，2000：14-21，119，153-156.

[3] Trinkaus C. Machiavelli and the humanist anthropological tradition//Marino J，Schlitt M. Perspectives on Early Modern and Modern Intellectual History：Essays in Honor of Nancy S. Stuuever. Rochester：University of Rochester Press，2001：83.

[4] 雅各布·布克哈特．意大利文艺复兴时期的文化．何新译．北京：商务印书馆，1979：350-352.

[5] Bronowski J. Copernicus as a humanist//Girgerich O. The Nature of Scientific Discovery. Washingron：Smithsonian Institution Press，1975：181.

[6] Hall A R. The Science Revolution 1500—1800：The Formation of Modern Scientific Attitude. London：Longmans，Green and Co，1954：9.

[7] Debus A G. The chemical debates of the seventeenth century：the reaction to robert fludd and jean baptiste van helmont//Bonelli M，Shea W. Reason，Experiment，and Mysticism in the Scientific Revolution. London：the Macmillan Press Ltd，1975：22.

[8] Sarton G. Six Wings：Men of Science in the Renaissance. Bloomington：Indiana University Press，1957：233.

[9] Foucault M. The Order of Things：An Archaeology of Human Sciences. New York：Random House，1973：47.

[10] 鲍桑葵．美学史．张今译．北京：商务印书馆，1995：210.

[11] Crombie A C. Augustine to Galileo：The History of Science A. D. 400-1650. Melbourne：William Heinemann Ltd，1957：394.

[12] Putnam H. Words and Life. Cambridge：Harvard University Press，1994：519.

[13] 爱德文·阿瑟·伯特．近代物理科学的形而上学基础．徐向东译．北京：北京大学出版社，2003：201，244.

[14] 克莱因·M. 西方文化中的数学．张祖贵译．上海：复旦大学出版社，2004：276-279.

[15] 托马斯·L. 汉金斯．科学与启蒙运动．任定成，张爱珍译．上海：复旦大学出版社，2000：180-182.

[16] 亚历山大·柯瓦雷．从封闭世界到无限宇宙．邬波涛，张华译．北京：北京大

学出版社，2003：226.

［17］Putnam H. Realism with a Human Face. Cambridge：Harvard University Press，1990：5.

［18］Putnam H. Pragmatism：An Open Question. Oxford：Blackwell Publishers Inc，1995：13-19，28.

［19］Schroedinger E. Science Theory and Man. Museum Street London：George Allen and Unwin Ltd，1957：38.

［20］马丁·海德格尔．尼采（上卷）．孙周兴译．北京：商务印书馆，2002：499.

［21］Holton G. Thematic Origins of Scientific Thought：Kepler to Einstein. Cambridge：Harvard University Press，1988：464.

［22］Heidegger M. Kant and the Problem of Metaphysics. Bloomington and Indianapolis：Indiana University Press，1990：1.

［23］海森伯·W. 物理学与哲学．范岱年译．北京：商务印书馆，1981：24.

［24］海森堡·W. 原子物理学的发展和社会．马名驹等译．北京：中国社会科学出版社，1985：112.

［25］玻尔·N. 尼耳斯·玻尔哲学文选．戈革译．北京：商务印书馆，1999：123，124.

［26］伊恩·哈金．驯服偶然．刘钢译．北京：中央编译出版社，2000：265-267.

近代科学产生的艺术背景*

文艺复兴时期是一个伟大时代的开始，正如恩格斯所评价的“这是一次人类从来没有经历过的最伟大的、进步的变革……”[1]它对哲学、宗教、艺术产生了极为深远的影响，形成了近代西方文化中的主流思想，近代科学恰是在这一时期诞生。“无论是出于偶然性还是出于历史必然性，在欧洲，种种因素以恰当的比例凑合在一起，又经历了不可避免的宗教磨炼和政治压力，于是不断相互作用、结合，终于形成了一种崭新的文化产物。全世界的现代科学正是从这唯一源泉中成长起来的。”[2]所以，深入探讨近代科学诞生时期的人文文化背景具有重大的理论和现实意义。意大利的文艺复兴对于艺术来说更意味着一场革命，其巨大冲击无疑给近代科学以强悍的震动，为近代科学的诞生营造了浓郁的艺术氛围，成为推动近代科学产生的人文风景中亮丽一景。本文试图通过对科学产生推动作用的艺术背景的挖掘，着力探询文艺复兴时期的艺术对近代科学的启动作用。事实上，科学也正是吸纳和整合了这些人文资源，摆脱了禁锢，脱壳而出，并在一系列的丰厚的人文背景中逐渐羽翼丰满直至展翅高飞，完成了凤凰涅槃的过程。

---

* 本文作者为杨渝玲，原题为《文艺复兴：近代科学产生的艺术背景》，原载《自然辩证法通讯》，2009年第4期，第118～124页。

一、复古与创新的兼收并蓄

文艺复兴时期，古典文化对人们存在着独有的魅力，被认为是完美风格的智慧宝库。当时的人文主义者热衷于挖掘古典文献，希望通过“再现”古希腊和古罗马文化，复兴古代文化。这种对古典文化的“复活”和“再解读”本身就给人们带来了大量的知识，并逐渐养成了向前人学习的良好的治学传统。但是，复古不是纯粹地为了复古而复古，而是试图对古典有更深的感悟，其挖掘是综合性的，复古是为了面向现实，为了使人在现实生活中生活得更加丰富，以摆脱不同于中世纪带给人们的沉闷。“古人世界的重新发现释放了新的能量，刺激了想象力，最后发现了新的真理，创造了新的形式，而不仅仅是恢复过去已被淹没或歪曲的许多价值。”[3]而且时间持续得较长，从早期的意大利文学中“重新发现”古代，即再发现古罗马和古希腊开始，直至中期这种古典文化对欧洲其他地区产生的震荡，到后期的“兴盛”，都绵延地弥漫着这种复古与创新的气息，并持续地对科学、艺术、哲学和宗教的发展产生巨大作用。“不可否认的是，要想寻求科学革命爆发的原因，我们就必须要到欧洲著名的文艺复兴巨变（sea-changes）中去寻找所发生的广阔变革。”[4]

14 世纪末，艺术界的兴趣已经从关心以最佳方式生动表现宗教故事到以最忠实的方式表现自然界，他们已经不满足于描述宗教故事的技术细节，“他们想探索视觉法则，想掌握足够的人体知识”[5]，来描述真实存在。15 世纪初的两位大师——雕刻家多纳泰罗和英年早逝的画家马萨乔，既对光辉的古典情有独钟，又不拘泥于此，而是专注于创造充满生活气息的人物形象，以其逼真生动、优美坚实的人体和精神风貌彻底驱散中世纪的幽灵。如果说人文主义对古典的过度迷恋容易陷于模仿的窠臼，那么，艺术家们所特有的敏感与想象力并没有因此而窒息，反而受到刺激而激发。安德烈·夏斯特尔在谈到文艺复兴时期的艺术和古代的关系时称它是“文化仿造的一件大事……为了要重新发现古代它创造了完全不同的东西”。“这也十分恰当地表明，重新发现古代同创新是互相可容的。”[3]对古典文献的挖掘是对古典的兼收并蓄。瓦拉说：“这些作品之所以神圣，并不在于它们永远关闭了人们前进的道路，而是打开了人们前进的道路。"[6] 从更深远的意义来看，"文艺复兴意味着西方思想完成了最后一次大综合"[7]。这种综合在艺术中展示得最为到位，堪称经典。古典艺术相对于其他领域更为集中与具体，便于高效率地加以研习，因而艺术有着优越的复古条件。同时文艺复兴时期的艺术在古典文化的发掘的深度与力度上都是空前的，为艺术的迅猛发展奠定了坚实而广阔的基础。这种既尊重古代但又不拘泥于古代的原则，为艺术的发展指明了方向，推动艺术达到了巅峰，反过来艺术的主流导向起到了类似于带头学科的作用影响着时代的进程。艺术更在对古代的挖掘中发现和领悟到古典文化精华所在和他们应该努力创新的方向。

同时，复古是为了面向现实的人，希望重新发现古代，人文主义者希望通过传统文化来陶冶人们的品格而使其更为文明，受文字修辞的训练而使人表达更为清晰，进而形成理想人格。复古是为了丰满人性，陶冶性情，塑造完善的人，促进人的全面发展，吸收古代的精华以滋养现代人，打造完美的人。人文主义的教育理想是通过接触希腊罗马的文献来丰富和陶冶人们的心灵。人文主义借助于复古，其目的是用现实的眼光来审视人类经验的内部结构，但其根本目的是追求文化和智力的统一，即"塑造最高智慧的全才(whole man)"[8]。文艺复兴时期的博学家的特点是"博学与现实主义的令人惊叹的结合"[7]。在文艺复兴时期，画家同时也是建筑师和工程师的全才可以列出一长串名单，因为一些画家经常会受到城市或君主之召，去建教堂或铜像等，这样画家们对建造材料及技艺需要了如指掌才可以胜任这些工作。达·芬奇就是典型的代表，他可以把当时任何有用的机器运用高超的绘画技艺绘制得精良无比。达·芬奇向米兰公爵自荐时，就提及他所能制造的若干军用器械。他的笔记本中也记录了他是如何研究当时金属和机器工人的各项操作流程的。尽管在今天看来，即使他筹到了足够的资金，他的任何一件机械都不能真正起作用，但是他却给学术界留下了一种深刻的观念，"即自然界的种种操作可用机械来阐明"[9]。这种观念对后来的近代科学尤其是机械力学的发展无疑是一笔宝贵的精神财富和先期的有益的尝试[10]。至少在设计上是开近代科学之先河的，这在一定程度上也激发了科学的想象。当时的艺术家大多都重视艺术家对解剖学和生理学的研究，意大利画家兼做人体解剖营生的有很多。这样的多学科兼备的科学家、艺术家、哲学家的身份使得科学的产生无不受到艺术的熏陶。所以，复古的功绩与目的是创新，在艺术家那里掌控得恰到好处，一大批全才的出现就是一个明证。同时，机械观念的影响也对近代科学意义深远，即可以看做是近代科学的另一传统的实践发扬：分析传统。

复古与创新构成了文艺复兴的主旋律。文艺复兴时期的人文主义者重视向古代学习，但并不迷信古人的著作，由于知识视野的扩大，使人们更为自信，敢于向权威挑战，养成了一种怀疑主义的科学态度。所以回归历史的真实以后，亚里士多德的“权威”已不复存在，而同其他人一样，是一个受历史时代局限的思想家，这样也就不难理解，近代科学的奠基人伽利略的“自由落体定律”是对亚里士多德“权威”的挑战与批判的产物，哥白尼虽尘封观点数十载，但最终还是将颠覆托勒密学说的《天体运行论》出版，向神学下了挑战书。

文艺复兴时期通过对古代文献的再发现和再认识，为科学的产生奠定了极为完整和系统的文献铺垫。从长远来看，这种重视向前人学习的治学传统，也成为其持久的成就；这种整合与汇交为科学家研究自然界时进行兼收并蓄提供了可能。对经过精致修辞训练的古典文献的再发现，对科学及其实践产生重要的意义[10]。艺术是一个典范，文艺复兴时期的艺术正是复古与创新的最大受益者，通过学习历史，得到了古典世界复活的滋润。并以其卓越的表现进一步扩散了复古与创新的气息。而复古与继承、创新与发展是科学产生和进步的要义，为近代科学的产生打通了学习的道路，并指明了前进的方向。众所周知，作为近代科学的时代象征，“站在巨人肩膀上的”牛顿把至少四门“学科”变成“科学”，就是继承与创新传统的充分展现。

二、人文主义与现实主义的珠联璧合

文艺复兴时期是对经院哲学的反叛和决裂。他们发现了古代世界，而古希腊思想的引人之处是以人为中心，而非上帝。人文主义思潮归根结底是对人的肯定，对人性的颂扬，倡导在现实的世俗生活中实现理想。苏格拉底被复活是把哲学从天上带到地上，“人文主义者不断反复要求的就是哲学要成为人生的学校，致力于解决人类的共同问题”[11]。所以，人文主义者借助于复古与创新，希望在现世中实现理想的生活，而不是像中世纪一样把愿望寄托于“来世”，认为更加有意义的是“此岸”而非“彼岸”。艺术家们得到了理想主义和现世主义真谛，并进一步合二为一地加以发挥，且以艺术所特有的方式加以表达和传递。在乔托的绘画中这种现实与理想的完美结合已初见端倪。整个 15 世纪，以雕刻家多纳泰罗和英年早逝的画家马萨乔为领袖，引领艺术不断超越。马萨乔首倡的把“愈接近自然就愈完善”的信念作为艺术的基本原则而使艺术行进到了一个新高度。“接近自然”指现实主义，“完善”则指艺术理想。马萨乔的绘画是这一信念的践行，他的画无论人物神韵还是风景意境皆力求逼真生动，充分体现了对人性伟大尊严的关注，他笔下的人物皆雄伟强壮而又自然纯朴，反映了文艺复兴蓬勃积极的时代真谛。尽管他英年早逝，他的作品却成为所有艺术学习的楷模。如日中天般照耀着近代世界的历史进程。到 16 世纪，盛期文艺复兴大师们更是深得人文主义之精髓使得艺术达到了空前繁荣，甚至在某些方面超越古典而渐入佳境，领悟到了古典艺术的最高理想——和谐之美实际上是在写实求真与理想加工之间找到的一个最佳平衡点，用拉斐尔的说法则是艺术创作既要观察生活，还要依靠理想。因此“胜过自然、高于生活”的领悟与把握正是在复古与创新的主旋律，艺术界领会了人文主义诉求的精要，即艺术在文艺复兴时期高歌猛进的主要根源在于把思想内容和创作手法，人文主义思想和现实主义的表现手法珠联璧合，并以之为前进的灯塔。

文艺复兴时期的人文主义与现实主义的完美结合对近代科学的产生有着深远的意义。受人文主义者影响的现实主义绘画需要画家们详细观察纯自然，如花、鸟、鱼、虫、山、石、树等，这样就建立了以自然界为基础认识事物的意识，而并非像中世纪一样以为知识是从书本上和逻辑中派生出来的。为反映现实必须进行细致入微的观察，对人物和景致的细节刻画，绘画和雕塑中的对每一个人的栩栩如生的描绘、对景致的远近细节的勾勒几乎达到科学的精确性。为了实现这样的意图，他们坚持像镜子一样反映现实的全部细节，为近代科学的分析传统做出了典范[12]。在这个过程中，引导人们亲近自然，引发人们对自然界的兴趣，从而冲破纯粹的思辨，摆脱经院哲学的禁锢。达·芬奇称画家是“一切看得见的自然景物的模仿者”，并且认为一幅画越接近“模仿的东西”就越好。“艺术家在历史上第一次成为真正的目击者，一个不折不扣的目击者"[5]，现实主义的表现手法对“逼真”的追求体现了“求真”的诉求，即蕴涵着科学的“求真”因子。透视法就是为了满足这一需求而做出的努力，它革命性地改变了艺术的原有的叙事方式。布鲁内莱斯基发明的科学的透视画法，为现代艺术做出了巨大贡献。他创作了历史上第一幅按透视法画的城市街景，并将此法传授于马萨乔和多纳泰罗，指导他俩各自在绘画与浮雕方面掀起划时代的技法革命。使用透视法是为了进一步增进真实感，透视法加上处理光线可以造成景深错觉的效果，透视法涉及解剖学和光学的时空光线的转换问题。所以，现实主义的表现手法传递着精确、真实地反映自然界的信息。“视觉艺术对于科学的发展在全部历史里其他时代从未发生过这样的效果；而这种兴趣正当科学史中最重要变化的开端，不迟不早，大约不是偶然的。”[9]艺术史家潘诺夫斯基曾暗示，17 世纪的西方科学革命，其根源可以追溯到 15 世纪发轫的“视觉革命”。埃杰顿甚至提出，由 14 世纪意大利画家乔托所开创的“艺术革命”：即运用解剖、明暗和透视法等科学手段，为 17 世纪的“科学革命”提供了一套全新的观察、再现和研究现实的“视觉语言”。

因此，艺术上称为伟大发现的时期，就是意大利的艺术家求助于数学研究透视法则，求助于解剖学来研究人体的结构的时期。这两种诉求在绘画艺术中极尽发挥，反过来进一步促动了各自的巨大进步。艺术家们也不再满足于去迎合顾主的异想天开，不愿再充当工匠的角色，从单纯被动的提供服务过渡到积极主动地自由创作，并立志要成为名副其实的艺术家，“如果不去探索自然的奥秘，不去研求宇宙的深邃法则，就得不到美名与盛誉"[5]。显然这是受到人文主义思潮影响的现世主义价值观。人文主义者瓦拉在《论欢乐》中指出，“‘自然就是上帝的业绩’，一切自然的东西都是神圣的，我们应当真诚地投入统治着我们和世间万物的神圣规律的怀抱，这样我们将得到欢乐"[6]。所以，人投入大自然：上帝的怀抱才可以获得快乐。阿尔贝蒂认为，代表文艺复兴的典型思想的格言之一是“德行战胜命运”，颂扬使城市和家庭变得富裕而获得光荣的人的劳动，尘世的富裕和繁荣是上帝赞同的象征[13]。

同时，文艺复兴时期的绘画艺术受人文主义思潮的复古影响，对观察实验和数学方法加以发扬。人文主义在“复古”中所“复活”的新柏拉图主义的思想对艺术产生了深远的影响。文艺复兴时期的艺术把新柏拉图主义的两套思潮推向高峰，分别是“万物皆数”与“万物皆磁”所引发的数学原则与主动原则。人文主义者对古希腊的再发现使他们意识到，对事物的数字结构理解给人以驾驭其周围环境的新力量，使人更像上帝，这也是对经院哲学的教条例行公事的逆反，认为如人能在某种程度上运用并改进数学技艺，他就更加接近于神的地位。所以，“点燃思想家想象之火的是古代前苏格拉底的学说。”“在哲学领域中，一种新柏拉图主义气质再度抬头，对人的力量的重视使人们回忆起雅典在其力量达到顶峰时的乐观主义。”[11] 达·芬奇认为，“为了追求自然主义，绘画必须受制于‘数学科学’”[6]。这几个方面在文艺复兴中聚集于艺术，而艺术众望所归地使这几个方面巧妙耦合，取得辉煌成就。这也表明艺术和科学不仅不存在对立，有时甚至可以完满地结合，达·芬奇就是这种完美结合的经典案例。他们以不同的方式去描绘和探索世界，寻求真理，而真理的精髓都借助于数学语言。他们把透视看成一门科学的范本，“所谓科学是指在画家的观察中结合对数学的寻求”……从而透过艺术的数字信息的传递，更强化了数学的伟大作用，这在后来的科学的复兴中体现得淋漓尽致。如果说基督化的亚里士多德注重神的理性，而新柏拉图思想则关注充沛万物的灵的运作。揭示出自然界背后的奥秘是一种神秘的透视，超越了逻辑的分析[14]。这就是与“万物皆数”的毕达哥拉斯学派并行的新柏拉图主义的另一思潮路线，是由“万物皆磁”的研究所铺设的，即法术、巫术和炼金术后来一部分演变为医学和化学，这股思潮注重自然界中固有的类似属灵化的动力——所谓“主动的原则”。例如，巴拉塞尔士认为一切事物都是一种被动的原则（物质）和一种主动的原则（道德或精神）的结合体，后者决定前者[15]。也就是道德精神主动地去认识自然界。新柏拉图主义在16 和 17 世纪影响极大，人们以此来摆脱亚里士多德的理性主义的枯燥与乏味[16]。绘画中所体现的对现实生活中的人的关注，对人体的真实的写照，都表现出对人的描述，对人的颂扬。更加强化了人的主动性，这种需求也推动新解剖学的问世。其实，解剖流程就是一个实验过程。所以贝尔纳甚至做出了这样的判断：“哈维的血液循环理论的新解剖学应归功于艺术而非医生。”[19] 人开始主动地认识和研究自然界的必要的前提，而不是像中世纪时那样被动地接受已有的结论。

这两条线索正是数学方法和实验方法的基础，对数学的推崇加上主动的原则，二者珠联璧合，推动着近代科学迅猛发展，并日益体现出它的巨大威力。其中，毕达哥拉斯的柏拉图主义对天文学意义重大，哥白尼的《天体运行论》著作中对太阳的描述“即使不是太阳崇拜，也有新柏拉图神秘哲学的意味”[17]。他的观点“并没有添加任何事实知识”[18]。这种宇宙是数学系统的观念，更加坚定了哥白尼坚持日心说的信念，在哥白尼的心目中神是一位“最佳和最有秩序的工匠”。因此在哥白尼与托勒密之间的取舍主要的根源在于已被纳入基督信仰中的亚里士多德系统和当时尚在主流思想之外的新柏拉图主义之间的抉择[19]。而哥白尼以其数学强势使天文学研究倾向于数学而远离自然哲学[20]。

强调毕达哥拉斯和柏拉图的数学传统，“这是导致 16 和 17 世纪科学探索惊人复苏的主要发展趋势之一”[11]。这种数学传统的复苏之于绘画，便构成了近代自然科学产生的艺术气候的重要方面，而主动的原则给解剖学带来了巨大的变革。文艺复兴时期艺术界的透视方法将数学方法与实验方法完美结合对近代科学的产生与发展的影响不能不令人遐思——“科学上存在这样的情况，即科学发现出现之后，人们发觉它对物质世界的描述早已被以往的艺术家以奇妙的方式放入了自己的作品……虽说艺术家对物理学领域的现状所知甚少，但他们创造出的图形和寓意，在被嵌入后世物理学家搭起的有关物理实在的概念框架之中时，却是那么令人惊异得合适。艺术家引进的图形或符号，到后来会被证明实乃当时尚未问世的科学新时期的前驱性思维方式”[21]。“艺术的重要作用是为未来开路。”[22]

这样看来，近代科学得以确立的两大基本方法数学和观察实验方法在文艺复兴时期各自得到了极大的发挥和深化之外，还展示了将二者结合起来的巨大魅力，即观察实验方法和数学得到巧妙和完美的结合并硕果累累，这本身就是现实与理想的结合。文艺复兴是一场伟大的革命，萨顿认为“这场革命发生在此时，基本原因就是将这种工艺和实验的精神用于探索真理，这种精神突然由美术界扩展到科学界，这正是达·芬奇和他的同行们所做的工作。此时此地，现代科学才得以诞生，遗憾的是，莱昂纳多一直保持缄默，而科学的代言人，是在一个世纪以后才出现的”[23]。同时，文艺复兴中艺术进入全盛时期所营造的文艺的强势对整个社会是一种世界观、人生观和价值观的全面展示并起到了进一步牵引和激励的作用，激发着科学家的灵感，科学在文艺复兴时期的文艺养料的滋养中越来越富有活力。

综上所述，人文主义对艺术产生巨大影响，或者说艺术把握了人文主义的精髓，即现世主义的真谛，并进一步发挥提出愈完善就愈接近自然，艺术中细致入微的观察以及为精确观察而进行的实验、透视法引发的数学方法的兴起，引发了艺术革命，确切地讲，它们是现代艺术的发轫。它促进了观察实验与实验方法的发展，尤其是二者的完美结合。这对近代科学的发展是至关重要的。正如李醒民教授所指出的“文化与境不仅作用于表面，还可以直接作用于科学的深层，即科学的概念框架和方法论原则的形成，并进而对科学理论内容和形式有所影响”[24]。二者在艺术上的完美运用还为科学的产生奠定了方法基础。为人们找到了进入科学殿堂的钥匙。

反过来，艺术的现实主义手法进一步强化了现世主义，强调“人如果想侍奉神，不是退隐到寺院去做隐士，而应该忠诚而勤奋地做有用的工作”[25]。对自然的潜心研究是作为信徒的一种神圣责任。哥白尼、伽利略、开普勒、莱布尼兹、牛顿等著名近代科学的开创者都是在这种观念鼓励下走上科学研究的道路的。从事科学研究工作是促进人性之善的，改变人类在世的命运。艺术在文艺复兴的强盛的氛围强化了科学思想感情的动力。

因此，人文主义与现实主义在文艺复兴时期的复古与创新的大潮下，在艺术上被发挥到极致，体现了理想与现实的完美结合。艺术上现实主义与人文主义的完美结合，为科学设立了目标和示范。最引人注目的是，这种现实与理想的诉求进一步使观察实验和数学方法完美结合。观察实验是对认识现实的有效途径，数学则可以使之精确表达并传递准确和完美的信息而达到和谐，并珠联璧合地使艺术走向辉煌。科学革命是与这样一些人相联系的，哥白尼、笛卡儿、伽利略和开普勒，重要的是，他们开辟了一种新的方法——科学方法，这种方法能提供给我们关于周围世界的真实可靠的知识，而应称他们为科学之父[26]。同时，艺术的现实主义手法所强化的现世主义使人们在肯定自然、赞颂自然、面向自然和热爱自然中激发人们去研究自然的热情，寻找自然界之和谐，发现自然界之美。“意大利的文艺复兴时期艺术家的这种把观察自然、描绘自然、表现自然三者的结合，一直被认为是人文主义科学家伽利略所开始创新大爆炸所不可缺少的先决条件。”[6]

三、人的发现与世界的发现相得益彰

布克哈特将意大利文艺复兴的主题概括为："发现世界和发现人。"[27] 在复古与创新的氛围下，艺术更是使人文主义与现实主义完美结合，创造了艺术的神话，在这个光环的笼罩下，加强了的复古与创新为近代科学的产生营造了优良的学术传承，大量而集中的复古使人类的知识范围迅速扩大的同时，在复古中发现了新世界，创新使复古充满活力，并赋予了新生命，开阔了人们的心胸，"艺术感与美感是文艺复兴的显著特征，在一定程度上也是更复杂精深的知识环境的产物"[8]。在人文主义与现实主义的完美结合下，人们极力打造优雅与高尚，"把生活创造成一件艺术"。

人文主义注重人的情感世界，艺术更是领悟了这层真谛并将其发挥至极致。进而在艺术中发现并描绘和赞颂自然之美与人性之美，自然界的美包括景色的外在美与自然界本身运作的和谐完美之美。人性的美包括外在的形体之美和内在的人性之美。"在文艺复兴时期的大师们看来，艺术中的那些新方法和新发现本身从来不是最终目标。他们总是使用那些方法和发现，把题材的含义进一步贴近我们的心灵。"[5] 对人性之美的挖掘，文艺复兴时期的艺术可谓达到了最高的境界，艺术家们去真实地表现自然，并借助于透视法来表现人性之美，达·芬奇将绘画艺术推上了最高境界，他试图借助透视画法以二维表现三维，以静态来体现动态，但达·芬奇认为这种表现也只是一种手段而已，其最终目的是为了表现那种使动作动起来的内在的、活的、有生命的、灵动的东西。这也许应该是绘画艺术的极高境界了。对自然界之美的追求也是对世界的一种和谐之美的追求，如前所述，借助于数学达到和谐之美。这明显地表现于建筑理论与实践中，意大利的人文主义者阿伯特是一位影响深远的建筑师，但他同时也是画家、诗人、音乐家。就当时的建筑学来说，为了领会设计的比例关系，相关的基础知识贮备是必需的，即"毕达格拉斯的听得见的和音就是建筑设计中看得见的和谐的准则"[11]。毕达格拉斯的美体现于各部分之间的适当的比例关系。这其中也隐含着：理念的理论是存在的，即借助于建筑设计与施工中比例把握的准确，可以得到美的满足。人们也借助于音乐来表现美感，音乐、绘画与建筑一样皆属于"自由艺术"，在文艺复兴时期的学者领域中，音乐在人们心目中占有很重要的位置，音乐的目的在于产生和谐，消除不和谐，因此它和“美丽”类似。哥白尼的《天体运行论》肇始了近代科学的诞生，哥白尼早期接受的就是意大利人文主义者的毕达格拉斯主义，他以一个渊博的学者的理解和雄辩的文采去赞誉神圣的完美的和圆满的天体[28]。而他的日心说更多的是出于审美的要求。因此，文艺复兴时期对柏拉图和毕达哥拉斯等的古代的重新发现，对于哥白尼的划时代的研究工作来说，是一个重要的背景。艺术上对人体的推崇和对人体美的欣赏，与中世纪虔诚的基督徒被训诫说人体是罪恶的源泉格格不入，但对解剖学意义不同，除了方法论上还有内容上的改变。很巧的是文艺复兴这一伟大变革时期除了著名的《天体运行论》出版的同年，维萨里的解剖学著作《人体结构》一书问世，后来由哈维集其大成，发现了血液循环。这种巧合也似乎隐喻了世界的发现与人的发现。而天文学和解剖学恰恰是由艺术进入科学的入口。

这样看来，“推崇理性和真理的古希腊人文文化和推崇实践和经验的古罗马文化，由于各自的片面性都无法独立地孕育出近代科学，唯有在文艺复兴时期的人文学者融合了这两种文化的创造性努力之下”[29]——在“文艺复兴时期人文主义者强调的‘人’是理想化的‘完整的人’‘完全的人’或‘完美的人’，所强调的‘人的经验’，也是人的‘完整的’‘完全的’或‘完美的’的经验”[30]。强调人的全面发展，才有艺术天才阿尔贝蒂和达·芬奇等全才为近代科学拉开序幕。加上艺术所强化的现世主义，人们去主动地探索自然，不是去论证既有的结论，而是去探索未知世界，那是由人自己去寻找的，最终发现世界与人，并相得益彰，进一步为近代自然科学的诞生准备条件。罗素说：“文艺复兴思想家们再一次强调了以人为中心，在这样的思潮中，人的活动应当以其自身价值而受到重视，科学的探索因此也开始以新的惊人步伐向前迈进。”[11]也只有在这样的人文背景下，艺术以其卓越的表现使这两方面尽情发挥，才有真正意义上的有血有肉的丰盈的自然科学的产生，而不再是经院哲学时期的古板逻辑的天下。艺术为世界增添活力和养分，科学也在活力辐射中在包括艺术在内的各种滋养下破土而出。

文艺复兴是“中世纪”到近代的过渡，一方面，企图净化和巩固中世纪的传统，另一方面的表现是对自然和生活的热爱，科学对人们的生活是有用的，这是人文主义者的积极生活态度倡议的反映[4]。比如当时的解剖学和植物学的突飞猛进，绘画、音乐及诗歌等都在用自己的“浪漫”方式解放人类的思想。在复古与创新的大潮中，艺术与科学在以各自的方式表达着对自然界的热爱。这两种激情各自驱动着学界的精英们。这两个方面在各自的发展中都取得了丰硕的成果。近代科学的产生是在这种复兴古代和热爱自然的双重作用下发现了世界与人。文艺复兴成为近代科学的摇篮，正是这种文艺的全面复兴给科学以巨大的冲击和震撼，在文艺氛围中的历练下，启动了近代科学产生。

四、小　　结

文艺复兴时期，在艺术的渲染下所弥漫的复古与创新的气息，开阔着人们的视野，启迪了人们的心灵，在复古中“复活”了古代，更“复活”了自己，“复活”了“人”与“世界”，为近代科学建立了良好的治学传统，形成了科学研究的持久成就。艺术从中所感悟到的人文主义与现实主义及其二者的珠联璧合的真谛，并以它的卓越表现，使其对现实世界即人与自然界的热爱与欣赏的传播得以升华，在欣赏与热爱的进程中为近代科学的另一传统：分析传统埋下伏笔，并在事实上为近代科学准备了完善的科学方法组合：实验方法与数学方法的完美结合。进一步地为人与世界的发现作好了铺垫。

从更深的思想层面来看，艺术是心灵的舞蹈，文艺复兴时期严格地讲是文艺的启蒙，艺术以其全面的成就放飞了人的心灵，让人的心灵自由地飞翔，舒畅地呼吸到大自然的清新空气。心灵的舞台有多宽，世界就有多广！“如果是人文主义重新发现了对人、人的能力和人对各种事物的理解力的信念，那么科学试验的新方式，革新了的世界观、企图征服和利用自然的新努力也应当归功于人文主义的影响。”[6]“在任何研究中，人的尺度已必不可少”，“神学化的哲学框架已经破碎，一般概念的科学已在学院体系的空谈里消失，而仅在一些具体的研究中保持着活力：在这里升起了现代思想的曙光”[6]。

心灵的自由地翱翔、复古与创新所营造的氛围与治学传统，以及对现世生活世界的积极主动探寻的科学态度，经验与理性完美结合的方法体系的护航，为近代科学从“形而上”到“形而下”的全面孕育，准备了丰厚而充分的滋养。艺术在开启人的心灵之门的同时，也开启了世界之门！如果没有文艺复兴时期的艺术过程的洗礼与积蕴，就不会有后来的科学启蒙，文艺复兴对科学的厚积与蕴蓄而后才有科学的薄发与丰盈！

参考文献

[1] 恩格斯．自然辩证法．于光远译．北京：人民出版社，1984.

[2] 约翰·齐曼．知识的力量——科学的社会范畴．许立达译．上海：上海科学技术出版社，1985.

[3] 阿伦·布洛克．西方人文主义传统．董月山译．北京：生活·读书·新知三联书店，1997.

[4] Herry J. The Scientific Revolution and the Origins of Modern Science. London：Palgrave Publishers，2002.

[5] 贡布里希．艺术发展史．范景中译．天津：天津人民美术出版社，1989.

[6] 加林．意大利人文主义．李玉成译．北京：生活·读书·新知三联书店，1998.

[7] 乔治·萨顿．文艺复兴时期的科学观．刘兵译．上海：上海交通大学出版社，2007.

[8] 罗兰·斯特龙伯格．现代西方思想史．刘兆成，赵国新译．北京：中央编译出版社，2005.

[9] 贝尔纳．历史上的科学．钱伟长译．北京：科学出版社，1981.

[10] Rossi P. The Birth of Modern Science. New York. Blackwell Publishers，2001.

[11] 伯特兰·罗素．西方的智慧．戴俐利译．世界知识出版社，1992.

[12] 段培君．社会科学次逻辑下视野下的方法论个体主义．济南：山东教育出版社，2006.

[13] 泰德·彼得斯．桥：科学与宗教．北京：中国社会科学出版社，2002.

[14] Ashworth W. Nature history and emblematic world view//Lindberg D，Westman R. Reapraisals of the Scientific Revolution. Cambridge：Cambridge University Press，1990.

[15] Hein H. On the Nature and Origin of Life. New York：McGraw-Hill，1971.

[16] 西兰·佩尔斯，查理士·撒士顿．科学的灵魂．潘柏滔译．南昌：江西人民出版社，2006.

[17] 詹姆斯·E. 麦克莱伦第三，哈罗德·多恩．世界史上的科学技术．王鸣阳译．

上海：上海科技教育出版社，2003.

［18］Hall A R. The Scientific Revolution，1500—1800：The formation of the Modern Scientific Attitude. Boston：Beacon Press，1954.

［19］Dillenberger J. Protestant Thought and Nature Science. Notre Dame：University of Notre Dame Press，1960.

［20］Huff T E. The Rise of Early Modern Science Islam，China and the West. 2nd ed. Cambridge：Cambridge University Press，2003.

［21］史莱因．艺术与物理学——时空和光的艺术观与物理观．长春：吉林人民出版社，2001.

［22］Hughges R. The shock of the New. New York：Alfred A. Knopf，1980.

［23］乔治·萨顿．科学的生命——文明史论集．刘珺珺译．北京：商务印书馆，1987.

［24］李醒民．科学的文化意蕴．北京：高等教育出版社，2007.

［25］Barbour I. Issues in Science and Religion. New York Harper and Row：Harper Torchbooks，1966.

［26］Bowler P，Morus I. Making Modern Science-A Historical Survey. Chicago and London. The University of Chicago Press，2005.

［27］雅各布·布克哈特．意大利文艺复兴时期的文化．何新译．北京：商务印书馆，2007.

［28］Weatman L. The astronomer's role，in the sixteenth century：A preliminary survey. Publication：History of Science，1980，(1)：18.

［29］郝苑．论科学的人文根源．自然辩证法通讯，2003，(3)：14.

［30］孟建伟．科学与人文主义——论西方人文主义的三种形式．自然辩证法通讯，2005，(3)：27.

近代科学产生的宗教背景*

近代科学的产生有着深厚的人文背景。如果说文艺复兴构成近代科学产生的艺术背景的话[1]，那么，宗教改革是文艺复兴开始以后对包括科学在内的西方文化产生震撼的又一股强大冲击波。从某种意义上可以说，宗教改革及其带来的转变也构成了近代科学产生和发展的重要背景之一。宗教在为自身寻求发展的同时，无意间也为近代科学的产生和发展提供了重要的土壤、营养和环境，从而成为重要的推进之一。宗教改革涉及上帝观、自然观和人性观三个层面的重大转变。这三个层面的重大转变都直接或间接地为近代科学之树的破土而出松动了土壤，输送了营养，并与其他的人文背景一起为近代科学之树的产生和发展提供了必要的环境。

一、上帝观的转变对近代科学的影响

中世纪的托马斯主义认为，上帝是至高无上的，需要通过中介——教会来传达上帝的旨意。中世纪的教会同时也掌握着政治的权利，它可以借助于政权来维护自己的权威。这样，神权通过俗世的教会获得世俗权，教会和政

---

* 本文作者为杨渝玲，原题为《宗教改革：近代科学产生的宗教背景》，原载《自然辩证法通讯》，2010年第4期，第83～88页。

治合二为一以后，使得这种压制进一步合法化。因此教会对人们的精神约束，更是依托于政权由潜在的控制实现了方方面面的合法管制，于是，中世纪的科学自然也成为神学的奴婢。加之当时的教会正在出售赎罪券，宣称通过购买赎罪券的方式，可以使人的罪恶减轻或是赦免，以此来中饱私囊。这些劣行进一步加剧了人们对教会的不满。因此，人们把批判的矛头直指横亘于上帝与人之间的代理人——教会的政治腐败。马丁·路德的宗教改革正是在这样的背景下爆发的。路德指出，只要人们坚定信念，上帝就可以来拯救你，就可以和上帝直接沟通，而无须借助于教会或是中介来与上帝沟通。宗教改革在某种程度上打破了中世纪的政教合一的格局，卸掉了人们心头的政治包袱，为人类自由地探索外部世界搬开了体制障碍。因此，宗教改革所促成的某种程度的政教分离，即把上帝的权威与政治相分离，在另一个意义上为近代科学的产生松动了土壤。

宗教改革中期，加尔文发展了“俯就”的精致理论，为近代人类认识世界打开了观念的闸门。“俯就”的含义为：“调校或适应以面对处境的需要和人类理解它的能力。”[2]也就是说上帝是俯就于人类的，上帝会调适成个体所能接受的状态来俯就人类，以救赎人类。上帝不再只是高高在上的，对人类的拯救会以“俯就”的方式，上帝是在不断地做出“调适”（accommodation），这种调适是上帝为了拯救对他有信心的人们做出的“调适”。“上帝亲自做出调适，以吻合我们的能力。正如一个人类的母亲会屈身亲近她的孩子一样，上帝也会俯就我们的能力。”[2]于是，人与上帝之间是可以直接沟通的，人对上帝不再只需“仰望”才见。上帝也可以来俯身与人类交流，这就意味着上帝面前不仅是人与人平等，人和上帝也可以是平等的。这在中世纪是不可能的，因为中世纪的人们要绝对地服从上帝，上帝更不会为人做出改变。而宗教改革则使人类离上帝更近了，为人类平等地认识自然界提供了观念支撑。

宗教改革运动提倡人人都可以按照自己的理解去解释圣经，使得认识主体在认识世界时获得了独立思考的权限。使人类与上帝接触的方式：由原来的借助于教皇转变为直接接触上帝。对此，路德在教义上作了大量的调整与重新阐释，指出只要人们以“信靠”① 方式坚定信念，上帝就可以来拯救你。因此，所有的信仰者都有资格担当祭司的身份，而无须借助于教士，普通信徒有权按自己的方式去阅读和解释《圣经》。加尔文在 1543 年为奥里维坦的新约译本（1534）撰写的序言明确指出：“《圣经》全部要点是带给我们耶稣基督的知识，而没有（而且从来没有意图）提供天文学和医学知识的绝对可靠的宝库，故此，自然科学不受神学的规范所束缚。”[2] 这是一层意思。另一层含义是由于上帝俯就于人类，按个人的情况不同给以相应的启示。这样，《圣经》的字面意思对科学现象的陈述是因人而异的。“这就鼓励了在自然阐释方面的思想独立，就像在《圣经》中解释一样。”[3] 使得人们按照自己的理解来认识世界的方式得到了认可，从而使人类在思想上获得了极大的解放。

综上所述，中世纪的教会借助于政权来行使神权以压抑人类。经历了宗教改革的洗礼之后，人对上帝的认识，以及人与上帝的关系都发生了一定的转变，人们不再盲从于教会。宗教改革中路德所宣称的“因信称义”，再加上加尔文的上帝的“俯就”，把原来笼罩在人们头上的铁的——人们原以为无法逾越的——上帝进一步弱化，为近代人类认识世界打开了观念的闸门：上帝不是不可接近，只要人类自身的努力，就可以得到上帝的拯救。因而，人从上帝那里得到了部分的解放，这间接地为解放思想准备了条件，还进一步为科学认识的客体——自然界的认识打下了观念基础。宗教改革首先是去掉了政治的压迫，教会无法再以政权的名义来统治人们。接着对上帝不再只是仰视，而是上帝也会俯就人类。最后，对上帝的书——《圣经》，人们可以自己理解，人们越来越不相信教会的说教，教会以上帝的名义来控制人们的力量就削弱了许多。人们可以按照自己的理解来思考世界，而不能从《圣经》的字面意义来解释自然界。这不仅为自然科学的发展消除了心理障碍，而且还为人们独立地思考世界提供了一定的支撑。

路德拒绝承认教会仲裁的权利，“以《圣经》和良知为准，赋予理性以评判宗教教义的权利，鼓励唯理主义与个人主义”。尽管这并非路德的初衷，

---

① 呼吁人们不仅要对上帝充满十足的信心，进一步地需要信徒全身心地投入其中，他还用“信靠”来表达这种观点，即信任与依靠。路德以航海作比喻，指出信心不仅仅是对上帝的信心，以及上帝创造世界的这艘船的存在的真实性，而且信徒要在能够信赖于这艘船的同时，完完全全地把自己的一切托付给这艘船。

但是路德既然反对专权的教会和独断的神学，通过分裂教会，客观上削弱了教会的政治权力，无意中为唯理主义和个人主义的自由发展打开了大门。所以，“宗教改革的强劲有力的领袖尽管有反唯理主义的态度，新宗教运动却培育了批判探究和独立思考的精神，这同文艺复兴相比，毫无逊色”[4]。

同时路德的“因信称义”，更进一步坚定了上帝为自然界制定秩序的信心，强化上帝创造的是有条不紊的世界的观念，这种坚定不移的信仰是最根本的。相信一切事物存在并有其固有的规律这个观念，这是可以理解和可以预言的，而这些都成为任何理性和科学活动的基础[5]。在这个过程中人的主体性进一步增强，思想得到进一步的解放。以此为基础，“经验”得到关注与强调。这对自然科学的研究与认同都埋下了伏笔。进而，从主体和客体两个方面为近代自然科学研究准备了土壤。

二、自然观的改变对近代科学的影响

中世纪的教义告诉人们应离群索居，远遁尘世，这样才可以获得救赎。比如中世纪神学所赞颂的骑士精神，就是只专注于来世，对现世的一切，包括自然界在内采取不屑一顾的态度。而宗教改革运动则彻底地改变了人们对自然界的这种态度。《比利时信条》(1561 年) 是一份加尔文派的信条，在低地国家（这些国家尤以植物学家和自然科学家著名）特别具有影响力。他宣称，自然界是“我们眼前的一本佳作，在其中一切受造之物，无论大小，都引导我们观摩上帝不可见的事”，这些观念都被皇家学院所接受并采纳[2]。所以，加尔文在此暗示宇宙是“上帝荣耀的剧场”，人类在其中是一个心存赞赏的观众，对受造界的详细辨别可以使人们理解创造者的智慧。这些关于自然界的观念都对近代自然科学产生了较大影响。具体表现在以下三个方面。

首先，认识自然就是认识上帝，成为人类去探索自然界之神秘的宗教动机。按照基督教义，自然界是上帝的创造物，显示了上帝的智慧，“促进对上帝之爱的最好方法就是自然、神恩和天国的荣耀向人们显示上帝的形象，所以首先要加强理解上帝在自然中的体现，从其杰作中看到造物主，并通过对这些杰作的认识和爱升华为对上帝的认识和爱”[6]。其实这些观念在传统的基督教神学中已然存在，宗教改革的影响在于进一步重申并践行了这一观念，这也成为催生近代自然科学的不容忽视的因素。人们要敬拜上帝，其直接的方式是借助于自然界，因为自然界是基督徒对上帝表达尊重、关心和委身的媒介。对自然界的顺从、忠诚和爱就是对其创造者——上帝——的顺从、忠诚和爱。这是基督徒生活中被救赎的重要层面，如果缺乏这种对世界的委身就等于宣称不被、也不应被救赎，这种观念在宗教改革中被进一步强化。宗教信仰给人以强大的力量去探索自然界[7]。因而出于对上帝之爱，人类更加热爱自然界，更是勇往直前地为爱献身，为探索自然界的神秘而献身。与文艺复兴时期的艺术对自然科学的影响一样，宗教在教义上支撑了自然科学的研究。所以，认识自然界是出于对上帝的赞颂，这是宗教改革所极力倡导的。

其次，宗教改革强化了人投入大自然的怀抱可以得到幸福和快乐的观念。认识自然界可以给人带来内在的精神愉悦，这与科学的精神需求无疑是合拍的。当然，这在一定程度上受到文艺复兴时期的人文主义者的影响，并在艺术的熏陶之下进一步加强，使得人们由远离与逃遁到亲近与热爱，这是宗教改革运动值得重点关注的转变之一。人文主义者瓦拉在《论欢乐》中指出，“‘自然就是上帝的业绩’，一切自然的东西都是神圣的，我们应当真诚地投入统治着我们和世间万物的神圣规律的怀抱，这样我们将得到欢乐”[8]。所以，人投入上帝的怀抱才可以获得快乐，这个怀抱就是大自然。在这种人文主义观念的影响下，人们对自然界采取与中世纪完全不同的态度，不再出世潜修，而是入世工作。从近代科学的角度来看，科学研究也存在着科学家内在的精神需求的满足，或者可以说宗教改革无意中与科学的精神需求达成一致。可见，人文主义者已经在宗教与科学之间打通道路，至少在观念上把人的快乐与为尘世作贡献联系在一起，尤其是重视和尊重对自然界的研究。科学作为社会经济功利的仆人得到肯定，所以从事科学研究在宗教意义上使人获得莫大的快乐，进而激发了科学研究热情。

最后，宗教改革后形成的社会功利主义的价值观，无意中又与科学可以创造物质财富这一功能不谋而合。用默顿的表述，这是“始料未及”的社会后果[9]。“颂扬上帝”在中世纪的天主教中就已经存在了，但是在宗教改革之后，尤其到了 17 世纪，这句话已被赋予了新的含义，最终凝结成“公益服务是对上帝最伟大的服务"[6]的社会功利主义观念，"于是，社会功利主义就被确立为一条主要的标准，用以判别可以接受的甚或值得表彰的行为，因为这乃是赞扬上帝——基本的和最终的目的——的一种十分有效的方法，这种功利主义于是便有了自身的力量"[10]。宗教改革之后的清教是一个典型的代表，清教对"上帝的颂扬"在现实中被制度压抑成功利主义，为了更好地"颂扬上帝"退却为以功利主义作为指导现实的原则。在这一点上看来，可以说功利主义的观念，为近代科学的产生准备了一定的外部条件。尤其在清教伦理的影响之下，吸引了更多的人去研究自然，从而在宗教的引导下进入科学领域。以牛顿、波义耳为代表的近代科学家就认为，与科学相关的"这些世俗活动和科学成就彰显了上帝的伟绩，增进了人性之善"[10]。"人如果想侍奉神，不是退隐到教堂去做隐士，而应该忠诚而勤奋地做有用的工作。"[11]对自然的潜心研究成为信徒的一种神圣职责。哥白尼、伽利略、开普勒、莱布尼兹、牛顿等著名近代科学的开创者都是怀着这种神圣感走上科学研究的道路的。因为教义告诉他们，从事科学研究工作是促进人性之善的，是改变人类在世之命运的。这样看来，清教伦理和科学有着共同的假设与持久的信仰，在神召下更是激发了科学家的工作热情。于是"宗教这种以直截了当的方式赞许和认可了科学，并通过强化和传播对科学的兴趣而提高了社会对科学探索者的评价"[10]。

所以，在宗教改革的影响之下，认识自然就是认识上帝。人类可以借助于对自然界的细节的研究来辨别上帝的成就，上帝与人类之间不再是不可逾越的。人类研究自然界就是在与上帝交流，就是在赞美上帝，就为被拯救增加了一个砝码。认识自然可以给人类带来内在的精神满足与外在的物质财富，强化了人类通过自然界来理解上帝的信念，并付诸实践，这恰恰是对上帝的颂扬。因而，从结果上看，这与自然科学的研究功能是不谋而合的，因为科学研究可以给人类带来内在的精神愉悦，同时也为人类带来物质财富。这种投身于现世的积极态度一并成为近代科学产生的思想资源之一。因而在客观上使得从事现世的工作成为信徒从"此岸"走向"彼岸"的"桥梁"。有了这样的内在与外在的强大驱动，才促使人们为这种赞叹而神圣地工作着。

三、人性观的嬗变对近代科学的影响

按照中世纪托马斯主义的观点，上帝对人是命定的，人在上帝面前没有任何自由，人的灵魂获得拯救不是上帝的直接施恩，而是借助于教皇，并绝对地服从于教皇。于是，人被牢牢地禁锢在教皇的教义与教规之中，不得有任何违背，否则后果将不堪设想。这往往成为科学史中宗教对科学产生负面影响的典型案例。宗教改革一定程度上改变了这种观念。路德的“因信称义”注重的是个人内心对上帝的认知转变，同时对这种内在的转变必将会引起的外在生活的改变，对此路德是予以肯定的，他说信仰是生活的常青树，上面必然长着爱和智慧的果实。所以，确定的获救感必然表现为获救的历史进程，其外在表现为生活方式和历史的功绩等事件，进而这些外在事件也可以成为获救的标志，包括：它们是由信仰带来的生活态度的转变引起的；它们是个人积极主动参与生活的结果[12]。这成为宗教改革在人性观上嬗变的重要方面。从近代科学的角度来看，这对从事科学研究的主体——人——的影响亦成为不容忽视的重要层面。下面分别从人的独立意识的觉醒、人的内在精神和人的外在生活三个方面来分析人性的嬗变以及这种嬗变对自然科学的影响。

首先，人的独立意识在文艺复兴的洪流之下被冲刷出来，宗教改革则使其进一步彰显，这为人类树立独立思考的研究意识起到了不可低估的作用。“教会的权威慢慢地但确实地在人心中削弱了，个人开始表露出独立思考精神。”[4]个体只要“因信”就可以“称义”，人依赖自己就可以同上帝沟通并获救，信是第一位的，善行是第二位的，信是内容，善行是形式，仅仅依靠形式是无用的，重要的是个人的信心，这是个体自己所能决定的。“由于宗教改革，个体的灵魂取得了自主权，个体的存在被赋予神圣性，个体主义在最高价值层面上获得了支持。”[13]在宗教上人的意识被唤醒，极大地体现了主体性的唤醒，于是，人们才会有这样的疑问：“我作为一个个体如何做才能被救赎”，但在当时的教会是无法回答这个问题的。“新教精神为我们理解近代个人主义价值观指出了一个关键点，这种个人主义不是个人物质享受的追求，而是对自己确信的理想与信仰的个人追求。”[12]在人文主义者的“回归本原”的思潮之下，回归到上帝那里去寻求答案，而不再依赖于教会来寻求“我”如何才被救赎的答案。宗教改革运动亦提出“回归本原”的口号，希望重新挖掘“基督教本质”，深度解读作为个体的“我”是如何被救赎的。“人性得到了肯定，人在宇宙中的地位得到了提升。这种人性观的变革转换了人感知世界的视角。”[14]“虔诚的感情超越所有这些表面活动，需求的只是自己个人的宗教生活的自由，这就是宗教改革的内在源泉。”[15]

其次，宗教改革所引致的由“救赎”向“悔改”的转移，反映了人类对其自我能力的肯定。宗教改革的影响是在人类文化内部的内在的转变，具体到个人是对人的心灵、人的精神的解放产生着深远影响。尤其是在文艺复兴复古大潮推动下，人们在翻译拉丁文的过程中，发现“救赎”一词翻译有误，应该译为“悔改”，一词之异，含义由原来的被动等待“外部救赎”转变为由主动“内在悔改”来获得拯救。人开始在宗教上意识到作为个体的“我”获救的重要性。所有的人类都是上帝平等创造的。“这种自觉意识学说在基督教父理论中得到发展，不仅包括人对自己罪孽的认识，而且作为人在积极与罪孽作斗争中的忏悔。”[15]“心灵或者精神作为自身主动的、有创造力的本原的这种概念其意义并不止于心理学、伦理学和认识论，而且当古代世界结束时，这种概念上升为宗教形而上学的主导思想。”[15]人的自我意识被唤醒，在多种因素的共同汇交下，达成了对人类的自我能力的认同。带着这种自信心，即凭借着人类自身的努力就可以去认识和改造自然界，并以积极主动的态度，干预甚至是控制自然界的方式参与到自然界中去，“新教的真理观鼓励个人独立探索真理的自信心”[12]。这种主体性的增强对人们积极主动地认识自然界，通过实验方法去获得自然界的信息起到了观念上的推动的作用。正如在人文主义者笔下所描述的，人不再是匍匐在上帝脚下的可怜的被造物，而是上帝创造出来的杰作。这种自信心的形成与后来的弗朗西斯·培根的伟大名言“知识就是力量”，有着一脉相承的关系。

最后，宗教改革使人们更加向往丰富的物质生活，并诉诸实践，这同时也是科学的外在的功能。可以从每个人对入世工作的个体认知和外在的社会认同两个方面来看。

从内在的个体认知来看，宗教改革运动重新发现了“召命”观念。原来的“呼召”是抛开世界，宗教改革运动则否定这一观念，上帝呼召他的子民不只是得到子民的信心，更加重要的是要子民在生命的范围中表达这种信心，并活出信心。这一观念的传递主要体现在宗教改革运动中对“圣召”(vocatio)的使用，这个词在今天意味着：“一个此世的事业或活动”。这是在16世纪的宗教改革运动中被广泛接纳的观念，“基督徒蒙召是在世界中服侍上帝的”[2]。这也恰恰是一些科学家从事对自然界研究的原动力之一。巴克斯特在他的《基督教指南》里对职业选择的必要性和职业分级排序作了精心的论证：“假如其他条件都不变，则应选择最能为公众行善的职业。按可取程度分为的各种职业是：学识型职业、农业、商业和手工业。”[16]“工作是上帝主动加给我们恩慈之自然回应，借此我们证明我们对他的感恩，同时在这个世界荣耀和服侍他。”[2]所以，集中体现在对待工作的态度上，宗教改革所倡导的与科学所能够带来的价值合二为一。在当时的史境中，大多数的工作内容与自然界相关。这种工作价值所导向的实践即是从事认识自然界等活动，即为他人服务、为社会造福，并获得物质财富。这恰恰也是科学的功能。

从社会的外在认同上来看，对从事科学研究的人的态度与以往明显不同。阿尔贝蒂认为，代表文艺复兴的典型思想的格言之一是“德行战胜命运”，颂扬使城市和家庭变得富裕而获得光荣的人的劳动，尘世的富裕和繁荣是上帝赞同的象征[8]。兰迪诺认为，那些从事社会事务的人当然是为人类带来福利的，但这只是暂时的，而那些致力于探索自然奥秘的人却能为人类造永远的福。他们对公众才是最有利的[8]。所以，科学的实用性让近代科学在宗教占主导的年代得以成长壮大。

综上，在宗教改革的影响之下，人的独立意识逐渐增强，在获得内心的解放的同时，一定程度上也卸掉了外在的束缚。在文艺复兴的艺术自由的大潮之下打开人的心扉，文艺复兴的艺术已为其开先河，宗教改革紧随其后，基督教所颂扬的发现人性、尊重人性、改造人性，得到进一步彰显。这也恰恰是人文主义精神的宗教反映。

四、小　　结

综上，宗教改革所带来的上帝观的转变，打破了原来在人们头上的铁的神和权的合作，人不再只是匍匐在上帝的脚下，唯唯诺诺地盲从于教会，人可以按照自己的见解去解读圣经。这为人性的觉醒准备了外部条件，同时宗教改革为人类自信心的确立从内在起到了催化的作用。尽管今天看来人类的头抬得有些“过高”，那是另外一个方面的问题。而在中世纪之后，这种自信心是需要鼓励的。从当时的情境来看，从中世纪中走出之初，这种自信心的确立和巩固是必要的。

在自然观上，认识自然就是认识上帝，自然界是上帝的杰作，使人们从事自然界的研究更加合法化。认识自然界可以给人类带来内在精神与外在财富的满足。布克哈特曾将意大利文艺复兴的主题概括为：“发现世界和发现人。”[17]宗教改革则内在地重新调整了人与世界的关系，进一步地从内在发现了人的价值。这也反映在人性观的转变上，因信称义的内在转变引起的外在生活的改变，同时满足了人的精神与物质的需求。可见，宗教改革所倡导的基调与自然科学的功能是一致的，可谓不谋而合，殊途同归。这正是本文所论证的。

宗教改革及其余响改变了人们对上帝、对自然界、对人本身的态度，人与上帝、人与自然界、人与人的关系也随之发生变革，这三个方面的改变使得人的主体性得到明显的提升，进而把人的心灵从原来的禁锢状态中释放出来。同时在宗教层面上对“经验”给予认同和强调。宗教改革让人们认识到，每个信徒都可以亲自体验上帝，依靠个人的经验去感受上帝的恩惠，把中世纪观念——认为的人与上帝之间的不可逾越的藩篱——打破，人依靠自己的信心就可以直接接触上帝。因而，宗教改革在宗教意义上为人们认识世界播下了经验的种子。所以，才有罗吉尔·培根的经验主义观点中的“经验”包括宗教体验的含义，包含着对经验的重视的意识增强。人类凭借自身的努力去亲历上帝，凭借自身的经验来感知上帝的恩惠，这是对人的经验的一种认同。由原来的超验的上帝，转向经验的上帝。宗教改革的洗礼把人的主体性认识彰显出来并提升到一定的高度，并显示出经验或者个人的经历的重要价值，以此积极主动地争取得到上帝拯救的机会。事实上，从宗教上来看，由“超验”向“经验”的转变，在自然观和人性观也都经历了这样的过程，这给人们的心灵、精神、政治、经济带来了巨大的变化，并且与其他的因素，诸如艺术、政治、经济、哲学等因素结合在一起为近代科学的产生准备了土壤。

宗教改革对个人的信仰的重要性的强调，以及带着这种信仰积极地参与在世的工作，对自然科学的研究有着重要的意义。如果说中世纪更注重“来世”的话，那么，宗教改革之后其关注点中则既有“来世”也有“现世”，借助于对“现世”的积极的生活态度与“善行”（此处的“善行”与改革前天主教的“善行”不同），为“来世”积聚功德，“来世”需要依靠“现世”的信心。如果“来世”是人们的目标的话，那么，“现世”的所作所为就是到达美好“来世”的“桥梁”，这座“现世”的桥建得好与坏直接决定着是否通往并顺利到达“来世”的美丽世界。这种积极主动地去改变自身的命运的态度本身与人们去探索自然界是合拍的。正如默顿曾总结的：“恰恰就是清教主义在超验的信仰和人类的行为之间架起了一座新的桥梁，从而为新科学提供了一种动力。”[10]其实，宗教改革运动思潮已然为这个桥梁设计了框架并打好了地基。

所以，科学产生之初需要从当时的社会文化资源为自己的生存寻求庇护和支撑。“近代人文文化一方面积极改造和利用宗教信仰中有利于科学的信条和思想，从而为科学的成长找到了新的动力源泉；另一方面又将科学与世俗幸福联系起来，为科学赢得了来自政府和公众的支持，从而为科学的发展挖掘到了更深广的人文动力。”[18]

在此我们只是侧重于考察近代科学产生起点上宗教改革背景，及其在历史进程中曾给予近代科学的冲击和为自然科学提供的人文动力，即使是反面的，也是值得我们深思的。因为从社会系统论的角度看，这些临界点上的微调往往会成为系统突变的重要因子。当然，这并不能必然地推出科学与宗教不存在冲突的结论。更不是否认宗教曾给科学的阻力，因为在宗教改革时期，以人为中心的世界关于以神为中心的世界观仍然不时呈现出尖锐的冲突，宗教压制科学的事件依旧存在[19]。与中世纪相比，这个时期由于教派林立，基督教不同宗派对异端的压制甚至有过之而无不及[20]。但无论如何，宗教改革对近代科学的冲击是不容忽视的，尤其是宗教改革的余响对近代科学发展的影响，从文化的角度来看甚至可以说是极为重要的，这一点是毋庸置疑的。

参考文献

[1] 杨渝玲．文艺复兴：近代科学产生的艺术背景．自然辩证法通讯，2009，(4)：120.

[2] 阿利斯特·麦格拉思．宗教改革运动思潮．蔡锦图，陈佐人译．北京：中国社会科学出版社，2009.

[3] 约翰·H. 布鲁克．科学与宗教．苏贤贵译．上海：复旦大学出版社，2001.

[4] 梯利．西方哲学史（上卷）．葛力译．北京：商务印书馆，2008.

[5] Jaki S L. The Rode of Science and the Ways to God. Chicago：University of chicago Press ，1978.

[6] Baxter R. A Christian directory：Or a body of practical divinity and cases of conscience. London：Springer，1945：108.

[7] Rattansi P M. The social interpretation of science in the seventeenth century. *In*：Science，and Society. Cambridge：Cambridge University Press，1972.

[8] 加林．意大利人文主义．李玉成译．北京：生活·读书·新知三联书店，1998.

[9] Merton R. The unanticipated consequences of purposive action. American Sociological Review，1936，1 (6)：894-904.

[10] 默顿．十七世纪英格兰的科学、技术与社会．范岱年译．北京：商务印书馆，2002.

[11] Barbour I. Issues in Science and Religion. New York Harper and Row：Harper Torchbooks，1966.

[12] 赵敦华．基督教哲学 1500 年．北京：人民出版社，2005.

[13] 段培君．社会科学次逻辑视野下的方法论个体主义．济南：山东教育出版社，2006.

[14] 郝苑，孟建伟．论西方科学的人文背景．清华大学学报（哲学社会科学版），2006，(6)：130。

[15] 文德尔班．哲学史教程（上卷）．罗达仁译．北京：商务印书馆，2007.

[16] Baxter R. A Christian Directory：Or a Body of Practical Divinity and Cases of Conscience. London：Springer，1825.

[17] 雅各布·布克哈特．意大利文艺复兴时期的文化．何新译．北京：商务印书馆，2007.

[18] 孟建伟，郝苑．论科学的人文动力．南开学报（哲学社会科学版），2007，

(6)：45.

［19］孟建伟．科学与人文主义——论西方人文主义的三种形式．自然辩证法通讯，2005，(3)：27.

［20］郝苑，孟建伟．回归平衡的理性．科学技术与辩证法，2008，(6)：25.

宗教对科学思想的促动*

在中国科学发展史上，学者广泛学习演绎推理并将之用于自然科学研究，起于明末徐光启（字子先，号玄扈，上海人，1562～1633）与利玛窦(Matteo Ricci，字西泰，意大利人，耶稣会传教士，1552～1610）合译《几何原本》(1607年)。在翻译过程中，他们确定了演绎推理各概念的中文名词与方法规则，“开辟了与历来传统大不相同的演绎推理的思维方式”[1]。那么，徐光启何以倡议演绎推理？他是如何了解到演绎推理在认识以至科学认识中的重要意义的呢？这一看似简单的问题，探究起来并非简单。因为，明末西方思想向中国的传播并非单纯的科学传播，而科学思想的传播却起于天主教神学传播。对这一问题的深入探讨，可以帮助我们了解明末天主教神学思想如何促动了科学思想的在华传播。

一、徐光启认识演绎推理的过程

徐光启与利玛窦译《几何原本》，定演绎推理各概念之中文名词与方法规则，有开天之功。然而，其了解演绎推理却早于译著《几何原本》。徐光

---

* 本文作者为尚智丛，原题为《宗教对科学思想的促动——关于徐光启倡议演绎推理的分析》，原载《自然辩证法通迅》，2006年第5期，第54～60页。

启青年为学就注重说情说理，注重对“实理”（也就是明白切实的命题）的阐述。徐光启自少年入馆求学至 1604 年（万历三十二年）中进士，大部分青壮年时间都用于求学了。他一方面钻研理学，寻求修身齐家治国平天下之道，另一方面，又对当时流行的空洞玄学颇感困惑与厌恶，希望能够找到切实明白地阐述修身齐家治国平天下道理的学问。这也是促使他后来转向程朱理学，并倡导实学的重要原因。徐光启一生明确反对空洞八股。他于 1619 年（万历四十七年）在家书中教导儿孙如何做时文时自嘲：“我辈爬了一生的烂路”。他甚至谏言皇帝：“若今之时文，直是无用。”[2] 实际上，第一次使徐光启感到学问上有所震撼的是 1596 年（万历二十四年）在韶州（今广东韶关）与传教士郭巨静（Lazare Cattaneo，字仰风，意大利人，耶稣会传教士，1560～1640）的谈学。

郭巨静稍晚于利玛窦来华，1594 年（万历二十二年）到韶州，协助利玛窦传教。1595 年，利玛窦北上，郭巨静留守韶州教会。次年，徐光启授馆为生，陪赵凤宇赴浔州上任知府，途经此地，与郭巨静谈论修身之学。1582 年（万历十年）利玛窦等传教士入华以后，与中国士人接触，谈论学识，其中主要内容涉及修身的伦理道德之学及神学。郭巨静中文著述有《灵性诣主》、《悔罪要旨》、《迎接战斗：论来世》，以及学习中文所用的《音韵字典》[3]。前述三部著述从神学角度讨论人的品行修养。中国士人历来关心修身之学，徐光启为郭巨静所谈吸引并感动，认为其所言“明白真切”、“耸动人心”。这是徐光启第一次与西方传教士直接接触，并亲耳聆听天主教学说。他由此开始关注、学习天主教学说，并逐渐信仰天主教，最终于 1603 年（万历三十一年）在南京受洗入教，成为虔诚的天主教徒。徐光启认为天主教所言之理“明白真切”，以之可以摒除当时流行的空洞玄虚之论，从而“救正佛道，补益儒学”。天主教学说的“明白真切”实来于运用演绎推理的论证和阐述。当时天主教采用托马斯・阿奎纳的神哲学体系，通篇采用三段论的论证形式。徐光启深为这一新颖的人生哲理的阐述形式所震动。这是徐光启第一次接触到演绎推理。此时他只是感受到这一逻辑形式在说理上的巨大功效，对其中的规则还知之甚少。

1604 年，徐光启中进士，留京入翰林院，始与传教士广泛接触，开始钻研数学与科学问题。在与利玛窦谈学的过程中，徐光启了解到更多的天主教神哲学与自然哲学知识。利玛窦本意直接传播天主教义，但磋商的结果是两人达成一致意见：最重要的是建立良好的认识方法。因此，二人商定首译《几何原本》。徐光启评价《几何原本》时说："下学功夫，有理有事。此书为益，能令学理者怯其浮气，练其精心；学事者资其定法，发其巧思，故举世无一人不当学……能精此书者，无一事不可精；好学此书者，无一事不可学。人具上资而意理疏莽，即上资无用；人具中材而心思缜密，即中材有用，能通几何之学，缜密甚矣！故率天下之人而归于实用者，是或其所由之道也。"[4]在他看来，《几何原本》的最大作用在于学习认识方法、提高认识能力。由此，则可以"无一事不可学"。自1605年起，经过三年的努力，《几何原本》译成刊刻。通过对《几何原本》的学习，那一时代的许多学者了解并学会了使用演绎推理。

《几何原本》完成之时，徐光启即将演绎推理确定为基本且重要的认识方法。他明确提出："夫儒者之学，亟致其知；致其知，当由明达物理耳。物理渺隐，人才玩昏，不因既明，累推其未明，吾知奚至哉。"[5]"因既明，累推其未明"的认识方法就是《几何原本》所采用的演绎推理。徐光启以之为治儒学的基本方法之一[6]。徐光启的见解得到同时代有识者的赞同。在其工作基础上，李之藻（字振之，又字我存，号良庵居士等，浙江杭州人，1565～1630）与傅泛际（字体斋，François Furtado，葡萄牙人，耶稣会传教士，1587～1653）合译专论三段论演绎推理的著作《名理探》。1683年，当时执掌钦天监的传教士南怀仁（字敦伯，Ferdnand Verbiest，比利时人，耶稣会传教士，1623～1688）编辑此前中西学者著译的逻辑学与科学著作，并加以补充，形成60卷《穷理学》。该书以三段论演绎推理的形式阐述科学知识，其中相当部分内容或单行或辑入《四库全书·子部·西洋新法算术》等书集，对当时及后世学者形成很大影响[7]。

二、徐光启对演绎推理的认识

在翻译《几何原本》过程中，徐光启与利玛窦成功地创制了与拉丁文对应的术语，如"界说"（即"概念的定义"）、"求作"（即"公设"）、"公论"（即"公理"）、"题"（即"命题"）。其中的绝大部分含义明确、具体，只有少量与原拉丁文术语在含义上有少许差别，但这些瑕疵对全书的影响很小。欧几里得几何学是利用概念定义、公设、公理求证命题的严格的演绎推理体系。徐光启与利玛窦采用的翻译底本是当时欧洲广为流传的克拉维斯（C. Clavius，1573～1612，德国数学家，利玛窦的老师）编著的欧几里得几何学的拉丁文 15 卷评注本。利用他们所创制的中文术语，徐光启与利玛窦恰当使用逻辑语词，就将原文中证明与反驳的逻辑结构很清晰地在译文中表达出来了。这一最富创造性的成就，使得《几何原本》成为中国士人学习演绎推理的最佳教材[8]。由下边卷一第一题的论证过程，可以清楚地看出其中演绎推理的运用。

“于有界直线上求立平边三角形（即‘平面等边三角形’）。法曰：甲乙直线上求立平边三角形。先以甲为心、乙为界，作丙乙丁圜；次以乙为心、甲为界，作丙甲丁圜。两圜相交于丙、于丁。末自甲至丙、丙至乙，各作直线，即甲乙丙为平边三角形。论曰：以甲为心至圜之界，其甲乙线与甲丙、甲丁线等；以乙为心，则乙甲线与乙丙、乙丁线亦等。何者，凡为圜自心至界各线俱等故（界说十五）。即乙丙等于乙甲，而甲丙亦等于甲乙，即甲丙亦等于乙丙（公论一）。三边等，如所求。”[9]该题中，先以甲乙线段的两端点甲与乙为圆心，分别作圆；两圆相交于丙、丁两点。连接甲丙、乙丙二线段，则所成三角形甲乙丙即所求。如图 1 所示。求作之后进行求证。求证过程中，使用了“故”、“则”、“即”、“亦”等逻辑词语，从而明确表达出，以界说十五“凡为圜自心至界各线俱等”为前提推论出“乙甲线与乙丙、乙丁线等”。以公论一“设有多度，彼此俱与他等，则彼与此自相等”为大前提，以“乙丙等于乙甲，而甲丙亦等于甲乙”为小前提，推论出“甲丙亦等于乙丙”。

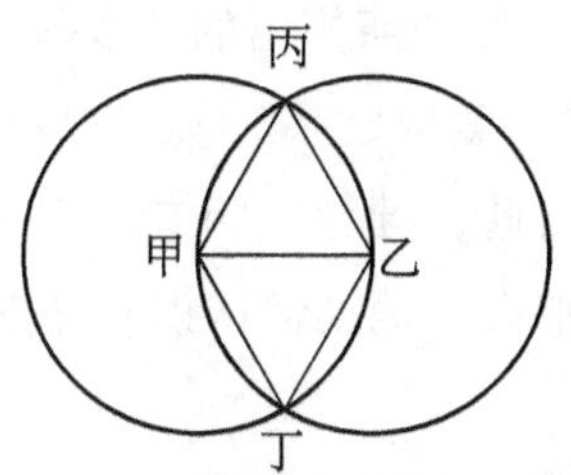

图 1　求作立平边三角形

对上述议题论证过程的分析，清楚表明，借助严格明确的术语和逻辑词语，徐光启与利玛窦在《几何原本》中表达了演绎推理。徐光启对演绎推理最为推崇之处在于由明白切实的前提推演出深刻的结论。他以利玛窦名义所写《几何原本引》明白地表述了这一观点："题论之首先表界说，次论公设、题论所具。次乃具题，题有本解，有作法，有推论。先之所征，必后之所恃……一先不可后，一后不可先，累累交承，至终不绝也。初言实理，至易至明，渐次积累，终竟乃发奥微之义。若暂观后来一二题旨，即其所言，人所难测，亦所难信。及以前题为据，层层印证，重重开发，则义如列眉，往往释然而失笑矣。"[5] 由其所提倡的这一"理推之法"为其同时代学者广为推崇，以致后来南怀仁编写《穷理学》时即以"**理推"分卷，如第七卷"轻重之理推"。

在与利玛窦等传教士的学术交往中，徐光启习得大量西学知识，会通中西，重建学术。他将西学分为修身事天之学与格物穷理之学两大类，又以象数之学（数学）为格物穷理之学的分支。修身事天之学，又称"天学"，实际上就是天主教学说，包括伦理学、神学和政治经济等实用性的社会科学；格物穷理之学，包括逻辑学与方法论、自然哲学、数学和形而上学。关于这三种学问的关系，徐光启曾说："顾惟先生之学，略有三种：大者修身事天；小者格物穷理；物理之一端别为象数。一一皆精实典要，洞无可疑，其分解擗析，亦能使人无疑。而余乃亟传其小者，趋欲先其易信，使人绎其文，想见其意理，而知先生之学，可信不疑"[10]。这三种学问的共同特征是"一一皆精实典要，洞无可疑，其分解擗析，亦能使人无疑"。其中重要的是"分解擗析"，也就是命题间的演绎推理，这保证了"一一皆精实典要"、"能使人无疑"。三学之中贯穿着演绎推理这样一条重要的认识方法，并由此而统一起来。学习西学应从基础做起，因此，徐光启言："余乃亟传其小者"。

1605 年以后，徐光启按照他所提出的"度数旁通十事"发展"格物穷理之学"，且以"《几何原本》，度数之宗"[10]。演绎推理在其发展格物穷理之学过程中发挥了重要作用。对此，拙著《明末清初（1582～1687）的格物穷理之学》已作有详尽阐述。那么，他如何认识演绎推理在修身事天之学中的作用呢？

徐光启从利玛窦等耶稣会士那里学到的是中世纪正统天主教理论——托马斯·阿奎纳神哲学。该理论综合神学和亚里士多德哲学，运用三段论演绎推理构造成严格的唯理主义体系。三段论演绎推理为这套理论提供了最重要的论证和阐述方法。徐光启对此有着明确的认识，自 1695 年起，他就学习这一理论，并倡导以之补充儒学在伦理道德效用方面的欠缺，即所谓“以耶补儒”。正因如此，现代学者多认为徐光启从“儒效”角度出发，采用拟同之法接受天学[11,12]。那么，徐光启如何看待天学的伦理道德功能呢？或者，换句话说，他为何认为天学具备补充儒学伦理道德效用欠缺的作用呢？

对此，徐光启在《辨学章疏》给出了论述：“其说以昭事上帝为宗本，以保救身灵为切要，以中小慈爱为功夫，以恰善改过为入门，以忏悔涤除为进修，以升天真福为作善之荣赏，以地狱永殃为作恶之苦报，一切戒训规条，悉皆天理人情之至。其法能令人为善必真，去恶必尽，盖其所言上主生育拯救之恩，赏善罚恶之理，明白真切，足以耸动人心，使其爱信畏惧，发于繇中故也”[13]。他认为天学之上帝、神修、天堂地狱、灵魂得救等观念都是至上的天理，而对这些天理的认识就可以完善伦理道德。其根本在于“盖其所言上主生育拯救之恩，赏善罚恶之理，明白真切，足以耸动人心，使其爱信畏惧，发于繇中故也”。可见，天学所言之恩、之理的“明白真切”是其有此功效的来源。而此“明白真切”则来源于运用演绎推理的论证和阐述。他相信借此“实理”就可以“诚正修齐治平”，其结果“则兴化致理，必出唐虞三代之上矣”[13]。

儒家自《大学》始就将“诚正修齐治平”建立于“格物致知”之上。朱熹、王守仁对此更有多方阐发。虽然朱熹最终落实于心外之“天理”，而王守仁落实于心内之“良知”，但二者都强调对道德规范的“明觉精察”是个人道德和社会伦理建设的根基，是实现理想政治的基础。心学本是徐光启看家功夫，但他认识到王学末流封域于一己之意阐发“良知”，流于禅佛，脱离现实生活，从而使“良知”、“义理”之论虚妄。正是在这一背景下，他转向朱学“格物致知”，并会通天学。而天学的“明白真切”，及由此而产生的“耸动人心，使其爱信畏惧，发于繇中”的震撼，使他确信天学可以“补儒辟佛”。

有了对天学伦理道德功效的认识，在《辨学章疏》中，徐光启接着就通过比较，详细论证了“以耶补儒”。他首先提出儒学政教传统“能及人之外行，不能及人之中情”：“臣尝论古来帝王之赏罚，圣贤之是非，皆范人于善，禁人于恶，致详极备。然赏罚是非，能及人之外行，不能及人之中情。

又如司马迁所云：颜回之夭，盗跖之寿，使人疑于善恶之无报，是以防范愈严，欺诈愈甚。一法立，百弊生，空有愿治之心，恨无必治之术。"[13]其次，他认为千百年来佛道两家“其言似是而非”、其旨“幽邈而无当”、其法“乖谬而无理”，使人无所适从、无所依据。他说：“于是假释氏之说以辅之。其言善恶之报在于身后，则外行中情，颜回盗跖，似乎皆得其报。谓宜使人为善去恶，不旋踵矣。奈何佛教东来千八百年，而世道人心未能改易，则其言似是而非也。说禅宗者衍老庄之旨，幽邈而无当；行瑜迦者杂符谶之法，乖谬而无理。且欲抗佛而加于上主之上，则既与古帝王圣贤之旨悖矣，使人何所适惹、何所依据乎?”再次，他指出西洋各国奉行天学，“其法实能使人为善”。通过上述比较，他得出结论：“必欲使人尽为善，则诸陪臣所传事天之学，真可以补益王化，左右儒术，救正佛法者也”。

从徐光启的论述，可以看到：其一，出于对天学的现世伦理道德教化功能的肯定和赞赏，徐光启真心皈依天主教，在这一点上，他发扬了明代东林以来的经世致用学风；其二，他以儒学“格致诚正修齐治平”之说来理解天学，使之适合于他本人设想的道德与社会伦理的建设。这其中，他充分发挥了天学以演绎推理阐发道德观念的积极作用。

三、结　论

由上述两节分析，可以得到如下两点认识。其一，利玛窦等传教士将修身事天之学与格物穷理之学结合起来向徐光启等中国士人传授。这是符合耶稣会所遵从的神哲学经典的。在神哲学中二者就是一体。同样，徐光启也认为，二者以及格物穷理之学之下的数学是统一的。统一的重要因素是演绎推理，演绎推理是阐述和发展知识的基础。其二，徐光启首先接触的是神学，为其中演绎推理所产生的清晰切实的层层阐述所震动。这促使他钻研西学，翻译《几何原本》，发展格物穷理之学，并以演绎推理的积极作用论述“以耶补儒”的意义。简而言之，徐光启由神学而了解演绎推理的认识作用，通过科学研究而明确演绎推理的方法，之后，又以演绎推理而坚定其天主教信仰。

就此一事件而言，天主教神学的传播促动了徐光启的科学研究，从而将一种重要的认识方法传入中国，为当时及后来的学者所广泛学习，并用以发展知识。思想的传播与交融是复杂的，正如中世纪孕育了近代思想一样，明末中西思想的会通促生了许许多多新思想。演绎推理在中国的扎根与发展，推动了中国科学与学术跨入一个新的发展阶段。

参考文献

[1] 席泽宗，吴德铎．徐光启研究论文集．上海：学林出版社，1986：3.

[2] 王重民．徐光启．上海：上海人民出版社，1981：16.

[3] 费赖之．在华耶稣会士列传及书目．冯承钧译．北京：中华书局，1995：61，62.

[4] 徐光启．几何原本杂义．见：王重民．徐光启集．上海：上海古籍出版社，1984：76-78.

[5] 利玛窦，徐光启．译几何言本引．见：徐宗泽．明清间耶稣会士译著提要．北京：中华书局，1989：259.

[6] 尚智丛．明末清初（1582—1687）的格物穷理之学．成都：四川教育出版社，2003：101-105.

[7] 尚智丛．南怀仁《穷理学》的主体内容与基本结构．清史研究，2003，(3)：73-84.

[8] Engelfriet P M. Euclid in China，The Genesis of the First Translation of Euclid's Elements in 1607 & its Reception up to 1723，Boston：Brill，1998：138-205.

[9] 利玛窦．几何原本．徐光启译．北京：中华书局，1985.

[10] 徐光启．刻几何原本序//王重民．徐光启集．上海：上海古籍出版社，1984：74-75.

[11] 何俊．西学与晚明思想的裂变．上海：上海人民出版社，1998：151-155.

[12] 孙尚扬．基督教与明末儒学．北京：东方出版社．1995：174-178.

[13] 徐光启．辨学章疏//王重民．徐光启集．上海：上海古籍出版社，1984：432.

新文化运动时期的科学传播与科学启蒙*

回溯中国近代科技传播的历史，科学精神被引进和大规模传播是在新文化运动期间。新文化运动期间的科学传播突破了科学的物质层面和科学方法的局限，开始出现了科学精神层面的内容，科学精神由此进入了中国科学的殿堂。

一、新文化运动前的科学传播概况

明末清初是中国科学传播的开端，随着传教士的东来，西方科学技术曾有小规模的引进。但传教士在很大程度上是将科技作为进入中国的敲门砖，而受众也局限于某些开明和具有好奇心的士大夫阶层。

鸦片战争是中国近代史的开端，也是近代科技在中国大规模被引进和传播的开始。从 1840 年开始，先进的中国知识分子开始主动地了解和学习西方科学技术，将科学技术作为制夷的工具加以引进。随着爱国救亡运动的深入，科学传播的深度和广度都有所推进。但由于清政府的压制，科学传播无法取得根本性的突破。

---

* 本文作者为张炎、郝苑，原题为《科学精神的启蒙——新文化运动时期的科学传播》，原载《自然辩证法研究》，2007 年第 8 期，第 94～98 页。

戊戌变法以后，近代科学得到了更加深入和广泛的传播，甚至成为政治斗争的有力武器，如反映生物进化的进化论学说口号“物竞天择、适者生存”，成为激励中国人变法图强的警句。而至民国时期，科学更是被用于为政治革命的合理性进行辩护。

五四运动之前的科学传播，在技术知识层面上的介绍比较多，科学基础理论的介绍比较少，偶尔触及的科学方法层面也比较单一。科学更多地相关于政治体制的变革，而较少涉及文化思想的启蒙。这反映了当时国人传播科学的实用主义倾向，也反映了当时国人科学理论水平不高，对科学本质和科学精神的认识不够深刻。

二、新文化运动时期科学传播概况

科学是新文化运动的一面旗帜。先进的知识分子认识到，自 1840 年以来中国人民的种种奋斗和牺牲，之所以没有建立一个富强民主的国家，没有摆脱民族危机的阴影，一个重要的原因是人们缺少科学的精神。科学精神的启蒙成为新文化运动科学传播的基本关切。因此，相对于此前的时期，新文化运动中的科学传播无论在形式和内容上都有了较大的突破。

（一）新文化运动时期科学传播的形式

新文化运动时期的科学传播主要有报刊媒介、科学社团、科学演讲三种形式。

报刊是新文化运动科学传播最重要的形式。20 世纪初的十几年，中国现代印刷工业技术得以引入，促成了近现代印刷出版业的长足进步。大量出版社、报纸、副刊与专门文学杂志，甚至早期的通讯社等传播媒介出现，使先进思想和科学信息得以迅速播及全国。技术的便利，再加上当时文化氛围的相对开明，新文化运动时期涌现出大量宣传进步思想的报刊，“据统计，到 1919 年年底，全国新增报刊就有 200 余种”[1]。“五四”时期的科学传播中影响最广泛的报刊当推《新青年》。该刊物于 1915 年由陈独秀在上海创刊。“科学”与“人权”是《新青年》乃至新文化运动鲜明的旗帜。《新青年》一直把宣传科学思想、科学精神、科学方法作为主要的内容之一，发表了大量科学传播类的文章，产生了深远的影响。

当时以留美归国留学生组成的中国科学社的刊物《科学》月刊也进行了大量的科学传播活动。《科学》月刊是我国现代出版史上创刊时间最早、出版时间最长、影响最大的综合性科学期刊，“可以说，《科学》月刊对科学的宣传与介绍构成了‘五四’科学思潮的一个重要侧面，它与《新青年》一起，是新文化运动中并驾齐驱的两份最重要的刊物”[2]。

新文化运动兴起的科学社团，同样为我国的科学传播做出了卓越的贡献。这些科学社团的组织者和主要成员一般是留学生。这些社团不但成为“五四”时期科学研究和科学交流的重要阵地，而且成为“五四”科学传播的一支重要依靠力量。

新文化运动中最重要的一个科学团体是中国科学社。1914 年，留美学生赵元任、胡明复、任鸿隽等人把当时散布于国内主要城市，由我国科学家在国外建立的数学、物理、化学、天文、地学、生物等科学技术学术社团联合统一组织起来，组成了我国第一个综合性的科学社团——中国科学社，以“联络同志，研究学术”“共图中国科学之发达”为宗旨，在科学研究的同时，大力推广科学宣传。其科学传播方式除了《科学》月刊外，还有举行通俗科学演讲，设立科学咨询处，创办图书馆和进行科学展览等。

新文化运动时期科学传播还包括其他方式如科学演讲。新文化中的科学演讲甚至在大街上都随时随地地进行着。陈独秀、胡适、丁文江等人是出色的演讲者。一些国外知名学者也应邀来华演讲，其中包括杜威和罗素。

由于新文化运动中科学传播的主体往往是一些有留洋背景的科学家和人文学者，他们较少受中国传统文化的影响，对西方科学的理解和认识也要高于中国以往的科学传播者。科学传播的形式多样，传播对象范围之广，人数之多，也是以往中国科学传播所无法比拟的，而这一切都为科学精神的启蒙铺平了道路。

（二）新文化运动中科学传播的内容

在新文化运动的诸多传播者中，以《新青年》为中心的人文思想家和以

《科学》月刊为代表的自然科学家起了主导的作用。由于这两股主力各自的思想背景和理论旨趣的不同，其科学传播的侧重点也存在着诸多鲜明的特点。

1. 新文化运动中自然科学家所进行的科学传播

新文化运动中的自然科学家致力于阐明真正近代意义上的科学观，并在此基础上准确而系统地揭示了科学精神丰富而深邃的意蕴。大体上讲，自然科学家所做的科学传播主要包括以下三个层次内容。

第一，澄清科学的概念，彰显科学与形而下的技术以及形而上的哲学之间的区别，使科学成为一个相对独立的学科和知识体系。“五四”之前对科学的理解，或者将其与技术混淆，或者负载过多的形而上的意蕴。针对中国近代对科学的种种误解，新文化运动的科学家明确提出真正近代意义上的科学的概念。任鸿隽在《科学》杂志首期的第一篇文章中指出：“科学者，知识而有统系者之大名。就广义言之，凡知识之分别部居，以类相从，井然独绎一事物者，皆得谓之科学，自狭义言之，则知识之关于某一现象，其推理重实验，其察物有条贯，而又能分别关联抽举其大例者谓之科学。”[3]他进一步指出：“今世普遍之所谓科学，狭义之科学也。”[3]

可以看出，首先，无论是广义的科学还是狭义的科学，科学主要是具有系统性的知识体系。知识，而不是技术，才是科学的根本。其次，科学概念以及由之形成的科学理论，是逻辑地构造起来。科学揭示的是概念与事物之间逻辑的关系，而非形而上的比附。最后，既然科学主要指狭义的科学，而狭义的科学概念强调科学推理需要用观察和实验的方法来予以证实，这就将没有经验基础的思辨概念和理论从科学中清除出去。任鸿隽对科学概念的理解，代表着中国科学社成员的普遍看法。正是通过这批科学家利用《科学》杂志做的科学传播，科学在中国逐渐获得了相对独立的地位。

第二，强调科学方法的重要性，并系统介绍了科学方法。以往的科学传播，主要着眼于介绍西方科学知识以及技术应用，罕有对科学方法的系统而专门的介绍。科学社的成员意识到了忽略科学方法对科学事业带来的流弊。任鸿隽指出，若仅学习国外的知识和技术，“虽尽贩他人之所有，亦所谓邯郸学步，终身为人厮隶”[3]，中国的科学要有发展，首先就需要掌握科学的方法。

因此，科学社的成员们纷纷对科学的方法进行了系统而专门的阐述，如任鸿隽系统地介绍了科学方法中观察、实验、假设和推理诸环节，尤其强调归纳法的重要性，并将其视为科学方法的根本所在。而科学社的某些成员，又肯定了演绎法在科学中的作用，并对之专门进行了介绍。由此，科学的方法在经验与理性的两个维度上的特征，都得到了深入而系统的介绍，为人们从方法上全面理解科学铺平了道路。

第三，全面介绍了西方科学的建制，力图将西方科学体制移植于中国社会，以促进科学的发展。科学是一种社会活动，科学研究想要富于成效，就需要有相应的社会建制来支持它。新文化运动之前的科学传播，没有充分意识到社会因素对科学发展的重要性，因而没有充分介绍科学的社会建制。这种局面在科学的传播中有了很大的改观。任鸿隽在谈到振兴科研时，指出了三个基本条件，其中之一就是“共同组织”[4]。杨铨在考察了中国社会现状后断言：“吾国今日各方现象绝无发展科学之余地，非有根本之改革，它提倡终难收效。”[5]

科学社成员对科学社会建制的重要性的意识，促使他们系统介绍了西方历史上著名的科学会，从总体上划分国外的科研组织机构，加以综合性介绍，进而还对这些科学社的功能、作用和效果进行了评估和阐释，为中国科学建立自己的学术共同体提供了丰富的经验和范本。这也拓宽了人们对西方科学的理解维度，使之能将科学放在一个社会和文化的背景下来审视科学的产生、成熟及其发展。

2. 新文化运动中人文思想家所进行的科学传播

新文化运动中的自然科学家主要致力于传播真正近代意义上的科学观，以促成科学在中国的发展与前进。相比之下，以《新青年》为代表的人文思想家，更注重运用科学精神改造文化，开启民智。其科学传播的内容也大致可分为以下三个方面。

第一，运用科学来全面、彻底地批判中国传统文化。在以往的科学传播中，中国科学的价值和意义，都需要在中国传统文化中寻找其存在的合理依据，都需要不断维持和协调它与传统文化之间的关系。科学最多只对传统文化起着小修小补的改造作用，而不敢从根本上挑战传统文化的合理性。而在新文化运动中，科学开始被某些人文学者视为人生观的基础，当做推动现代文明前进的主要动力，并推崇为人类文化价值最高的部分，从而赢得了批判和规范传统的权威和力度。

新文化运动运用科学批判的传统思想文化主要包括玄学和儒学。玄学让中国的思想文化缺乏经验基础，不易为人理解。陈独秀、胡适等人对中国学术界缺乏实证精神，只注重背诵先贤先圣的经文，而不重视对自然现象的观察和研究的倾向，进行了严厉的批判。陈独秀根据孔德的学说，将人类进化分为三个时代，即宗教迷信时代，玄学幻想时代和科学实证时代。“吾国学术思想，尚在宗教玄想时代，故往往于欧洲科学所证明之常识，尚复闭眼胡说，此为国民大患。”[6]要克服传统学术说空话、大话和鬼话的流弊，就需要彻底批判脱离实际的玄学思想。

儒学是中国传统文化的主流思潮，许多阻碍科学发展，压制人性解放的封建制度和礼教，多少都是打着儒家思想的旗号的。为了颂扬科学，开启民智，张扬个性，许多新文化运动的领军人物对儒学进行了毁灭性的批判，比如陈独秀就坚称，“对于与此新社会、新国家、新信仰不可相当之孔教，不可不有彻底之觉悟，猛勇之决心，否则不塞不流，不止不行！”[7]对传统文化的批判，不仅有利于科学的发展，也为思想文化进一步革新创造了可贵的契机。

第二，普及科学知识，反对迷信与宗教，开启民众理性判断的心智能力。

面对日益勃兴的科学思潮，迷信和宗教纷纷改头换面，以“科学”为幌子，四处招摇撞骗，严重歪曲科学真正的面貌。而原本就在民间颇有影响的鬼神迷信更是极力阻挠科学的传播。面对这股对新文化的成长构成极大威胁的逆流，《新青年》连续发表文章和通信予以批驳。陈独秀以有鬼论在逻辑上的矛盾及违背科学原理为由，断言“那和科学相反的鬼神、灵魂、炼丹、符咒、算命、卜卦、扶乩、风水、阴阳五行，都是一派妖言胡说，万万不足相信的”[8]。陈大齐等人，更是从心理学等自然科学的知识与方法的角度，揭示了灵学现象的原因。

新文化运动对迷信和宗教的批判，不仅对科学的发展，而且对民众心智的启蒙，都有着极大的积极意义。通过用科学知识推翻荒谬的迷信，用科学的方法扫除人们的无知，用科学的精神撼动宗教的权威，新文化运动孕育了一种积极、理性和务实的精神，从而为新文化的传播创造了有力的人性基础和文化氛围。

第三，通过传播科学来推进中国的民主。“民主与科学，是新文化运动奋斗的主要目标。”[9]对于新文化运动的思想家而言，这两个奋斗目标是息息相关的。要实现社会的民主，离不开科学精神的传播。

科学的传播，撼动了国人对迷信和封建宗法的权威的信念，使民众能独立依据自身的理性来指导生活。陈独秀就明确指出，新文化运动真正的敌人并不仅针对旧的思想信仰，“我们的真正敌人是‘成见’，是‘不思想’。我们向旧思想和旧信仰作战，其实只是很诚恳地请求旧思想和旧信仰势力之下的朋友们起来向‘成见’和‘不思想’作战”[10]。

只有民众学会了独立运用理性来解决问题，民众才会积极和主动地关切他们在政治文化上的权利和权益，才会努力寻求机会在政治上表达他们的心声，才会反抗现有秩序强加于他们的不公正的负担和压迫。新文化运动的科学传播激发了民众争取民主、维护自身权利的自觉意识。

然而，民主不能仅仅依靠个体自我意识的觉醒。没有基本的共识，无数个体坚持的自我权利主张，往往导致社会的纷争和混乱。民主一方面要求民众有勇气运用自己的理性，为权利而斗争；另一方面又需要共同体成员在争议面前，有一套普遍接受的议程来解决纷争。对于新文化运动的思想家来说，达成共识的基础就是科学理性。用“说服”而不是“压服”来解决分歧，这是民主，也是科学理性的重要特征。科学的开放、平等和批判怀疑的精神气质，是避免让民主演变为混乱而要求国民必须具备的基本素质。而科学家面对分歧时的解决办法，同样也为运用理性解决争议的民主议程带来许多借鉴和启发，从而推动了中国的民主建设。

（三）新文化运动中科学传播对科学精神的启蒙

无论科学派和人文派的科学传播者在侧重点上存在多少差别，他们都触及了科学精神的重要内容。总体上说，新文化运动的科学传播者，在相当程度上起到了科学精神的启蒙作用，这具体表现在以下两个方面。

一方面，科学派的科学传播者从知识、方法及社会等层面系统地阐述了科学的求真精神。在新文化运动期间，科学的求真精神首次被明确地作为科学根本的精神，并以此区分于技术、传统玄学所赋予科学的非本质性的性质。而科学求真精神，又进一步显见于科学的方法。

科学的求真精神，不再是一种空洞的口号，而是通过其方法得到进一步的体现。新文化运动时期的思想家，极其强调科学方法所蕴涵的科学精神。梁启超甚至主张："可以教人求得有系统之真智识的方法，叫做科学精神。"[11]而任鸿隽则依据科学的归纳、实验的方法，以及数学的方法，将科学精神进一步理解为"崇实"和"贵确"，主张"凡立一说，当根据事实，归纳群象，而不以称诵陈言，凭虚构造为能"，"谓于事物之观察，当容其真象，而不以模楞无畔岸之言为足是也"[12]。

科学精神也不再是脱离社会的空想。新文化运动通过介绍国外科学建制，传播了科学在追求真理中极力倡导的平等对话、开放合作等的精神，从而大大拓展了求真精神的内涵。

另一方面，以人文思想为主的科学传播者，又系统展示了科学精神对文化的巨大作用和影响。通过彰显科学怀疑和批判的精神，新文化运动对传统采取了激进的批判态度，"打倒孔家店"一度成为激进的知识分子进行文化革新的口号。通过推崇理性和实证的精神，新文化运动扫除了大量玄学迷信的鬼话，有力推进了民众心智的启蒙。而科学推崇说服而非压服的精神，又为国人解决政治中的分歧提供了一个范例，对中国民主进程产生了深远的影响。

三、对新文化运动时期科学传播的评价

中国新文化运动中的科学传播，其传播内容由器物、知识的层面上升到精神的层面，使国人对科学的理解触及了科学之魂——科学精神，提升了大众理解科学的深度和广度。科学精神的传播，广泛开启了民众的心智，最大限度地改造了旧文化和旧礼教，积极推进了民主，这些又为构筑新文化做出了必不可少的贡献。新文化运动的科学传播，完成了科学精神的启蒙，使中

国的科学传播上升到了一个新的高度。

当然，这场科学精神的传播，终究仅仅是一个启蒙，新文化运动对科学和科学精神的理解，还是有着诸多问题。首先，囿于当时中国总体的科学水平，科学传播者对科学精神的理解，主要并非出自自己的科研经历，而是通过西方哲学家（如孔德）或哲人科学家（如皮尔逊）的著作间接获得的。虽然这些著作中包含着大量科学实践凝结下的智慧结晶，使中国学者能在短时间内接触到许多关于科学和科学精神的真知灼见，但关于科学的哲学观点并不等同于科学。国外一流哲学家和科学家的科学观，难免存在着一些偏颇，比如，以孔德为代表的实证主义对科学的理解，就是将唯科学主义的历史观强加到科学上。中国科学传播者没有充分区分西方盛行的科学观中，哪些是依据于科学实践，哪些是唯科学主义的产物，结果许多人未加批判地接受了西方唯科学主义认为科学万能的错误信念，为科学与人文的分裂与对立种下了隐患。

其次，新文化运动对西方人文传统理解得不够全面，尤其是对形而上学的意义和价值的理解存在着偏颇。当时许多唯科学主义的中国学者只听信实证主义的一面之词，既不了解西方形而上学的发展现状，也没有充分意识到西方形而上学传统曾经对科学产生的积极作用，就将其作为无意义的胡说，一概予以批判和否定，从而将西方科学和它生长的人文背景割裂开来，大大局限了对科学精神理解的深度与广度。

最后，新文化运动的主流对传统文化的批判过于极端，从长远看不利于科学在中国的移植与生长。传统文化虽有不利于科学生长的要素，但并不排除传统文化经过改造后，能成为科学繁荣滋长的土壤。完全否定传统，本身不仅无法克服原有的偏见，反而增加了科学与传统文化之间不必要的成见。这也为 20 年代中国爆发的科玄论战埋下了伏笔[13]。

虽然新文化运动的科学传播存在着上述局限，但终究是瑕不掩瑜。作为科学精神的启蒙，它在中国科学传播史上占据着不可替代的重要地位。

参考文献

[1] 闾小波．百年传媒变迁．南京：江苏美术出版社，2002：55.

[2] 邱若宏．传播与启蒙．长沙：湖南人民出版社，2004：226.
[3] 任鸿隽．说中国无科学之原因．科学，1915，1（1）：7-12.
[4] 任鸿隽．中国科学社之过去及将来．科学，1923，8（1）：25-31.
[5] 杨铨．科学与研究．科学通论（增订版），1934，（2）：219-220.
[6] 任建树等．陈独秀著作选（第一卷）．上海：上海人民出版社，1993：379.
[7] 陈独秀．宪法与孔教．新青年（第2卷），1916（第3号）：12.
[8] 陈独秀．有鬼论质疑．新青年（第5卷），1918（第4号）：27.
[9] 冯友兰．中国现代哲学史．广州：广东人民出版社，1999：98.
[10] 张君劢，丁文江等．科学与人生观．济南：山东出版社，1997：23.
[11] 梁启超．科学精神与东西文化．科学（第7卷），1922（第9号）：31.
[12] 任鸿隽．科学精神论．科学（第2卷），1916（第1号）：7.
[13] 孟建伟．论科学的人文价值．北京：中国社会科学出版社，2000：89-102.

第三部
科学与价值

“科学蕴涵价值”辨析*

在一些极端的科学文化社会研究（CSSS）和后现代主义掀起的反科学主义思潮的影响下，“科学蕴涵价值”的观点，往往容易给支持科学的人们带来这样的忧虑：把科学与价值联系起来，这难道不迎合了反科学主义者将科学妖魔化的目的吗？这难道不意味着科学蜕化为给意识形态和某些特定社会群体服务的工具了吗？这难道不会给公众理解科学的本性带来负面影响吗？面对这些困惑，笔者认为，需要全面而深入地分析科学蕴涵的价值，以求澄清来自反科学主义的各种误解，并揭示科学的价值对人类文明产生的影响和作用。

“‘价值’这一哲学概念，其内容主要是表达人类生活中的一种普遍的主客体关系，这就是：客体的存在、属性和变化同主体需要之间的关系”[1]。简言之，价值体现的是事物对人的意义，科学的价值则集中体现在科学对人的意义上。又由于价值具有目的性，它“是人的每一个有目的的活动中的必不可少的因素”[2]。所以，作为一种实践活动，科学对人的意义又表现在科学的目标上。根据科学的目标是否与认识有关，可以将科学蕴涵的价值大致分为两类：认知价值和非认知价值。在科学蕴涵的价值体系中，认知价值与非认知价值都具有极其重要的地位。

---

* 本文作者为郝苑，原载《自然辩证法通讯》，2005年第2期，第16～18页。

科学的认知价值主要体现于科学认识自然、探求真理的目的中。认知价值规范着科学活动，并对理论的评价和科学的发展起着指导作用。除了追求真理外，认知价值作为一个价值体系，还包括逻辑一致性，思维的经济性、简单性，理论的预测性，科学内容的融贯性等。

在认知价值中，追求真理的价值占据主导地位。科学中根本上区别于其他社会活动和文化活动的地方是它对真理的不懈追求。“任何可恰如其分地称做科学的活动和任何可恰如其分地称做科学的结论都必须首先以发现真理的极大热情为基础。其他的热情当然也发挥作用，但发现真理的热情必须是压倒一切的，如若不然，这种活动及其结果最好冠之以别的名称，如观念、宣传或政治”[3]。社会建构主义和后现代主义将科学的认知价值歪曲为实用性的目的，如科学家和科学共同体的经济利益和社会特权等，或者将之等同于主体间的一致，否定科学中大写的“真理”的价值，错误地将科学混同于其他活动，最终难免会否定科学的客观性，走上相对主义的歧途。也正因为如此，在科学的认知价值中，必须保留求真的核心价值。只有在这个核心价值的支撑下，其他的认知价值才能顺利而有序地指导科学活动。否则，一切科学活动都将陷入“怎么都行”的无政府主义的认识论中去，科学将难以与其他活动区分开来，对科学本性善恶的讨论也就无从谈起了。

科学的非认知价值主要体现于科学改造自然和社会的目的中。科学除了求知外，还要解决人们在生产、生活中出现的现实问题。在非认知价值的体系中，科学不仅为了整个人类的利益而改造世界，而且在特定历史时期、特定的地域和政治条件下，科学可能为某些特定的群体服务。比如，基因操纵理论，可以为男性至上主义者的利益服务；生物社会学，可以为右翼分子的政治纲领辩护，维持并加强对社会弱势群体的压迫等。正是因为这个缘故，反科学主义者提出了“政治上正确”（political correctness）和“人民的科学”（people's science）的口号，希望以此来规范科学改造现实世界的活动。虽然他们的出发点和动机似乎值得肯定，但是，他们将科学与意识形态混同，将科学的非认知价值仅仅理解为科学对某些特定群体的既得利益的满足，从而给公众造成这样的印象：科学仅仅服务于军队、公司等经营利益集团以及超级工业主义事业。这种对科学的非认知价值的理解无疑是片面的和狭隘的。

笔者认为，在科学的非认知价值体系中，科学对整个人类利益的满足是最主要的。虽然某些科学，比如生物学在特定的条件下可能倾向于为某个公司、某个阶层或者某个民族服务，但并非所有正在研究的科学都明确地为当前的特定集团服务。比如数论，到目前为止“除了起智力体操的作用以外”[4]，还没有找到什么用途。尽管我们可以肯定，这些理论在将来必然有助于为人们带来利益。但我们现在无法确定，它们会为将来的什么阶层服务。因此，对于那些当前没有明确用途的科学来说，未来的人类才是这些科学的研究者付出艰辛努力的最大受益者。

即使是那些在现实中被某些阶层、制度利用的特定科学，如生物学、地质学等，他们也不会永远服务于这些特定的群体和制度。它们与特定社会利益和意识形态的关系只发生在一定的历史条件下。随着时代的进步，它们对特定阶层的意义和关系会被淡化，留下来的是它们对整个人类的意义。比如人口学和生物统计学，它们曾经为希特勒的种族政策服务。但德国纳粹倒台后，生物统计学的理论成果为人类控制人口，合理分配资源提供了很多帮助。所以，从长远看，科学的非认知价值，主要是应对整个人类的需求，科学的本性决定了它不会永远属于某个特定群体，也不会仅仅为某个阶层服务。如果在科学的非认知价值体系中，否定了科学对整个人类的核心价值，那么人们难免会像堂吉诃德那样，在一场狩猎中“有时无法分辨出猎物，首先连场地都没有分清”[5]，把科学，而不是成问题的社会制度和意识形态，当做攻击的对象。

科学蕴涵的价值体系的内在结构、层次充分表明科学的本性是善的，它将对人类文明产生正面的和积极的作用，但在特定条件下，科学蕴涵的价值也会对人类文明产生负面的和消极的作用。下面进一步分析科学的价值对人类文明的作用。

科学的认知价值推崇追求真理的行为，追求真理意味着不顾一切地去揭示自然和社会的新知识。知识往往是传统道德习俗和审美经验等人类文化的基础。科学在揭示某个事物的新认识的同时也否定了对它的旧认识，从而清除了建立在不正确或有缺陷的旧认识基础上的文化，推进了人类文化的前进。皮尔逊深刻地指出：“与前科学时代的创造性想象所产生的任何宇宙起源学说中的美相比，在科学就遥远恒星的化学或原生动物门的生命史告诉我们的东西中，存在着更为真实的美……审美判断在后者中比在前者中将找到更多的满足、更多的快乐"[6]。而统计学和概率论的方法引入社会学研究后，人们对一些社会现象的道德观念发生了变化。原先由于推崇形而上的自由意志观，罪犯对他的罪行负全部责任，刑罚对罪犯是极其严酷的。而统计方法的引入，"道德秩序落入了统计学的领域……似乎自由意志仅在理论中存在"[7]。"社会制造了罪恶，而有罪的人仅仅是工具。"[7]正是由于科学，社会对犯罪、尤其是罪犯的道德评价更为客观、全面，从而引发了近代刑罚人道主义的运动。

然而，在科学推进社会文化前进的同时，科学求真的价值不断被强化，科学知识开始成为衡量一切文化价值的标准。"科学一词的含义是知识。'科学'不予承认的东西在我们的文化中便不被认为是知识。现代科学的文化效应使得科学家们成为唯一的人类的'公认立法者'"[3]。在西方，更有一种极端观点认为，"我们生活在一个秩序井然的宇宙中，这个宇宙由物理学规律支配，任何意义的虔诚、任何意义的智慧（cleverness）都不可能超越和战胜这些规律。这些规律规定着从星体诞生到坠入情网（falling in love）的所有过程"[5]。这种极端的观点无疑会对人类文化的全面发展带来负面影响。

科学的非认知价值强调对世界的改造，强调改善人类的生产、生活，注重解决生产实践中出现的各种问题。在这种科学价值观的指导下，科学通过技术，为整个人类创造了无与伦比的财富和奇迹，大大提高了人类生活质量，延长了人类的平均寿命。科学对人类文明的积极意义是毋庸置疑的。然而，在消费主义盛行的时代里，商业意识形态仅仅重视和利用科学改造自然、改造世界的价值，科学被降格为满足人类无节制欲望的工具。在这种科学价值观的影响下，科学活动就有可能破坏人与自然的和谐关系，就会导致生态问题、资源问题及其他一系列严重的环境问题。

虽然科学的认知价值与非认知价值都有可能为人类带来负面作用，但应该看到，这些负面效应更多的是狭隘的科学观和有缺陷的社会制度的结果。例如，传统的实证主义和机械主义的科学观，导致了科学在文化生活和社会生活中的过度扩张。西方发达资本主义国家的科技管理政策，倾向于大公司、大财团和军队等经营集团的利益，导致了科学在为少数人服务的同时牺牲了社会弱势群体和第三世界的利益。

由上述分析可知，虽然科学本质上是人类的天使，但是它所蕴涵的价值在不同的历史条件、社会环境以及科学观的影响或支配下，可能会给人类社会带来负面的效应，这时科学就有可能成为魔鬼。因此，要断言科学究竟是天使，还是魔鬼，必须把对科学的反思与中国的实际结合起来。当前我国的经济和社会的发展需要科学，破除陈旧的风俗和道德，提高我国人民的综合素质同样也需要科学。这样的国情要求我们肯定科学，肯定科学的根本价值，肯定科学的根本价值给我们文化和社会带来的效应和作用，让公众能够在正确理解科学的前提下科学地生产和生活。同时，我们也要意识到，由于错误的科学观和不健全的科技政策，科学也有可能给人类文化和社会文明带来危害。为避免西方科学发展所走过的弯路，我们还需要倡导健全的科学精神，维护科学的核心价值，以保证科学在将来给人类带来的是福祉，而不是痛苦和灾难。

参考文献

［1］李德顺．价值论．北京：中国人民大学出版社，1987：20.

［2］李醒民．关于科学与价值的几个问题．中国社会科学，1990，(5)：44.

［3］大卫·格里芬．后现代科学．马季方译．北京：中央编译出版社，2004：8，37.

［4］伽莫夫·G. 从一到无穷大——科学中的事实和臆测．暴永宁译．北京：科学出版社，2002：23.

［5］索卡尔，德里达，罗蒂等．“索卡尔事件”与科学大战——后现代视野中的科学与人文的冲突．蔡仲，邢冬梅译．南京：南京大学出版社，2002：237，257.

［6］卡尔·皮尔逊．科学的规范．李醒民译．北京：华夏出版社，1998：36.

［7］伊恩·哈金．驯服偶然．刘钢译．北京：中央编译出版社，2000：210.

科学与价值关系研究述评*

长期以来，科学与价值的关系问题一直是国内外学术界密切关注又争论不休的问题。克莱姆克（E. D. Klemke）深刻地洞察到，在“科学与价值”这一词汇下面，所涉及的方面是复杂的，包括理性、客观性、主观性、纯科学、应用科学等范畴[1]，甚至现在讨论得很激烈的科学主义与人文主义、科学文化与人文文化之争也可以看做是这一问题在时代水平上的拓展。因此，对国内外学者不同观点的分析和介绍，将有助于厘清思想，从而推进这方面的研究。

一、科学价值中立说

在讨论科学与价值的关系时，有一个备受人们关注的论题：科学是价值无涉（value-free）或价值中立（value-neutral）的。其核心观点是：科学是追求纯粹真理的事业，是客观的。科学认识的活动是从无误的初始前提（如观察、公理）出发，达到对自然的真实认识，科学是自然之镜。价值是关乎目的的，是主观的、功利的、非理性的，是不能作逻辑分析的。价值是心灵之镜。科学与价值各自统治着不同的经验领域，“科学真理不选择价值，不

---

* 本文作者为庞晓光，原载《哲学动态》，2008年第3期，第31～38页。

赞许、也不拒斥价值。换言之，科学真理恪守客观的中立而不理会主观的评价"[2]。

深入到西方科学传统内部，我们就会发现，其实中性的、纯粹的、无障碍的对知识的追求一直备受推崇。例如，苏格拉底认为在所有知识中，数学是最高级的，所以它配称“纯粹”。弗兰西斯·培根虽然主张知识的实际应用，但同时也警告人们不能无视“为科学而科学”的精神，“谨防潮湿的热情（道德知识）影响干燥的理性（自然知识)”。他进一步指出，自然知识与建立在感情基础上的道德联系起来，是自古希腊以来科学进步的障碍[3]。随着机械世界图景的建立，尤其是受笛卡儿引发的、在科学和哲学中的认识论和方法论的革命，科学与价值公然分化，各自成为独立的、互不干扰的两个领域。“科学是价值无涉的”思想在哲学上的正式表述始于休谟。从逻辑推理的方式上看，休谟指出了“是”与“不是”等连接词与“应该”或“不应该”这样的连接词在构成命题上的区分。沿着休谟的进路，康德以批判的精神对人的理性能力进行划界，他强调理论理性适用于感觉经验范围，这是科学追求的对象，而把灵魂、意志自由等问题，划归为实践理性的“公设”，二者统一于一个共同的体系中。以研究价值哲学闻名的新康德主义者李凯尔特认为，自然科学肯定是没有价值的，它的兴趣在于普遍联系和规律，因此自然科学必须采用普遍化的方法。反之，一切文化产物都有价值，都把价值作为考察的对象。从与价值的联系中，李凯尔特提出自然科学和文化科学的对立[4]。社会学家马克斯·韦伯为“科学价值中立说”提供了较为全面和有说服力的辩护。韦伯把价值描绘成“邪恶的事情”（a thing of devil）或“原罪”。在《伦理的中立性在社会科学和经济中的意义》中，他首次提出“价值中立性”的概念，并把它视为科学的规范原则。科学与价值无涉的观点，在逻辑实证主义那里被推向了极致。在逻辑实证主义看来，只有逻辑的语言句法分析和经验的可证实性才有意义，反之，都是没有意义的，在科学研究之外。对历史上科学价值中性观点的简要回顾表明，科学价值中立的观点在不同时期表现出强度上的差别：从温和的互不干涉、互不矛盾到强硬的对立、冲突。至此，“‘科学不包括价值’的观点已被广泛接受，以至于，如果说有点让人畏惧的话，科学已经为它本身赢得了鲜明的标志：科学是价值中性的"[5]。

从科学价值中立说产生的过程可以看出，其主张至少包含下述三重意蕴。

1）在语词逻辑分析的意义上，科学（事实）与价值是无涉的。迄今为止，休谟和摩尔以及西方哲学家们已经在语词的逻辑分析上强调了科学（事实）与价值之间的巨大区别，这也构成了科学价值中性说的哲学基础。惯常的观点认为，“道德准则或命令（prescription）在逻辑上不能从任何事态的描述（description）中推导出来——ought 不能从 is 中推导出来——因为二者在逻辑上属于不同的类型”[6]。在推理的环节上，要是没有外部价值的介入，一个事实陈述不可能富有逻辑地牵扯到一个规范陈述。迈拉尔（Gunnar Myral）在《一个美国人的困境》中表达了这种看法：“单独的事实或理论研究不能逻辑地推出有用的建议，只有当前提中至少有一条是价值陈述时才能推导出有用的或有价值的结论”[7]。彭加勒也赞同这种观点，他表示：“如果三段论中的两个前提都是陈述句，那么结论也将是陈述句。要使结论用祈使句表述，至少一个前提本身必须是祈使句”[8]。

2）科学认识的主体不包含价值因素。这体现了科学家在从事科学活动时的一种职业态度。“科学家一如所认为的那样，以一种严格的、不掺杂个人情感的方式从事他的研究工作，除了对知识的热爱和对发现自然奥秘的喜悦之外，他不为任何情感所动。”[9]韦伯在谈到对从事实践研究的个人的要求时说道：作为学者、科学家，必须在科学与实践、事实判断与价值判断之间做出区分，在研究过程中保持“科学内的禁欲主义”（inner-scientifically ascetism）态度。

3）科学活动在道德上或在社会上是价值无涉的。罗斯（Rose）认为，科学中性可以简单地这样理解：科学活动在道德上或在社会上是价值无涉的。科学追求的就是自然法则，自然法则的有效性与国家、政治、宗教或发现者的阶级地位无关。尽管科学总是近似客观真理，科学定律和科学事实却具有永恒的性质。无论是谁做实验测量光速，光速总是不变的。正因为这样，尽管社会对科学的应用有好坏之分，但科学家对这些使用不负专门的责任[9]。在钱恩（E. B. Chain）做出的一项关于科学家的社会责任的分析中，就有这样一段话：“科学，只要把自己限制在对自然法则的描述的范围内，就不具有道德或伦理的性质，这也适用于物理学和生物学”[10]。

我们可以将前两种含义理解为认识上的中立性，后一种理解为伦理或社会方面的中立性。在思想界，科学价值中性的观点曾一度占主导地位。但是，随着科学发展高度的社会化以及社会发展日益科学化，科学与文化、社会呈现的联系也越来越密切，科学价值无涉的主张遂成为明日黄花。我们经常会听到“中性的神话”、“逻辑上的不连贯”、“自由意识形态的面具”[11]等讨伐之声，哈丁（Sandra Harding）曾在1989年称它为“幻像”。罗斯兄弟（S. Rose and H. Rose）认为，科学价值中性的观点，“回避了作为认知系统的科学与社会系统的内部关联的认识”，“随着大科学的出现，科学中性已经凋萎了”[9]。柯尔格特（Noretta Koertget）强调无约束的科学计划（emancipationist science）是不实际的和不明智的，它也是自我挫败的。如果这种计划成功的话，则科学损失的不仅仅是认识论方面的权威，还有修辞方面以及政治方面的有用性![12]

的确，这些批判有助于我们对科学的理解与反思。然而，克莱格姆提出的问题更具有启发性。他指出，“科学与价值”一词可以掩盖许多争论，如科学可能是“价值无涉”（value-free）或是价值中立的（value-neutral）吗？倘若是，则对于科学、技术、知识、价值的概念，对于我们的自然观和科学目标以及科学和技术的社会应用而言，这意味着什么？如果科学不是价值无涉的，那么前面讲的那一切又意味着什么？[1]

西方的一些学者从不同维度深入考察了科学价值中立说的合理性问题。值得一提的是杰勒德（Gerard Radnitzky）的观点。他从文化角度分析了科学与价值二分的根源。他写到，对事实和价值这种区分的认识，不仅是科学研究、而且是开放社会存在的前提，是自由民主开放社会的象征。那些试图混淆二者界限的人是反动分子，他们想重回封闭的共同体中，在那里，道德和经验问题处在同一个立足点，因为一种相同的不可错的评价方法在人类所有的活动中都存在，“利益和知识”，“Logos和Eros”都是一体的。在这些反动分子的眼里，为了实现这种最高的价值，他们不惜任何代价，甚至是专治统治。在这么做时他们是逻辑一致的，但却构成了巨大的文化危险[13]。从杰勒德的表述中我们可以看出，主张科学与价值分离，是避免独裁和引发文化危机的策略。

二、科学负荷价值说

正如拉波拉特（Anatol Rapoport）所说，那些否认科学与价值存在关联的人容易一致，因为一旦宣布某物不存在，就不再进一步谈论它们了。但若某物存在，人们的观点很可能有更多的争论[6]。科学负荷价值的情况正是如此。目前，关于科学与价值的关联（science value-dependent，-freighted，-charged，-oriented.），学术界主要围绕三方面来展开研究：科学的社会价值、科学价值与人类价值、科学中的价值，其中前两方面属于科学与外部价值的相关性，后者属于科学内部价值的范畴。

（一）科学与社会价值的互动

科学的社会价值指科学作为客体、手段对社会各个子系统，如经济、政治、伦理、艺术等方面的积极作用和影响。苏联学者 N. T. 弗罗洛夫认为，科学的社会价值在于科学与其他社会建制的相互关系方面，通过其履行的三类社会职能加以表现：首先是文化世界观方面的职能，其次是作为直接生产力的职能，最后是将科学日益广泛地用于解决社会发展过程中所产生的各种问题的职能[14]。概括起来，可以把科学诸方面的社会价值分为物质价值或精神价值两大方面。

科学的物质价值问题一直被人们所津津乐道，也是科学最鲜明的社会价值表征。科学被看做是社会进步的力量，与人类福祉紧密相关。这一点早在培根以及皇家学会创始人的著作中就可以看到。对于培根来说，为知识而知识的目的让位于为了慈善而学习知识。因为“为了慈善（福利）的目的，没有什么过分的”。1663 年，皇家学会的干事罗伯特·虎克在为学会会章草拟前言时写道：“皇家学会的职责是，通过实验改进自然事物的知识，以及所有有用的技艺、制造业、实用机械、工程和发明的知识。”[15]

但是，正如希尔（D. W. Hill）提示我们的那样，不能把科学的物质价值看成是科学价值的全部。他说道，虽然科学的技术价值和功利价值不能被忽视，但是，也存在像罗马人一样的危险，罗马人除科学带给他们的东西之外，从未对科学感兴趣，我们不能只重视物质利益而忽略精神力量。现在世界混乱的原因大部分源于下述事实：我们主要学会了控制自然，利用自然规律达到我们的目的，但几乎是毫无限制地让自然力放任自流，同时又无视科学精神和科学戒律，而科学精神比它的技术应用更为深刻[16]。

劳伦斯（W. Lowance）为我们揭示了科学的精神文化价值："科学深刻地告知我们文化视野（cultural outlook）。科学完全改变了几个大的文化神话，否定了许多迷信，把我们从'着魅的'世界中解救出来……科学揭示了死亡、遗传和身体健康的发生和原因；使我们洞察到我们来自何处，我们在宇宙中的位置；使我们理解我们如何察觉我们看到的东西，不仅描述特定的文化，而且帮助我们详细阐明'文化'和'社会'的真正概念"[17]。

另一方面，我们不仅要看到科学对社会的巨大影响，我们也必须估计社会对科学有决定性影响的事实。社会向科学提供物质资源和人力资源，提供要解决的问题，要使用的观念和隐喻以及说明的标准[18]。对于背景观念和隐喻在科学理论选择中的合法性作用，克里斯腾·英特曼（Kristen Intemanntt）用两个典型的案例来证明。在心理学的案例中，英特曼通过论证，说明医生在确定抑郁的证据时，一定要依靠某种背景信念，比如医生头脑中要有这样的意向，多长属于过度睡眠，或哪些属于不正常的犹豫，这些意向都包含了价值判断。科学理论有些概念也含有价值的隐喻，如"临床抑郁"或是"精神疾病"包含了"应该被治愈"的意思。在天文学的案例中，英特曼用维拉的例子来显示价值因素对科学可接受性的影响。英特曼谈到："首先，维拉是专家，而且她以前的记录帮助人们证明她的数据是可靠的。判断一个人是否可靠是价值判断。然而如果美国天文协会的人持有这样的价值判断，即女性通常不胜任科学工作或是比较逊色，那么'维拉的数据是可靠的'就不那么令人信服了。我想说的是，某人的证据的可靠与否决定于对某种科学假设的信心度。在这种意义上，我们也许会说价值判断产生于发现的上下文而不是证明的上下文。'谁的证据是可靠的'价值判断，会影响我们决定追求或检验哪个理论、假设或数据。"[19]

总之，目前关于科学的社会价值方面的讨论，已明显从单纯关注以功利价值为核心的物质价值的研究，转向以道德因素为核心的精神文化价值的研究，以及揭示背景价值对科学的渗透，社会价值观念与科学的互动。科学家的道德责任问题也成为讨论的焦点论题。

（二）科学价值与人类价值研究

在涉及科学与价值的关系方面，有一个论题颇有吸引力，那就是科学价值与人类价值的关系问题。巴伯（Bernard Barber）、拉波拉特（Anatol Rapoport）、布罗诺乌斯基（Bronowski）、劳伦斯（William W. Lowance）、霍尔（Everett. W. Hall）的著作均深入地考察了这一问题。他们的论述主要从两方面展开。

一方面，科学的价值来源于人类的价值，人类价值是维系科学必不可少的因素。布罗诺乌斯基就持这样的观点，他认为科学不是一个机制，而是人类的进步。在《科学和人类价值》一文中，布罗诺乌斯基分别考察了独立性、原创性、有异议性、包容性、自由等这些人类价值，把它们看成是科学本身所需要和形成的价值，表现了我们文明时代的特征。就原创性和独立性而言，如果一个人没有观察和思考的独立性，那么他就不会成为科学家。但如果科学想要作为公共事业而变得很有效，它必须走得更远，它必须保持独立性，如自由探究、自由思想、自由言论、容忍性。这些价值对我们来说是如此熟悉，以致经常被看成是自明的。这些美德在教条的社会中是不显著的，只有当科学思想繁荣时，例如，在古希腊时期，它们才会被认为是理所当然的。至于包容性，布罗诺乌斯基谈到，科学之间的包容性不能建立在无分歧的基础上，它必须建立在尊敬的基础上。作为个体（personal）的价值，尊敬意味着在任何社会中，对正义和荣誉的公开认识。没有人与人之间的正义和荣誉以及尊敬，科学就不能生存。只有通过这些形式，科学才能追求它坚定的目标，去探索真理。如果这些价值不存在，那么科学家的社会不得不创造它们来使科学实践成为可能[20]。

另一方面，卡梅隆和埃奇（Cameron and Edge）考察了科学与人类价值的关系。他们认为科学共同体的规范和价值可以扩展到人类一般的价值准则。巴伯在《科学和社会秩序》中提议，“合理性、普遍性、个体性、公有性和无私利性（rationality，universalism，individualism，communality and disinterestedness）如此卓有成效地服务于科学，甚至在某天能够变成整个社会占统治地位的道德价值”。拉波拉特甚至走得更远，他在《对伦理学的科学探讨》一文提到，科学在它实现人的价值中是独一无二的……关于科学实践的伦理学有某种独特的东西，这使它成为更一般体制的特别合适的基础。他说：“内在于科学实践中的伦理原则是：相信存在客观的真理；相信存在发现它的证明法则；相信在这一客观真理的基础上，一致同意是可能的和合乎需要的；一致同意必须通过独立达到这些信念——通过审查证据，而不是通过强迫、个人论据或诉诸权威——来完成。”按照拉波拉特的观点，这一伦理准则比任何可供选择的职业伦理或传统道德都要优越和可行[21]，他甚至断言，“科学伦理学必须变成人类的伦理学”。虽说拉波拉特的观点有些极端，然而站在这样的高度来理解科学的价值，就意味着把科学的发展与人的发展联系和一致起来，意味着不仅仅把科学当做手段，它更是我们追求的目的。

（三）对科学本质意义的基本承诺——科学的内部价值研究

上述两种科学与价值发生的关联属于科学的外部价值（value of science）范畴，表现出作为价值客体的科学与作为价值主体的社会、文化两方面的相互作用。这也是目前学术界研究科学与价值问题的主要进路。也许由于科学内部负荷的价值较少，又隐含在科学深层，因而这个领域的研究往往被大多数学者忽略。

雷舍尔（Nicholas Rescher）是明确提出“科学中的价值”问题的学者，他认为，科学的内部价值，或科学中的价值（value in science），就是指“暗含在科学本身结构中的价值——那些构成科学理解过程部分的‘绝对价值’”。这些价值“与科学的目的和本性以及科学方法的使用有关”，是对科学本质意义的基本承诺。科学中的价值（理论的或智性的价值）具有四方面的特点。第一，它们是认知价值，是为了满足理解的需要。解释得越简单，表达起来、理解起来、教授起来越容易。这种智力活动的进行尤其与审美原则有关，理论价值讨论的焦点就是这种认知方式。第二，它们是客观的价值而不是主观的价值。在引导科学家把可选择性的范围降到可控制的程度时，我们诉求这样的一些因素：简单性（simplicity）、有条理性（regularity）、齐一性（uniformity）、可理解性（comprehensiveness）、内聚性（cohesiveness)、经济性（economy）等。这些价值与理论研究的客体或物质本身有关，而与操作它们的人无关。在这方面，它们不同于这样一些价值，如坚持、诚实、正直、合作等，因为这些代表的是科学家愿望的特点，而不是正在从事的科学本身的特点。第三，它们具有倾向性。在采用简单性作为认知价值时，我们没有说我们永远不用简单的理论交换复杂的理论。在这种意义上，对简单性的偏爱不是绝对的或强制性的。第四，它们是规定的（regulative）而不是构成的（constitutive）（康德的术语），换句话说，它们不主张直接描绘这个世界。在采用简单性或齐一性作为认知价值时，我们并不是说世界是简单的或是齐一的，与其说是在描述世界，还不如说是规定了我们认知事物的行为。它们对应于这样的方法论指令："在行得通的范围内，选择最简单的假设！"[22]雷舍尔极为重视科学的内部价值，他谈到，正是因为存在像简单性、有条理性等这些认知价值，才能使知识成为一个体系，它们是把普通知识提升为科学知识的重要因素，是真正的和重要的人类价值。

我国学者李醒民较早地提出了科学的内部价值问题。他在1990年《关于科学与价值的几个问题》[23]一文中，揭示出科学的三个层面，即科学知识体系（科学基础、科学陈述、科学说明)、科学研究活动（探索的动机、活动的目的、方法的认定、事实的选择、体系的建构、理论的评价)、科学的社会建制（维护科学的自主性、保证学术研究的自由、对研究后果的意识、基础研究和应用研究的均衡、科学资源的分配与调整、科学发现的传播、控制科学的"误传"、科学成果的承认和科学荣誉的分配、对科学界的分层因势利导)。这三个科学层面的提出，对我们思考科学内部的价值问题具有启发意义。

三、科学价值张力说

在涉及科学与价值关系时，人们习惯持有以上两类主张。目前，"科学价值中立说"虽然遭到一些质疑，在现今社会显得有些不合时宜，但其影响却很深远，尤其在实证主义倾向很强的领域。与此相反，"科学负荷价值"的主张虽然受到推崇，但极易滑向相对主义的边缘，使科学被价值掌控。这两种认识都具有片面性。那么，我们究竟该如何恰当地理解科学和价值的关系呢？

相对于立场鲜明的“科学价值中立说”和“科学负荷价值说”，格雷厄姆（Graham）对科学与价值关系的划分标准具有伸缩性，二者的边界具有模糊性。按照科学的范围和所使用的方法，他把科学与价值的关系划分为两类，即扩张主义（expansionism）和限制主义（restrictionism）。扩张主义引用科学理论和发现本体之内的证据，直接或间接地支持关于社会政治价值的结论，从而把科学的边界扩张到其内涵能够包括价值。例如，用宇宙的宏伟建筑或生物机体的绝妙构造诠释上帝存在的“设计论据”，以“揭示天地间上帝的荣耀”，或者用科学证据反对宗教信仰和教权主义。扩张主义分为两个子类：直接扩张主义和间接扩张主义。前者认为科学与价值的联系是直接的，即科学不仅仅通过启发和暗示，而且以逻辑的、确认的或否认的形式与价值相联系。后者则是用类比、明喻、隐喻的工具间接地起作用。与此相反，限制主义把科学局限于特定的领域或特定的方法论，把价值放在它的边界之外。严格的限制主义者坚持，科学和伦理的、社会政治的、宗教的价值的关系是中性的[24]。

在提出上述两种解决科学与价值关系的方法后，格雷厄姆指出：“我们现在处于一个理解科学与价值关系的新时期，这个时期也带来全新的机会与风险……我们要生活在科学-价值谱系的中间范围……要警惕将来有可能步入这样的时期，即我们会犯两种不同的错误：完全用科学的术语来解释文化价值，或者把所有的科学都定义成是固有的价值负载的。”[24]

格姆（P. Grim）也持有这种“张力论”的思想。他认为，我们不应该把科学和价值放在对立的两极，“如果科学不能超脱于价值泥潭之上，那就只好就范红尘，降格为陷入价值泥潭中的众多相互倾轧的‘价值体系’之一”。这两种观念同样荒谬。的确，科学具有某种价值取向，同时也是对某种价值的基本承诺。尽管如此，由于价值是以特有的方式制约科学的，科学所承诺的是特定价值，所以我们并不能由此得出科学完全等价于其他任何价值“体系”的结论[25]。那么价值究竟以怎样的方式制约科学的呢？格姆划分了两种层次的价值，一种是非基本价值（nonessential values），其含义在于，即使这类价值为其他价值所取代，科学依然是科学，例如背景价值。另一种是基本价值（essential values），即那些一旦被放弃或取代，“科学”就不再成其为科学的特有价值，例如追求真理和诉诸证明[25]。格姆的研究告诉我们，在考察科学负荷价值这一主题时，应具体考察科学所负荷的是何种价值？科学的两种迥然不同的价值负荷方式，对科学的影响自然也是不同的。

还有一些人虽没有明确提出“张力论”的主张，但却能够很灵活地处理科学与价值关系的问题，显示出具体问题具体分析的辩证态度。例如邦格（M. Bunge）对科学研究活动进行了区分，他认为，“基础研究就其自身目的而言，是寻求新知识，是不涉及价值的，是道德中性的。即使诸如生存水平（或贫困线）和边际的状态问题也是不涉及价值的。当可以做某些有利于或不利于他人幸福或生活的事情时，才涉及道德”[26]。布罗诺乌斯基反复强调，不要把科学活动和科学发现混为一谈，科学活动不是中立的，它被严格地指导和判断。

玛根瑙（H. Margenau）认为，科学与价值关系的状况应取决于对科学与价值的定义。无论科学还是价值，都极具无规定性，在没有被清晰定义前不能形成真正的对立。他声言，并不是所有的价值都是伦理的价值，我们说自然科学包含某种价值，是指像内部一致性、充足性、简单性和优美性这样的认知价值，这些价值在本质上不是伦理的，并且自然科学本身不包含任何与人类行动的终极目标有关的规范原则[27]。似乎与玛根瑙不谋而合，普特南也强调定义对理解科学与价值关系的重要性。他谈到，在论及科学与价值时，应该怎样理解价值？我们是否忽略了伦理价值之外的价值判断？在这个问题上，普特南贯彻始终的观点是：科学如同预设经验和惯例一样预设价值。实际上，一旦我们不再把价值等同于伦理，那么科学确实预设价值，它预设认识上的价值，这一点就很清楚了[28]。

与上述学者对科学或价值作横向的结构分析不同，普罗克特（Robert Procter）建议从纵向的历史线索来理解科学与价值的关系。他在谈到科学价值中立说时认为，“科学是价值中性的”作为科学认识过程的一种观点、一种思潮，不是偶然出现的，其产生有它深刻的历史根源。如果我们仅仅宣称所有的事实都是理论负载的或知识是社会的产物，就会掩盖这种复杂性[3]。他极力抵制对科学与价值的关系作抽象的分析，呼吁要围绕不同时期社会和经济语境的广泛变化来理解这一范畴，例如制度的和职业地位的变化，工业的兴起，军事、国家支持科学相关的变化，与政治运动的兴起（如女权主义和社会主义）有关的变化等。霍尔（Hall）也认为，研究科学与价值的关系“如果不和包含了基本变化的特殊观念史结合起来，那就仍然是模糊的和不真实的”[29]。

结合上述观点，我们或许可以得到这样的启发，即科学与价值的关系是复杂的，在这一关系下面，承载着科学观、文化观的变迁等丰富的内容。我们不能不加思索地做出“科学是中性的”或“科学是负荷价值的”结论。李醒民教授曾对科学中性的特点作过独到的分析，即科学中性具有“历史性、与境性、相对性、集成性、两面性”[30]的特点，我认为这些特点同样可以扩展到对科学与价值关系的概括。在科学与价值之间保持必要的张力的主张，虽然不是解决双方争端的万应灵药，但是，只有处在科学与价值之间，科学与价值双方的意义才会丰富起来。因此，有理由预示，科学价值张力论将是未来解决科学与价值关系的新出路。

参考文献

[1] Klemke E D. Introductory Reading in the Philosophy of Science. New York：Prometheus Books，1980：223.

[2] 成中英．科学真理与人类价值．第2版．台北：三民书局印行，1979：13.

[3] Proctor R N. Value-Free Science Is? Purity and Power in Modern Knowledge. Harvard：Harvard University Press，1991：27.

[4] 李凯尔特．文化科学和自然科学．涂纪亮译．北京：商务印书馆，2000：21.

[5] Rescher N. The Ethical Dimension of Scientific Research//Klemke E D. Introductory Reading in the Philosophy of Science. New York：Prometheus Books，1980：238.

[6] Cameron I，Edge D. Scientific Image and their Social Uses. London：Butterworths，1979；Rapoport A. Scientific approach to Ethics. Science，1957，125：796-799.

[7] Hempel C G. Science and human values//Klemk E D. Introductory Readings in the Philosophy of Science. New York：Prometheus Books，1980. 258.

[8] 彭加勒．最后的沉思．李醒民译．北京：商务印书馆，2003：118.

[9] Steven H R. The Myth of The Neutrality of Science，Science and Liberation Editors Rita Arditti ed，Black Rose books ，Montreal，1980：17，22.

[10] Chain E B. The Social Responsibility of the Scientist. New York：Springer，1970.

［11］ Procter R. Value-Free Science? Purity and Power in Modern Knowledge. Harvard：Harvard University Press，1991：9.

［12］ Koertget N. Science，values，and the value of science，Indiana：Indiana Vniversity Press philosophy of science vol67，3：45-57.

［13］ Radnitzky G. Scientific and Values：The Cultural Importance of the is/ought Distinction. Berlin：University of Trier Press：799，800.

［14］ 弗罗洛夫，尤金．科学伦理学．齐戎译．沈阳：辽宁大学出版社，1989：16.

［15］ 梅森．自然科学史．周煦良译．上海：上海译文出版社，1980：240.

［16］ Hill D W. The Impact and Value of Science. London，New York，Melbourne：Hutchinson's Scientific & Technical Publications.

［17］ Lowance W. Modern Science and Human Values. Oxford：Oxford University Press，1986：14.

［18］ Cohen R S. Ethics and Science. Dordrecht-Holland：D. Reidel Publishing Conpany，1974：319.

［19］ Intemanntt K. Science and values：Are value judgements always irrelevant ot the justification of scientifc claims? Philosophy of Science，2001，68（9）：516-518.

［20］ Bronowski J. Science and Human Values. New York：Julian Messner Inc，1956：71.

［21］ Cameron I，Edge D. Scientific Image and Their Social Uses. London：Butterworths，1979：17.

［22］ Rescher N. Values in Science，The Search for Absolute Values：Harmony Among the Science，VolumeII，Proceedings of the Fifth International on the Unity of the Sciences. New York：The International Culture Foundation Press，1977：1024.

［23］ 李醒民．关于科学与价值的几个问题．中国社会科学，1990，（5）：43-60.

［24］ Graham R. Between Science and Values. New York：Columbia University Press，1981：5-15，381.

［25］ 格姆．科学价值与其他价值．王新力译．自然科学哲学问题，1988，（4）：16-21.

［26］ 邦格．科学技术的价值判断与道德判断．吴晓江译．哲学译丛，1993，（3）：35-41.

［27］ Margenaun H. The Nature of Physical Reality. New York：McGraw Hill，1950：75-101.

［28］ Putnan H. The collapse of The Fact/Value. Harvard：Dichotomy Harvard University Press，2002：30.

[29] Hall E W. Modern Science and Human Values. Cambridge：Published in Ganada，1956：7.

[30] 李醒民．科学的文化意蕴．北京：高等教育出版社，2007：107-110.

科学与价值之间的裂隙*

科学与价值的关系在不同的场合往往以不同的形式表现出来，如事实与价值、事实陈述与规范陈述、主观与客观、科学与道德、知识与善等。休谟在语词的逻辑分析的基础上做出“是”或“不是”与“应该”或“不应该”这样的连接词在构成命题上的经典区分，更是为科学与价值分裂提供了哲学基础，从此，分裂的思想长期占据统治地位，甚至具有某种文化惯例的意味。但仔细对这一区别加以考察，却会发现在此处或彼处有桥接的趋向，届时裂隙会得以弥合，二者将在某种程度上融合在一起。

一、从语词的分析入手来寻找科学与价值的连接

这是目前尝试在二者之间搭建桥梁的主流途径。遵循休谟，一些哲学家们把事实与价值之间的障碍看做是不可逾越的。在推理的环节上，要是没有外部价值的介入，一个事实陈述不可能逻辑地牵扯到一个规范陈述，任何想要混淆这些划分的人都有可能被指责犯了“自然主义的谬误”。但也有一些人指出在一些地方，障碍也许会比想象得要低，例如瑟尔（Searle）建议道：依靠我们

---

* 本文作者为庞晓光，原题为《弥合科学与价值之间的裂隙》，原载《自然辩证法通讯》，2008年第2期，第7～11页。

正在处理的事实，从“是”到“应当”，从事实陈述到价值判断是可能的。瑟尔采取的办法是用三维观代替传统的事实与价值二分的二维观，增加了制度的事实（institutional facts）的维度。制度事实的存在依靠于人类的制定，例如议会通过一个法案的事实只能根据人类的惯例、规则而得以确定。那么从制度的事实如何转向“应该”呢？假设琼斯许诺给史密斯五美元，这是个事实，目击者可以证明，这也是个制度的事实，在“许诺”的规定下事实得以被确认，那么我们就能够从许诺这样的事实中，合理地推出琼斯应该给史密斯五美元。因为琼斯“许诺”的事实使他必须履行他的承诺[1]。在与社会制度的前后联系中，制度的事实被赋予价值评价的属性，于是从“是”就推出了“应该”。

与瑟尔的做法类似，普特南认为关于对事实与价值的关系的澄清，关键是怎样理解事实和价值。一方面，如果事实还像逻辑实证主义所定义的那样，是可感知的印象，那么如今已经站不住脚了，因为它已经随着奎因的批判而瓦解。另一方面，价值可以被理解成纯粹主观的吗？谈到价值一定是指伦理价值吗？普特南的回答是否定的。他认为，“精确科学中的合理可接受性确实依赖于‘融贯性’和‘功能简单性’这类认知的优点，这一事实表明，至少某些价值词代表它们所运用于其上的事物的性质，而不仅仅表达使用这些词的个人感情”[2]。实际上，“一旦我们不再把价值等同于伦理价值，那么科学的确预设了价值，它预设了认识上的价值，这一点已经很清楚了”[3]。此外，普特南考察了一些他称为厚的（thick）伦理概念如残酷、固执、粗心等，它们既包括事实因素又包括价值因素，既可以充当描述性的语言，也可以充当评价性的语言，完全无视事实与价值的二分法，“没有任何句子仅凭单独的事实或单独的惯例就为真”，价值与事实之间的区分变得极为模糊。价值就是事实的价值，事实也是价值的事实。

二、从分析科学本身的结构入手来解决科学与价值分裂的问题

一般认为，科学的结构包含三部分：知识体系、科学活动和社会建制。围绕这三方面寻找科学与价值的关联可以看做是探索科学内部价值的尝试。所谓科学内部价值，或科学中的价值（value in science）就是指“暗含在科

学本身结构中的价值——那些构成科学理解过程那部分的'绝对价值'"。它与科学的外部价值不同，科学的外部价值是对科学发现结果的应用所产生的社会价值和功能，如人们所熟知的科学的物质价值和精神价值，科学的内部价值是科学本性的显现，是构成科学必不可少的因素。由于它是隐含在科学中的，因此很少被人们所注意，尤其是知识体系中的价值因素。雷舍尔指出，科学作为理性活动的本性自动地呈现出看似"价值无涉"的事业。但这是完全错误的。他认为科学研究的集体化现象逐渐导致在科学内部更多地加强道德的考虑，并从七个方面考察了与个人和共同体有关的价值渗透[4]。李醒民教授在《关于科学与价值的几个问题》中探赜索隐，钩深致远，令人信服地展现了科学内部不同层面的价值蕴涵：如科学知识体系的价值体现在科学基础中的价值、科学陈述中的价值和科学说明中的价值；作为一种研究活动的科学，其价值体现在探索的动机、活动的目的、方法的认定、事实的选择、体系的建构、理论的评价方面；科学社会建制中的价值因素体现在维护科学的自主性、保证学术研究的自由、对研究后果的意识、基础研究和应用研究的均衡、科学资源的分配与调整、科学发现的传播、控制科学的"误传"、科学成果的承认和科学荣誉的分配、对科学界的分层因势利导诸方面[5]。其中，作为科学活动和社会建制的科学，包含的价值因素较多，而作为知识体系的科学，由于科学追求客观性的特点，一些价值被不经意地抹去了，所以内含的价值较少，要靠诠释才能显示部分价值。

瓦托夫斯基不仅认为科学内部是蕴涵价值的，而且给予这些价值很高的评价。他认为科学的内部价值体现了人类的根本利益，"诸如真理、一致性和证实这些科学规范本身也许就是深刻的人类职责的高度凝练的反映。其论据是这类规范是放之四海而皆准的，它们并不受人类或国家的直接私利所左右。因而，由于其规范的普遍性，科学能够超越局部的偏见和狭隘的利益。科学的价值并不是成为科学所探索的事实的一部分，而是成为科学本身的一个组成部分，也就是说，是科学的过程和科学的合理性的一个特征"[6]。

三、从科学家探索的动因中来寻求二者联系的可能性

在追寻科学家探索活动的动机时，我们会看到如臻美、向善、求真、和

谐等一些价值形式对科学家的吸引和驱使力量。它们成为解释科学家的动机以及科学成就得以确立的标准的重要因素。霍奇森（Hodgson）谈到科学信念作为一种潜在的价值对科学的作用时说："如果潜在的科学家们不持有相当特殊的并且是紧密联系的关于世界和他对世界态度的一套信仰，科学就不可能存在。他一定是相信这个世界是有秩序的和合理的，并且这种秩序和合理是人类的心灵可以达到的，否则的话，他的事业注定会失败。他必定相信研究这个世界是善的，他所获得的知识是宝贵的，而且是被所有人所共享的，最后，他必定相信世界的秩序是酌情而定的，他不能纯粹指望沉思来揭示其秘密，而要致力于艰苦的观察和试验"[7]。希腊人关于宇宙秩序的信念是毋庸置疑的，毕达哥拉斯和柏拉图都认为天体是神圣的，做完美的匀速圆周运动。纵观开普勒的一生，我们可以看出，信仰宇宙的和谐是指引他做出科学发现不可缺少的因素，正是这种对宇宙中简单、和谐、统一性的钦慕，激发起一代又一代科学心灵的强烈好奇心，吸引他们对科学理性的不倦探求。如彭加勒指出，学者们致力于探索自然，并不囿于有用性的动因，而在于对"这种特殊的美，即对宇宙和谐的意义的追求"[8]。爱因斯坦不只一次地赞叹科学美是"思想领域最高的音乐神韵"，让人产生"一种壮丽的感觉"。在谈及科学与宗教的问题时，爱因斯坦深信，科学与非科学的主题，如艺术、宗教、哲学等，它们在创造活动的动机层面是共同的，都是试图通过对个人生活的脱离而达到一个客观的思想世界。他还认为，所有致力于科学的人都要具有这种宇宙宗教感情，否则就不会取得成果。斯塔斯在《批判的希腊哲学史》中也提到这一点："人若时时不能忘怀其一己，不能与宇宙融合为一而臻乎无我之境地，对于一切事物的观察只限于一己利害的范围，断不会产生伟大广博的思想"[9]。

此外，科学天然具有的理性与和谐对生活在"无序的、错误的和虚假的世界"中的人来说具有安顿心灵的作用。海森堡曾描述过，在 1919 年慕尼黑充满了混乱、暴力时，他深为柏拉图的著作所吸引，因为他发现在几何和数字形式的世界中的一种和谐，这种和谐为他在充满了不寻常的政治骚乱和政治妥协中提供了一个智力和精神的避难所[10]。人们越是对科学理解得深入，就会越深刻地体会科学的这种精神价值，它不是外在力量加于其上的，而是由内部散发的一种精神气质。这一点也是很多人对科学着迷的原因所在。苏联数学家欣钦（A. Y. Khinchin）曾对科学陈述的客观实在性与社会和政治狭隘的纷争作了对比，他发现从事科学所要求的冷静，客观，无偏袒，会让长期从事科学的人尤其是研究数学的人开放心胸，远离褊狭。从科学所展现的精神价值来看，科学在本质上蕴藏着某种善的力量。

四、在社会的与境中，科学与价值的联系彰显无疑

把科学放在社会的宏观的与境来考察，我们会发现科学与价值的联系无处不在，因为社会中总是拥有大量的价值承诺，撇开科学以技术为中介对人类贡献的物质价值或经济价值不谈，在社会的与境中，科学与价值发生的关联至少表现在以下三个方面。

首先，科学研究者不仅是“一个完成科学分析的抽象单元或一个独断的、积累信息的机器人，而且是一个明明白白地由社会历史所确定着的个人”，“人类的历史经验，社会性的认识能力，问题定向的科学政策，个别科学家的偏爱、兴趣与观点，以及他们的方法论渊源与实验渊源”[11]往往影响着科学发现的过程。正是由于科学团体是由人构成的，因而其他团体所具有的歪曲、算计、权术和其他非理性的因素也同样在科学团体中起作用。尽管默顿认为科学作为一个认知体系，除了本身所具有的价值外，基本上是与价值无关的。但是现在普遍认为，不可能将科学绝对地区分为社会体系和认知体系，社会因素对科学产生的影响是实质的，而非肤浅的[12]。从这个层面来看，科学不可能是一种超越价值的事业。

其次，自从在20世纪中叶，科学迈进大科学时代以来，科学再也不能只作为封闭的知识系统而存在，它必须考虑自己的研究目标与后果，在满足社会的需要中获得动力和支持。在过去，科学研究所需要的资源由大学的试验室提供，由同行专家来决定资金的分配、职位的晋升、奖励的分配等。可是在大科学时代，由于科学研究需要的庞大的组织和昂贵的设备，这就使社会代替了个人成为这些因素的决定性力量。“社会的和政治的价值可能导致把强大的研究力量配置在特别有问题的领域中，也可能怂恿赞成那些缺乏根据的理论。当然，科学研究者决定接受或拒绝接受给定的假证或理论通常会受到他们所信奉的所谓认识价值或规范的强烈影响，这反映在他们坚持的程

序的某种方法论标准中"[13]。正如普罗克特说的那样，"在百亿美元研究课题的时代，很难说科学没有价值的含义以及没有价值的源头"[14]。值得一提的是，现代科学的这种社会化现象颇有些类似近代科学形成初期的情形，科学要得以确立就必须祈求于占主导地位的精神价值体系的支持。有学者把这种在基础研究领域确定研究活动方向时有意识地进行科学之外的价值考虑，看做是现代科学和社会联系的一种新现象[15]。

最后，科学不可能在社会真空中存在，它总是在与社会价值观念的互动中发展的。一方面，"社会伦理价值观的变迁，能以一种微妙而不容忽视的形式改变该社会的科学形态"。经典的例子就是 17 世纪的英国清教伦理对近代科学的影响，清教伦理作为占主导地位的价值表现，它的"不加掩饰的功利主义、对世俗的兴趣、有条不紊坚持不懈的行动、彻底的经验论、自由研究的权利乃至责任以及反传统主义"[16]为科学的发展注入了新动力。当然，起作用的价值体系并不总是合理的，如纳粹时期的科学。另一方面，科学理论的变革也使传统的价值观念发生置换，如 20 世纪发生在物理学领域和生物学领域的革命给原有的社会价值观念带来冲击，同时科学也在塑造着新的价值。

五、通过科学的人性化来弥合二者裂隙

这是从分析科学与价值分裂的历史根源入手来搭建沟通的桥梁。在古希腊乃至近代科学的早期，科学与价值都是合而为一的，科学就是对善的追求，具有道德性和规范性。二者开始分裂始于近代机械世界图景的建立，尤其是由笛卡儿所开启的主客二分、心物二元的认识论和方法论革命。根据这种观点，自然界被喻为一个巨大的机械，要想获知机器是如何运行的，就必须考察它是否用合格的自然语言写成，是否遵循了客观性和统领它们的机械法则。由于愿望、感觉、目的、观念、价值等被认为是主观的，会"有损我们对真正的事物本性的理解"而被排除在外，人成了自然的冷冰冰的旁观者。机械论和还原论的方法在解释世界上的成功，使科技理性大放异彩，与此同时，也使人性的光辉渐渐暗淡。人们甚至认为科学与价值的分裂、科学与人文的分裂、科学的非人格化是理所当然的，是科学本性的内在要求。这

种片面的认识论随着相对论和量子理论的确立，随着 20 世纪中叶以来对科学的不当使用所引发的伦理道德、生态环境问题而越来越多地遭到批判和质疑。摆脱困境的最佳出路也许是，把人性重新纳入科学的轨道。诚如萨顿所言，“我们必须使科学人文主义化，最好是说明科学与人类其他活动的多种多样关系——科学与我们人类本性的关系，这样做的目的不是贬低科学，而是使科学更有意义，更为动人，更为亲切”[17]。胡塞尔认为，科学要求研究者小心地排除一切做出价值判断的立场，而不探问作为科研对象的人及其文化构造是不理性的。他甚至把物理主义的客观主义及其变种，如实证主义、二元论、怀疑论看成是西方人性危机的根源[18]。

科学在本质上是富有人性的，因为任何科学发现都离不开处在一定历史条件下的人，都带有发现者个人精神和社会价值倾向的印记。因此，究其本质，各门科学在人性方面殊途同归。关于这一点，休谟早就说过：“一切科学对于人性总是或多或少地有些关系，任何科学不论似乎与人性离得多远，它们总是会通过这样或那样的途径回到人性，即使数学、自然哲学和自然宗教，也都是在某种程度上依靠于人的科学；因为这些科学是在人类的认识范围之内，并且是根据他的能力和官能而被判断的”[19]。卡西尔认为，作为人类整体文化的一部分，科学像语言、艺术、宗教一样构成人类不断自我解放的历程，体现了建设一个人自己的世界、一个“理想”世界的力量，所有这些功能都是相辅相成的。每一功能都开启了一个新的地平线，并且向我们展示了人性的一个新方面[20]。科学人性化的意义表现在认识论上，要求超越传统的主客二分，在主客融合渗透中达到对真理的认识，这种认识由于考虑了知识的主体层面而较以往更全面，更深入，兼具真理意义与价值意义。威尔金森在“宇宙作为人的创造物”中提到，人类对自然界的认识之所以有局限，“可能是因为他没有把自己看做为自然界的一个交感与共的组成部分”[21]。把人性纳入科学的轨道，应该说是对科学的本质重新确认的过程，科学负荷价值也就是理所当然的了。

K. 西米诺娃（Simeonova）深入考察了科学人性化在实践层面的诸多表现，如公众舆论的卷入，特殊的研究禁区的存在，对知识进行评价与控制的要素的意义增加、科学家的社会责任等。可以看出，在实践层面，科学的人道主义色彩更浓厚一些。科学人性化的趋势，无论是在认识论层面，还是实践层面都有利于摒弃那种将“科学知识的认识方面与价值定向方面相对立的形而上学观点”[11]。

除了上述五种途径以外，以下几方面的观点也非常新颖和具有启发意义。

格雷厄姆从历史分析的角度寻找科学与价值的关联，他认为对语词进行逻辑分析是以往解决科学与价值二分法的主要途径，然而这种方法仍然是建立在获得科学本质的努力上，却没有注意到科学与价值的历史关联，“当你从哲学的分析转向历史的分析时，你会看到科学理论与价值系统之间的很多关联”[10]。

多瑟（Doser）试图从多元文化的角度来解决科学与价值的二分问题。他认为，科学与价值以及类似的区分属于传统的西方问题，以西方的方式回答这一问题是具有高度的局限性的。当我们试图用非西方文化的语言来表达这种二分时，这一问题会变得很明确[1]。因此我们不应该排除以多元文化的视角解决科学与价值分裂的可能性。

隆季诺（Longino）从女性主义的角度看待科学与价值的分裂，她认为理性、客观性与真理联系着男性对女性的歧视或压迫，要使女性主义科学成为可能，就要改变目前科学研究的状态，即科学要摆脱客观性与无价值约束的说法[22]。

以上分别从不同的角度呈现了科学与价值的相互纠缠和相互依赖。正如罗蒂所说：“我们要有能力以这样的方式来思考科学，即认为科学为一种‘以价值为基础的活动’而不必为此大惊小怪。”[23]在每一种价值负荷的背后，都承载着一定的历史文化意蕴。这既是科学本性的外现，也是科学发展到一定阶段出现了与其自身特点相适应的新性质的反映。找到科学与价值联系的途径，有助于两种文化的汇通与融合，有助于提升对科学的人文主义的理解。值得我们注意的是，科学负荷价值是在一定程度和层次进行的，维持科学本性的价值如追求真理、诉诸证明等使科学得以维持自身的基本价值，也是永恒价值，而其他价值则根据情况有所选择和变换，科学负荷价值并不改变科学的真理性和客观性。无论如何不能因为科学是有价值承诺的，就认为科学与其他价值体系没什么区别，甚至把科学沦为“怎么都行”的随意臆造。斯塔斯说得好：“凡失其平衡而陷于一偏的哲学必趋于极端。这种哲学总是执迷于一简单的观念，对于一切其他同等重要的真理的因子都不暇顾及，从而悍然抹煞一切，唯奔向这个观念的论理的极端。这个结果定然成为独断与过激。"[9]

参考文献

[1] Doser M C，Kraay J N. Facts and Values. Dordrecht：Martinus Nijhoff Publishers，1986：2-4.

[2] 普特南．理性、真理与历史．童世骏，李光程译．上海：上海译文出版社，1997：146.

[3] Putnan H. The Collapse of the Fact/Value Dichotomy. Harvard：Harvard University Press，2002：30.

[4] Rescher N. The Ethical Dimension of Scientific Research. New York：Promethevs Books，1980：252.

[5] 李醒民．关于科学与价值的几个问题．中国社会科学，1990，(5)：43-46.

[6] 瓦托夫斯基．科学思想的概念基础．范岱年等译．北京：求实出版社，1989：549.

[7] Hodgson P E. The Structure and Development of Science. Dordrecht. D Reidel Publishers，1979：136.

[8] 彭加勒．科学与方法．李醒民译．北京：商务印书馆，2006：13.

[9] 斯塔斯．批评的希腊哲学史．庆泽彭译．上海：华东师范大学出版社，2006：269.

[10] Graham L. Between Science and Values. New York：Columbia University Press，1981：2，364.

[11] 西米诺娃．科学的人性化．科学学译丛，1989，(1)：6-10.

[12] 费耶阿本德．反对方法．周昌忠译．上海：上海译文出版社，1992：302-304.

[13] 亨佩尔．科学中的价值评价与客观性．乐爱国译．自然科学哲学问题，1988，(4)：9-15.

[14] Procter R. Value-Free Science? Harvard：Harvard University Press，1991：3.

[15] 马姆丘尔，费多托瓦．在科技革命条件下科学和价值的相互关系．自然科学哲学问题，1988，(1)：25-32.

[16] 默顿．十七世纪英格兰的科学、技术与社会．范岱年等译．北京：商务印书

馆，2002：183.

［17］萨顿．科学的生命．刘珺珺译．北京：商务印书馆，1987：51.

［18］胡塞尔．欧洲科学危机和超验现象学．张庆熊译．上海：上海译文出版社，1988：6-7.

［19］休谟．人性论．关文运译．北京：商务印书馆，1996：6.

［20］卡西尔．人论．甘阳译．上海：上海译文出版社，2004：313.

［21］亨利·哈里斯．科学与人．北京：商务印书馆，1999：150.

［22］Longino H E. Can There Be a Feminism and Science//Woman，Knowledge and Reality. Boston：Unwin Hyman，1989：84.

［23］罗蒂．哲学和自然之镜．李幼蒸译．北京：商务印书馆，2004：319.

科学与反科学的认知分歧*

斯诺曾经指出，对科学的不理解将为整个“传统”文化带来非科学的气氛，而这种气氛又往往转化为反科学，比我们所承认的还要频繁得多地处于转化为反科学的转折点上[1]。霍耳顿也警告说，反科学在历史上并且潜在地同其他那些更明显的危险不祥地联系在一起[2]。斯诺和霍耳顿的担忧并非杞人忧天，纵观科学发展的历史，反科学作为科学的对立面由来已久。由于科学技术曾经在两次世界大战中起过推波助澜的作用，以及近来科学技术导致的环境和伦理危机的出现，反科学的声音变得愈加强烈。因此，反科学的主张更引起从学界到大众层面的广泛关注。在这样的背景下，如何理解反科学，以及探索科学与反科学在方法论、社会进步观和自然观方面认知分歧的根源，这显然具有一定的意义和价值。

一、理解反科学

对反科学①的理解众说纷纭，莫衷一是。本文仅就以下静态和动态两个角度给予说明。对反科学的静态理解，首先必须基于对科学的理解。从科学

* 本文作者为孙红霞，原题为《科学与反科学认知分歧探源》，原载《自然辩证法通讯》，2010年第6期，第101～107页。

① 本文中提到的“科学”和“反科学”均指在社会文化背景中出现的两种对立的思想潮流。

的三维视角出发，可将科学的含义概括为一种知识体系、研究过程和社会建制[3]。布瑞最早在学界提出“反科学”（anti-science）一词，他主要从对科学的误解入手，暗示反科学的存在，以及反科学和科学之间的矛盾。并且，他还借用威廉姆·布莱克的经典话语：“没有矛盾就没有进步”，说明要达至一个统一的文化，必须通过双方的理解才能实现[4]。由此，布瑞为如何阐明科学和反科学的关系提供了一个可供研究的思路。针对反科学否定科学的知识体系和研究过程来看，伴随着科学革命的爆发，不仅科学理论和科学方法遭到反科学的嘲弄，而且科学的合法性也遭到质疑[5]。霍耳顿进一步解释说，作为与科学对立的反科学不仅是“否定科学合法性的力量”，而且扩大到“否定科学的本体论和认识论”[6]。按照帕斯莫尔的观点，反科学着重反对所谓的有助于直觉想象的抽象的、分析的理解力[7]。齐曼主张反科学敌视和拒斥作为一个整体的科学，它一方面反感科学的某些普遍特征，另一方面反对科学在实践中的应用[8]。实际上，杜姆布莱斯早在对 19 世纪法国反科学运动的分析中，就发现反科学主要否定的是科学在人类物质进步中的作用[9]。布雷恩在认识到还原主义方法有限性的基础上，与一些学者提出，“反科学是对科学和科学方法的批判。反科学一般主张科学是产生非普遍知识的非客观方法，科学还原主义是有缺陷的……反科学拒斥科学模式（或规范）……在这种意义上，反科学对在整个人类知识中占统治地位的新科学方法的全部主张进行批判性的攻击”。由此，可以概括出反科学是从本体论、认识论和方法论角度，来达到否定科学的目的。反科学对科学的社会建制的否定表现在，从皇家学会诞生前后存在的各种自然哲学和科学研究机构，都曾经招致反科学的破坏，如柏拉图学院的关闭，以及牛津新实验室建立受阻等。

截至目前，李醒民对反科学的理解更为中肯，他认为，“反科学或是反对作为一个整体的科学，或是反对科学的某些要素和部分——而这恰恰是科学的最普遍、最核心的要素和最根本、最基础的部分”[10]。该定义对反科学的含义做出了较为全面的总结，进一步丰富了对反科学的理解。以上从静态角度对反科学的含义进行了简要阐述。然而，如果要对反科学进行较为全面而系统的理解的话，就需要从动态角度来分析反科学思潮产生和发展的时空背景。反科学一直伴随在科学左右，可以说，反科学的历史和科学的历史几乎一样久远[7]。近代科学革命的爆发以及 18 世纪启蒙运动的兴起，使得近代反科学思想逐渐由零散的言论形成系统的思想见解。直到 18 世纪下半叶，在浪漫主义运动的冲击下，近代反科学思想发展成为一股对启蒙理性和科学方法进行抵抗的反科学思潮。这股反科学思潮以浪漫主义为特征，主要发端于哲学和文学领域。来自德国、英国和法国的哲学家、文学家、诗人和小说家站在激进人文主义立场上，掀起一场浪漫主义的反科学思潮，并且一度推动这场浪漫主义的反科学思潮走向极端。近代反科学思潮对科学的反抗和颠覆，自它诞生之日起，来势迅猛且一发不可收拾。如果借用诗人海涅的话，可以将近代浪漫主义反科学思潮比喻为从近代科学中萌生出来的一朵反抗之花。然而，西方反科学思潮也是在启蒙运动光辉遗产的继承中，得以不断地发展壮大。浪漫主义反科学思潮的先驱——卢梭是在继承启蒙运动怀疑和批判精神的基础上，进而从伦理学角度提出反对科学和科学研究成果的反科学思想。卡西尔曾对启蒙运动与浪漫主义运动之间的关系做出如下阐释，“启蒙运动为浪漫主义运动锻造了武器……没有对启蒙思想的继承，浪漫主义运动既不可能取得也不可能维持它自己的地位”[11]。由此，可以充分说明，具有浪漫主义特征的反科学思潮必然继承启蒙思想，而作为浪漫主义运动的一个重要质素的反科学也必然推进浪漫主义运动本身的发展。

继承近代浪漫主义反科学思想的哲学家和历史学家从非理性主义和直觉主义视角出发，质疑和否定科学本身及科学价值开始掀起。他们打出“反对科学文化的主体地位”的旗号，与极端的宗教团体和神秘组织及激进的环保主义运动联合起来，妄图达到逊位科学的目的。以科学与人文为主题的思想论战掀起新一轮反科学高潮，他们从文化相对主义和社会建构主义视角出发，批判和否定科学理性认知和既有的科学文化价值观。由此，无论是 20 世纪初的对科学的新浪漫主义的批判，还是 20 世纪中叶的现代反主流文化的反科学思潮，以及 20 世纪末的后现代解构主义的反科学思潮，都是对这场声势浩大的浪漫主义反科学思潮的继承和发展，虽然它们呈现出不同的特征以及采取各自不同的表现形式。上述对反科学的静态和动态分析，不能将科学和反科学的关系简单理解为对立排斥的关系，由此，如要深入分析二者之间的关系，还要从如下二者关于方法论、社会进步和自然秩序的认知分歧中得以管中窥豹。

二、在方法论方面的认知分歧

科学与反科学首要的分歧体现在方法论中。二者在对世界进行描述的过程中，采用迥然不同的研究方法。科学遵循着从用较为精致的理论系统勾勒一个简化的世界的逻辑方法出发，试图使人们对宇宙形成客观、一致和整体的经验和理性认识。科学方法在设定的条件范围内，成为人类认知和改造世界的主要方式和手段。例如，詹姆斯·布朗指出："为了了解事情的来龙去脉，我们使用各种各样的工具和技术（观察、逻辑和数据推论）。这些方法从早期的方法发展而来，很可能进一步发展下去"。"这样的方法是可错的；它们会导致我们迷失方向。尽管如此，目前科学取得了显著的进步。基于这些科学方法是关于自然最可靠的信息资源的信念，继续使用这些方法（继续精炼这些方法）是合情合理的"[12]。卡尔纳普进一步印证道："一切经过深思熟虑的行动都以有关世界的知识为前提，而科学方法是获得知识的最好方法。"[6]古希腊时期毕达哥拉斯-柏拉图的数学演绎方法，以及亚里士多德至欧几里得、罗杰尔·培根的归纳实验方法，在牛顿哲学中得到有效的综合。因此，科学方法突出表现为归纳的、演绎的、抽象的和实验的特征。

相反，反科学则从主观直觉、神秘主义和社会建构主义方式勾勒复杂的世界出发，宣扬科学不仅降低了人的道德水平，而且科学方法的泛化压制了人性中的道德、审美、感情和想象，同时认为科学不能解释人生的意义和价值，正如托尔斯泰所言："科学是无意义的，因为它对我们将要做什么以及怎样做这样对我们唯一重要的问题没有给出回答"[13]。反科学在批判科学方法的时候用什么方法来认识世界呢？按照反科学的观点，主要通过内心体验的方法来确定各种情感的存在，然后由情感生发出规范人类行为的准则，这才是合乎现实，理解人、社会和自然及其相互关系的根本途径。18 世纪末至 19 世纪中叶浪漫主义诗人表达了对科学方法的拒斥。济慈认为科学运用逻辑分析的方法消解了世界的魅力，他在诗中写道："仅仅触及一下冷酷的哲学，一切魅力都要飞逝！在天空一旦出现彩虹：我们知道她的成分、她的构成；她被安置在普通事物的呆滞分类中"[10]。卡莱尔从诗学角度对 19 世纪的机械论方法进行批判，并对科学的逻辑合理性提出质疑。在他看来，光靠数学、物理的实证方法，虽然具有可量化、可操作性的功能，但是却完全忽略了来自人类内心深处的爱、恐惧、冥想和诗意，正是这些活力因子给予了人类无穷无尽的力量[5]。19世纪后期，尼采指责科学是伪善的，而且他告诫说："我们也不应用演绎法和辩证法的错误编排来歪曲人们从不同角度来看待的事物和思想"，接着，他又指出，"这些方法在特定的科学时代根本不可能产生"[14]。这些对科学方法的批判性观点，导致后来尼采提出科学理性的产生纯属偶然，以及科学真理根本就不存在的反科学意向[15]。

概括来说，科学与反科学的方法论之争，可以归结为科学能否全面而客观地认知并解释世界，以及人、社会和自然及其相互关系的问题。就已有的科学方法和成果而言，科学距离这一要求还十分遥远。科学方法本身是有局限性的，它不能解释、说明和预见人文现象，例如情感、审美、尊严、道德等，对于物质世界的认识也还十分有限。反科学所认同的方法尽管能够对情感、审美、尊严、道德等人文现象有所理解，但是它不能对物质世界做出合乎理性的解释。可见，要消除二者的对立，必须冲破二者的局限，首先不能绝对化二者的对立关系，因为二者都有各自的思想依据和现实基础，所以不能将其中之一捧到天上，而将另一个打入地狱；其次要摒弃自我中心主义，那种将二者归之主从关系的观点缺乏依据，因为这不符合它们实际产生的历史背景和发展轨迹。同时必须看到，由于在方法论上的分歧，科学与反科学的社会进步观和自然观必然具有对立的特征。

三、在社会进步观方面的认知分歧

关于什么是社会进步，科学和反科学两种主张截然对立。按照科学的纲领，社会进步指社会由低级向高级阶段推进的变迁和运动。它是由历史发展的客观规律决定的，是社会发展和积极变革的结果，是社会变迁根本、长期的趋势[16]，同时也表明整个社会在物质和精神上的提升和发展。通常人们认为科学有益于社会进步，其着眼点是科学研究增进了人类对宇宙的认识，拓展了人类的生存空间和解放了生产力，这展示出科学对于人类的现实功能。马克思曾指出，科学不仅是"一种在历史上起推动作用的、革命的力量"，而且是"最高意义上的革命力量"[17]。马克思之所以如此评价科学，就是因为他看到科学对生产力的强大推动作用，而生产力是人类社会最革命的因素。车尔尼雪夫斯基认为“由于好的知识被运用到了实际生活的各个方面，于是进步也就在这些方面产生了……进步的基本力量是科学”[18]。科学强大的物质力量经常会使人们忽视它内在的精神价值。其实，科学不仅具有强大的物质力量，而且具有巨大的精神动力。每一个科学发现几乎都对人们的认知水平产生促进作用，随着人们认识的变化，其精神世界也必然随之变化。如果我们把精神进步定义为对世界的认识的深入，以及在此基础上建立起来的更加符合其自然规律的道德及社会生活，那么显然科学就具有推进社会进步的功能。所以，科学活动对于人类社会的进步必然具有重要而深远的影响。实际上，科学的社会进步观或社会进步的科学观正是认为只有通过认识宇宙，才能建立起永恒的、符合自然规律的、高尚的人类精神原则。也就是说，人类要完善自己的精神世界，提升道德水平，其前提是要认识宇宙。因此，对于宇宙茫然无知只能是愚昧，而不是进步。

反科学强调社会进步应该是人类在道德、伦理和审美等方面的提升和发展。它要求人类停止对自然的科学探究，恪守对自然的敬畏，在人类自身情感基础上建立道德秩序，只有对宇宙的敬畏与虔诚，才是高尚的表现。其实，这种反科学的社会进步观最早在中世纪，就以反自然知识的形态出现了。例如，基督教堂中最伟大的权威之一，圣·奥古斯丁清楚明白地说，做过测量天空、计算星体数量以及平衡元素的人不会比没有做过这些事情的人更多地让上帝高兴，知识更可能是鼓励骄傲，而不是引导人接近上帝。物质进步不是目标，而拯救才是；科学不仅是多余的，甚至是危险的[19]。文艺复兴初期，意大利的人文主义者、古典语文学家洛伦佐·瓦拉曾经“好言”劝慰道：“但我并不那么赞赏所谓的形而上学①；那都是些令人厌烦的知识，人们最好别去研究这种东西，因为它妨碍人们认识更为美好的事情”[20]。反科学还主张从现象中直接透视答案，反对使用科学方法，甚至贬低科学成果的

---

① 这里“形而上学”指学院科学。因为在科学刚刚开始起步的时期，主要是在精神层面影响大。正如布朗认为的：“在16世纪，实验科学还没有被看做是社会进步的重要因素；学术界在进步方面还没有多少科学知识，仅存的一点也很少有实际用处。那些岁月主要的技术进展是采掘、金属矿石的处理、玻璃和金属的制作；这些活动并没有显示出科学的价值，因为它们更多地属于工匠的以经验为根据的见识，而不是任何有系统的认识自然的尝试。”

重要性，像巴洛克时代伟大的作家蒙田，他就曾以悲观的论调提出，人类无论是以经验感觉工具还是以理性抽象工具都是无法认识世界的。他在批判人类整体的无知和愚昧的同时，也对科学理性进行贬低和攻击。19 世纪的浪漫主义思想家拼命掩盖自牛顿以来科学技术产生的一切成果，进一步否认科学对人类社会进步的作用，其中“夏多布里昂、波纳德、德·迈斯特、拉姆内都坚定支持原始的黄金时代说和人类的衰退，并谴责自培根到孔多塞的关于渐进思想的整个趋势”[21]。另外，反科学认为建立在科学技术基础上的现代社会发展模式破坏自然环境、腐化灵魂、杀戮生命，主张终止科学研究，对科学研究采取过最强烈反对态度的也许是里彭主教，1927 年他在英国科学促进协会上提出，要禁止科学研究，或者至少要禁止把科学的新发现加以应用。他说：“我甚至甘冒被听众中某些人处以私刑的危险，也要提出这样的意见：如果把全部物理学和化学实验室都关闭 10 年，同时把人们用在这方面的心血和才能转用于恢复已经失传的和平相处的艺术和寻找使生活过得去的方法的话，科学界以外的人们的幸福也不一定会因此减少”[22]。20 世纪中期出现的激进的环保主义者、宗教极端分子等也对科学进行了猛烈批判，他们不断对科学是社会进步的基础的形象深表怀疑，向科学作为中立性的权威之源和无偏见的专门知识之源的角色提出挑战。他们还对科学技术与社会进步之间的关系越来越不认同[23]。20 世纪末后现代思想家以及科学大战中的“学术左派”大肆向科学开战，攻击科学真理、科学方法、科学理性和科学精神，质疑科学活动产生的对自然界规律性的认识，而且认为科学技术应该对自身造成的生态灾难负责。佩赛克（Pesic）则给予反驳说，由于人类的贪婪造成的对科学的滥用，是不能通过反对科学本身来承担的，特别是如果这样的滥用从不是科学纲领的一部分[24]。然而，此时我们可以看到，对于后现代反科学思潮的观点，还是需要我们回到卢梭曾给予的反思式回答中才能获得充分的理解。

表面上看，科学和反科学对社会进步的理解是针锋相对的，但是实际上二者之间具有不可割裂的内在联系，即二者都试图寻找人类永续发展的出路，因此其目标是一致的。所不同的是，科学试图通过对宇宙的全面理解和人的潜能的全面开发实现社会（包括精神原则、道德规范）的高度发展；反科学则试图通过主观内省、情感体验和交往共识建立一种反科学的永续和谐发展的社会模式，并认为采取逻辑推理手段的任何尝试，都会扼杀有机生命的蓬勃冲动。就像人们只能依靠直觉，去直接把握艺术生活体验一样[25]。然而，这两种社会发展模式都存在自身的局限性，科学模式不能说明社会发展中人的情感、审美、尊严、道德的价值及其相互关系，人性的主体地位无从体现；反科学模式则缺乏对物质世界进步的理解，使其社会发展理念脱离有效的物质支持。科学的社会进步观强调对宇宙的理解，认为对宇宙的无知和曲解有使社会演化和道德建构走向反动的危险。反科学推崇依靠人类内心的良知才能建立起的精美道德体系，并以此来约束人们的思想和行动，它们视知识为毒化心灵的祸根。反科学的社会进步观强调社会进步应该建立在人的直接感知能力上，不仅认为单凭人的直觉和体验就可以建立起不断发展和完善的道德情操，而且认为任何企图超越人的直觉的理性活动都有可能瓦解道德体系。以历史的观点看，处于蒙昧状态的人类一直在寻找物质丰足和精神解放的道路，但是对宇宙的无知却使他们上演了太多的悲剧甚至是误入歧途，这确实为科学的社会发展观提供了强有力的证据。然而，以反科学的观点看，科学知识解构了人们对事物的美好信念，而这些信念正是人类社会得以建构的基础。从历史的角度考察，借助科学技术，人类发动和生产了大量的反人类的事物，不啻说是科学对人类发展的荼毒。纵观社会发展的历史，科学和反科学的社会发展观都对社会进步提供了有益的解释，同时又都不能完全包容人类和社会进步的全部内涵。因此，如果摒弃二者对社会进步的不利影响，在人类永续发展目标的牵引下，科学与反科学之间进行和平对话，则科学的局限性可以通过引入人文观念加以克服；同样，反科学的局限性也可以通过引入科学的元素加以消解。同时，科学与反科学的和平对话，也为进一步融合科学文化和人文文化提供了良好的契机。

四、在自然观方面的认知分歧

长期以来，科学人和人文人都在努力寻找人与自然之间的一种恰当关系。然而，迄今为止，二者对人和自然关系所持有的立场存在严重分歧，因此，形成他们在自然观上的对立。科学的自然观主张人类走近和探索自然，利用自然规律改造自然，防范自然可能产生的破坏性影响，最后达到人类永续繁衍的目的。库恩和图尔敏提出了科学干预自然的一种方式，他们认为科学能够通过不断地解开自然之谜——解题活动，来达到干预自然的目的，并最终依靠科学建立起更理想的自然秩序。另外，科学史家萨顿也提出了科学干预自然的目的，他主张人类和自然打交道是不可避免的，人类对自然界的认识和干预目的是要认识和理解人自身，由此，构建和谐的自然秩序才能形成正确的人类思想观念。爱因斯坦认为自然的奥秘在于它的可理解性，一语道破科学干预自然的玄机。科学家们坚信科学研究促进了人类对自然的理解，也必然有助于和谐自然秩序的建立。然而他们不可能预见到，科学活动竟然对自然产生了严重的破坏甚至是毁灭性的冲击。

反科学的自然观强调人类应该欣赏和敬畏自然，顺应自然规律，才能保证人与自然的和谐相处。它抨击科学破坏了自然的本来秩序，加剧了自然的紧张局势。以此为出发点，反科学主张人类要回归到自给自足的田园诗般的社会中，特别是自近代以来，他们以科学技术的发展所造成的环境破坏、生态和伦理道德危机为根据，主张不干涉自然。例如，英国的反机械论者诅咒人与自然的主仆关系，缅怀中世纪，憎恶城市生活；法国反传统主义者断言科学损害了人类的想象力和情感，导致大自然在人们面前失去炫美的颜色和亮丽的光彩；德国神秘主义者抛弃现实的经验和肉体，仅仅去追逐精神和超验的主观感觉；新浪漫主义反科学思潮中的知识分子针对科学对社会造成的负面影响，得出纯粹科学不仅缺乏一致的社会道德和良知，而且使人为了获取更多的金钱和利益，丧失了人的本性。从反科学这块多面镜中，呈现出科学败德、损美、残暴、无意义、无人性等多种肖像，然而，这些肖像是由反科学对科学的误解造成的。

科学自然观与反科学自然观都向往“回归自然”，但是，二者实际采取的方式和获得的最终结果却是极为不同的。科学家抛弃与实验无关的宗教教义中的玄思，主张从大自然中获取真正的知识。对于培根和笛卡儿来说，科学的目的并不只是满足玄想的好奇心，而是使得人类自己成为大自然的主人和占有者，增加人们的舒适感和幸福感[26]。科学家的“回归自然”是以统治自然为目的的。反科学则担心对自然的干预会破坏自然的固有平衡，主张回归中古时代的天人合一。反科学所倡导的“回归自然”是憧憬自然，以与自然和谐相处为准绳。总的看来，科学与反科学的自然观都有其自身的局限性：对于科学来说，如果盲目相信人的能力而过多地干预自然，很可能带来灾难性的后果，已经出现的生态破坏、资源枯竭和全球变暖等问题就是明确的信号；对于反科学来说，仅仅崇尚自然、敬畏自然，很可能使人类失去抵御自然灾害的能力。同时，反科学也没有足够的证据证明只要人类完全顺从自然的安排，就可以永续发展，那么，按照反科学的主张，完全放弃科学，就必然会导致人类永远停留在原始蒙昧状态，人与自然的相互关系也只能在低水平徘徊。所以，为了实现人与自然真正的和谐共融，一方面，应该给予科学一定的发展空间，发挥它的积极作用，增进人类抵御自然灾害的能力；另一方面，科学也应该受到人文观念、道德伦理原则的适当约束，防止科学的异化和滥用，减少对自然的负面影响。

五、结　　语

通过分析科学与反科学在方法论、社会进步观以及自然观三个方面的认知分歧之后，可以发现，尽管二者存在严重的对立和分歧，但是并不能由此简单地把二者的关系理解为绝对的对立和排斥。就方法论而言，科学的方法和反科学的方法各有其认识世界不可或缺的借鉴价值，科学方法提供认识物质世界的有效途径，而反科学的方法则提供理解人类情感的可行途径；就社会进步观而言，科学与反科学具有相互启发的基础，科学提供人类认识和改造世界的能力，反科学则警示人类呵护自己的精神家园；就自然观而言，科学和反科学具有相互作用的基础，科学试图使人类摆脱自然的束缚，而反科学警告人类对自然的剥夺。所以，科学与反科学不仅存在差异、分歧和对立，而且更需要相互借鉴、启发和支撑，而恰恰是差异、分歧和对立，才使得二者具有了相互借鉴、启发和支撑的必要性。也许科学与反科学在科学文化和人文文化相融背景下的合理制衡对人类永续发展将是最有利的。

参考文献

[1] 斯诺．两种文化．纪树立译．北京：生活·读书·新知三联书店，1994：11.

[2] Holton G. How to think about the “anti-science” phenomenon. Public Under-

standing of Science，1992，1：104.

［3］李醒民．科学是什么？长沙：湖南社会科学，2007，(1)：1-7.

［4］Brain W R. Science and antiscience. Science，New Series，1965，(3667)：192-198.

［5］Marx L. Reflections on Neo-Romantic Critique of Science//Klemk E D. Introductory Readings in the Philosophy of Science. Amies Iowa：Iowa State University，1980：61，65.

［6］霍耳顿．科学与反科学．范岱年等译．南昌：江西教育出版社，1999：28，190，191.

［7］Passmore J. Science and Its Critics. Duckworth：Rutgers University Press，1978：2.

［8］齐曼．真科学：它是什么，它指什么．曾国屏等译．上海：上海科学教育出版社，2002：1，2.

［9］Dhombres J. 科学与反科学：一个古老的故事．张绍宗译．科学对社会的影响，1989，(3)：1-8.

［10］李醒民．科学的文化意蕴．北京：高等教育出版社，2007：453，461.

［11］卡西尔．启蒙哲学．顾伟铭译．济南：山东人民出版社，1988：183.

［12］Brown J R. Who Rules in Science：An Opinionated Guide to the Wars. Harvard：Harvard University Press，2001：10.

［13］Wolpert L. The Unnatural Nature of Science. London，Boston：Faber and Faber，1992：144.

［14］尼采．权力意志——重估一切价值的尝试．张念东译．北京：商务印书馆，1991：147.

［15］贝勒尔．尼采、海德格尔与德里达．李朝晖译．北京：社会科学文献出版社，2000：85，86，89.

［16］周光召．中国大百科全书·社会学．北京：中国大百科全书出版社，1991：309.

［17］马克思，恩格斯．马克思恩格斯全集（第19卷）．北京：人民出版社，1963：372，375.

［18］北京大学哲学系外国哲学史教研室．西方哲学原著选读．北京：商务印书馆，1982：543.

［19］Brown H R. The Wisdom of Science—Its Relevance to Culture and Religion. Cambridge：Cambridge University Press，1986：2，3.

［20］勒戈夫．中世纪的知识分子．张弘译．北京：商务印书馆，1996：138.

［21］伯瑞．进步的观念．范祥涛译．上海：上海三联书店，2005：186.

［22］Nowotny H，Taschwer K. The Sociology of the Sciences（Vo1 I）. Cheltenham：Edward Elgar Publishing Ltd，1996：27.

［23］罗斯．科学大战．夏侯炳等译．南昌：江西教育出版社，2002：136.

［24］Pesic P. Proteus rebound：Reconsidering the "Torture of Nature". Isis，2008，99：304-317.

［25］加比托娃．德国浪漫哲学．王念宁译．北京：中央编译出版社，2007：2.

［26］克莱因．西方文化中的数学．张祖贵译．上海：复旦大学出版社，2004：102，103.

科学的悖谬与合法化危机*

随着现代社会问题的不断涌现，人们苦苦地找寻着问题产生的症结及其破解之策。由于后现代思潮对于现代社会进行了全面深入的批判与反思，所以受到人们越来越多的关注。利奥塔作为“一种哲学后现代主义的始作俑者”[1]，他的著作和思想受到不少学者的狂热追捧。尤其是开辟了一种“能经受考验的后现代的视野”[1]的《后现代状况》一书，更是成了学者们竞相研读的对象。不过学者们在研读的过程中，主要将目光聚焦于现代与后现代、语言游戏、后现代科学这些比较容易引起共鸣的问题上，相对忽视了利奥塔对于科学本身的分析、尤其是对科学悖谬性的分析。实际上，《后现代状况》这本著作的全部分析正是建立在科学悖谬性的基础之上的。

一、科学对叙事的拒斥

《后现代状况》一书所造成的社会影响无比巨大。它使利奥塔在学术界声名鹊起，得享“杰出的后现代理论家”之美誉[2]。实际上，这本书仅是一部“应景”之作，但何以会产生如此巨大的影响呢？这或许与利奥塔第一次

---

* 本文作者为吴兴华，原题为《科学的悖谬与合法化危机——利奥塔对科学的后现代反思》，原载《自然辩证法通讯》，2012年第2期，第86～95页。

对后现代做出清楚明确地界定有关。利奥塔说，“简化到极点，我把后现代界定为对元叙事（或宏大叙事）的不信任”[2]。实际上，元叙事并不是现代社会的独特产物，而是古已有之，何以在后现代文化当中，元叙事就会遭遇信任危机呢？这与科学的发展有关，“毫无疑问，这种不信任是科学发展的产物：不过这种不信任又是科学发展的先决条件”[2]。要想正确地理解科学何以会不信任元叙事，我们就必须先了解叙事和元叙事。

所谓叙事就是讲故事。讲故事并非是闲来无事的消遣，而是具有非常重要的文化传承功能和思想教育意义。因为故事本身涵括了荣辱史，里面既有成功的经验，同样也有失败的教训，它可以帮助人们树立立身行事的规范和标准。因此，一方面叙事故事源自社会现实，受到社会现实的决定。这不仅意味着故事所说的是社会现实中的事，更为重要的是社会现实决定了故事该如何去说。另一方面，叙事故事又会帮助社会现实去确立标准，然后依据这些标准去评价社会现实当中人们的行为。从对叙事的分析当中，人们看到了一个非常奇妙的循环：叙事要想合法化，就必须要依照一个确立起来的标准，由于标准的确立又要依赖叙事，所以，叙事最终又要转向自身，“就像人们所看到的那样，叙事决定了标准的权能以及如何加以运用。因此，在所论及的文化中，叙事有权去限定该说什么、该做什么。由于叙事是文化的一个组成部分，所以叙事仅仅通过自身的所作所为使自身合法化”[2]。

“叙事是文化的一个组成部分”这句话就说明了叙事主要指局部叙事、具体叙事，它必须置身于“所论及的文化中”，才能确立标准，才能自我合法化，这也就是说，这些局部叙事、具体叙事必须要依赖其他事物才能存在，而在现代社会中，这个事物就是元叙事。“元”（meta）意指第一、根本，是世间万物赖以存在的根据，所以，正是元叙事赋予局部叙事或具体叙事以合法性。在现代社会中，为具体叙事合法性张目的元叙事主要有两种：一是政治叙事，一是形而上学叙事。不过在利奥塔看来，只有形而上学叙事才真正具有赋予各种叙事以合法化的功能，“合法化语言游戏不是国家政治性的，而是哲学性的”[2]。形而上学叙事是以德国的思辨哲学为代表的，而其典范则是黑格尔的哲学。黑格尔将人类的发展史理解成普遍精神的发展历史，而精神就是生命，生命有出生、成长的历史过程，因此一部人类的发展史也就是精神生命的自我展示、自我实现、自我完成的历史，是普遍精神生命自我成长的故事，在此过程中所发生的点点滴滴最终都成为这个完整故事当中的一段插曲，并从这个故事整体当中获得自身存在的合法性。因此，利奥塔指出，“思辨性所导致的一个重要后果就是：所有有关可能对象话语之所以被接受，并不是根据其自身的真正价值，而是根据它在精神或生命发展的过程中所占据的特定地位所赋予的价值”[2]。说到底，一切叙事、知识之所以是合法的，是因为它是人类走向自我解放、人性实现的一个重要步骤。正是通过这些具体叙事的累积，人类才能不断地行走在进步之途中，并最终到达解放的目的地。正是通过这个完整的过程，我们才看清局部叙事的意义。所以，元叙事是基础主义、本质主义、普遍主义的，一切局部、片段都是被整体所决定的。

现代社会中的一切知识都试图利用形而上学叙事来为自己的合法性奠基，然而问题在于，在现代社会中，拒斥形而上学已经发展成为一股声势浩大的历史潮流，形而上学已经深陷危机之中，“以本体论为核心的旧形而上学已经被肢解了”[3]，而这也就决定了叙事在现代社会中必然会受到科学的强力拒斥。在科学的视野当中，知识本身不能赋予自身以合法性，否则知识就成了一偏之见、成了自说自话。按照前面的论述，我们就可以清晰地看出，叙事知识的一个重要特点就在于自我合法化，而这种合法化更多地借助于一种主观的臆想，缺乏论据和论证，因为证据本身也是尚待证明的。另外，叙事都是植根在元叙事的基础上的，而元叙事的核心在于强调整体决定部分，也就是部分要在整体当中获取自身存在的合法性，然而问题在于，谁都无法把握住世界的整体，人们所看到的永远都只是世界的一个部分、人类历史的一个段落，因此，人们无法说清楚自身到底在这个整体中处于何种地位、有何意义和价值。叙事的这些特性决定了它不可能获得现代科学的认可，“科学家质疑叙事说法的正确性并得出结论：它们永远无法得到论证或证明”。“叙事不过是适合于妇女和儿童的寓言、神话和传说”[2]，正是在这样一种认识支配之下，科学家们认为，叙事根本就算不上一种知识，应该被彻底地排斥在知识的范围之外，一切知识都应该是科学的，而不应该是叙事的。

二、科学对叙事的依赖

虽然现代科学把叙事知识批判得体无完肤，使其在世界完全没有立足之地，但悖谬性在于，在现实当中，科学又偷偷地将自己建立在叙事的根基之上，“长期以来，科学在解决合法化问题时不得不使用的程序，或明或暗都属于叙事知识”，“科学借助叙事表达自己的合法性的事情反复发生，这不仅限于古代、中世纪和经典哲学。这真是无尽的折磨”[2]。也就是说，现代科学正是借助于叙事来解决自己的合法化问题。

所谓合法化，按照利奥塔的理解，“就是一个立法者被授权去颁布一项法令，并使之作为一项准则或规范的过程”[2]。这样，一个理论、一段话语要想成为人们普遍遵守的“法令”、“准则”或“规范”，就不仅需要人将其制定出来，更要得到一种“授权”。只有得到了权力、权威的支援，人所说的一切才具有法令的效力；否则，人们所说的一切都不过是自娱自乐，不会为别人所遵守。在叙事当中，叙述者叙事的权力来自于整体，来自于人类的完整历史，所以叙事本身就赋予了自身以合法性。科学要想解决自身的合法性问题，它就必须要解决这个“授权”问题。

在现代社会中，科学已高高矗立于知识金字塔的顶端，成为所有知识的原型，其他一切知识都“奴性十足地模仿科学方法和科学语言”[4]。但实然并不等于应然，虽然在现代社会中科学享有至高无上的权威，但是这种权力有可能是越位行使，或是篡夺而来的，因此，它还要证明自己的权力是来自于合法性的“授权”。然而问题在于，科学如果不借助于叙事，它就无法获得自我合法化的能力，因为科学无法将自身变成合法化所要求的整体。如果说知识是座城市的话，那么科学只不过是这座城市中的一条街道或一栋建筑而已，绝非这座城市整体。因为单纯从陈述的角度来说，知识就包含了很多种陈述方式，不仅有指示性的陈述，而且还包含了规范性的陈述和评价性的陈述等。科学并没有像知识那样涵括所有的陈述方式，“科学知识只需要保留指示性语言游戏”[2]，这就决定了“科学知识并非知识的全部；它总是与另外一种知识共存、竞争、斗争，为了简洁起见，我们称这种知识为叙事”[2]。

既然科学只是知识之城中的一个部分，与其他各种叙事知识并肩而立，那么，它也只是揭示了普遍真理当中的某个方面，不具有自我合法化的能力，无法为社会提供准则与规范。如果科学想要君临天下，它就必须求助于元叙事，“求助于叙事并非不可想象，至少在某种程度上是这样：科学的语言游戏希望其所说成为真理，但是它没办法凭借自身将其合法化”[2]，实际上，在利奥塔看来，自柏拉图以来，科学知识的合法性就是通过叙事来完成的。现代科学所借助的叙事无非是形而上学叙事和政治叙事。科学借助于形而上学叙事合法化起始于德国柏林大学的建校计划。教育学家洪堡提出大学应该将科学引向民族的精神和道德培养上，而这种培养、教化功能不仅在于通过个体获得学问，而且在于完全合法化的知识和社会主体的培养。为使科学与道德意志共同体现在主体身上，洪堡提出“精神”概念，以此来造就理想的主体。这样知识的主体不是人民而是思辨的精神。思辨哲学承担着统一各个分裂科学中的学问的任务，它需要将科学联系起来以成为精神生成过程中的环节，将科学联系在一种理性的叙事或元叙事中。这样，一切经验科学的合法性都是靠服务于这一思辨精神而获得的。不仅如此，现代科学还借助于政治叙事来进行合法化。政治叙事就是启蒙叙事，其核心是人道主义，主张人人平等、自由。在此观念指导下，所有社会成员都拥有掌握科学知识的权利，成为科学知识的主体。而启蒙就是要普及教育、普及新知识，使人从愚昧中走出来，因而拥有和掌握科学知识便成了人类解放的重要途径。这样科学的合法性就被寓于人类解放、自由和平等的政治理念当中。

但遗憾的是，现代科学不管是借助于政治叙事还是形而上学叙事来为自身提供合法性，这些元叙事后来无一例外地没落了。“在后工业社会和文化中，知识合法化是以不同的形式构成的。宏大叙事已经失去了可信性，不管它使用了何种统一模式，也不管它是思辨叙事还是解放叙事。”[2]正是因为这些叙事模式已然失效，所以科学不得不继续寻求新的合法化模式。由于科学一直力图与叙事划清界限，所以它还是希望能够找到证据为自己的合法性提供证明。证据的寻找不能通过耳闻目察这种经验性的方式，必须借助于精密的技术装置，而购买技术装置则需要大量的资金投入。因而，科学家为了做出发明创造，就必须与政府或财团进行合作，以寻求资金支持。而科学家之所以愿意采用昂贵的技术装置，政府或财团之所以愿意进行资金投入，是因为一切商业运作都是希望通过收益最大化来增强自己的经济实力，而这恰恰与技术的本性相符合，技术的首要目标就是在生产过程中以最小的投入换取最大的产出，或者说最大效率。因此，在现代社会中，政府与财团“坚信实力是唯一值得信赖的目标。招雇科学家、工程师和购买技术装置，并不是为了发现真理，而是为了增强实力”[2]。所以说，科学的合法化最终是通过实力来实现的。不过这种合法化的模式仍然没有摆脱叙事的阴影，因为“实力”同样没有摆脱自我合法化的问题，“实力根据科学和法律的效能将它们合法化，又在科学的法律基础上将它们的效能合法化。实力是自我合法化的，一个以高效率为中心的系统也不例外”[2]。

从科学的发展历程来看，尽管科学一直试图与叙事划清界限，但是它从来就没有与叙事断绝过联系，政治叙事、形而上学叙事、技术叙事始终在背后为科学提供着合法性支撑。

三、后现代科学的悖谬性推理

科学的这种内在悖谬性，不仅造成了叙事的危机，而且也造成了科学本身的危机，因为人们对科学是否能够担当起合法化的重任表示怀疑。这种“以追求合法化为原动力却从事解构合法化活动”的科学，虽然充满着一统天下的雄心，但它始终无法保证：既然科学知识的建立要依赖叙事知识，那么，它怎么可能不重新落入到叙事的陷阱之中呢？这就决定了科学必然要深陷危机之中，“自从 19 世纪末开始，科学知识‘危机’的征兆已经日渐增强，它不是科学发展的偶然产物，而是科技进步和资本主义扩张的必然结果。它更表征了知识合法化原则的内在朽败”[2]。这种科学合法化危机引发了普遍的悲观主义情绪。维也纳学派就深受这种悲观主义的影响，艺术家穆齐尔、克劳斯、洛斯、勋伯格、布洛赫等，哲学家马赫和维特根斯坦等无一幸免，他们当中有些人试图在理论和艺术领域中解构合法化。他们之所以放弃了合法化的念头转而进行解构合法化，就在于他们以为合法化的途径只有一条，也就是借助于元叙事，借助于整体系统，而这就将不可避免地导向合法化危机。实际上，合法化危机并不等于合法化已经过时，“合法化绝对不会失效，伴随着新的理论、新的假说、新的陈述和新的观察结果的出现，合法化问题就会卷土重来”[2]。危机只是意味着，过去对于合法化的理解存在问题，合法化途径有问题，我们需要重新理解合法化，寻找新的合法化途径。

这种所谓“新的合法化途径”，在利奥塔看来，不是别的，就是悖谬性推理（paralogy），“后现代知识的法则不是专家的一致性共识，而是创造者的悖谬性推理"[2]。按照《西方哲学英汉大辞典》的解释，所谓悖谬，“从字面上说，它意指某种与通常接受的观点相反的东西，某种看起来不合理但意味着哲学挑战的东西"[5]。简单地说，所谓悖谬推理，就是要包容那些相互矛盾之物，使那些互相对立的理论、观念都能够得到充分的表达。而后现代科学是后现代知识的组成部分，因此它也同样遵守着这种新的合法化途径，“科学并不是靠追求效率的实证方法发展的，而是相反：证明意味着寻找或‘发明’反例，或者说，不可理解之物；承认这一点，就意味着寻求‘悖谬’，并使之与理性游戏的新规则一起被合法化"[2]。所以说，“一方的合法性并不意味着另一方缺乏合法性"[6]。

为什么后现代科学要采取悖谬性推理这种有悖于传统的合法化模式呢？要理解这一点，我们必须回到维特根斯坦的语言游戏上，因为维特根斯坦“在语言游戏研究中勾勒出一条不是建立在实效基础上的新的合法化途径"[2]。维特根斯坦认为，所有的知识都可以归结为语言，不同的知识门类说着不同类型、不同形式的语言。他从最近几十年的科学发展中看到，由于目前所出现的各种新技术都与语言有关，所以得出结论：“科学知识乃是一种‘话语’"，科学从本质上可以归结为“科学的语用学"[2]。而所谓语言游戏，就是指不同的语言类型所共同参与的语言竞赛。在现实当中，语言类型可以说已经是五花八门，而且还在不断地增加扩容，所以，维特根斯坦形象地将语言比喻为一座不断扩张的城市[7]。正是因为语言类型越来越多，所以，语言游戏的种类越来越丰富。每一种新游戏存在的合法性都不必依赖于一种所谓的元语言，而是自我合法化的。游戏虽然具有对抗的性质，但其根本的乐趣却并非在此，“一方参与游戏并不就是为了战胜另外一方，他可以纯粹是为了体会每一步游戏本身所激发出来的快乐"[2]。无论是何种游戏，其要旨都在于推陈出新，创造出与众不同的新步骤、新玩法。

作为一种语言游戏，后现代科学同样把注意力放在推陈出新上，更加关心科学家是否具备把传统科学知识重新组合编排，从而创造出新的科学知识的能力。“科学研究的语用学，特别强调（尤其是在探求新的论辩方法方面）创造新方法甚或是新的语言游戏规则。"[2]按照利奥塔的概括，这种“新”主要体现为“一是在已经建立起来的规则中推出新步法（新观点）；一是创造新规则，换句话说，变成新游戏"[2]。后现代科学不断地追求新颖性，而

“新”本身就意味着它与“旧”是背道而驰的，但是“旧”恰恰又是已经得到过证明，含有自身存在的合法性，所以，对“新”的追求和肯定，就意味着合法性的对立面同样应该加以合法化，而这必然会导致一种悖谬：合法性及其对立面同时具有合法性。这种悖谬性实际上并不是后现代科学所导致的一个偶然现象，而是后现代科学本身的题中之意，后现代科学就是要在这种悖谬当中生存发展。“由于后现代科学特别关注无法确定、测不准、因资讯匮乏而导致的矛盾、‘碎片’、灾变、语用学悖论等，所以后现代科学将其自身的发展理论化为不连续性、突变性、无限性和悖谬性。”[2]

在利奥塔看来，后现代科学的这种悖谬性推理在知识发展史上是一个重要的转折点，实现了从基础主义、普遍主义、本质主义元叙事的一元论向多元论的过渡，从而使那些相互差异乃至相互冲突的双方都在自身当中找到了存在的合法性，而不必再屈服于一个所谓的整体。简而言之，后现代科学的悖谬推理强调的不是世界的整体性和同一性，而是多元性和差异性。

四、回应与反思

利奥塔的思想随着《后现代状况》一书的发表，引起社会各界广泛关注。一些后现代思想家们开始从利奥塔的思想中寻找后现代思想发展的理论资源。像后现代理论家齐格蒙特·鲍曼就接受了利奥塔对现代科学和知识的诊断，认为在现代社会中，科学家、知识分子不再是立法者，而是一个不折不扣的阐释者。

当然，利奥塔的后现代思想特别是悖谬推理思想在赢得无数赞同的同时，也成为人们批评和攻击的目标。在批评者中既有自然科学学者，像数学家列维特、物理学家索卡尔等，也有人文学者，像哲学家罗蒂和哈贝马斯及其追随者们。他们的批评虽然也涉及了理性与非理性、常规与革命、元叙事与微型叙事这些基本的理论问题，但都是通过逻辑分析的方式加以展开的，也就是说，批评者们大多试图抓住利奥塔论述中的逻辑矛盾来推翻其理论。像索卡尔通过诈文的方式证明了后现代主义者对科学缺乏基本的了解；罗蒂则指出，利奥塔把科学误认做是经验主义向他所描述的模样。既然利奥塔对科学本身不够了解，甚至存在着误解，那么，建立在有关科学认识基础上的知识发展报告当然也是错误的。在理论推导的过程中，利奥塔更是逻辑混乱。由于利奥塔把后现代界定为对元叙事的不信任，所以希望放弃元叙事，但是问题在于：如果放弃了元叙事，批判又如何成为可能呢？所以，罗蒂指出，"对于哈贝马斯而言，'对元叙事的不信任'所提出的是这样一个问题：仅当我们'至少保留一个标准用以解释所有合理规范的毁灭时，揭露才有意义'。如果我们没有这样一个标准，一个逃脱了'总体性的自我相关的批判'的标准，那么，裸露的与遮蔽的、或者理论的与意识形态之间的区分就失去了意义。而如果我们没有做出这些区分，那么，我们就不得不放弃'对现存习俗进行理性批判'的启蒙观念，因为'理性'退场了"[8]。罗蒂借助哈贝马斯之口对利奥塔所进行的批判，实际上不仅是哈贝马斯及其支持者们，也是其他批判者经常采用的批判方式。

在笔者看来，反对者对利奥塔所采用的逻辑批判方式是不适用的。因为利奥塔在自己的著作中已经明确指出，科学、知识本身就是悖谬的，这就决定了只要论及科学、论及知识就必然会产生悖谬。所以，悖谬的产生既不是由利奥塔理论本身的缺陷造成的，也不是由其理论推导错误所致，而是由科学与知识的悖谬特性造成的。从前文的分析可以看出，元（宏大）叙事、整体性的崩溃导致了知识的碎片化，每个知识类型都碎片化为一个微型叙事、局部叙事。尽管存在宏大与微型的差别，但是微型叙事毕竟也是叙事。既然是叙事，就离不开"叙述"，就离不开语言，就离不开叙述的文化背景，而这些在现实生活中又被赋予了一种整体性的特征，所以，这也就决定了尽管微型叙事的提出是为了告别元叙事、整体性，但是微型叙事在现实生活中又经常被人们置于元叙事、整体性的基础之上。因此在利奥塔看来，只要对科学与知识进行批判，就必然会造成悖谬。另外，正如前文所提及的，有些学者抓住利奥塔对科学特性的概括不够全面这一缺陷，从而指责他对现代科学存在着诸多误读。但是问题在于，正如利奥塔自己所言，"报告的作者是哲学家，而非科技专家"，科学不过是他用来透视现代社会、文化的一个通孔，他的分析更多地要采取"社会学的立场"，而非自然科学的立场，他真正感兴趣的不是理论本身，而是透过这个通孔所窥视到的外部世界。他说，"我总是把政治原因作为自己写作的借口"[9]。特殊的身份决定了利奥塔不可能完整地把握整个现代科学。因此，他对于现代科学的误读并不一定就是无意之错，也有可能是有意为之，因为他正是通过这种误读来为自己的学说张目，而且他也不承认有谁能把握所谓的整体，人们所抓住的都只能是事物的某个或某些方面。

因此，关于利奥塔，我们所要做的，不是探讨所谓的逻辑自洽性问题，而是应该关注其隐含在这些逻辑悖谬之后的内容。利奥塔在谈及自己另外一部著作——《力比多经济学》时就说到了这一点，“它不是严格意义上的理论话语，我猜它肯定引得两三位翻过此书的逻辑学家发出阵阵大笑。不过，这本书可能产生的影响之一，是使人们产生和作者讨论在这本书里可以找到一些东西的欲望”[9]。而隐藏在《后现代状况》中的“一些东西”，利奥塔已经作了一些提示，悖谬的后现代科学“在改变知识一词意义的同时，也说明了这种改变为何能够发生”[2]。实际上，利奥塔的主要精力就是放在这“为何”上。而这个问题的答案就在他为该书所作的导言当中，“后现代知识并不简单就是权威手中的工具；它提升了我们对于差异的敏感性，增强了我们对不一致性的包容能力”[2]。这也就是说，隐含在后现代科学背后的实际上是差异的问题，这才是利奥塔所真正关注的问题。在利奥塔看来，现代社会的一个重要特性就是整体性、同一性，科学、知识都是整体性和同一性的。整体性与同一性虽然给了人们以民主、解放的幻象，但它却抹杀了人们之间的差异性，造成了整体对个体的压抑，所以说，解放叙事是在实行“恐怖”和“专制”[10]。尽管利奥塔反对现代社会中将科学与政治联系在一起的做法，但为了改变由整体性与同一性所导致的专制，利奥塔还是只得按照现代社会的通行做法，从科学当中来寻找政治变革的端倪。正是通过对现代科学和后现代科学的分析，利奥塔为我们描绘出了一幅差异性得到充分尊重的理想政治蓝图——“既尊重对于正义的欲望，也尊重对于未知的欲望”[2]。不过需要指出的是，利奥塔强调个体的差异性，并不意味着他就彻底地否定了世界的整体性。他一直都相信整体性是确实存在的，不过每个人作为一个特殊的个体，无法完整地把握整体性，因此他对整体性进行了悬置，防止人们假借整体性之名来消灭差异性，唯其如此，他才乐观地相信，宏大叙事的解体并不会导致社会陷入荒谬的布朗运动之中。

此外，利奥塔这种对于整体性的批判和对差异性的重视，也对我们重新思考和审视科学在现代社会中的地位具有重要的启发意义。我们知道，西方近代哲学认识论的转向将全部知识归结为科学，从而使科学成为高于全部知识的杰出代表而拥有了知识的话语霸权，其他知识也都因此而竭力向科学靠拢并努力使自身成为科学的一部分。然而，在利奥塔看来，由于宏大叙事已不存在，所以科学也就无法再拥有这样的特权。它只不过是众多知识形式中的一种，它也只是进行着自己的游戏，而无法为其他语言游戏立法。这样，利奥塔实际上是通过对宏大叙事的否定推翻了科学在现代社会中的权威地位，这无疑促使我们要去重新思考科学的社会地位问题。所以说，利奥塔的后现代主义思想尽管在大多数人看来是“破”多、“立”少，没有提供什么建设性的理论，但可贵的是，他提供了一种“心灵的震撼”。而正是这种来自于心灵的震撼，促使人们开始去反思现代社会问题，而这也正是利奥塔提出后现代性理论的初衷。

参考文献

[1] 沃尔夫冈·韦尔施．我们的后现代的现代．洪天富译．北京：商务印书馆，2004.

[2] Lyotard J. The Postmodern Condition：A Report on Knowledge. Minneapolis：University of Minnesota Press，1984.

[3] 余宣孟．本体论研究．上海：上海人民出版社，1999.

[4] Hayek F. The Counter-Revolution of Science. New York：Free Press，1955.

[5] 尼古拉斯·布宁 余纪元．西方哲学英汉对照辞典．王柯平等译．北京：人民出版社，2001.

[6] Lyotard J. The Differend. Minneapolis：University of Minnesota，1988.

[7] Wittgenstein L. Philosophical Investigations. Oxford：Basil Blackwell Ltd，1958.

[8] Rorty R. “Habermas and Lyotard on Postmodernity”，Richard Rorty，Essays on Heidegger and Others. Cambridge：Cambridge University Press ，1991.

[9] 让-弗朗索瓦·利奥塔．公正游戏．后现代性的公正游戏．谈瀛洲译．上海：上海人民出版社，1997.

[10] Lyotard J. Universal History and Cultural Differences//Andrew Benjamin. Lyotard Reader. Oxford：Basil Blackwell，1989.

现代新儒家的科学观*

现代新儒家作为一个学术流派，从梁漱溟 1921 年出版《东西文化及其哲学》算起，已经走过了近百年。他们思想的代际传承，通常被划分为三代。与之相应，他们的科学观也呈现出三种面貌。这一变迁显示（或折射）出学术理论、社会形势、科学技术在逻辑、现实中的发展。这个发展未有穷期，儒学遇到科学的故事也远远没有定论。对现代新儒家科学观的考察，不仅有思想史意义，更有思想价值。

一、体用论：以玄学对抗科学

第一代现代新儒家（如梁漱溟、张君劢、熊十力）的科学观可以概括为体用论。

（一）为什么是体用论？

简略答之，因为它是能够解决新问题的老工具。老工具者，是说体用论是中国传统的理论模式，可以上溯到汉代、甚至更早[1]。体的本义是身体，用的本义是使用。二者合用，一般是本体/主体和用途/功用的意思。现代新

---

* 本文作者为陈阵，原载《自然辩证法通讯》，2008 年第 4 期，第 9～12 页。

儒家及其他思想者显然对此都比较熟悉，很容易就可以以体用框架表达观点，如科学观。新问题者，当然来自西方。以科学为例，近代科学在明末即已进入中国，但是，如梁漱溟所说，当时，这些东西并不对中国传统构成什么实质性的威胁（用他的词汇，原因在于，“这类学问本来是理智方面的东西”[2]。在他的语境中，这意味着不重要，详下）。清末，鸦片战争之后，政治和军事方面的巨大冲击终于激起了中国朝野理论和实践上的反应。洋务运动属于实践层面，而理论层面的需求，即由体用论满足。它可以很简单地把科学归纳为用，以解决这个新问题，这就是“中体西用”，以张之洞 1898 年的“旧学为体，西学为用”和沈寿康 1885 年的“中学为体，西学为用”最为著名[3]。大而言之，体用论是中国人以传统思维、语言对全球性的现代化挑战所作的应战。第一代现代新儒家的科学观即其面相之一。

虽云应战，梁、熊只是安静地在其体用系统里安置了科学，而张的学说却引来众声喧哗，一场论战下来，玄学对抗科学的努力毫无悬念地失败了。却不知，此种对抗本来就是莫须有的。

（二）梁漱溟的体用论：简单的开端

梁漱溟（1893～1988）的体用论是明晰的，但失之过简。他的表达是，“理性为体，理智为用”。前者是“人心之情意方面”、人心之美德，所得为情理（或谓情、思想、道德），而后者是人心之妙用，所得为物理（或谓知、科学、知识）[4]。或者说，“科学从理智来”、“科学在人类生命中之根据是理智”[4]。这就是科学在体用系统中的位置。虽然体、用同出于人心，但毕竟前者属内、后者属外，主从的地位非常明显。

梁的生命形态（详下）决定了他的体用理论相对简单，基本止于上述。他关注更多的，是实践形态的科学。他以积极的“拿来主义”态度要求“全盘承受”科学。他相信，科学有“绝对价值”、“普遍价值”[5]，是世界的文化，“无论世界上哪一地方人皆不能自外”[6]。但是，为了捍卫作为“体”的“理性”，在接受科学的同时，必须“批评地把中国原来态度重新拿出来”，并“根本改过”西洋的人生态度[6]。若不如此，西洋生活方式的痛苦、弊病不能革除[6]，他所宣示的西洋化、中国化、印度化的三阶段世界历史进程[6]

也无法实现。

总之，作为现代新儒家的第一人，梁漱溟在科学观方面也具有开创意义。他简洁地以体用论这个老工具为科学安排好了位置。但是，他的理论相当简单，没有深入分析科学，也没有详细论证“理性”、“理智”二者的区别、联系及其与科学的关系。体用论能否成立？体、用关系究竟如何？这还有待张、熊在实践、理论上的解答。

（三）张君劢的体用论：对抗与割裂

张君劢（1887～1969）的体用论因缘际会，被简单化、妖魔化为对立冲突。这既有其人、其论的主观原因，也有其时、其地的客观原因。无论这对立冲突是真是假，张君劢的科学观至今仍然被紧紧地捆绑在“科玄论战”之上，这也许说明，我们的时代与张的时代并没有本质上的不同：简单的说法，无论是体用论式的，还是甲对抗乙式的，始终比复杂的说法更加受欢迎。

1923年初，张君劢作题为“人生观”的演讲（后刊为同题文章），强调人生观与科学的不同、强调科学的限度，即“人生观问题之解决，决非科学所能为力”[7]。此说引来激烈批评，论战开始。

这是针对体用论的战斗。虽然张的措辞中有“决非”之类词语，但总体温和，并无挑起对抗的主观故意，而只是想要为人生观保留免于科学干涉的权利。但他的理论框架毕竟是体用论。论战的对手“科学派”中最早出马和非常重要的人物丁文江将张的观点概括为：“玄学为体，科学为用”[8]。张在稍后所作的论战文字中，认为科学（“自然界之智识”）是现代欧洲文明的特征之一，也是世界大势，但其中有巨大的危险，必须加以改变。其方法是提倡新宋学，而最关键的一点，是发明和坚守道德本心[9]。在其后的另一论战文字中，也有“各分科之学之上，应以形上学统其成”之说[10]。这确实是明显的体用论。当然，如张所说，“科学万能”的时风如此，他的话成为逆耳之言，“复何足异”?[9]但是他可能并未意识到，他（以及其他现代新儒家）的体用论确实容易给人“以玄学对抗科学”的联想。他们不反对科学，但仅将其安置于“用”的位置，在“科学派”看来，这就是保守、反动。以论战对待对抗科学的企图，宜也。

体用论的“割裂”倾向往往被人忽略，但也是造成对抗的原因。略思之即可明白，这是体用论很难避免的毛病：体用二者过于接近则易混淆，过于疏远即会割裂。张君劢始终坚持科学与玄学的平列和分离。在《人生观》中，他列出五点，强调科学与人生观的不同，即客观/主观、逻辑/直觉、分析/综合、因果律/自由意志和对象之同/人格之异。他的出发点，退一步讲，是在科学万能面前捍卫人生观的独立性；进一步讲，是高扬人生观之决定作用，但是在形式上，这种对比终归过于强烈、黑白分明，而忽视了科学与人生观二者的联系与互动——于他自己而言，这是体与用的联系、互动。虽然，他也时而宣传“科学与哲学之携手”，认为二者绝非两个绝不相同的东西[11]。但是更多的时候，他强调的是离而不是合。1952 年，他强调自然界与人事界的分割，主张知识分为四层：常识、科学、哲学、玄学，而他在论战中“鼓吹‘人类有思想有自由意志’”，这属于哲学与玄学层[12]。“层”之设置，显然也是割裂。1963 年，为论战作四十周年回顾时，他甚至表示，科玄二者合之两伤，离之两美[13]。

透过种种说法，必须承认，张君劢的科学观在实质上仍然是体用论，种种机缘之下，体用论的对抗意味和割裂倾向被放大出来。从小处说，这是体用论的问题，它必须回答：对抗和割裂是否存在，如果否，道理何在？从大处说，这是体用论和反体用论双方都不能回避的问题：西学与中学的关系究竟如何？

（四）熊十力的体用论：理论之高峰与奠基

熊十力（1885～1968）在体用论的框架内圆满地回答了“小处”问题。自然，在他的时代，他的回答不是“小处”，而是理论的高峰，并且，它为第二代现代新儒家的科学观奠定了基础。

高峰是指，熊十力的理论与梁、张的有很多相似，但更为精致。

“相似”的原因是明显的：三人身处相同时代、价值认同相似。“相似”表现，第一，他的科学观也是体用论。体是哲学/本体论/德性之智；知识/科学/闻见之知是用。并且，他也把这个差别等同于中西之别：中学重在涵养本心，又称性智；西学重在发展科学，即量智。中西会通的目标是以性智见大本，而量智成其妙用[14,15]。与梁相同，他也以理智为科学所凭借的工具[16]。第二，他也有因划界而割裂科玄的倾向。所谓“学问当分二途：曰科学，曰哲学”[16,17]，二者的出发点、研究对象、领域、精神、方法等全都不同，有时甚至是恰成黑白的对照，如分观对综观、变易之道对不易之理、日益之学对日损之学[15~18]。有论者就认为，“熊十力的哲学就是要在哲学和知识论之间划界”[20]。

“精致”集中体现于熊十力对于体、用的深入阐释，他的一本重要著作即名“体用论”。关于这个问题的研究还频频见于他的其他著作。“体用不二”更是其理论核心[21,22]。因而，虽有上述割裂倾向，他的思想主流仍是体、用的圆融一体。以他习用的大海水和众沤的比喻（不可求大海水于众沤之外、不可求实体于功用之外[23]）来表述，即不可求科学于玄学之外，或曰，“经学毕竟可以融摄科学”[18]。

为什么是熊十力，而非梁、张，达到了体用论的高峰？这应当与他们生命、学术形态的不同有关。熊十力曾入伍反清，后失望于现实政治，从此专注于学，终其一生，只是学者。梁漱溟重视著述、讲学，更重视实践。他自己也说：“我无意乎学问”、“不是学问家”、“以哲学家看我非知我者”，并自认为“有思想，又且本着他的思想而行动的人”[24]。张君劢一生“不因哲学忘政治，不因政治忘哲学”，是哲学家，更是政治家。可以说，梁、张的一生不仅是学者，而且是行者。影响到科学观，他们持守儒家的“大体”，也欢迎作为“用”的科学，但无意（可能也无力）从理论上阐明：此用来自于此体。而熊十力，则以他特有的方式，建立起完整的体用论系统，无愧于他那个时代的高峰。

高峰的另外一层意味，是现有格局的尽头。体用模型的种种问题，在其他机缘的促进之下，由新一代（都是熊十力的弟子）以新的方式给出了解决。这就是第二代现代新儒家的科学观：开出论。

二、开出论：以人文涵盖科学

第二代现代新儒家包括徐复观、唐君毅和牟宗三，都是熊十力的学生。

从熊十力“经学融摄科学”的命题到开出论，理论线索明显。除此三人之外，张君劢也为开出论做出了贡献。

（一）体用论到开出论：偶然与必然

从体用论到开出论，是理论的内卷化、精致化。原本的体用关系，因体、用的多义性和二者关系的复杂性，在一定程度上呈现出多种面目。而“甲开出乙”的开出论可以看做是“甲体乙用”的深化，甲、乙二者的关系更为清晰，乙与甲的联系更加密切，更重要的是，甲对乙的根源性限制得以确定。

这个转变，一方面折射出时代的变化，算是偶然；另一方面，也是理论自身深化的结果，可称必然。

时代的变化通过这四人的经历折射在理论上。徐复观（1903～1982）是职业军人，曾参与国民党高层工作，抗日战争胜利之后以陆军少将退役，方成为职业学人。唐君毅（1909～1978）和牟宗三（1909～1995）一生基本上都是职业学人。张君劢既是哲学家，又是政治家。身份虽不同，1949 年中华人民共和国成立之后，这四人的选择相近：徐、牟赴中国台湾，唐赴中国香港，张辗转之后赴美国，终其一生，他们都无缘再返祖国内地。感觉中的“中华民族之花果飘零”[25]和他们对传统的独有深情导致了或隐或显的护教心态，这就是时代加之于理论的影响。就理论自身而言，如上所述，体用论毕竟显得粗糙，徐、唐、牟（尤其是后二者）掌握了更多的理论资源之后，发之为精致的理论，这既是学者的天职使然，也不妨看做理论自身的演进。

（二）《宣言》为“开出”设立范式

以心性为核心，从道德主体产生认识主体和实用技术主体，这两个基本观念见诸《为中国文化敬告世界人士宣言——我们对中国学术研究及中国文化与世界文化前途之共同认识》（以下简称《宣言》），为第二代现代新儒家的科学观设立了范式。此文由唐、张发起，张联络牟、徐，唐起草，唐、牟、张、徐四人联合签署，1958 年元旦公开发表。这是现代新儒家作为整体最重要的文献。对于第二代现代新儒家的科学观而言，它也是最重要的。

《宣言》专设一部分，讨论“中国文化之发展与科学”，称心性之学为中国学术思想的核心、中国学术文化的本源、中国文化之神髓所在[26]。此心性之学要求中国人自觉成为“道德实践的主体”。这当然是中国传统一贯的认识，而新儒家之“新”，在于《宣言》有以下内容。①中国人还要在政治上自觉成为政治主体，在自然界、知识界成为认识主体和实用技术活动的主体，此即民主、科学。这二者“正是中国人之要自觉地成为道德实践之主体之本身所要求的”。也就是说，道德主体内在地蕴涵了科学、民主的要求。②《宣言》以“暂时收敛”、“暂忘”、暂退归于后等描述开出过程[26]。这绝非枝节，其意义甚至比前一点更为重大。“开出”一词看似直白，无甚高明，但是能够成为第二代现代新儒家科学观的关键词，显然不会简单。这在牟宗三的学说中显示得最为清晰，详下。

总之，《宣言》为第二代现代新儒家勾画出了科学观的关键词：曲折地开出。当然，这在徐、唐、牟的身上有不同的体现。

（三）徐复观的科学观：初级开出论

徐复观的开出论可以概括为：科学源于人心，用他的话，是“没有‘人心之灵，莫不有知’的主体性，则‘天下之物，莫不有理’的客观性便不能成立”[26]。他认为，中国文化是“心的文化”，即人心的文化、心性的文化。此处的“心”，与唯心、唯物的关系不大，它强调的是人的主体所发生的作用，用孟子的话来说，就是恻隐、羞恶、是非和辞让。这些，就是人生价值的根源所在。而道德、宗教、艺术、认知等活动，是人生价值的表现[27]。据此，由“根源”到“表现”，科学被开出。

由于学、思中心在思想史和时政杂文，徐的科学观未经雕琢，呈现混合面相，仍有体用论的成分。他认为，中体西用是颠扑不破的道理。这是因为，科学是“无颜色的世界性的文化”，故可以为用。在西方、印度、回教国家和苏俄，分别是以基督教、印度教、回教和共产主义为体，体固不同，以科学、知识为用则相同[28]。

总之，就开出论而言，徐复观只是初步完成了一些论证，更多、更精彩的发展，尚有待唐君毅和牟宗三来完成。

（四）唐君毅的开出论：人文涵盖科学

唐君毅的学说可以简洁地归纳为以“文化意识”为中心。这是识者的共见。牟宗三赞誉唐君毅是“文化意识宇宙”中的巨人，中国内地最早出版唐君毅著作时，也以“文化意识宇宙的探索”概括之[29]。

科学当然在“文化意识”的笼罩之下。在1954年的《人文精神之重建》和1957年的《中国人文精神之发展》中，唐君毅反复申说：人类的根本在人文世界，此中包括科学。人文世界的核心、本源是德性（或称人性、人格、良知、人的超越自我、人心灵主体）[30]，所以，只能人文涵盖/统摄/涵摄/主宰科学，而科学不能凌驾人文[30]。1958年的《文化意识与道德理性》进而宣示其目标为“摄一般义归根本义”[31]，即道德意识/活动（又称道德自我、精神自我、超越自我）是一切文化意识/活动的基础、根源，涵盖、主宰一切文化意识/活动[31]。

“人文涵盖科学”看似简单，其实也有新意，更不乏时代感。唐君毅承认，科学活动、崇尚科学都是有道德意义的[31]。这在现代新儒家的语境中，是对科学地位的提高。和其他现代新儒家一样，唐君毅强调，人不能只知追求真理而不顾道德，或只承认科学有价值[31]。这自然是针对时风而发。

从唐君毅的科学观中可以清楚地看出，开出论比起体用论，儒学与科学的关系更为密切。这既反映了理论的精致化，也体现了社会实践中科学影响力的提升。

（五）牟宗三的开出论：大成与转向

牟宗三对“开出”的论证最为全面、深刻，不唯如此，他的科学观毫无疑问是前两代现代新儒家的集大成。牟宗三的科学观可以概括为，一个出发点、一个众矢之的、三个统和一个转折点。

出发点是“一心开二门”，它来自于佛教经典《大乘起信论》。“一心”是超越的真常心，二门是“真如”与“生灭”。真常心一方面直接生出真如门，另一方面经过“曲折、跌宕”产生生灭门。此理论非常适用于科学，在于科学在二门格局中的微妙位置。牟宗三承认，从现代观点出发，科学具有相当的真理性，但是，它毕竟属于佛教上讲的“执著”，是虚妄的，属生灭门。因其真理性，开出是必要的；因其虚妄，此开出只能是曲折的。

牟宗三精心构造了“良知自我坎陷”说，以开出科学。坎陷简单地说，即是良知自觉地自我否定。良知是圆满自足的，从良知讲，科学不是必需。而人非圣贤，故既有良知也有物性，因而科学——作为对物性/经验的认识——是必需的。坎陷式的开出不是直通而是曲通，这是因为科学固然是良知的必然要求，却也与其本性相违反[32]。

这一理论早已成为了众矢之的[33]，虽然中者寥寥。原因复杂，在此仅简述之。牟宗三讨论的是“应然”问题，而非“实然”问题，因而，从这个角度出发的刀枪剑戟，锋芒虽劲，难免离题。当然，坎陷说不是不可批评的。我认为，对此合理的批评，是从多元角度出发对一元的批评。这个工作由第三代现代新儒家来做，既必要、也可能。可惜，目前看来，他们仍留下了很多问题。详下。

“坎陷”说是牟宗三的“继往”，而“三统”是其“开来”。牟宗三在现代新儒家群体中的承前启后作用即体现于此转折。牟宗三认为，中国文化的发展应是“道统之肯定，学统之开出，政统之继续”，后二者，即是科学、民主。“道统之肯定”是“道德宗教之价值，护住孔孟所开辟之人生宇宙之本源”[32]，这一直是现代新儒家持守的“体”之所在。而牟宗三的特殊之处在于，他创造了学统并使之与道统并立，这无疑大大提高了科学的地位。虽然，作为一元论的思想者，牟宗三仍然把三统归结于“心灵”之表现、创造，但是，“由自己文化生命之发展以开出学统”毕竟是“每一民族文化生命在发展中所固有的本分事”，也就是说，在现实层面讲，每一个民族都应该发展道统、学统与政统。三统说是平实的说法，虽然不如“良知自我坎陷”的理论精微。牟宗三承认，这是为了“省得许多无谓的缠绕与争论”[34]。

牟宗三的从权之论正好折射出时代背景不可逆的剧变，这也是理论精细化之后与现实的一种必然分立：理论固然已经达到完美的一元，现实却是无法挽回地转折向多元了。与之相应，第三代现代新儒家的科学观也有了全新的面貌：对话论。

三、对话论：人文与科学并重

（一）多元，从而对话

对于现代新儒家的科学观而言，第一代到第二代的理论变化是一定意义上的顺承，从第二代到第三代却是不折不扣的转折。第三代（本文指刘述先、杜维明和成中英）的主要学术成就完成于海外。虽然和他们的前辈一样认同儒学，但时空背景的巨大差异给他们带来了新的理论预设。在科学观上，第一、第二代现代新儒家都以心性一元论笼罩科学，而第三代的预设却是多元的。这是翻天覆地的转折，体现出儒学、科学在新时代、“新大陆”的新形象。

就儒学而言，虽然经历其衰落和更衰落，第一、二代现代新儒家毕竟基本上学、思于华语世界，用林安梧的话讲，海峡两岸，毕竟都是海内①，这里是儒学的“源头活水”之地。尽管他们的入手是“反反”[35]，儒学终究曾经是正统。而第三代是在美国——其文化几乎完全独立于中华文化、且比后者更强势——为儒学陈词。起点已经是非主流，乘后现代、多元化之势，争的也只能是一席之地。

就科学而言，在第三代的理论预设及现实背景中，科学等“现代”价值已经被接受，“科学是什么”、“为什么、如何接受科学”这样的问题已经有了答案，无须再讨论。当然，科学不是不可批评的，但是，儒学对科学的批评只能建立在二者同为多元之一元的平等地位的基础上。这种批评，更应称为“对话”。

对于“多元，从而对话”的变化，刘述先（1934～）阐述得非常清楚，他认为，《宣言》显示出“我们上一代的学者”的“深切的存亡继绝之情”，所以他们既强调科学、民主，也突出道统。时至今日，“我们这一代”面对的是“美、欧、亚三个中心的秩序：彼此不同，却又互相依赖，亟须彼此对

---

① 检省—希望—行动——邓曦泽、孙劲松、梁林军访林安梧先生而作的关于儒学、新儒学、中国文化的漫谈，网络版本。

话、沟通”。因此，“儒家作为一个精神传统，只是世界上众多精神传统之一。在这一多元架构的预设之下，它并没有担负要证明自己优于其他传统的责任，而只需要阐明自己的传统有其立足点与吸引力，便已经足够了”[36]。

不过，刘、杜、成在多元基础上的理论工作只是一个开始。他们对于前两代现代新儒家仍然是继承有余、创新不足。如上所述，第三代现代新儒家拥有了以多元批评一元的所有条件，但是他们在多元方面开创较多，而对儒学的一元论的自觉、乃至批评仍嫌不足。

（二）刘述先的科学观：“分殊”而“理一”

刘述先专门论及科学的文字很少。但是可以看出，他仍然有一定的一元心态。他不是从多元角度批评牟之开出说，而是为之辩解。刘述先认为，牟之开出并不表示实际的开出，也不包含具体的方案，而只是指出，维护中国传统文化不但不必排斥科学、民主，而且要积极吸纳之。笔者认为，至此算是同情的理解，固然尚未尽牟说的深厚意蕴，毕竟可通。刘述先接着表示，他不用开出、坎陷、道德为本这样的表达方式，也不赞成多说道统，这不是因其有误，而是因其易引起误解：不合现代人反形上学的口味、夸大人的无限性、导致道德强迫或优越感[37]。此即一元心态。用他自己最重视的“理一分殊”来表达，就是在“分殊”的同时，过度强调了“理一”。

（三）杜维明的科学观：反思启蒙

杜维明（1940～）与刘述先相似，但更加“现代”（这里的意思是倾向于“多元”）一些。刘述先认为，第三代现代新儒家中，杜维明的认同意识最强、弘扬之功最大。这是刘的个人看法，也应该是世所公认的。刘还认为，杜和他有许多共同之处：预设了“西方现代的多元架构”；强调的不是儒家传统的优越、而是一席之地；注重对话[38]。就本文的论题而言，这些显然将导致近似的科学观。

在对开出论的态度上，杜是明智的，但也和刘一样，略有摇摆。杜维明认同陈来的问法：我们为什么不要求基督教开出科学和民主？[39]这实质上是说，不“开出”，一样有价值。不“开出”当然是退，但是此时退就是进，儒学在其他领域的价值由此树立，则这一退无疑是机智、合宜的。这也被认为是第三代当代新儒家强调对话的结果[39]。以我之见，此退或进正是儒学未来发展的方向，简言之，即卸下“开出”的包袱，专注于人文领域，发挥批判、对话功能。可惜的是，杜的态度并不彻底。例如，他在承认“修身哲学的逻辑本身未必即能开出科学理性或民主政治”之余，仍然强调科学及民主和修身并非“了无关涉”[40]。

杜维明科学观的“现代”体现在，他讨论科学的文字大都不是在为科学的价值鼓与呼，而是在反思科学，此即他的学、思世界的重要内容：启蒙反思。他在很多情形下提到“五四”时期，科学和民主取代自由和人权成为主导的意识形态[41]，其后，民主被淡忘，科学也异化为科学主义[42]。这样的启蒙值得反思，但反思不是反对，杜要做的，是超越启蒙[43]。他“完全赞成”启蒙，只是认为，启蒙有几大缺失，其中之一即科学主义[44]，也称为理智的傲慢、理性的傲慢[41]。对治此症，儒学当仁不让，杜认为，现代新儒家三代人物的思想焦点之一，就是在保持儒家文化认同的前提下“对现代西方的启蒙心态做出真正可能的创造性回应”[41]。这很好地概括了他的儒家立场和对话论。

但是，杜维明的“现代”仍然并不彻底。杜自承比较“同情”从康德到哈贝马斯的强调理性的努力，而“对德里达那种后现代的反结构和解构主义很有警觉”[45]，这在某种意义上与他对开出论的略显矛盾的态度是一致的。这折射出儒学与“现代”、“后现代”的复杂关系，也表明，对话并不必然等同于无中心（刘述先的“分殊”而“理一”也是一例）。讨论这个问题需要更多篇幅，此处不赘。

（四）成中英的对话论：人文精神与理性精神的平衡发展

三人之中最“现代”的，是成中英（1935～）。他对科学最为重视。虽然出于他的儒家立场，他认为科学“仍然可以经由一个道德动机而建立”，但是他有进于其前辈的地方在于，他接下来一定要说：“这并不妨碍科学知识之为科学知识的自主性与独立性”[46]。观其主流，成中英往往把科学与哲学并立称之[47]，甚至认为二者是整个人类社会的基础。例如，他认为人类的行为取决于两个东西：知识和思想，或称：科学和哲学[48]。二者若一强一弱，将给人类带来灾害[49]。他视野中的中西之别也是这样的，中国文化的精神是人文精神，而西方的是理性精神[49]。又如，他批评现代新儒家的科学观，认为他们忽视了物质文明和精神文明的关联、互助、融合，他强调“本体的意识与认知的能力”相互激荡、深化，此即他始终强调的他的学术中心：本体诠释学[50]。本体诠释学能否成立、中西之别或人类行为是否这样简单，这是另外的问题，成中英对科学的重视，在科学、哲学关系上的努力则不容抹杀。

成中英对开出论的批评更为彻底，这也显示了他的“现代”。他认为，“即使在最宽广的解释下，内圣是不可能凭借其自身的力量导引出科学和民主的”，因而，“与其说‘开出’，还不如说是‘转化’与‘接萄’似乎更为妥当”[50]。

四、结　　论

儒家看科学，至此经历了由粗而细、由一而多的发展过程。虽然，与前两代不同，本文所论的三位第三代现代新儒家仍然在世，他们的思想仍然在形成中。但是，观其大旨，三代现代新儒家的科学观的发展过程已经非常清晰。我以为，此过程是不可逆的。也即，儒家看科学，不能再回复到以一统多的主宰心态了，更遑论其粗疏的版本。

这并不意味着问题的终结。儒学与科学各具独立性，但毕竟都是人生不可缺的价值，二者如何共处，不是一个新问题，而是一个世界性的尚未有解的问题：人文与科学的融合。现代新儒家的科学观即求解的努力。局限于三代人的努力而言，这个解并不完美。例如，如上所述，多元对一元的批评还不够。但是，现代新儒家的角度对于此问题的价值不容否认。至少，比起极端的守旧和彻底的西化，此一角度在学理、实践上都经受住了长久的历史考验。儒学与科学还都在发展，而无论是科学观还是其他观，现代新儒家的理论还没有经历脱胎换骨的变化。因而，更多的考验还在前面，还需要人们更多的努力。无论态度如何，这个问题是每一个中国人乃至每一个现代人无法回避的。

参考文献

［1］宋志明．熊十力评传．南昌：百花洲文艺出版社，1993：116-119；Makeham J. New Confucianism：A Critical Examination. Harvard：Harvard University Press，1997，15.

［2］梁漱溟．梁漱溟全集（第一卷）．济南：山东人民出版社，1989：333.

［3］朱耀垠．科学与人生观论战及其回声．上海：上海科学技术文献出版社，1999：28-29.

［4］梁漱溟．人心与人生．上海：上海人民出版社，2005：79-83，237，258.

［5］梁漱溟．答胡评《东西文化及其哲学》．济南：山东人民出版社，1997：741.

［6］梁漱溟．东西文化及其哲学．北京：商务印书馆，1999：18，65，202-204.

［7］张君劢．中国现代学术经典·张君劢卷．石家庄：河北教育出版社，1996：602，603.

［8］丁文江．玄学与科学讨论的余兴//张君劢，丁文江．科学与人生观．济南：山东人民出版社，1997：55.

［9］张君劢．再论人生观与科学并答丁在君．石家庄：河北教育出版社，1996：606，654-660.

［10］张君劢．人生观之论战序．济南：山东人民出版社，1997：998.

［11］张君劢．科学与哲学之携手//张君劢．民族复兴之学术基础．北京：中国人民大学出版社，2006：71.

［12］张君劢．我之哲学思想．济南：山东人民出版社，1997：705-709.

［13］张君劢．人生观论战之回顾——四十年来西方哲学界之思想家//中西印哲学文集．台北：台湾学生书局，1981：1044.

［14］熊十力．新唯识论．台北：中华书局，1985：675-678.

［15］熊十力．十力语要．上海：上海书店出版社，2007：62，65，105，111，129.

［16］熊十力．新唯识论（壬辰删定本）．北京：中国人民大学出版社，2006：4，23，153，260.

［17］熊十力．体用论．北京：中国人民大学出版社，2006：114，137-140.

［18］熊十力．读经示要．北京：中国人民大学出版社，2006：84，207，215.

［19］陈来，景海峰．熊十力选集．长春：吉林人民出版社，2005：434，461，466.

［20］胡军．知识论与哲学——评熊十力对西方哲学中知识论的误解．北京大学学报（哲学社会科学版），2002，（2）：摘要．

[21] 熊十力. 十力语要初续. 上海：上海书店出版社，2007：5.

[22] Makeham J. New Confucianism：A Critical Examination Harvard：Harvard University Press，1997：224.

[23] 熊十力. 体用论. 台北：中华书局，1994：161.

[24] 梁漱溟. 中国文化要义. 上海：上海人民出版社，2005：自序，4.

[25] 唐君毅. 中华人文与当今世界. 台北：台湾学生书局，1975：1.

[26] 牟宗三，徐复观，张君劢等. 为中国文化敬告世界人士宣言——我们对中国学术研究及中国文化与世界文化前途之共同认识//张君劢. 新儒家思想史. 北京：中国人民大学出版社，2006：194，567-578.

[27] 徐复观. 徐复观文集（卷一）. 武汉：湖北人民出版社，2002：31-40.

[28] 徐复观. 中国人的生命精神. 上海：华东师范大学出版社，2004：152-154.

[29] 张祥浩. 现代新儒学辑要丛书. 北京：中国广播电视出版社，1992.

[30] 唐君毅. 人文精神之重建. 桂林：广西师范大学出版社，2005：自序，14，21，22，31，38，376，500，501；唐君毅. 中国人文精神之发展. 桂林：广西师范大学出版社，2005：22，69，288.

[31] 唐君毅. 文化意识与道德理性. 北京：中国社会科学出版社，2005：自序二，3，14，15，175，176，199，201.

[32] 牟宗三. 中国哲学十九讲. 上海：上海古籍出版社，2005：205-241；寂寞中的独体. 北京：新星出版社，2005：160；道德的理想主义. 台北：联合报系文化基金会，2003：序，9，120，349；政道与治道. 桂林：广西师范大学出版社，2006：48-51.

[33] 李明辉. 儒学如何开出民主与科学？论所谓“儒家的泛道德主义”. 台北：文津出版社，1991；罗义俊. 中国文化问题解困的划时代理论——略观对牟先生良知自我坎陷说的批评与我之一响应. 台北：文津出版社，1997.

[34] 牟宗三. 生命的学问. 桂林：广西师范大学出版社，2005：51，52.

[35] 颜炳罡. 以梁、熊、牟为例看当代新儒家“反”、“孤”、“狂”的三重品格. 文史哲，2003，(3).

[36] 刘述先. 中华文化在多元文化中的位置. 台北：中央研究院中国文哲研究所筹备处，2000.

[37] 刘述先. 对于当代新儒家的超越内省. 中国文化，1992，(12)：54.

[38] 刘述先. 从中心到边缘：当代新儒学的历史处境与文化理想.//吴光. 当代新儒学探索. 上海：上海古籍出版社，2003.

[39] 杜维明. 现当代儒学的转化与创新. 社会科学，2004，(8)：88；洪晓楠. 新

“轴心时代”的文明对话——论杜维明的“文明对话”观．大连理工大学学报（社会科学版），2003，（2）：29.

[40] 杜维明．全球伦理的儒家诠释．文史哲，2002，（6）：8.

[41] 许纪霖．当前学界的回顾与展望——许纪霖、黄万盛、杜维明三人谈．开放时代，2003，（1）：138；杜维明．儒家传统的现代转化．浙江大学学报（人文社会科学版），2004，（2）：9；全球化与多元化中的文明对话．深圳大学学报（人文社会科学版），2005，（2）：5，11；儒家传统与文明对话．石家庄：河北人民出版社，2006：43，170；儒家与自由主义——和杜维明教授的对话．儒家与自由主义．北京：人民出版社，2005，38.

[42] 杜维明．现代精神与儒家传统．北京：生活·读书·新知三联书店，1997：324.

[43] 杜维明．我的学思历程．http：//ccms. ntu. edu. tw/～cgel.

[44] 杜维明，杨学功．文明对话：背景·旨趣·路径——哈佛大学杜维明教授访谈．寻根，2003，（2）：7.

[45] 杜维明．启蒙的反思（节选）——杜维明、黄万盛对话录．世界哲学，2005，（4）：17.

[46] 成中英．创造和谐．上海：上海文艺出版社，2002：159.

[47] 姚才刚．终极信仰与多元价值的融通——刘述先新儒学思想研究．成都：巴蜀书社，2003：18.

[48] 成中英．成中英自选集．济南：山东教育出版社，2005：90.

[49] 成中英．新论人文精神与科学理性：中西融合之道．首都师范大学学报（社会科学版），2004，（1）：44.

[50] 成中英．现代新儒家的复杂命题．学术界，1998，（6）：42.

在自主论与从属论之间*

牟宗三（1909～1995）是现代新儒家的重要代表人物之一。他以传统儒学思想为根基，融入印度、西方哲学的智慧，紧扣时代，建立起了自己的思想体系。他的科学观是这个体系的重要部分，具体而微地展现了整个体系的广博和深刻，也不可避免地暴露出其缺失和偏颇。

一、科学的自主性

牟宗三坚信科学的自主性和价值。可以想象，作为一个思想家，他能做到的就是从理论上提高科学的地位，这就是他的“学统”之说。除此之外，他还用二谛、三性等古老的理论为科学的地位做出了现代的解释。

（一）以“学统”保证科学自主性

根据“中国文化生命之发展”和“今日时代之症结”，牟宗三提出了“三统”学说，即“学统”、“道统”与“政统”。很明显，学统、政统之设是为了科学与民主。而道统，牟宗三认为，中国固有的是“德性之学”，为了

---

* 本文作者为陈阵、孟建伟，原题为《在自主论与从属论之间——论牟宗三的科学观》，原载《自然辩证法研究》，2008 年第 8 期，第 42～47 页.

与由“古希腊为学精神所演变出的”科学相区别，前者可称“道统”，而后者可称“学统”[1]。在牟宗三的时代，提倡科学、民主是国人的共识，他的观点也就并无特殊可说之处，但是，作为一个深切认同儒学的思想家，把科学、民主与儒学视野中最至高无上的“德性之学”并立，这可以称得上是牟宗三重视科学的最好证明。如有的论者指出，“把科学和知性称为学统”是儒家思想史、甚至中国思想史上的崭新提法[2]。确实，有此一论，则科学的独立、自主的价值就得到了保证。

这是牟宗三的一贯思想。他认为，当代的“足以安定人生建立制度的思想系统”的形成有三个要点。“一是疏导出民主政治的基本精神，以建立政治生活方面的常轨。二是疏导出科学的基本精神，以建立知识方面的学问统绪。三是疏导出道德宗教之转为文制的基本精神，以建立日常生活方面的常轨”[1]。而他关于“道统之肯定，学统之开出，政统之继续”的宣言，即“一、道统之肯定，此即道德宗教之价值，护住孔孟所开辟之人生宇宙之本源。二、学统之开出，此即转出‘知性主体’以融纳希腊传统，开出学术之独立性。三、政统之继续，此即由认识政体之发展而肯定民主政治为必然”[3]，被许多学者引用，只不过，很少有论者看到此说对于科学地位的巨大提升。

牟宗三并非为了顺应时代潮流，为了提高科学、民主的地位而毫无来由地将它们提升到与“道统”平等的位置。在此背后，仍然有其理据：“一切学术文化，从文化生命发展方面说，都是心灵的表现，心灵之创造”，因而也就是“每一民族文化生命发展其自己之本分事”[1]。这被学者称为是“心灵本分说”[4]。从理论本身来看，不妨说，作为一个六十年全身心投入于“重开中国哲学之途径”（牟宗三在八十寿宴上自谓）的思想者，牟宗三仍然倾向于将“三统”一元化。然而，同样是一元化，对比其他的现代新儒家，比如唐君毅的一元论：“人类一切文化活动，均统属于一道德自我或精神自我、超越自我，而为其分殊之表现”，“道德自我是一，是本，是涵摄一切文化理想的。文化活动是多，是末，是成就文明之现实”[5]，牟宗三的理论确实极大地强调了科学的自主性。

其实，“心灵本分说”不只是哲学范畴的纯粹理论，它更是牟宗三的文化学、社会学或历史学态度。牟宗三相信，中国以往没有出现科学、民主，此后定要出现。西方没有心性之学，也定要逐渐转出。基督教不能止于其已成之形态，儒、佛皆然。“德的文化价值，智的文化价值，美的文化价值，都要各循其文化生命之根，在无限发展中，步步实现出来。”[3]有时，牟宗三又使用“心德”一说：心德无穷无尽，不能一下子全体呈露，要有发展的过程。先表现哪一面，视乎因缘，也就是“只有历史的原因，没有逻辑的原因”。但是，“拉长了看，凡是真理，总会出现”[6]。

至此，可以认为，在悠长的历史视野之下，牟宗三以人人都有的“心灵”为基点，认定并拥抱了科学、民主等普世价值。这是平实的认识，更是高度的智慧。这种智慧当然没有反对科学、反对民主。但是，与简单的拿来主义态度不同，这种智慧认为，仅仅“拿来”科学而不从中国人的心灵中产生是不够的。这是对科学、民主价值的更深层的认同。

（二）以二谛、三性定位科学价值

二谛、三性是佛教用来认识世界的两种说法，牟宗三专门拈出这两个概念以“安排科学知识”。这是他晚年作品《中国哲学十九讲》中的一讲，可见他对于科学的重视。

三性即依他起性、遍计执性与圆成实性，这些说法来自于佛教唯识宗。二谛即真谛和俗谛两种真理，来自于佛教空宗的《中观论》。俗谛是对事物现象界的认识，真谛是对智慧和最高存在的领悟[7]。牟宗三说，传统讲法中，三性和二谛是可通的。佛教认为，万物都因缘生灭。因缘而生灭，即有所依待，则不真实，故依他起性又称“生无自性性”，属于俗谛；圆成实性是真实、真谛。遍计执是对缘起法的执著，佛教称为“相”，康德称为范畴的超越决定。故遍计执性又称“相无自性性”，也是俗谛。

以三性、二谛观之，牟宗三认为，科学知识的成立需要范畴的决定、需要抽象的作用（化质归量），这都是“执著”，故科学属于遍计执、俗谛。

传统上，佛教认为俗谛没有独立的意义，因此二谛只有“一实谛”。科学知识既是俗谛，显然只是虚妄。但是康德认为，科学也有相当的真理性，即谛性。牟宗三说，这种现代与前现代的看法不同是一个进步。他举例说：佛教徒生病了也需要找医生。既然有用，就不能说全是虚妄，所以科学应该保存。当然，在菩萨的境界，即真如门域内，疾病可以化去，科学因而是无用的。可是，菩萨也要普度众生，遂必须“顺俗过现实生活”，因而科学可用[8]。

这样，通过二谛与三性，牟宗三表达了他对于科学的地位、性质的认识。虽然是理论上的遍计执、俗谛，但是，科学毕竟是有用的、有价值的。实践上说，“人类需要科学技术来提高物质生活”，“谁也不能否定这点”[9]；理论上说，传统儒学固然有极高的境界，仍然需要科学来“下贯”，以落实生命、支撑道德境界[10]。

二、科学的从属地位

因为是“现代”新儒家，牟宗三无法忽视科学的存在，毕竟科学是“现代”价值的重要部分；相反，他还要强调科学的自主性和价值。但是，作为“儒家”，牟宗三的体系当然以儒学为核心，因此，科学在其中只可能处于从属地位。

（一）在“一心开二门”的架构之下

“一心开二门”是牟宗三的整个思想体系的架构。要了解科学在其体系中的从属地位，必须从这个架构开始。

“一心开二门”包含了科学，但它并非专门为安置科学而设立。牟宗三认为，“一心开二门”是哲学思想上的重要格局、公共模型，既可适用于儒、释、道三教，也可笼罩及康德的系统。也就是说，在他眼中，中、西、印哲学的智慧都可以以此一言以蔽之。

“一心开二门”来自于佛教经典《大乘起信论》，其中，“一心”是超越的真常心，也称如来藏自性清净心；二门是“真如”与“生灭”。如来藏自性清净心直接生出“无漏清净法”，即真如门。与其相对，“有漏染污”的生灭法，即生灭门，并非直接产生，必须经过“曲折、跌宕”。用黑格尔的话讲，就是“辩证过程”。用牟宗三自己的话讲，就是“自我坎陷（self-negation）”，也即自觉的自我否定。

架构涵盖虽广，看起来却不复杂，世间万物有的永恒不变，有的生生灭灭，前者是真，后者是幻，但都是来自于一元的起点：超越的真常心。于是，一个问题突显出来：既已“一心”，为何不是开出一门，而必须是“二门”？仍用佛教的词汇表达：自性本清净，何以有染污？牟宗三的回答是，因为“无明”。“无明”从哪里来？以往佛教的解释并不清楚，牟宗三引入了康德的解释：感性，也即人的私欲。私欲来自于人的肉体，或用王阳明的话讲，无明来自于“随躯壳起念”，而非随良知起念。必须说明的是，虽然使用了“染污”、“私欲”这样的贬义词，牟宗三并未有意贬低生灭门的价值。首先，“一心开二门”即已经赋予了生灭门一定的价值。其次，从不同的角度看，生灭门也可以用“经验”、“现象”指称，这样，其中性意义更加明确。总之，正是因为人的两面性：既有良知，也有肉体，一心才必须开出二门[8]。

科学与这个架构有什么关系？牟宗三说，康德术语里的“二门”是现象和物自身，前者是“讲知识的一面”，他开得好，正是东方所缺。而中国所擅长的是开出真如门、物自身。佛教讲的“转识成智”和儒家讲的“致良知”等即是如此[8]。这就是说，科学属于“现象”、属于“生灭门”。科学的从属地位由此确定。

（二）其他概念中显示的科学

科学的从属地位在牟宗三使用的一些概念之中也表露无遗。毫不意外，这些概念都可以归结于“一心开二门”。

中间或中层。牟宗三说，科学虽然在“实现价值上、实现道德理性上”必不可少，但不是“最高境界中的事”而是“中间架构性的东西”[11]。类似的说法还有“中层”[8]。

“形构之理”无甚了得。牟宗三说，科学关注的是现象，是已经实现的特殊，这个领域的理叫做“形构之理”。他承认，中国思想中没有“形构之理”，因而开不出逻辑与科学。但是他说，这只不过是用心不在此。西方人也只是暂时在科学上领先了三百年，这没有什么了不起的[12]。

科学不能纵贯，只是平面。牟宗三认为，真正的人的生命总是“纵贯的、立体的"[1]，这是实践主体与认识主体的上下贯通。前者包括意与情，属于上级。后者是智，“必是下级的”。牟宗三承认，中国文化未产生“智一层，即认识主体”，必须补上。但是，认识主体是有限度的，如果不能在其上建立起实践主体，则将“落于平面”，变成“干枯的浅薄的理智主义”[1]。

“以理生气”安顿“以气尽理”。牟宗三认为，人们创造历史文化靠的是“才、情、气”。文化的成果，比如科学，就是才、情、气“扑向一具体对象，而在具体对象中尽理所成之产品”。此即“以气尽理”。“扑向”一词，凸显其冲动和强力。但是，强则易竭。西方的文化生命因此如斯宾格勒所说，是周期性断灭的。而中国的文化生命不同：西方首先把握自然，以自然为研究对象，因此生命力“凸出”、才情气“奔赴”，“智之用”特别彰显；中国则首先把握生命，以生命为对象而“润泽”、“安顿之”。这种特质，可称“以理生气”。德性涵润生命与才、情、气，不使其冲动，因此中国的文化生命能够避免周期性断灭，达于文化不断的“悠久之道”[3]。这说明，若无真如门的安顿，生灭门的事物（如科学）不易长久。

这些概念往往成对出现，如“形构之理”对应“实现之理”。牟宗三还使用过“分解的尽理之精神”对“综合的尽理之精神”、“理性之架构表现”对“理性之运用表现”、外延真理对内容真理等概念对。它们形式上相当复杂，内容也不为人熟悉，牟宗三使用它们，其实质就是反复强调，中国文化固然有所缺失，需要补课，但是，比起中国专注的道德，西方擅长的科学并不重要。

关于科学从属地位的认定，牟宗三有一个著名的论断：“中国不出现科学与民主，不能近代化，乃是超过的不能，不是不及的不能”[13]。所以，科学、民主“不算怎么一回事，消化很容易”[14]。而科学、民主二者相较，科技则更“无关现代化之宏旨”，民主政治才是其重心、本质[14]。中国吸收并学习科学之后，“从成圣成佛的修养工夫而言，仍可以将科学取消化去”。佛教的转识成智即为此。总之，是“无而能有”、“有而能无”[8]。

三、自主与从属的圆融

如上所述，牟宗三一方面强调科学的自主价值，另一方面时刻不忘其从属地位，这两种态度看似矛盾，实则圆融——至少在他的思想体系之中是这样。“良知自我坎陷产生科学”之说也是如此，此说名气颇大，既得到种种赞誉，也受到许多批评[15]。良知与科学的关系确实也值得研究，因此单独提出予以讨论。

据牟宗三的弟子蔡仁厚、李明辉考证，牟最早在《王阳明致良知教》“致知疑难”章中提出“良知自我坎陷”，原是为了说明良知与知识的关系。该文作于 1937 年，收入《牟宗三先生全集》第八册。在《历史哲学》、《政道与治道》中重提，以说明德性之知与科学、民主的关系[16]。

牟宗三所谓的坎陷而开出科学的过程是这样的：儒家的文化模型，即中国的文化精神，是仁智合一的，以仁为笼罩，以智为隶属。牟宗三认为，这是应该的，没有德性（内圣），就不能有科学与民主（外王）。但是中国传统智慧重视道德实践、实用技术，缺乏古希腊人为求知而求知的精神，缺乏超然的理智兴趣，遂越过了逻辑、数学，因而“智”始终隐伏，导致“知性形态”未转出、没有独立的成果，即逻辑、数学、科学。为弥补这个缺陷，智“必须暂时冷静下来，脱离仁”，收敛、“暂忘”实用及道德实践活动，而成为纯粹的“知性”。“知性主体”呈现后，逻辑、数学即成立，这是纯形式科学。“知性主体”以逻辑、数学观解外物，自然科学即成立。这个过程也称为“曲通”。这是因为，科学、民主有其独立性，它们不能直接从德性中产生。因此，从后者到前者不是直转，而是曲转，或称曲通。曲通含有一个“逆”的意义。这是说，德性中不直接含有科学、民主，但其本性又必然要求科学、民主。德性要求一个与其本性相反的东西。

这个过程有两个要点。首先，“坎陷”是德性主动为之，整个过程完全为其控制，如上所述，是有而能无、无而能有的。其次，“坎陷”固然可以理解为受到外界启发的结果，但从本质上讲，内因已经具备，即“仁智合一”。

正是由于具备了本体论上的“仁智合一”，自主与从属的圆融才成为可能。就从属上讲，智虽然为德性所有，但是，坎陷毕竟是智的下落、收敛，因而“知性主体”和科学只能是地位上较低的、逻辑上在后的。就自主上讲，虽云“仁智合一”，良知中毕竟没有包含现成的科学，因而必须曲折地、而非直接地产生科学，这就保证了所产生出的科学的自主性。合而观之，良知与科学的微妙关系使得牟宗三的理论能够兼顾科学的独立性和隶属地位，这也就是坎陷说的价值所在。

许多针对“坎陷”说的批评，实质上是未能了解此种微妙。比如，许多论者认为，坎陷是“无理”的：为什么要坎陷？其实如上所述，牟宗三已经回答清楚：坎陷的原因是人的两面性。如果承认“一心”和“两面”的前提，则可知，超越的真常心必须开二门，而非一门。接下来，“一心”的特性决定了它能够直接产生真如门，而不能直接开出生灭门。这就导出了“坎陷”的必不可少。简言之，生灭门是从属的，但又是自主的，因此，只能由“坎陷”得出。所以，直接批评“坎陷”并无意义。要批评，也应该找到其背后的根据，然后置疑“一心”、或者“两面”、或者二者。

因此，“坎陷”在牟宗三的体系内并无问题。中肯的批评必须从其体系之外出发。“坎陷”说至少在两处是值得商榷的：一元起点；“坎陷”的科学并非现实中的科学。

“一心”、或者一元主体是牟宗三选择的逻辑起点，这自然不是天经地义的。在现代社会、现代哲学越来越走向多元的前提之下，一元更易受到质疑。假如从“多心”出发，也就是说，否定科学的从属性而承认其对于良知的完全的独立性，则坎陷就失去了必要性。另外一个更有杀伤力的批评是外在的、实然的。从实践上看，现代科学绝非牟宗三理论体系中的纯粹知识，而更是一种社会力量，它的自主性并非纯理论体系之内的自主，而是作为社会建制的自主——这就不是坎陷所能够开出的了。

总之，“良知自我坎陷”为儒学系统之中具有自主性和从属性的科学构建了“开出”之途。它体现了牟宗三（广而言之，现代新儒家）从理论上认同科学、追求科学的努力，也暴露出他的一元论思想的局限和对科学认识的偏颇。

四、结　　论

综上所述，在牟宗三的思想体系之中，经过他对三统、二谛、三性、二门等概念的创造或诠释，我们既可以看到科学的自主性，也可以看到科学的从属性。可以说，牟宗三徘徊在自主论和从属论之间。

就自主性而言，在“三统”之中，“学统”是独立自主的，与传统儒学中高高在上的“道统”达到了平等；二谛之中，俗谛虽然不真实，在传统解释中并无价值，但是，经过牟宗三的现代诠释，它拥有了独立的地位和重要的价值；三性之中的偏计执性、二门之中的生灭门也可以如是观。科学属于俗谛、偏计执性和生灭门，因而也具备了重要的价值。这是牟宗三继承前人而又超越前人之处，比起其他的现代新儒家（如上文讨论的唐君毅），他对于科学的自主性的强调确实非常突出。

就从属性而言，牟宗三终究是儒家，他的观点归根结底是儒学的。“学统”虽然重要，毕竟不如“道统”，而且，“三统”仍然要归结于心灵；相对于真谛、圆成实性，俗谛、偏计执性的价值是有限的；同样，相对于真如门，生灭门的价值也有限，而且，二门在根源上来自于一心。因此，在本质上，牟宗三的观点没有超越儒学之限。

牟宗三（以及以他为代表的现代新儒家）的科学观既有其积极的意义和价值，又有严重的缺失和偏颇。

首先，牟宗三对科学自主性的认识符合现代社会的发展趋势。虽然他未能将此观点坚持到底，但毕竟是在其理论可能的范围之内做出了有益的尝试。这种尝试体现出现代新儒家对科学认识的深化，是对于儒学的发展和推进。其次，牟宗三为科学确定的从属地位表明了现代新儒家的人文主义立场。这提醒我们，不能单就科学来理解理科学，必须把对科学的理解放置在整个人类文化的背景之下进行，特别是要重视从道德维度理解科学。这有助于缓和科学与人文的对立，克服科学与价值的分离。这不仅是理论问题，而且是实践问题。只有从整个人类文化的背景下真正理解了科学，才能正确发挥科学的作用，避免科学的非人性化，减少误用科学带来的社会问题。

同样应该看到，牟宗三的科学观也有诸多缺失。其一，他对科学的理解是狭隘的。他的理解从根本上未能超越狭隘的实证主义、功利主义[17]。虽然他的立场是人文主义的，但他实际上并未真正从人文角度理解科学，而是大大忽视了科学的文化意蕴和价值。其二，他无视科学中的“善”、“美”等形而上的价值，将科学局限于形而下的领域，而将其理论的本体闭塞于道德，具有浓厚的泛道德色彩。这是其保守主义心态的必然结果。因其对“智”理解的狭隘，他以仁笼罩智的努力终究无法成功。

参考文献

[1] 牟宗三. 生命的学问. 桂林：广西师范大学出版社，2005.

[2] 肖美丰. 解读学统——牟宗三科学观研究之一//陈启智. 儒学与全球化. 济南：齐鲁书社，2005：593.

[3] 牟宗三. 道德的理想主义. 台北：联合报系文化基金会，2003.

[4] 李山. 牟宗三传（增订本）. 北京：中央民族大学出版社，2006：94.

[5] 唐君毅. 文化意识与道德宇宙. 北京：中国社会科学出版社，2005：3.

[6] 牟宗三. 人文讲习录. 桂林：广西师范大学出版社，2005.

[7] 胡伟希. 转识成智：清华学派与20世纪中国哲学. 上海：华东师范大学出版社，2005：84，85.

[8] 牟宗三. 中国哲学十九讲. 上海：上海古籍出版社，2005：205-217，219-241；牟宗三. 时代与感受. 台北：联合报系文化基金会，2003：176-180，183-186.

[9] 牟宗三. 中国哲学的特质. 上海：上海三联书店，1991：96.

[10] 牟宗三. 牟宗三先生未刊遗稿. 上海：上海三联书店，1991：16-18.

[11] 牟宗三. 历史哲学. 桂林：广西师范大学出版社，2007：173，174.

[12] 牟宗三. 宋明儒学的问题与发展. 上海：华东师范大学出版社，2004：60-70；牟宗三. 周易哲学演讲录. 上海：华东师范大学出版社，2004：50，51.

[13] 牟宗三. 政道与治道. 桂林：广西师范大学出版社，2006：45.

[14] 牟宗三. 时代与感受续编. 上海：上海三联书店，1991.

[15] 李明辉. 儒学与现代意识. 台北：文津出版社，1991；罗义俊. 中国文化问题解困的划时代理论——略观对牟先生良知自我坎陷说的批评与我之一响应. 台北：文津出版社，1997.

[16] 蔡仁厚. 牟宗三先生对哲学慧命的疏通与开发——牟先生铸造学术新词之意涵述解. 孔子研究，1999，(1)：9；李明辉. 儒家视野下的政治思想. 北京：北京大学出版社，2005：14，15.

[17] 孟建伟. 以人文涵盖科学——现代新儒家文化观及其偏颇. 自然辩证法研究，2000，(7)：7.

亚当·斯密的科学观*

对于一般人而言，亚当·斯密的名字是和“《国富论》与《道德情操论》的作者”联系在一起的。实际上，在 1795 年也就是斯密去世的第五年，由他生前的朋友 Joseph Black 和 James Hutton 主编的《哲学论文集》（*Essays on Philosophical Subjects*）出版①，其中还附有由斯密的学生与同事 Dugald Stewart 撰写的《亚当·斯密的生平与著作》一文，揭示了这位苏格兰启蒙运动（Scottish Enlightenment）的代表人物对他那个时代的自然哲学，乃至古希腊以来的自然科学史的思考。熊彼特（Joseph Schumpeter）在他著名的《经济分析史》中高度评价了斯密的哲学论文，认为它们充分体现了《国富论》与《道德情操论》的作者所真正具有的智识水平[1]。这些论文中所体现的斯密的科学观，以往大多是在政治经济学史或道德哲学史研究中才得到论述；而从科学史角度来看，它们的意义也十分重大：科学革命的精神气质如何在启蒙运动中向社会传播、扩散？启蒙运动如何在现代意义上重建科学与自然、历史、宗教之间的关系？这向来是科学史研究关心的问题。亚当·斯

---

* 本文作者为徐竹，原题为《亚当·斯密的科学观初探——基于＜天文学史＞手稿的解读》，原载《科学文化评论》，2011 年第 2 期，第 12～24 页。

① 本文引用的斯密著作原文均出自“格拉斯哥版亚当·斯密著作与信札”丛书，按照斯密研究的国际惯例，注释给出相应书目简写、丛书编纂的章节号和页码。其中，《道德情操论》简写为 TMS，《国富论》简写为 WN，《哲学论文集》简写为 EPS，《斯密信札》（*Correspondence of Adam Smith*）简写为 Corr。

密作为苏格兰启蒙运动的重要代表，对他的科学观的讨论，无疑也会给这些问题的解答提供必要的线索。

一、科学教育背景与《天文学史》手稿

如果追溯18世纪苏格兰启蒙运动的起因，就不能不提到1690～1720年苏格兰的大学改革。这场变革从课程计划与讲席设置等方面，为以牛顿体系为代表的“新科学”在大学中的传播提供了体制上的条件。1711年，随着Robert Simson当选为数学讲席教授，格拉斯哥大学也加入到传播牛顿主义的阵营中[2]。这样，当斯密于1737年进入格拉斯哥大学学习时，他立即投身于这个以牛顿与洛克为代表的新科学氛围中，当时他最喜欢的课程就是数学与自然哲学[3]。斯密与他的同学、后来的数学家Matthew Stewart都向Simson学习几何①，他还参加了在格拉斯哥广受学生欢迎的实验哲学课，牛顿主义对自然哲学的重大变革给年轻的斯密留下了深刻的印象[4]。

1740～1746年，斯密获资助在牛津大学的贝利奥尔学院（Balliol College）学习。但当时的牛津大学课程还是以古典教育为主，新科学的知识内容尚没有足够比重，当然也或许与斯密所受的基金资助对选课的限制有关，总之与斯密原有的对新科学的求知欲相悖②。但在这期间，斯密广泛阅读了学院藏书中的古希腊文和拉丁文的科学经典[3,5]，为后来《天文学史》的写作积累了素材。此后与斯密科学素养有关的重要事实有，他与当时苏格兰最重要的科学家，如William Cullen和Joseph Black等保持着密切的联系；他还拥有大量的科学藏书，其中包括牛顿的著作以及21卷《皇家哲学学会会刊》，等等[6]。

---

① 数学家Matthew Stewart就是后来斯密的学术传记作者Dugald Stewart的父亲，他后来是另一位大数学家麦克劳林（Colin MacLaurin）的学生，任爱丁堡大学的数学教授。Dugald Stewart记述了斯密曾向他的父亲请教几何难题而建立起友谊[3]；而斯密也一直保持着对Robert Simson与Matthew Stewart的尊敬，认为他们是同时代中最伟大的两位数学家（TMS III. 2. 20，p. 124）。

② 在两所大学求学经历的强烈对比，使斯密对当时牛津大学的教育保守性很不以为然。他批评说牛津的大部分教授甚至根本不能胜任教学工作，认为如果基金资助牺牲了学生自主选择学院与课程的权利，那么教师就会难免于懈怠，而不会关注学生的真正需要。参见WN V. i. f. 8-14，pp. 761-763和文献［4］。

在牛津求学时期，斯密还阅读了法国百科全书派狄德罗、达朗贝尔等人的著作。受其启发，他当时设想了一个庞大的学术计划，即写一部“所有自由科学与精致艺术的发展史”，也即英文版的“百科全书”。斯密后来放弃了这个过于庞杂而无法完成的计划，但当时为完成这一计划所撰写的手稿却保留了下来。这就是后来编入《哲学论文集》的《天文学史》[7]。斯密的传记作者 Dugald Stewart 指出，除天文学史以外，这个计划还包括撰写其他科学的历史[3]，后来保留下来的就是《哲学论文集》中的《古代物理学史》和《古代逻辑学与形而上学史》手稿。但其中只有《天文学史》还算得上是一个相对完整的论文，其他两份手稿远远没有完成，只是断章残篇。因此，本文对斯密科学观的把握也主要是以《天文学史》手稿的分析为依据。

《天文学史》手稿作为斯密早年学术计划的一部分，在他有生之年从未发表过。斯密本人对这个手稿的态度就是件颇值得玩味的事情。1773 年在给他的老朋友、哲学家大卫·休谟的信中，斯密非常郑重地谈到了这个手稿：

> 我亲爱的朋友：既然已经请你来照料我的所有文稿，我就得告诉你，除了那些我带在身上的之外（注：这里指斯密带去伦敦的《国富论》手稿），还有一些不值得出版的手稿。**它们是一个宏大学术著作的一部分，其中包括对一直延续到笛卡儿时代的天文学体系的历史研究**。至于它是否值得作为**一项不成熟著作的部分**而出版，我把这个问题完全留给您来判断。但就我自己的想法而言，我**更希望对它的某些部分作更多的修改润色，而不是保持原样**①。

从这封信可以看出，斯密后来对《天文学史》手稿至少是不甚满意的。而如果从联系这份手稿的完成时间来考察，则会发现更有意思的事情。在牛津求学七年之后，斯密返回了母亲所在的家乡住了两年。一般认为，到 1748 年斯密已经撰写了这份手稿的大部分，但还没有最终完成[5]。显著的例子是，在手稿最后论述牛顿体系的部分中，斯密提到了法国科学家 Pierre Bouguer 远赴秘鲁验证了牛顿关于地球形状是“两极略扁、赤道凸起”的假

① Corr. 137，p. 168。粗体为笔者所加。

设[①]，而布格尔的测量结果乃是发表于 1749 年。因此，手稿的最后部分应该是在一段时期内不断增补形成的，但它的完成也应该不晚于 1758 年。因为斯密还提到，人们需要等到 1758 年来验证牛顿体系对哈雷彗星回归的预测是否成功[②]。但是，如果斯密对牛顿体系的论述不晚于 1758 年就完成了，又何以在 1773 年给休谟的信中只说写到了笛卡儿的体系呢？

比较合理的解释是，斯密在这份手稿中最不满意的、也是认为需要作更多修改的部分，就是最后对牛顿体系的论述。《天文学史》手稿在出版时它的末尾加上了一段编者注："原作者在这篇论文末尾留下了一些笔记和备忘录，就此而言，他似乎认为《天文学史》的最后一部分不够完美，需要作更多的补充。"[③] 如何理解斯密对关于牛顿体系论述的不满，构成了解读《天文学史》手稿的焦点。

二、"科学"定义与对牛顿体系的评价

"天文学史"其实是对斯密这份手稿的简称，它完整的题目是"论那些在天文学史中呈现出来的指导哲学探究的原则"。可见，斯密的天文学史研究旨在揭示那些哲学-科学研究的一般原则。但与 17 世纪追求先天确定性基础的笛卡儿不同，18 世纪的斯密致力于研究有关科学理论体系演化动力的经验机制。在斯密看来，科学理论体系的构建乃是为了满足人性中普遍具有的某些官能（faculty）或品性（sentiment），对这些一般心理需要的满足，就是科学理论的嬗变在经验上可确定的动力机制[8]。

《天文学史》的第一、第二节所提供的这种动力机制主要基于三种人类普遍具有的品性能力：惊异（surprise）、好奇（wonder）与赞赏（admiration）。人类所惊异之物乃是那些超出已有的惯常期待的现象，而所好奇之物则是那些对观察者而言完全新颖的、在先前经验印象中完全没有任何对应的东西。惊异与好奇的品性所共同具有的效应是，这些非所期待的新颖之物打

---

① EPS IV. 72，p. 101.

② EPS IV. 74，p. 103.

③ EPS IV. 76，p. 105.

破了原来人类心灵在不同印象之间建立的惯常联系（customary connection），从而产生了某种不确定感；而为了满足消解张力的心理需要，就要重建经验印象之间的惯常联系，就是要使那些意料之外的新颖现象不再孤立地存在，而使之与已有经验印象相联结，从而平复惊异与好奇的情绪①。这就是构建科学理论体系的实质功能和最终目的。

正如许多论者指出的那样[7,9,10]，斯密关于科学理论体系之心理动力机制的观点，与休谟的联结主义印象理论之间存在显著的继承关系。特别是“惯常联系”的提法，也很容易让人想到休谟关于因果关系只是经验印象之间的“恒常联结”（constant conjunction）的著名定义。休谟在《人性论》中的一段论述甚至直接触碰到了斯密的论述主题：

> 既然所有关于事实的推理都只能来自于习惯，而习惯又只能是重复的知觉，那么，习惯的延伸与超出知觉范围的推理就不可能直接从恒常重复的联结中得来，而还必须有其他原则共同参与作用[11]。

这种“超出知觉范围的推理”正是科学理论体系的构建所必须承担的。既然直接经验已经颠覆了原有的惯常期待，那么理论科学所要给出的现象联结就必然是在直接经验范围之外的“不可见”的推理。然而，休谟接下来的论述重在强调，构建现象之间不可见的“理论关联”，实际上预设了一种在经验知觉范围内无法得到确证的强律则性，因而理论定律较之经验定律就具有更少确定性。而斯密对理论推理的科学地位却给予了更为积极的评价，因为这似乎是人类基于自然本性的必然选择：只有通过理论体系提供了“不可见”环节，心灵才能把在惊异和好奇中看似孤立的现象与那些人们已经熟悉的现象“联结”起来，才能重建通畅的惯常性印象联想模式，从而最终平复惊异与好奇②。

那么，构建这种经验知觉范围之外的理论推理关系，需要哪些“其他原则”引导呢？尽管斯密同意休谟的论断，即理论想象本身不可能被经验观察

---

① EPS，II.8，pp.41-42.

② EPS，II.8，p.42。斯密与休谟之间的友谊最晚在1752年之前就开始了，而斯密接受《人性论》的观点则要追溯到牛津求学时期。参见文献［3］和文献［4］。

所完全确证，但他也主张，它也应以某种对日常经验来说熟悉的模式进行①。然而理论关联的“熟悉性”并不构成值得赞赏的充足理由。平淡无奇的理论体系可能也满足熟悉性的要求，但绝不是值得赞赏的。一项好的科学理论往往是从常人容易忽视的细微差异上做出精细分析，超乎平常的想象而不落俗套，展现出科学家品性中敏锐的感受性和高品位的鉴赏力，这才是人类“赞赏”能力的合适对象②。这样的表述不可避免地引向了科学与艺术在想象力方面的类比：一方面，“哲学或许应被视做需要想象力的艺术之一”③；另一方面，想象一部系统和谐、精雕细琢的艺术作品所带来的审美愉悦，与想象一个宏大的科学理论体系之间，存在异曲同工之妙。因为从艺术模仿的角度说，“仅仅是对原本的复制或最精确的模仿并不能产生美。那些能够激起人们赞赏的艺术作品总是包含着某种在呈现出来的对应关系之中的张力”[12]。而类似的张力同样存在于科学理论体系的建构活动之中。

这种心理动力机制理论最终导向了斯密科学观的核心：“哲学就是一门关于自然的联结原则的科学……通过呈现那些把所有分散对象联结到一起的不可见链条，哲学努力把秩序引入纷繁芜杂的混沌现象。”④ 基于前面的论述，显而易见，斯密的科学定义着重突出了科学理论建构活动中的主观性因素，具有鲜明的约定主义与反实在论色彩。虽然由此尚不能得出结论说，科学理论体系不可能有任何符合论真理意义的实在论诉求，但至少斯密认为，既然对不可见的联结原则的构想本质上超出经验确证的范围，那么即便存在着评判理论体系的真理性标准，它也不可能直接施用于理论建构的实践。或者不如说，恰恰是因为理论体系首先满足了人们的审美性标准，如熟悉性、简单性、和谐性、一致性等[7,12]⑤，赢得了普遍的赞赏，才进而被赋予了真

① EPS，II. 11，p. 45.

② TMS，I. i. 4. 3. p. 20。斯密的这些论述表明，惊异与好奇似乎并不只是科学理论体系的建构所旨在消解的心理张力，人类对卓越的理论体系的赞赏及其所带来的惊异与好奇，恰是科学工作追求实现的东西。

③ EPS，II. 12，p. 46.

④ EPS，II. 12，pp. 45-46. 考虑到牛顿体系在18世纪仍然以“自然哲学”的成果出现，我们也不必对斯密把“哲学”混同于“科学”的用法感到惊奇。

⑤ 需要注意的是，“熟悉性”（familiarity）属于审美标准而非真理性诉求。斯密特别举笛卡儿涡旋理论的例子表明，假的理论体系也可能以对于日常经验而言熟悉的方式构建零散现象之间的“不可见”联结（EPS，II. 8，p. 42）。

理性、实在性的意义①。

无论斯密对科学理论的真理性持何种观点，这都不是《天文学史》论述的重点：他真正关心的乃是理论想象的主观性方面，“它们在何种程度上适合于平复想象，以及把自然勾画为一幅较之以前更为融贯的壮观图景”②。于是，在手稿的第三节简单讨论了造就心理动力机制的社会条件之后，斯密展开了他着墨最多的第四节，以上溯古希腊下迄牛顿体系的天文学史评述，具体例示了前述心理动力机制如何引导推动着理论体系的建构。

显而易见，对于理解斯密的科学观而言，最重要的是理清这里的编史学纲领。斯密对牛顿体系之前的所有天文学理论的评述大致遵从相同的结构，首先指出究竟是什么问题现象促使人们产生好奇、惊异等心理张力；然后论述某理论体系在其被构建之初，为何能够以某种值得赞赏的方式满足想象的需求，平复心理张力。然而为了解决不断涌现的新问题，原有体系就不得不做出调整，从而变得越来越复杂，丧失了直观上的熟悉性，因而不再是值得赞赏的体系；于是替代性的理论体系就被构想出来，以某种全新的、更为优越的方式满足想象的需求，但同样也带来了新问题……[9]，如此循环往复。从欧多克斯的同心球理论，希帕克斯和托勒密的偏心圆-本轮体系、哥白尼日心说体系、第谷体系、开普勒椭圆轨道理论，直至笛卡儿的涡旋理论，斯密都是以上述观念阐释它们各自的合理性与相互间的替代关系③。

斯密对牛顿体系的论述起初看似也要沿着这个结构展开：牛顿体系之所以取代了笛卡儿的涡旋学说，也是因为它解决了后者所无法跨越的困难，提供了更为融贯的值得赞赏的图景。但斯密不吝溢美之词，使我们完全有理由认为他相信牛顿的成就是终极性的：牛顿做出了“哲学上有史以来最大、最令人钦羡的成就，他把行星的运动与人们如此熟悉的原则联结到一起，从而彻底消解了对它们的想象中的所有疑难”④。那么，斯密对牛顿体系的评价是否仍仅止于审美性标准，而不涉及符合论真理意义呢？它是否与科学定义中的约定主义色彩相矛盾？在对牛顿体系论述的末尾，这一问题被以极其触目

---

① TMS，I. i. 4. 4，p. 20.

② EPS，II. 12，p. 46.

③ EPS，IV. 1-65，pp. 54-97.

④ EPS，IV. 67，p. 98.

的方式表达出来，相关解释众说纷纭，成为整个手稿中最受争议的段落。

> 我们已经努力表明，所有哲学体系都不过是想象的创造，用以把零散的、不规则的自然现象联结起来。但当我们使用语言表述这些想象的联结原则时，我们常不自觉地把它们当成自然中真实存在的链条一样。因此，我们是否能说，它本就应该获得人类最普遍的完全的赞同，现在不应该再把它看做在想象中联结天文现象的努力，而应该作为人类已有的最大发现，即发现了最为重要的真理：所有现象链条都被联结到一起，只因为一个事实，即我们日常经验到的实在①。

行文到这里戛然而止，这也是整个手稿的结尾。但斯密刚刚提出了问题，甚至还没有表述清楚自己的立场，这显然不能让斯密感到满意。因此，《天文学史》的确是未完成的不成熟之作。但这也激发了后来解释者的想象，到目前为止，对这一段落乃至斯密对牛顿体系评价的解释模式，大致可归纳为三类②。

第一类是反实在论的或“审美的”解读。这种观点认为，斯密对牛顿体系的评价并不违背其科学定义的反实在论意涵。H. Thomson 认为，斯密对科学理论的评价始终只有审美性标准而非真理性标准，理论体系最终只是用以满足审美需求、平复心理张力的想象构造，这一点连牛顿体系也不例外[7]。J. Christie、S. Cremaschi 则都强调了斯密对休谟的继承，及其对 17 世纪以笛卡儿为代表的欧陆理性主义的决裂。他们认为，斯密的科学编史学纲领颠覆了实在论和理性主义的科学观，主张审美性标准与真理性标准之间并不存在任何合理的、“非偶适的”（non-accidental）关联[10,13]。

第二类是“范式革命论”的解读。这种观点主张，斯密的科学编史学纲领虽不违背其反实在论的科学定义，但也并非止步于审美的想象虚构，而是一种非常类似于 20 世纪库恩的科学范式理论的观点：理论体系间的更迭是范式转换的科学革命。斯密的确也提到了类比方法对构建理论体系的重要意

---

① EPS，IV，76，p. 105.

② Berry（2006），pp. 121-125.

义，指出科学家们总是从自己熟悉的模式构想现象关联，不同理论体系的支持者之间缺乏理解①。这或许也使人联想到范式间的不可通约性。著名斯密研究学者 D. Raphael 与 A. Skinner 在《哲学论文集》的编者导论中就主张这种解读，所以它也是这一问题上的主流观点[8,14]。

第三类则是实在论的或“自然神论”的解读，代表人物有 D. Oswald 和 J. Young[15,16]。这一观点认为，手稿末尾的争议性段落表明了斯密态度的重要转变，即他对待牛顿体系的评价方式区别于历史上已有的理论体系：不仅从审美性标准而且从真理性标准上肯定其意义。与休谟的彻底怀疑论态度不同，斯密仍然坚持着自然宗教的形而上学预设：上帝通过自然机制引导人类生活，因而人类消除惊异的心理需求必然也符合有恩典和秩序的“自然”。对 18 世纪的启蒙学者而言，除了个别彻底的机械论者和无神论者，例如休谟、狄德罗、霍尔巴赫等人之外，这是一种被普遍接受的观念。而在这一观念下，审美性标准与真理性标准之间就存在着某种基于神圣恩典的、非偶适的秩序。

显然，要厘清斯密的科学观，就需要对以上三种解释的合理性做出考察。而本文接下来的考察将表明，自然神论的解读或许是更为合理的选择，它体现了启蒙时代的人们对科学与历史、神学等相互关系的关键理念。

三、赞赏理论：参与者抑或旁观者

首先，反实在论解读虽然看起来很符合斯密的科学定义，但它实际上遗漏了一个很重要的环节：如前所述，手稿只是选择关注了科学理论构建的主观性方面，而“没有关注它们的荒谬性或可能性，及其对真理实在的符合与否”②。然而，从主体想象构造的视角考察自然哲学体系，决不意味着“哲学仅仅是一门想象的事业”[6]，更不能得出结论说理论体系并无任何符合论真理的考量。因此，主张牛顿体系与科学史上的其他体系一样都是纯粹的虚构，恐怕是一种过度诠释。

---

① EPS，II. 12，p. 47.

② EPS，II. 12，p. 46.

然而，反实在论解读所强调的斯密与笛卡儿式的17世纪理性主义的对立，却的确是理解其科学观的一把钥匙。斯密认识到，一方面，在科学理论的构建中实际起作用的是审美性标准，自然中真实存在的现象关联似乎是经验认知最终无法通达的①，但另一方面，似乎只有揭示实在之符合论真理，才配称得上是真正的知识，即具备相应的规范性意义，能够作为对世界的知觉与行动的指导。手稿并没有处理好这种实在与经验、符合论与约定论之间的张力，这是斯密不满意的地方[13]，但他也并不打算采取理性形而上学的方案，亦即关于“认知主体的推论能力最终能够通达实在本身”的主张，来消弭这种张力。笛卡儿学说也曾是值得赞赏的想象构造，却并不为真。在斯密看来，至少对于认知个体的推论能力而言，审美性标准与真理性标准之间并不存在合理的、非偶适的关系。

范式革命论的解读认为，斯密只是在“能够设想未来出现新的理论体系取代现有理论”的意义上，主张理论构建是想象的创造，而并非主张理论体系是缺乏外部世界对应的虚构[8]，这是对反实在论解读的修正。而在这一解读下，审美想象与真理发现之间并不存在任何必然的对应。但问题在于，牛顿与前牛顿的理论体系都将被一视同仁地当做不可通约、不分高下的不同“范式”。从斯密的天文学史论述中能够得出这一结论吗?

天文学家基于各自不同的背景旨趣，对同一个理论体系的理解和态度会完全不同。斯密称之为“被后天教育强化了的自然偏见”②。这虽然看起来类似于科学共同体之间因为范式不同而形成的偏见，实则有着根本差异：斯密的理论着眼点并非科学共同体之间的难以沟通与隔阂，而是理论体系相对于其支持者的“赞赏”与基于人性的全人类普遍“赞赏”之间的区别。

偏见引导着科学家选择自认为“值得赞赏”的构想联结现象，平复惊异与好奇，但是“一般而言，还没有哪一个体系——无论它在其他方面受到多大的支持——能够得到全世界的普遍信任，因为它用来联结现象的原则并非对所有人类而言都是熟悉的”③。牛顿之前的所有体系都适用这个判断，这在

① 在这里斯密不仅受休谟认识论的影响，更重要的还有牛顿主义的影响：他和牛顿都把联结现象的普遍原则和终极本性作为人类不可完全获知的东西。参见文献[5]。

② EPS，IV.35，p.76.

③ EPS，II.12，p.46.

斯密看来正是科学理论尚不成熟的表现①。而牛顿的杰出成就正是找到了一种能够获得全人类普遍赞赏的现象联结原则：万有引力。对于所有人来说，这是再熟悉不过的原则了，“人类可以毫无困难地、自然地想象重力是宇宙构成中的原初推动者”②。因此，牛顿体系所获得的就不是有限范围的支持者的赞赏，而是基于人性的普遍赞赏——牛顿体系的支持者范围扩展到全体人类③。这是斯密对牛顿与前牛顿体系评价上的根本差异。

“赞赏”不仅有外延量上的不同，而且也有性质上的划分。斯密的赞赏理论主要见之于《道德情操论》，他提出人类的赞同④情感有两种截然不同的类型：一种是深入理解当事者的动机，设身处地的同情；另一种赞同则来自于“对美与秩序的一般趣味”，如同我们评价一架设计精巧的机器那样⑤。这两类赞同的差异在于，前者要求赞同者对所赞同之事具有“合宜感”（sense of propriety），即某种“就该如此”的规范性力量；而这是后者所不具备的，它只是基于某些外在趣味——如美感、有用性、和谐性等——的欣赏⑥。一言以蔽之，前者是基于参与者视角的赞同情感，后者则更类似立足于旁观者视角的审美态度。

参与者视角与审美态度的差异，也体现在对理论体系的赞赏中。任何一个前牛顿的天文学体系，相对于其支持者或后世的天文学史家，例如，对于斯密本人来说，其“值得赞赏”的类型也是不同的。例如，斯密的确充分评价了笛卡儿体系对第谷体系的替代，认为涡旋学说是一个“值得赞赏”的理论⑦；但这种赞赏正像我们对于一架设计精巧的机器的审美态度。它并没有

---

① 就这一点来看，斯密的观点恰好是反库恩主义的，因为全人类的普遍赞赏并不区分职业科学家与普通人。在苏格兰启蒙运动的时代，科学尚不是专门的职业，社会把它作为提升人性修养，倡导有教养的绅士风气的重要因素，是一种普遍的德性培育。参见文献 [17]。

② 但斯密的这一论断是错误的。例如，引力的超距作用就违背普通人的常识，会引起新的好奇和惊异。

③ 之所以强调对牛顿体系的普遍赞赏是“基于人性的”，是因为这是个规范判断而非事实判断。牛顿的伟大成就的确有许多年没有被公众承认，自然哲学家的高尚性情使他们并不因此心生沮丧或怨恨。参见 TMS III. 2. 20-22，pp. 124-125。但牛顿体系“应该”得到普遍赞赏，因为从最基本的人性情感上找不到反对它的理由。

④ 当然“赞同”（approbation）并不等同于赞赏，赞赏是有品位的、包含着对于思维创造性之惊异的赞同情感。如前所述，平淡无奇的理论体系可能获得人们的赞同，但绝不是值得赞赏的。

⑤ TMS VII. iii. 3. 16-17，pp. 326-327.

⑥ TMS IV. 2. 5，p. 188.

⑦ EPS IV. 65，p. 97.

使斯密成为一个笛卡儿主义者，因为它并不具有能够产生规范性力量的合宜感。相反地，涡旋学说的支持者却占据了参与者视角，由于其“自然偏见”，把笛卡儿体系作为他们面向世界的知觉与行动的指导。因而，在他们拒斥万有引力超距作用的神秘性，努力捍卫涡旋学说的时候，斯密却能指出，笛卡儿体系的缺陷是自身无法解决的，也必将为牛顿体系所取代。

如果到目前为止的解释是正确的，那么很清楚的结论是，斯密的确主张前牛顿的理论与牛顿体系之间存在性质上的根本差异。牛顿之前的所有理论体系都只能获得有限范围内的参与者视角的赞赏，当然它也有可能获得来自支持者之外的审美态度的赞赏，但对于这些旁观者来说，它并不具备规范性力量。而既然牛顿体系的支持者范围扩展到全体人类，那么这种基于人性的普遍赞赏必然同时也是参与者视角的——对牛顿体系来说，不存在纯粹持审美态度的旁观者。基于共同的人性，每一个人都应该熟悉联结现象的引力原则，都应该把牛顿体系当做面向世界的知觉与行动的指导。“牛顿的原则所具有的确定性与可靠性，使任何寻找其他体系的努力都变得徒劳无益，连最苛刻的怀疑者也不能不承认这一点。”[①] 牛顿体系之所以给人以如此强烈的“合宜感”，乃是因为它具备基于人性的参与者视角的普遍赞赏，而这是使之区别于所有前牛顿体系的东西。

因此，范式革命论的解读也难以成立。按照这种解释，牛顿体系与前牛顿的各种理论一样，都只是科学共同体根据各自“偏见”而支持的不同范式。但我们已经知道，这并非斯密的观点，他倒是主张牛顿体系具有终极性的意义。现在的问题是，按照斯密的逻辑，我们是否有足够的理由说，这种“终极性意义”就是一般而言的符合于实在的真理?

四、神圣恩典的自然化

然而，在这一问题上，斯密似乎面临着严重的两难困境。一方面，“基于人性的参与者视角的普遍赞赏”，蕴涵着对全人类的知觉与行动的规范性力量。但是，参与者视角的赞赏情感毕竟是主观心灵的性情能力，只要它与

---

① EPS IV. 76，pp. 104-105.

外部世界之间仍只存在偶适的、任意的经验性关联，那么牛顿体系的“合宜感”及规范性意义就始终是可质疑的；另一方面，如果完全填平心灵与外部世界之间的鸿沟，主张任何理性的认知主体都能够从理论体系的普遍赞赏“合理地”推论出符合论真理意义，即“实在本该如此”，那实际上就退回了17 世纪的理性主义立场，即认为单靠理性推论能力就能通达实在本身。不要忘了，笛卡儿派的理性主义形而上学从来都不是斯密的选项。

因此，斯密真正需要的是，在理论体系的普遍赞赏与符合论真理意义之间，存在着某种“恰如其分”的联系：它必须足够收敛，本质上是一种非偶适的对应关系；但又必须足够地开放，以至于其“合理性”内核不能被任何人类的理性推论能力所把握。

主张普遍赞赏与真理意义之间存在非偶适、非任意（non-arbitrary）对应的第一个理由，是自然对象相对于认知者的无差别性。斯密认为，所有科学与审美的主题对于任何具体个人来说都不具有特殊的关联，而“既然我们都是从相同的观点来看它们，我们也就没有机会对它们施以同情”，因为同情本身需要有差别的视角。但我们的确对有关这些主题的理论有不同的观感，或赞赏或摈弃，那只能是我们各自主观的性情旨趣有别，而非主题对象造成的差异①。如果对斯密的这一评论做出引申，那么结论就应该是，只有那些能够得到全人类普遍赞赏的理论体系，才能最大限度地忽略认知者主观性情所造成的差别，而体现自然对象无差别地给人类造成的感受——一种基于人性的共同认知。在这个前提下，主张牛顿体系的“基于人性的普遍赞赏”昭示了其真理意义，就并非全无根据。

然而上述理由的不足在于，没有区别参与性视角与审美态度的不同“赞赏”。假设某一理论体系，如笛卡儿的学说，能够获得纯粹审美态度上的普遍赞赏，那也不能由此推得其具备真理性意义，因为这种赞赏仅仅表现了一种普遍的审美趣味。问题在于，如何能把牛顿体系的“合宜感”与符合论真理意义非偶适地联系起来？这里就需要更进一步的理由。

斯密的选择也是他那个时代多数启蒙思想家的共同选择，即“恩典的自然化”（the naturalization of providence），这就是自然神论的解读特别突出的

---

① TMS I. i. 4. 2，p. 19.

意义。恩典意味着上帝应许了人类以救赎的、良善的未来现实，这是基督教哲学的传统主题；“自然化”则是启蒙时代赋予的新含义，“要求从自然的或日常的机制上重新阐释人类本性”：“既然上帝只用自然机制引导人类生活，而人类与动物都自然地趋乐避苦，那么幸福就必然是上帝统治人类事务的自然机制。所以人类就拥有一种神圣的权利来寻求快乐，避免伤害。导致人类幸福的原因必然也对应于终极的良善价值”[15]。

在斯密看来，上帝用以引导人类构建理论体系的自然机制正是前述“心理动力机制”：通过某种人们熟悉的原则，把陌生的不规则现象联结到已经熟悉的现象上，消解惊异、好奇等心理张力。而追求能够得到普遍赞赏的、和谐统一的秩序图景，就是人类在理论构建活动中的“趋乐避苦”。牛顿体系的“合宜感”，是人类在符合这一自然倾向的理论追求中取得的极致成就。基于人性的普遍赞赏乃是导向幸福的原因之一，由于神圣的恩典，它必然也对应于某种“终极的良善价值”：就科学理论而言，这就是作为符合于实在的真理。因此，虽然人类的科学实践本身并不直接产生符合论的真理意义，但是，根据上帝的恩典，特别是由于实现恩典中基于人性的自然机制，人类在审美性标准下获得的最高成就却也必将符合真理性标准的要求：两者之间的对应就并非完全偶适的或任意的。

这一解读显著地把斯密与近代自然法哲学传统联系起来[15]：从对人性的自然倾向的考察中获得人类知觉与行动的普遍规范。然而同样显著的是，苏格兰启蒙运动从整体上抛弃了 17 世纪理性主义的自然法概念[18]。典型的例子是休谟：他论证说从“是”中得不出“应当”，任何人类活动的经验历史事实都无法为知觉与行动的规范——“真”与“正义”——提供合理证成(rational justification)。对于休谟来说，实际存在的只能是经验的观念联结与经验的道德科学[19]。而这其实是斯密与休谟共同的立场。斯密不仅接受休谟所作的对价值与事实的两分，而且致力于研究经验的道德科学——与牛顿力学一样，这门科学旨在从纷繁芜杂的现象中构建能够平复心理张力的秩序，而非揭示终极真相①[16]。

显而易见，斯密的“科学”定义与“恩典的自然化”观点之间存在着巨

① TMS II. i. 5. 10，p. 77；WN I. ii. 2，p. 25.

大的张力。既然根据后者，基于人性的普遍赞赏与符合论真理意义之间存在着非偶适的对应关系，那么斯密为何还把真理性标准排除在经验科学目标之外呢？如前所述，这种“恰如其分”的联系如何既足够收敛又足够开放呢？假如斯密的确接受“恩典的自然化”观点，他如何保证自己不退回理性主义的自然法传统呢？

对此，自然神论解读的回答是，通过区分动力因与目的因的不同意义，区分个体理性能力与历史进步目的论的不同层面，斯密认为，那种基于恩典的、普遍赞赏与真理意义之间的非偶适对应，在人类的科学实践中，体现为理论建构活动的“意外后果”(unintended consequence)，而并非人类有限的理性能力所足以设计、谋划的目的。斯密的许多论述都为这一解读提供了依据：

> 对于所有对象的运动和组织，我们都需要把它们的动力因与目的因区分开……钟表的目的是指示时间，因而它的齿轮也全部令人赞赏地适合于这一目的……如果齿轮被赋予指示时间的欲望或意向，它们也并不会运转得更好。我们也从不把任何欲望或意向赋予齿轮，而只是赋予钟表匠。……尽管我们在论述物体的运作时很少会混淆动力因与目的因，但是在关于心灵的类似问题上，我们却往往犯这种错误。我们常常受自然原则的引导，去实现某些由清晰的理性所指向的目标。因此我们就非常容易把实现目标的品性、行动归之于那个理性——那些结果的动力因，而幻想它们是人类智慧的产物。实际上这源于上帝的智慧[①]。

时钟是机械论哲学家的常用隐喻。斯密用这个生动的例子表明，所有理性主义形而上学学家，之所以主张人类仅凭自己的理性推论能力就能通达实在本身，通达对知觉与行动具有规范性力量的真理，是因为他们犯了将“动力因”误置为“目的因”的谬误。具体来说，在人们决定是否以牛顿体系取代笛卡儿学说的理论构建活动中，科学家实际考量的理由都是审美性标准的，即是否能够提供比涡旋理论更为一致和谐的新图景，是否能更好地平复

---

① TMS II. ii. 3. 5，p. 87.

心理张力。人类并无权利把牛顿体系的合宜感甚至其真理性意义归之为自己的理性成就。因为人类有限的理性能力仅仅是造成符合论真理意义的“动力因”——实际起作用的只是基于人性的心理动力机制，上帝通过这种自然机制才把人类的努力引导到恩典所设定的目标上。因此真理性意义的“目的因”只能是神性的智慧与恩典。

自然神论解读主张，在审美性标准与真理性标准之间存在着非偶适的对应：“得到全人类普遍赞赏的牛顿体系同时也是符合于实在的真理”。它不是人类的理性成就，只是理论建构的心理动力机制因果地造成的意外后果，但却由自然化的恩典提供保证。“自然通过原初的本能把我们引向那些伟大的成果。饥与渴，两性间的激情，对快乐的向往，对痛苦的厌恶，这一切促使我们仅仅着眼于满足自身需要而应用某些工具，却看不到这些工具能够产生良善成果的趋向。而伟大的造物主却恰是意图造成那些最终的善果。”① 因此，普遍赞赏与真理意义在牛顿体系上的对应，只是在设计它的上帝看来才是非偶适、非任意的；而人类只能按照上帝所赋予的自然倾向生活，其有限的理性能力受“盲目的”自然因果机制引导，因而并不能给出对上述非偶适关系的合理证成。这样，至少对于任何人类个体的理性能力来说，普遍赞赏与真理意义的联系就仍然是开放的和任意的。

在这个意义上，“恩典的自然化”理解更进一步地表现为个体理性能力的有限性与历史进步目的论之间的张力。科学家个体理论建构活动的意外后果，按照更自然化的理解，可以合理地解释为“历史进步的必然趋势”的一部分。那么，上述所谓“恰如其分”的联系，归根到底就是，尽管对于个体的理性能力而言，得到参与者视角的普遍赞赏的科学理论并不一定是符合实在的真理，但是，对于历时性的人类科学实践而言，这两者之间的对应仍然具有非偶适的确定性。相信一种超越人类有意识筹划的历史进步目的论，相信自然中存在着进步性的必然力量，是启蒙时代思想的显著特征[7]。《天文学史》手稿对理论体系嬗变的论述，特别是它对牛顿体系部分的论述，正是这样的进步性历史叙事。因此，斯密的科学观也只有放在启蒙历史观的大背景下，放在当时科学与自然、历史、宗教的关联中，才能得到全面可靠的

① TMS II. i. 5. 10，pp. 77-78.

理解。

五、结　　论

一言以蔽之，自然神论解读主张的是，斯密努力在理论体系的普遍赞赏与符合论真理意义之间，在他的“科学”定义与“恩典的自然化”观点之间，维持一种有张力的平衡。尽管引领《天文学史》手稿的“科学”定义带有显著的反实在论与约定论性质，但是斯密对牛顿体系的评价表明，他既不打算像同时代的朋友休谟那样，把形而上学意义驱逐出科学理论的领地，也不打算像20世纪的库恩那样，以某种相对主义的态度对待形而上学与价值问题。

当然，斯密所维持的平衡是脆弱的，因为下述质疑仍然存在，斯密主张的“自然”、“熟悉”或“基于人性的普遍赞赏”等性质，难道不也基于自己的先入之见吗?[13]对万有引力原则的过誉已经表明，这种偏见是真实存在的。而如果关于“何为普适的评价标准”的问题也不能免于人类有限定见的侵蚀，也不能指望有终极的、超越性的理性法庭的裁决，那么我们还能相信启蒙运动所许诺的人类永恒进步的美好未来吗？因此，斯密努力的挫败在一定意义上也是启蒙纲领的挫败。从那以后，实证主义、历史主义的科学观才大行其道，构建起今天人们所熟悉的理解科学的方式。但是，在斯密的时代，把科学革命的精神与自然神论的形而上学相联系，重构经验科学与宗教真理、进步史观的联系，不仅可行，而且是一种很有代表性的理论选择。

同样不能忽视的还有科学与道德的联系。作为古典政治经济学的奠基人，斯密的工作主要集中于当时还被称为“道德科学”的领域。那么斯密的科学观与他的道德科学研究究竟具有什么联系？显而易见的一点是，普遍赞赏与真理意义之间的关系，个体理性与历史进步之间的张力，正是斯密后来用“看不见的手”所表达的内涵。当然，这已经需要由另外的文章来专门讨论了。

参考文献

[1] 熊彼特．经济分析史（第一卷）．朱泱等译．北京：商务印书馆，2005.

[2] Wood P. Science in the scottish enlightenment. Cambridge：Cambridge University

Press，2003：94-116.

[3] Stewart D. Account of the Life and Writings of Adam Smith，LL D. Oxford：Oxford University Press，1793：269-351.

[4] Ross I. The Life of Adam Smith. Oxford：Oxford University Press，1995.

[5] Hetherington N. Isaac Newton's influence on adam Smith's natural laws in economics. Journal of the History of Ideas，1983，44（3）：497-505.

[6] Berry C. Smith and Science. New York：Cambridge University Press，2006：112-135.

[7] Thomson H. Adam Smith's philosophy of science. Quarterly Journal of Economics，1965，79（2）：212-233.

[8] Raphael D，Skinner A. General Introduction. Oxford：Oxford University Press，1980，1-21.

[9] Skinner A. A System of Social Science. Oxford：Oxford University Press，1996.

[10] Christie J. The Cculture of Science in Eighteenth-century Scotland. Aberdeen：Aberdeen University Press，1987：291-304.

[11] Hume D. A Treatise of Human Nature//Norton D，Norton M. Oxford：Oxford University Press，2000.

[12] Lindgren J R. Adam smith's theory of inquiry. Journal of Political Economy，1969，77（6）：897-915.

[13] Cremaschi S. Adam Smith：Skeptical Newtonianism，Disenchanted Republicanism，and the Birth of Social Science. Harvard：Westview Press，1989：83-110.

[14] Longuet-Higgins H. The History of Astronomy：A Twentieth-century View. Edinburgh：Edinburgh University Press，1992：79-92.

[15] Oswald D. Metaphysical beliefs and the foundations of smithian political economy. History of Political Economy，1995，27（3）：449-476.

[16] Young J. Economics as a Moral Science. Lyme：Edward Elgar Publishing，1997.

[17] Emerson R. Science and the origins and concerns of the scottish enlightenment. History of Science，1988，26（4）：333-366.

[18] Berry C. Sociality and Socialisation. Cambridge：Cambridge University Press，2003：243-257.

[19] Westerman P. Hume and the Natural Lawyers：A Change of Landscape. Edinburgh：Edinburgh University Press，1994：83-104.

医学观的转变*

医学是有关人类疾病与健康的学问，医学观是人们对于医学的目的与价值的基本看法。随着科学技术的发展并不断应用于医学，医学逐渐由经验变为科学。科学的医学使得人类抵御疾病、维护健康的能力大大增强，使得人们有理由期望更健康的身体、更健康的生活。然而，在传统的知识论的医学观指导下的医学受到越来越多的批评，人的“身心二分”成为这种医学观在医疗实践中的体现。为使医学真正成为为人所用的科学，医学观的根本转变是必然要求。

一、身心二分：当代医学的问题与困境

从根本上讲，知识论的医学观是建立在传统知识论的科学观基础上的医学观。在这种医学观指导下的医学，是以知识为中心而不是以生命为中心，以疾病为中心的而不是以人为中心的医学，其根本特征是“身心二分”。这种“身心二分”的医学是以人的肉体为对象，而不是以人的整体为对象，更不是以人的心灵作为对象，于是，形成一种机械的生物医学模式，对医学、

---

* 本文作者为李振良、孟建伟，原题为《从身心二分到身心合一：论医学观的转变》，原载《自然辩证法通讯》，2010 年第 11 期，第 72～77 页。

医生、患者的认识与实践都形成了“身心二分”的僵硬框架。

（一）疾病的诊断和治疗的过程物理化

疾病的诊断和治疗是一个通过仪器设备层层寻找病灶，然后利用物理学或化学的手段除掉的过程。甚至对于较肉体疾病更为复杂的精神疾病，人们也倾向于能够找到与之相应的物质基础与病变部位，“目前倾向于尽管以往认为没有结构改变，精神疾病仍然可能存在一些目前尚未被明确认识的中枢神经系统的结构损害”[1]。

（二）医师的职责是想方设法寻找并去除病灶

随着诊断与治疗技术的突飞猛进，仪器设备在医疗中的作用越来越重要，甚至起到了决定性的作用。医师的任务则变成了仪器设备的熟练使用、影像图片和数据的正确阅读。掌握最先进的医疗技术并使用它们，迅速而正确地找到并迅速控制病灶成为医术精湛的唯一标准，能够治疗“疑难重症”则是医师扬名的重要条件。从这个意义上来说，医师在医疗活动中是处于“操作者”地位的。

（三）病人的职责是最大限度地听从医师的指挥，接受各种检查与治疗

在医患关系中，患者虽然是病痛的承担者，虽然他们能够感觉到疼痛、疲劳、无力等症状，但并不能明白或者确切地知道自己病之所在以及病情的严重程度，更不懂得如何处置或者没有条件自我处置。在这里，疾病治疗是否成功并不取决于患者自身痛苦减轻或消除，而是取决于其物理或生化指标是否改变，回到正常值的范围，这些代表着患者器官与组织功能的水平与恢复是否“听话”在某些时候是治疗活动是否成功的关键。

被科学武装起来的医学已经渗透到日常生活中，于是这种“物化”与“僵硬”的医学模式的不足也显现出来，这集中体现在现代医学的“身心二分”[2]。具体表现在以下三点。

1）疾病的生物因素与社会因素相分离。人既有生物性因素，又有心理

和社会因素。心灵与身体的完美结合，是人区别于世间万物最根本的特点。生物因素与心理、社会因素的区别在于，前者代表着人的共性，甚至是人与其他生命体的共性。基于这种一致性，医生所做的并不是病人需要什么，而是能在病人身上做什么。心理与社会因素则代表着人的个性与特性方面。“人的心理是历史的产物，随时间、地点、文化、历史的不同而不同，缺乏一般物质所具有的那种相对稳定性。”[3]由于一个人所成长和生活的环境以及心理感受不同，这种因素是千差万别的。由于其个性与特性，也便不具有可标准化的测量手段，很少具有可测性，所以往往被排除在科研认识之外，从而被虚无掉。

2）医师的精湛技术与良好美德相分离。从某种程度上讲，技术与美德是作为医生的互为补充的武器。精湛的技术使医生能够有效地消灭疾病，从而使人的健康免受正在进行的侵害，而美德则是一种防御措施，一旦治疗出现失误，医生可凭此获得患者的谅解与宽容。纵观西方医学史，可以说是一部充斥着错误的历史。医学在技术上的充分成立仅仅是近百年的事情。使医学数千年成为受人敬重的职业的原因，正是因为其“人道”性，而这种人道性最主要的体现是医生优良的职业道德或美德。患者心中的医生是受过高等教育的、有教养的绅士，他们的一举一动都代表着神圣与尊严。虽然他们有时会失败，但其修养与美德仍足以使他们在患者心中保持崇高的形象，人们信任医生甚至甚于信任神祇。随着技术的巨大成功，使得医生的传统美德变得无足轻重了，至少后者不再是治疗活动中必要的条件和品质，医务工作者似乎变得不必“德才兼备”。从主观上讲，医生会觉得美德变得越来越多余越来越没必要了，因为他们有信心通过精湛的技术处理一切问题；从客观上讲，医学技术的飞速进步使得越来越多的“不治之症”成为医学可以治愈的对象。这样一来，医疗需求成指数增加，治疗复杂程度也随之增大。医生通过技术操作着患者的肉身，而其心灵却不能（愿）与患者的心灵进行交流。现在的医生急匆匆地看完一个又一个病人，对病人呼来喝去，没有时间倾听和安慰他们，也没有时间来关注患者的情绪、心情，甚至触摸一下患者的身体也变得奢侈了。医生变得越来越不近人情，以往对病人的温情已经消失。

3）生理需求与心理需求相分离。在疾病治疗过程中，患者的生理需求与心理需求的分离，实质上表现为患者近期需求与终极需求相分离。因为生理需求代表着一个近期的目的，而心理需求往往蕴涵着一个远期的目的。到了20世纪后半叶，一个全新的时代开始了。人们享受着比以往任何时代更加丰裕的物质生活，更加先进的科技文明和更加优越的医疗条件。而现代人内心的困惑与不安也超过了以往的时代。这种现象表明，现代人对精神生活有着更高的要求，或者说，从人们对健康的需求和对医疗的期许来看，人们对精神健康的需求更重于对身体健康的需求，可谓生命诚可贵，“尊严”价更高。甚至可以说，身体健康只能是作为心灵健康的前提与条件，而心灵健康才是身体健康的结果和目的。

由此可见，建立在旧的医学观基础上的旧的生物医学模式存在着重大的缺陷：不仅造成了患者的身心二分，而且造成了医师本身的身心分离。它强调了健康与疾病的物质方面，而忽视了人的心理健康的需求；强调了影响疾病与健康的物质因素，忽视了影响疾病与健康的社会因素，特别是心理因素。

二、从科学观的转变到医学观的转变

科学观与医学观有着深刻的关联。从某种意义上可以说，有什么样的科学观就有什么样的医学观。随着科学观从知识论到文化论的重大转变，医学观也面临从知识论到文化论的重大转变。

（一）从知识论到文化论：科学观的重大转变

“科学生活的人文缺失，显然同当代流行并占统治地位的知识论的科学观和科学哲学密切相关。”[4]知识论的科学观的缺陷在于“将科学看做是一种与生命个体无关的纯粹客观的知识，而不是用文化论的观点来理解科学”。逻辑实证主义者石里克等为知识论的科学观设定了还原主义的基础，他们将科学等同于与主体无关的科学知识，然后将科学知识分解为一个个独立的命题。“自然科学的任务或目的就是要获得有关一切自然事件和自然过程的知识——换言之，它既是各个最普遍的命题的陈述，也是假设的真实性的一种审核。”[5]然后，从这些命题出发来认识科学。在这里，科学家的宽容、个性、自由、灵性、诗意以及心灵体验是没有意义的，至少不是重要的因素；科学活动也仿佛变成了与人性无关的逻辑证明过程。与此相联系的工具论的科学观则把科学理解为认识世界和改造世界的手段，强调科学的外在的经济目的、意义和价值，而从根本上否定科学在启迪思想、提升人类精神以及促进人的全面发展方面的内在价值。

知识论的科学观最大的缺陷就在于科学与人的分离，其表现形式为科学活动与科学知识分离，科学活动与科学家的人性、创造以及个人体验相分离，其实质是人的“身心分离”。

科学观的重大转变，为科学技术哲学的研究开辟了全新的视野，使科学技术哲学重新获得了发展的动力。科学文化哲学最为显著的特点就是从文化论而不是从单纯的知识论来理解科学，“将科学看做人的一种生存方式，从科学的文化之根和生命之根出发来理解科学”[4]，文化观视阈下的科学观将科学活动与科学家的生命、体验、心灵感受紧密结合在一起，使之不再只是与人类无关的自然的显现，从而将科学与科学家、科学与文化、科学与生命紧密结合，“直达生命之根”。这对于解读当今医学观中存在的问题具有极大的启示意义。

（二）知识论的医学观及其缺陷

当今医学界占统治地位的医学观无疑也是知识论的。医学知识被看做是与主体（医学家和医务工作者）个人感受无关的“客观知识”，医学学科则是这些知识的积累，医学实践是这些知识的运用。

现代生理学的奠基人英国医生威廉·哈维主张，“不管是学习还是教授解剖学，都应依据解剖学实验而非书本，不是依据哲学家的地位而是要依据自然的结构”[6]。实验医学的集大成者法国人克洛德·贝尔纳也强调自然本身的重要性，“对于生物科学和对于无机物科学一样，实验者丝毫没有创造什么，他只是服从自然的规律”[7]。哈维和贝尔纳正确地指出了医学认识的过程，建立了正确的实验研究方法，从而将医学从巫术改造为科学，为科学医学的发展奠定了基础，也为科学的医学的迅速发展提供了动力。然而，不可忽视的是，二者在强调“自然的规律”的同时，似乎忽略了他们本人所具有的对知识和真理渴求的原动力，忽视了他们体现在精巧的实验中的灵感，忽视了他们坚持真理的强大的韧性等个人优秀品质。事实上，离开了医学科学家个人的自由、灵性与创造，医学要想成为科学还将会经历一个相当长的历史时期，甚至难以使医学真正变成科学。

在实践中，这种知识论的医学观表现了医学越来越强调的客观化、标准化和程序化。医学知识论使得人体的解剖结构和各个生理指标客观化、标准化，临床医生所要做的不再是审视“黑箱”，而是阅读数据和图像，医学越来越成为机械的工作，医生的个人创造成为不必要，甚至是危险的。按照既定的操作程序进行诊断与治疗，即使出现了失误也是可以推脱责任的，但如果超越了程序的要求，医生往往会承担不利的后果，从而使医学实践成为僵化的、没有创造性的活动。或者说，医学离开生命、离开人的主观性已经越来越远了，这也是造成医生的“身心分离”的重要认识因素。

与知识论的科学观相比，知识论的医学观具有更为深远的危害，因为与自然科学的对象不同，医学的对象是人。知识论的医学观指导下的医学理论与实践，虚无了医学科学家和医学临床工作者的自由、个人创造与心灵体验，同时更虚无了患者的人性、心灵等个人因素，这又是造成患者“身心分离”的主要原因。

由此可见，以知识论为基础的医学观造成了医学与生命的分离、医学与文化的分离，使医学脱离人性，不是以人为本而是以病为本，导致了医学生活的人文缺失，用新的文化论的医学观代替旧的知识论的医学观也就成为必然了。

（三）以人为本：文化论医学观的内在要求

文化论的科学观“不再只是从知识论的角度来理解科学，即将科学仅仅理解为一种凝固不变的知识体系，而是从文化论的视野来理解科学，即将科学理解为人类过去是、现在是、将来还是在不断创造着的文化”[8]。最重要的是，科学文化将科学从纯粹的物性拉回了科学的人性，是物性与人性相结合，张扬人类价值而不贬损自然价值的哲学体系，因而是主客体紧密结合、人与自然共助共生的哲学体系。这正与医学的价值观一脉相承。

随着科学观从知识论到文化论的重大转变，医学观也面临从知识论到文化论的重大转变。建立在新的文化论科学观基础上的医学观就不应当仅仅是机械论的，而更应当是人文的。它既关注疾病的产生、发展、变化，更关注人之为人的物质、社会与文化基础；既关注人的身体的健康，更关注人的心理的健康；既关注个体的人，更关注作为社会群体的文化的人；既关注人的身体的发展，更关注人的全面发展；既关注人的身体需求与近期需求，更关注人的自我实现与远期需求。总之，新的医学观视野中的人是完整的人，而不是片面的和孤立的人；既是生物的人，更是心理的、社会的和文化的人。新的医学观在医学中的体现是医学模式的实质转变。新的科学观视野下的医学观要求医学：从疾病模式转向健康模式；从生物模式转向生物心理社会模式；由治疗模式转向预防和护理模式。

由此可见，无论是科学观还是医学观，知识论与文化论的重大区别就是是否体现对人的充分关注。而医学是人学，其研究主体与客体都是具有身体与心灵、个人与社会双重属性的人。医学应当是以人为本的，是以所有的人为本的，也是以每个人为本的。以人为本的医学面对的是身心俱全的人，是具有“灵性、诗意和刻骨铭心的心灵体验”的完整的人。文化论医学观就是在这种背景下提出来的。而“以人为本”正是这种新的医学观的真实写照。

三、身心合一：当代医学的出路与希望

当代医学从结构决定功能的角度正确地揭示了大量疾病的原因，而且卓有成效地治愈了大量疾病。但是，人们对医学的抱怨并没有减少，医疗费用的高涨使医学成了高消费项目。这就要求我们的医学和医生反思我们的思维方式是不是出了问题。

（一）心灵回归身体：全面认识健康与疾病

从疾病的诊断和治疗来看，身体结构的改变决定着疾病的发生发展。与此同时我们知道，对于大多数疾病来说，基因和环境因素、心理因素共同作用会使细胞发生改变，导致疾病的发生。人的精神状态也间接或直接地决定

着疾病的发展变化。在生命中身体的物质结构对健康和疾病是决定性的因素，但不能说是唯一的因素。正确认识心灵对于身体的“反作用”是十分必要的，应当谦虚地承认，我们尚未掌握人的生命的一切奥秘，而这是一个几乎遥不可及的目标。

从医学发展来看，真正有效的医学成就只是近百年来的事。100 年以前的医学还处于描述和解释健康与疾病的阶段，“即使患有最严重疾病的患者，的确也能痊愈，至少其中有些人会痊愈。多数的病可能使一部分人死去，但放过另外的一些人，如果你属于运气好的一个，同时旁边又有个既坚定又有见识的大夫，你就会相信是那位大夫救活了你”[9]。问题是，在这之前人的疾病如何能痊愈呢？只有两种可能：一是人自身具有强大的调节能力；二是亲密的医患关系、对患者的关心与关怀调动了这种能力。在这里，我们也能看到身心之间密切的关系。科学技术的成功似乎使得这种对心灵的关注变得不重要以至于被抛弃，现在应当是回归的时候了。特别是对慢性病、老年病、退行性疾病、成瘾以及精神疾病，我们还没有更好的药物或手术手段，这种针对心灵的治疗更不可少。随着医学科学的迅速发展，对疾病的发生和发展的预测与预防变得越来越重要。而对疾病的预防与预测不能单靠等待，也不能指望人类基因密码的全部破解，而更应当是一个从生理、心理以及社会全方位的预防过程。当代医学针对其客体再也不能只见其可见、可解剖的一面，而应当给予心灵和精神乃至灵魂更多的关注。

（二）美德与技术的结合：铸造回春之术

虽然医疗技术提高了，医务人员的数量增加了，素质加强了，但是令人疑惑的是，医学科技的发展和进步并没有减轻医生工作的负担，而现在的医生似乎却越来越忙了。积极的治疗活动使人的生命延长了，然而，患者的痛苦是不是随之也减少了呢？从最初级的医疗需求来看，患者之所以选择治疗，很大程度的原因是为了消除恐惧。这些恐惧表面上看是针对疾病本身的恐惧，但更多的则是针对疼痛、死亡、歧视以及社会压力。身体的病理变化作为疾病本身，患者是不能直接感知的，而其表现症状、疼痛、不适以及对死亡的预期则是患者的心灵感受。与此同时，患者的恐惧还有可能是来自于医疗机构、医务人员以及医疗设备。在医疗现代化的今天，各种现代诊断与治疗器械的使用均会给患者增加“恐惧感”。因此，用心对待患者是对医务工作者的基本要求。无论在任何情况下，都应当对病人实施安慰，并尽可能为患者提供帮助，而治愈疾病则是最低的要求。它规定的医生职业要求的顺序是道德先于技术，治疗是帮助和安慰的手段。

大量新的预防与治疗手段提高了医生支配技术、治疗疾病的能力，同时，也大大增加了医学群体的道义负担，“治疗疾病”变得不是一件简单的工作，他们所要做的是穷尽一切可能的技术手段去治疗疾病。他们不仅要面对患者及其亲属，更需要面对技术人员、管理人员以及投资人。如此复杂的群体结构，使医疗活动变成了一场综合的“战役”。面对复杂的医疗主体，单靠医学技术本身显然是不够的，这就要求医生用“心”去应对每一个事件、每一个关系。同时用心去操作每一个细节，任何细节的小小的失误均可能铸成不可挽回的损失、造成极为严重的后果。可见，追求技术精湛是医务人员的分内之事，技术却不能代替慈悲之心，只有二者的完美结合才能铸就真正的回春之术。

(三) 还原“仁学”本真，重塑医学的人道精神

作为医学“对象”的人，不是单纯的“社会人”，更不是“经济人”，而是一个个活生生的生命个体。“每个人的自由发展是一切人的自由发展的条件。”[10]个人的生命与健康应该受到充分的关注、尊重与保护，这是一个与人类文明史一样古老的原则。但是人们发现，在各个不同的时代都需要重新界定其性质和范围。政治、经济、社会和文化的发展变革不断对人的健康观提出新的要求，而永无止境的医学发展也在发展变化中回应着社会文化的需求，同时塑造着自己独特的文化。早期的医学仅仅针对可见、可感的外在的疾病，健康仅仅意味着无病或无症状，治疗则仅仅意味着缓解症状、切除病灶、延缓死亡。这些概念与认识如今都在发生着变化。而今，医学开始承认人的灵魂自然（spiritual nature）、承认人的情感与智识是与人的身体健康不可分割的。这样，疾病和健康的概念逐渐发生拓展，健康“不仅仅是指没有疾病或病痛，而且是指一种躯体上、精神上和社会上的完全良好状态”。也

就是说健康的人要有强壮的体魄和乐观向上的精神状态，并能与其所处的社会及自然环境保持协调的关系。医学的任务不再仅仅是治疗疾病特别是肉体上的疾病，而在于维护人类健康，包括生理健康、精神健康和心理健康，其社会作用也更为突出。追求文明进步及其与之相伴随的快乐、幸福和高品质的生活使人们明白，生命不仅仅在于其形体，而且在于其内涵。

四、结　语

生物—心理—社会医学模式是一个具有递进性的概念，它指明生物、心理、社会三者之间的辩证关系，而并非仅仅是简单的并列。人的心理环境对健康的影响已经得到诸多科学的证明，而人的社会环境对人的心理健康的作用也受到越来越多的关注。显然，作为生命科学的医学，不仅应当以人的物质性的身体为研究对象，而且也应当以人的精神性的心灵为研究对象；不仅要为人塑造健全的身体，而且要为人塑造健全的心灵，让身体和心灵得到完美的统一。这样才能使医学真正成为关于人的科学，真正成为服务于人的科学。只有站在人的高度，特别是人的生存论的高度，才能深刻地理解科学文化及其医学文化[11]。21 世纪是生命科学的世纪，生命科学不仅应当通过技术对市场经济起着引领作用，而且应当通过新的科学观对精神文明起着引领作用。医学作为生命科学的主体，作为“人”学和“仁”学，更应当在促进人的全面发展的过程中起到引领的作用。

参考文献

[1] 孙学礼．精神病学．北京：高等教育出版社，2008：13.

[2] 李振良，李肖峰．医学人文精神缺失的认识根源．医学与哲学（人文社会医学版），2010，31（3）：24-26.

[3] Gergen K J. Social psychology as history. Journal of Personality and Social Psychology，1973，26（2）：309-320.

[4] 孟建伟．科学·文化·生命——论科学生活的人文复归．社会科学战线，2008，(5)：15-22.

[5] 莫里茨·石里克．自然哲学．陈维杭译．北京：商务印书馆，1997：5.

［6］威廉·哈维．心血运动论．凌大好译．西安：陕西人民出版社，2001：5.

［7］克洛德·贝尔纳．实验医学研究导论．夏康农，管光东译．北京：商务印书馆，1996：88.

［8］孟建伟．从知识教育到文化教育——论教育观的转变．教育研究，2007，（1）：14-19.

［9］Lewis T. The Youngest Science：Notes of a Medicine Watcher. New York：Viking Press，1983：14.

［10］马克思，恩格斯．马克思恩格斯选集（第一卷）．北京：人民出版社，1995：294.

［11］孟建伟．科学哲学的范式转变——科学文化哲学论纲．社会科学战线，2007，（1）：13-21.

第四部
科学文化与社会

主客体之间的关系与环境保护*

主客二元对立思维模式是现代性的核心观念，它在推动人类走向现代化的同时却成为当代环境危机的症结所在。那么，我们究竟应该构建什么样的主客体之间的关系才有利于环境保护呢？这正是本文所要问答的问题。

一、传统的主客二元对立思维模式

与自然客体相对，人是作为主体而存在的。对主客体的认识主要来自于宗教学、西方哲学、自然科学和发生心理学等知识。从 16 世纪开始，西方的历史是人本主义逐步取代神本景观的历史，是科学对世界的解释代替神学解释的历史。因此，西方哲学传统和自然科学对于主客体内涵的形成和发展具有重要意义。

对于主体，西方哲学传统和自然科学沿着两条路线迈进。一条路线是将人自然化。认为“人不过是地球发展的一个后起的最终结果，也就是说，人乃是一种存在物，与他在动物界中的前形式相比，只是在能量和能力混合的复杂程度上有所不同而已，在较低级的自然界中就已有这种能量和能力的混

* 本文作者为肖显静、雷建坤，原题为《主客体之间的关系与环境保护——从建设性的后现代角度看》，原载《自然辩证法通讯》，2002 年第 5 期，第 1～8 页。

合出现"[1]。这条路线导致人们从自然主义的角度考虑人类主体，把人类归结为与自然本质相类似的那样一种存在。如随着牛顿力学的成功，还原论和机械论的范式被17～18世纪的西方思想家所接受，从而走向机械论的一元论。霍布斯直接地主张，人脑自身是一架机器。他说："如果这个是这样，推理将依赖于概念的名词，概念的名词依赖于想象，并且想象……依赖于肉体的器官运动。因此，思维除了有机体中的某一部分的运动之外，什么也不是。"他认为，"如果人类相信他们自己是自由的，这是危险的幻想和理智的弱点，是原子的结构形成了它。原子的运动将它推向前，并不依赖于他的环境决定了他的特征并且导致了他的命运"。洛克同意霍布斯将人看做本质上没有相互关系的存在，但他们可以通过"社会契约"走到一起，形成社会。类似地，斯宾诺莎也宣称："我将以同样准确的方式考虑人类的行为和要求，好像我考虑直线、平面和固体一样"。法国思想家拉美特利在1748年写道："人类是一架机器。"从笛卡儿到牛顿，从霍布斯到拉美特利，机器的隐喻统治着早期的现代思想，以至于不仅物理的宇宙，社会、动物甚至人类都被看做同样的机器，没有任何生命的冲动。人类行为的各个领域被规划出来，并且根据规律、规则、规范，推论性地做出定义。通过行为主义将目的、意识归并为可观察的行为，通过逻辑实证主义将伦理学、艺术和哲学归并为无意义的、不能证实的论述。

当然，自然科学对自然界的认识也使人类对人类的认识发生变化。如斯宾塞就在社会有机体和生物有机体相似性的基础上，给出了他的社会学解释。以后人们又以不同的方式，在达尔文自然选择理论的基础上发展起了社会达尔文主义。弗洛伊德则在人的机体（性）中寻找心理问题的根源。

总之，近代机械论、还原论范式的扩张使得人类成为运动中的物质、自然力的工具，并且这一范式否定了他们的自由和自发性，抹去了生命和非生命、思维和物质、人类社会和自然界的差别，人为地降低了人类的层次及其属性，将人类的很多表现降格为生物的本能。这样就在贬低人类的同时，也贬低了自然界；在寻求人类统治人类的自然基础的同时，也为人类统治自然提供了依据。

不过，上述将人类"自然化"的方式由于种种原因没有贯彻到底。相反，人类的主体性倒是随着人类认识和改造自然和人类社会的能力的提高，随着人类取得的成就的增大而发扬光大起来。这直接引出关于认识人类的另外一条路线：摒弃自然主义的所有关系，走向人类学主义。可以说，20世纪前半叶的人类学走的就是这样一条路。他们认为，“人类精神和人类社会是自然界中独一无二的现象，他们应该不仅从他们本身，而且从与既无精神又无社会的生物世界的对立中得到理解”[2]。这种思想的影响很大，被西方哲学吸收，形成传统的主体性观念。

启蒙思想家们把人确立为自主的、自由的、理性的实体。笛卡儿的“我思故我在”首先确立了精神性主体的存在。他认为，具有自我意识和自由意志的主体可以摆脱机械决定论的支配，认识把握物质世界的本质。康德的“哥白尼革命”又把人的主体性上升到了为自然界立法的新高度。而黑格尔的“实体即主体”思想则把人的主体性推崇为推动世界自我展现、自我认识的“绝对精神”。从此，人类理性具有了至高无上的权威，作为主体的人成为科学知识、政治价值和道德法则的最终依据。正如洛克在《人类理解新论》中所说，理性应是我们的最高法官，应当指导所有事物。

根据启蒙的传统，理性是人的本质，是人之为人的根据。正是人的理性使他高于其他存在物，将自己从万物中区别开来，凸显于自然界，形成类的意识，发挥主体性，建立起独立性和自主性，以自己的行为认识并改造着自然，体现着创造性和对自由的追求，完善着自我。由此自由、理性、推理、个性、科学、认识、伦理、思想和自然等都被结合进人类主体性的思想中，并且与客体性的思想相对立。主体被人类看做是独特的，与自然相分离，并且通过理性、语言和劳动而体现，是行为、反映、道德的参照点，客体被设想成为与主体不同的存在。关于主体的这些思想，对于现代社会是如此得重要，以至于它们被假定内在于人类之中。

作为客体自然界，人们对它的认识主要是随着自然科学的发展而发展的。近代自然科学发展的直接后果就是机械自然观的形成。它可以分为三方面。

（一）自然的外在分离性

这种分离包括两个方面：一是自然与人是完全分离和独立的，如果说有关系，也只存在外在关系，而没有内在关联；二是自然可以尽可能地还原成一组基本要素，其中一要素与另一要素仅有外在关系而无内在关联，它们不受周围环境中的事物的内在影响。由此使得人与自然之间、自然内部各要素之间空间上分离，基本性质上彼此独立，当某一部分从整体（系统）中取出来后，他（它）仍旧是未取出前的样子。

（二）自然的还原性

还原主义（reductionism）将复杂现象归结为简单的可能解释，并且相信这样的解释是有效的。具体地说就是，整体或高层次的性质可以还原为部分的或低层次的性质，认识了部分低层次就可以通过加和来认识整体和高层次。这种还原论的观点导致了人们普遍把生命过程看成不过是通过某种形式的自然选择由无机向有机、再向有机体连续进化的高级复杂的物理化学过程，忽视了自然的有机整体性、自然中事物之间的内在关系以及人与自然的内在关系。

（三）自然的祛魅

这种对世界的祛魅是与近现代科学的发展、机械自然观的形成紧密联系在一起的。从苏格拉底到文艺复兴时期的炼金术家们大多相信自然是有魔力的、神性的、带有生命的或者是充满了精神和智慧的。由此使人们对自然怀有深深的敬意，但不利于人们认识自然。这就要求批判世界之精神的思想、泛灵论的思想以及宗教的思想，根除它们的所有影响。通过对世界的还原以及日益严格的数学和物理的解释，科学宣判了自然之死，抛弃了有机论、目的论，由此将一个具有生命的自然界转变成一个僵死的机器。这样的自然界不仅失去了目的，而且也失去了直接的趋势、价值、意义和变化，成了一个匆匆离去的、无穷尽的、毫无意义的物质。如此一来，“现代科学允许人类获得更加确定的关于世界的知识，但是是以损失感情的满足或者在家的感觉作为代价的”[3]。如对于生物学的研究，虽然社会现象在动物界以及植物界都非常广泛地存在着，但是由于缺乏适当的关于社会的概念，所以生物学只把它们看为混乱的共生、族类的本能、罕见的特例，而没看做是深刻地刻写在生物世界中的社会性的标志。由此，生物学很少研究与通信、认识、智能有关的现象。这就将生物界与社会界加以分离。由此使得生物学被禁止在“生物学主义”范围之内。

正是由于上述原因，在现代性的主客思维模式中，主体、客体被看做是完全不同的存在。主体是高级的，客体是低级的。主体意味着能动、主动、积极等，而自然界的事物，也就是客体处于被动、受动、消极、受控等地位，处于与占据主导地位的主体相对应的从属地位。主体具有主观性，富有价值、情感、感觉，而客体则是中性的，无情感，无感觉；主体富于思维，能够进行抽象、知觉等各种活动，而客体是具体的、确定的、无智慧的；主体具有确定、预见、控制事物的能力，而客体是自在的、没有预见能力，受主体控制。这样一来，主体成了一个凌驾于客体之上的，对客体进行操纵、控制、征服的神性的存在。这种主客分离的二元对立思维模式是造成环境破坏的深层次原因。

二、主客二元对立的思维模式不利于环境保护

上述主客二分、二元对立的思维模式以及主体性的过分张扬，随着科技革命以及工业革命的发生及其推进而得到加强。科学的发展、科学革命和技术革命的发生，使人类认识改造世界的能力得到极大提高，自然在人类面前不再是神秘的、异己的力量，而是供人类认识并加以利用的对象。主体的存在虽然是与自然相分离的，外在于天然自然，但是他能够将自然作为一个对立物从外部观察，进行控制实验，能够摒弃自己的主观性去认识自然，具有正确认识天然自然，获得客观真理性知识的能力，而且获得了这样的真理性后按照这样的真理性去改造自然，就必然会得到正确的结果，而不会遭到自然的惩罚。如此一来，在存在的意义上，人类虽然不是自然的主人，但是由于人类能够正确地认识和正确地行动，能够按照人类自己的目的认识、改造、组织世界，规定了每一个存在者的真正地位和意义，所以，在认识和实践的意义上，人类成为自然客体的基础和主人。这就在主观上预设了人类可以正确地认识自然并改造自然，不会招致错误的行为和结果，不会招致自然对人类的报复，从而毫无保留地利用科学技术去改造自然。这是造成环境破

坏的一个很重要的原因。

我们知道，近代是一个主体性高涨的时期。按照哈贝马斯的观点，此时，人们获得了新的时代意识，开始认识到自己是历史和世界的主人。这种时代意识加上已经成熟的理性原则和方法的运用和遵循，将人从自然中分离出来，成为世界的中心。如此一来，主体性这种观念助长了“人类中心主义”，是导致人与自然关系对立的深层决定原因，为人在自然界中的统治权、占有权提供内在根据，“为现代性肆意统治和掠夺自然（包括其他所有种类的生命）的欲望提供了意识形态上的理由。这种统治、征服、控制、支配自然的欲望是现代精神的中心特征之一”[4]。

从客体的特征看，传统的客体被看成是分裂的、加和性的，具有外在关系而无内在的关联。自然只是一个可以由科学方法加以解剖的，由数学加以计算和由技术加以操纵的，没有任何深刻的东西。这种观念体现在还原主义的认识方法上。这种方法通过观察、实验和数学方法在科学实践中得到具体贯穿和体现。事实上，观察实验方法把人当成自然的旁观者，本质上是在干预、拷问、分割自然的过程中，通过自然的被迫展现而认识自然。获得的是对已被破碎了的自然的破碎的认识。数学法的实质是将世界纳入先验规定的数学体系中，在使得世界数字化的过程中，造成事实世界与价值世界的分离，造成世界丰富性的丢失。而且，通过还原方法获得的是分门别类的知识体系，如物理学、化学等。但是，由于这些分门别类的知识反映的是自然界分散的、断裂的、点状的、线性的规律，而不是自然界系统的、全面的、立体的规律，所以，按照这种分门别类的规律去改造有机整体性的自然时，很可能会与自然系统规律相违背，从而造成自然生态环境的破坏。为此，需要我们扩展认识对象，在以往分门别类研究的基础上，大力发展交叉学科和综合性学科，对复杂系统和巨系统进行研究，以获得对自然系统的整体性的正确认识。可以说，物理化学、系统学、生态学等的建立及其发展就是向这一方向努力的结果。

自然的分离、还原和祛魅使得自然的历史性和复杂性被简单取消了，自然成了一个没有经验、情感，毫无灵性、呆板、单调的存在，不具有自我维护、完善自身的功能。人类成了一个神性的、无畏的存在。自然在人类面前失去了它的秘密，人类在自然面前失去了他的尊敬。既然自然界缺乏任何经验、情感、内在关系，缺乏有目的的活动，没有意志、目的，既然动植物只有肉体没有灵魂，不能感受痛苦，那么自然就没有内在价值，没有资格获得道德关怀，它们只有工具价值，被看做客体世界，完全按照我们的目的加以利用改造，从而作为人类达到目的的手段。这从实践和价值两方面造成了人与自然的对抗。

不仅如此，主体性的过分张扬以及主客二元对立思维模式的存在，在加剧人与自然对立关系的同时，也强化了人与人之间关系的紧张性，导致个人主义泛滥，造成人我的对立。有些人会为了个人利益最大化，为了个人利益、暂时利益、局部利益，破坏环境，损害更大群体的社会利益、长远利益、整体利益，导致环境的外部性，影响自然和人类的和谐发展。

对主客二分的这种思维模式所导致的人对自然的破坏及人对人的统治，文化生态女权主义有其深刻的论述。她们认为，自笛卡儿以来确立的主体与客体、知者与被知者之间的二元划分，在启蒙时代进一步泛化为整个世界的二元图式，导致了等级制（hierarchy）及心灵与肉体、主体与客体、理性与情感、文化与自然的分裂，由此也将它们与性别的两极对应，赋予前者以更高的价值与人类主体——男性（male）相联系，赋予后者以更低的价值与女性（female）相联系，建构以及确立了人类与自然、男人与女人的二元对立思维模式。在人类统治自然的同时也为男人统治女人提供了根据。

她们认为，分析上述二分法，不难发现，这种两分法中包含着等级制的价值观念，必然导致“统治的逻辑”（logic of domination）——“低价值群体相对于高价值群体的附属地位以及高价值群体支配低价值群体的合理性，用排斥的选言判断解释那些本来补充的、不可分割的事物”[5]。因此，必须对二元对立思维方式和观念进行变革，确立非二元思维方式和非等级制观念，使人们在区分一事物时，不会产生简单观念，只能产生本意良好的差别性观念，在关联主义、归纳主义、多元论和整体论的基础上建构替代性的概念框架，以此建构人与自然、男人与女人之间的和谐关系，在保护自然的同时，也解放和保护妇女的合法权益。

由此可见，主客二元对立思维模式及主体性张扬不仅为人们设定了一个确定的客体，而且主张主客分离，这样一来，必将导致人类在认识和改造自然时造成人与自然关系的外在对立性，必然通过各种方式引导人们去达到对客体（包括自然与人）的控制和征服，不利于环境保护。因此需要我们从二元对立思维模式中走出来，重构主客体之间的关系。

三、建构新的主客体之间的关系

怎样走出主客二元对立的思维模式，建立主客体之间的关系呢？激进的后现代主义给出了回答。它对始于古希腊哲学，经笛卡儿、康德等人明确建构，而在现代社会中得以极度推崇的主客二元论进行了强烈的批判，摧毁了作为中心的、理性的、绝对的、封闭的主体观念，消解了近代以来主客二元对立结构，进而倡导一种多元的、即此即彼的思维方式。这对于我们重审主客关系，反思现代性观念，走出现代化陷阱具有重要意义。然而，我们应该看到，后现代主义在把人边缘化的过程中，打倒了一个中心却又悄然树立了另外一个中心。例如，结构主义的"语言"、福柯的"话语"等在批判了理性的有限性后，把有限的非理性又无限地夸大了，所以西方有学者断言："解构主义必将自我解构"[6]。

不仅如此，激进的后现代主义哲学否认主客二分以及主体的存在，取消人在对象性活动中的主体地位和主体性，也就否认了笛卡儿首创的主客二元对立观念和康德率先提出的主体性学说在认识论发展史上的理论意义以及积极作用，这种否认会走向消极主义的预成论和宿命论，回到古人主客不分的蒙昧状态。事实上，科学对自然的认识追求是以主体性的觉醒及主客二分作为基础的，并且在其实践过程中，与社会历史文化如哲学的伦理学、历史哲学等一道，最终确立了主体性原则及其主体、客体的特征。对自然的任何科学认识都是由人做出的，都是认识主体发挥主观能动性的结果，是以主体与客体相分离以及主体将自己从万物中区别出来的结果。从存在的意义而言，人类离不开自然，而自然离开人类能够照样生存。也就是说主体离不开客体，而客体却可以离开主体。但从认识论的意义而言，不存在一个与客体相区别的主体，也就不存在人类对客体认识的前提。因此，消解主体是行不通的。应该从建设性后现代主义的角度，结合自然科学的发展，重构主客体之间的关系。

（一）从本体论来看，主客体之间具有内在关联性

人类是离不开自然界的，每个人都同意这句话。问题是人类在什么样的意义上离不开自然界？是在生存的意义上，还是在存在演化的意义上？从前者考虑，人类与自然界仍然只具有外在关系，而无内在关联。自然界客体仍然可以离开人类而存在。而对于后者，人类与自然界就具有内在关联了。没有人类的自然界与没有自然界的人类都是不可想象的。

理论物理学家玻姆（David Bohm）就持有后一种观点。他认为，自然界（包含人类）之间所存在的内在关系，不仅是生命体的基本特征，而且是最基本的物理单位的基本特征。自然界的活动内在地是由对其他事物的占用构成的。他对物理学目前使用的“显性秩序”和用一种更加复杂的方法描述物理学的“隐性秩序”（implicate order）作了区分。在这种“隐性秩序”中，永恒的事物不是像在“显性秩序”下所呈现的那样相互分离，而是相互重叠的。例如，每一电子从某种意义上讲都是与作为整体的宇宙相重叠的，因而它也与宇宙的其他所有部分重叠。如此一来，部分包含于整体之中，并且部分之间只存在外在联系相对应，整体也主动包含于部分之中，事物之间具有深刻的内在联系。将这种观点扩展，就可顺理成章地得出这样的结论：主体不是独立于世界万物的实体，而是本质上具体化的并且实际上是与世界纠缠在一起的，两者相互包含并且彼此具有内在关系。“我们包含于世界中——不仅包含于其他人中，而且包含于整个自然界当中。我们已经看到了这一事实的端倪：当我们以一种片段性的方式看待世界时，世界的反映也相应是片段的。事实上，可以说，世界若不包含于我们之中，我们便不完整；同样我们若不包含于世界，世界也是不完整的。那种认为世界完全独立于我们的存在之外的观点，那种认为我们与世界仅仅存在着外在的相互作用的观点都是错误的。那么，如若我们将世界包含于我们的意识之中，并施之以爱，包含着我们自身的世界有所回报。”[7]这就将内在关系赋予各个等级上的个体，打破了它们之间的壁垒，克服了主体与客体的分离，随之也就克服了真理与德行的分离、价值与事实的分离、伦理与实际的分离，有利于环境保护。

（二）从认识过程看，主客体之间不可分离

主体对某一客体的认识并不是以空白的头脑去观察客体，而是在占有客体并在对客体（该客体也可能包含正在认识的主体）有了一定认识（认识结果为理论）的基础上进行的。这是“观察渗透理论”命题的含义，也是客体能否转化为认识客体，怎样被理解和解释，怎样被改造和利用的关键。传统认识论之所以强调“中性观察”，乃是为了避免人们的主观偏见对观察的污染，从而影响观察的客观性。事实上，观察的客观性似乎不在于观察有没有渗透理论，而在于渗透什么样的理论。科学的历程表明，科学观察过程中渗透正确的理论不仅不会影响观察的客观性，而且会加强和确证科学观察的客观性。

更何况，现代科学实验方法对认识客体的作用特征是纯化和简化研究对象、强化和再现自然现象、延缓和加速自然过程。经过这样的人为作用后，客体还是自然的“自在客体”吗？它已经是经过主体处理了的“人工客体”。对此人工客体的认识还是对自然状态下的客体的认识吗？此时的认识又怎样排除人的主观性而获得客观性呢？此时客体与主体相分离又应该对什么意义上而言呢？因此，主体与客体的认定绝不能在两者相互分离的基础上进行，而应该在认识两者的过程中所体现出来的关系中进行。这一点比较充分地体现在量子力学“测不准原理”之中。此时，人类既是观察者又是参与者，不可能独立于实在之外去认识它。相应地，对自然客体的认识有时也不能独立于人类而获得。如一个电子通常是一个粒子，但它既可表现为波，也可表现为粒子。至于它表现出怎样的性质取决于人类创造的环境。也就是说，视它们在实验中被处理的方式而定。

这就是所谓的“行为者的科学”，是一种新的认识论模式。在这一模式中，认识主体与对象相分离的观察概念，为主体参与概念所取代。主体在参与认识活动的过程中体现认知活动的反馈性质和来自对象的回应，这样的回应使得分离观察不再可能，也使“客观性”的概念得到弱化。这样一来，认识的纯粹客观性和绝对真理性消失了。根据这样的认识改造自然时，就应采取谨慎、反思、批判的态度，尽量减少不具有完全真理性的科技应用给自然

带来的损害。

(三) 从人类的存在看，主客体之间不可分离

人类是离不开自然界的，我们和其他生物都是共同进化过程的产物。要认识人类的演化，必须放在自然的背景下进行，而要认识理解自然客体的规律和发展，也必须放在人类与自然的相互作用过程中进行。当然，如果没有人类存在，无人的自然将依其固有的发展演化路径进行。现在的问题是，人类存在于自然之中并且成为生态环境变化的一个不容忽视的主要因素，而解决环境问题则需要人类反思自身和自然，这样人类就成为另外一种意义上的存在者的主人。不过，由于人的生存要依赖于自然，依赖于自然过去的演化以及未来怎样演化（尽管这样的演化依赖于人类），依赖于人类怎样保持自然（当然包含人类）按其自身的演化趋势发展。从这一意义而言，要保证人类实践的正确性，还必须获得对自然（包含人类）的正确认识，而这样的一种认识应该是不含有个人偏见的人类对自然（包含人类）的正确认识，这是另一种意义上的追求认识的客观性。如此一来，从存在的意义而言，主客是不可分离的，但是从认识的意义而言，主客是可分离的，而且应该分离。只不过这时的主体是存在于自然客体中的主体，而此时的客体——由于人类在认识基础上的实践活动参与了自然（包含人）演化——又是包含了主体的客体。（当然，这样的主客二分应给认识的主体以新的逻辑起点。）因此，当对某些较复杂的系统以及较广大的系统进行研究时，我们要做的就是必须将人类包含在内的自然作为研究对象去进行。生态学、环境科学、生物人类学、政治地理学、人文地理学等的产生和发展都充分地说明了这一点。此时“人与自然”是作为整体和作为认识客体的，是环境保护实践必需的。

(四) 从人类的起源看，主客体之间紧密关联

生物学对生物学主义的追求及人类学对人类学主义的追求，导致了人类主体和自然客体的分离，人类在自然面前成为一个神化的存在，从而在自然和社会之间划出一道智力的鸿沟。其实，在最近几十年里，当灵长类学家使类人猿接近人类时，史前史学家同时在编年史上使人类靠近类人猿。人与动

物之间的距离缩小了，个人成为“生物-心理-社会”的整体。

从肯尼亚籍英国古人类学家路易斯·利基（Louis Leakey）和玛丽·利基（Mary Leakey）夫妇1959年7月13日在非洲坦桑尼亚的奥杜瓦峡谷的发现，直到他们的儿子理查德·利基1972年8月27日在肯尼亚的卢多尔夫湖的发现，揭示了在史前史上500万年间地球上居住着两足动物的事实：其中进化程度最低的表现出混有类人猿特征的原人特征（粗壮型南方古猿），而进化程度最高的基本上仅在脑容量（800立方厘米）上与智人（1500立方厘米）有区别（1470号人）。在这两极之间人们还发现一种小型的纤细的生物，双脚像人，身材（1.20米）和体重（20～25公斤）像儿童，脑容量（600立方厘米）近似于黑猩猩。这些原人化的类人猿或最初的原人，在草原上过着差别不大的生活：制造工具，建造简陋住所，加工石头和进行狩猎，并因而拥有明显的、同样复杂的社会组织。于是我们看到，不只人类祖先的动物在技术上和社会组织上趋向原人的水平，在原人的进化过程中，在严格意义上的人类——智人诞生之前，工具制造、狩猎、语言、文化都出现了。也就是说，人类的祖先是在技术上和社会组织上从一种或几种其他灵长类动物所达到的水平出发继续向前发展进化的。

如此一来，既在类人猿和原人之间，也在原人和现代人类之间建立了联系。这不仅弥补了从500万～1000万年间的巨大缺口，而且使得人类学主义和动物学主义那种狭隘的眼光得到了扩张。在这里，人类不仅仅归结为社会学现象，生物不仅仅归结为生物学现象。人的概念应该向生物学开放，生物的概念应该向人类学开放。只有通过这种双向的开放，我们才能理解“人是通过自然形成的文化生物，因为它是通过文化形成的自然生物”[2]。的从那时起，可以说就有了人类，也有了动物；既有了文化，也有了自然。这是人类化的动物、自然中社会和与动物进化相联系的文化创生的重叠。如此，生命的概念、动物的概念、人类的概念以及文化的概念失去了僵硬性和自足性；地球上的存在——人类与自然既不能设想成本质的、明确的、排他的实体，也不能设想为具有外在关系的实体，而是具有内在关系的存在。

总之，建设性的后现代主义与现代性把个人与他人、它物的关系看做是外在的、偶然的和派生的。相反，强调内在关系，强调个人与他人、它物的关系是内在的、本质的、构成性的。它认为，“个体并非生来就是一个具有各种属性的自足的实体，他（她）只是借助这些属性同其他事物发生表面上的相互作用，而这些事物并不影响他（她）的本质。相反，个体与其躯体的关系，他（她）与较广阔的自然环境的关系、与其家庭的关系、与文化的关系等，都是个人身份的构成性的东西"[4]。如此就使得“自我不可能再成为由存在主义者的绝望激发出来的孤立的自我，不可能再成为启蒙运动确立起来的自主自我，不可能再成为浪漫主义者的自我表现的自我，也不可能再成为实证主义者佯装的无自我……对后现代精神而言，纯粹自主的自我已不再可能"[9]。因此，作为主体的人类既是一种实体的存在，也是一种关系的存在，这种关系的存在使得他既可以作用于社会、自然，也可以被社会、自然所作用，由此使得作为主体的人类与作为客体的人类、自然有一种不可分离的关系。正是这种不可分离性，“破坏了主-客二分法，摧毁了一方胜过另一方的权威地位，中断了与主体范畴相联系的独断权力关系，并由此消除了其隐藏的属系（等级系统）"[10]，从对立走向和谐，有利于人与自然、人与人之间建立和谐的关系，有利于环境保护。

四、建构主客体关系的意义

上面的论述表明，主客二分是不可能的，所有生命之间都存在内在关系，共同形成生物社会（biotic community)。作为生命关系总体系统中的一部分，所有的有机体都具有本质的平等，都有平等的权力和价值，共同体现生物民主（biodemocracy）的思想。由此出发，我们人类就不是自然的中心，而是自然的一部分，是与大自然具有内在关联的存在。这是反人类中心主义（anthropocentrism）的思想。既然如此，我们应从狭隘的、与大自然相独立分离的、对自然进行控制主导的“小我”（self）或自我中心（ego）中走出来，缩小自我与其他存在物的疏离感，与大自然融为一体，把其他存在物的利益看成自我利益，实现自我，成为生态学所倡导的“大我”(self)。

既然主客体之间不可分离，我们就可以将主体性的概念由人类扩展到自然，从而使得价值意义的存在具有普遍性，价值意义的联结具有多维性。不仅人与环境之间，而且各种生态系统及其环境之间也普遍存在着价值关系；主体并非人类这一物种所独有，动植物中的很多也都可以成为生态系统价值与价值关系的主体，价值主体具有多样性，多样性的价值主体必然带来需求与满足的多样性，从而使得价值意义在各个层次、各个方向上扩展开来。

传统的西方伦理学关注的是人与人之间的关系，即主体际关系。在这一关系中，虽然也存在着道德主体和道德客体，但道德客体仍然是作为主体的人。二元对立思维模式认为，由于自然不能像人那样具有主体性，所以，自然客体就不能成为道德顾客，人类对它就不存在伦理道德关系，可以对它不讲道德。这一观点受到环境伦理学的有力批判。环境伦理学的主流观点认为，既然丧失了部分主体性特征的婴儿、白痴、神经病患者等可以作为道德顾客（客体），那么不具有人类主体性部分特征的自然也就可以作为道德顾客（客体）。只不过此时它们的权利是通过人类主体作为它们的道德代理人来捍卫和行使的。而赋予自然以较弱意义上的主体性，势必增强自然客体作为道德代理人、道德客体的理由，为建立人与自然之间较弱意义上的“主体际”伦理关系创造条件，这对于推进和深化环境伦理学具有重要意义。

既然主客体之间具有不可分离性，那么，我们就可以将发自于人类的价值赋予自然，并且去发现存在于非人类自然客体中的价值。自然是经验的，有目的的存在。它们是“自己的目的”，而不是用来实现人类主体的目的和手段。这是自然的内在价值（naturogenic value）概念。它是客观的，一定程度上不依赖于主体的存在，由它的内在属性所决定的。这与泰勒（Taylor）所提出的生物的善（the good of living-being）、内在价值，雷根（Regan）提出的固有价值（inherent value），罗尔斯顿提出的自然价值（natural value）的含义相互支持，有助于人们树立生物中心主义（biocentrism）和生态中心主义（ecocentrism）的伦理观念。有助于构建起源并发展于动物、植物和生态系统的价值体系，弥补西方伦理学和传统哲学从否定自然内部价值出发，进而在自然和人类之间划定“事实”与“价值”的界限、“是”与“应当”的界限的缺陷，尊重非人类的自然物和一切生命的存在权利，尊重自组织系统对自身价值的追求，维持自然系统其他物种的福利，保护自然环境，保护自然系统的进化和完善。而且，地球上人类和非人类生命的生存繁荣都有其内在价值表明，非人类生命形式的价值独立于它们为了人类繁荣的目的所具有的用途，除非满足必不可少的需要，人类没有权利减少生物多样化，现在人类对非人类世界的过多干预已经导致环境快速地恶化，需要人类行动起来，相应改变社会伦理的、政治的、经济的、技术的、思想的等基本结构，深刻理解“大的和伟大的”之间的差别，从追求世俗生活的高标准转向追求寓于内在价值的环境中的生活的高质量。这对于充分地保护自然，全面实施可持续发展战略具有重要意义。

（在本文的写作过程中，聂敏理博士提出了很好的修改意见，在此致谢！）

参考文献

[1] 舍勒．人在宇宙中的地位．李伯杰译．贵阳：贵州人民出版社，1989：2.

[2] 埃得加·莫兰．迷失的范式：人性研究．陈一壮译．北京：北京大学出版社，1999：5.

[3] Best S，Kellner D. The Postmodern turn. New York：Guilford Press，1997：202.

[4] 大卫·格里芬．后现代精神．王成兵译．北京：中央编译出版社，1998：5.

[5] Gary A，Pearsall M. Knowledge and Reality：Exploration in Feminist Philosophy. Boston：Unwin Hyman，1989.

[6] 马什．逃避策略：后现代理性批判的自我参照性悖论．国际哲学季刊，1989，(3)：31.

[7] 大卫·格里芬．后现代科学——科学魅力的再现．王成兵译．北京：中央编译出版社，1995：2.

[8] 特雷西．解释学·宗教·希望．郭长墀，何卫平，张建华译．上海：上海三联书店，1998：135，136.

[9] 波林·罗斯诺．后现代主义与社会科学．上海：上海译文出版社，1998：21.

消费主义文化的符号学解读*

人们把工业社会叫做“消费社会”。消费社会既是消费主义文化产生的现实基础，也是在消费主义文化的支撑下运行的。消费主义文化是怎样产生的呢？它具有什么样的特征呢？这样的特征给消费带来什么呢？这需要我们具体分析。

一、商品符号意义的生产

没有消费，就没有人类的生存，也就不需要人类进行生产。从这一意义上说，消费是生产的动力。当然，人类的消费水平受生产力的限制。有什么样的生产力水平，也就有什么样的消费水平。在20世纪20年代之前，人类的生产力有限，生产的目的只是满足人们的自然需要。对商品的消费是一种物质性的消费，消费的是它的使用价值，满足的是人们的物质生活需要。人类的消费只是从匮乏消费向温饱消费，再向小康消费迈进。

在此之后，情况不同了。随着科技的进步和市场化的推进，首先在美国，然后在其他国家，人们对食品、衣物、住房等的自然需求得到了满足，出现商品过剩以及经济危机。此时，经济生产不再与短缺相联系，而是与商品过剩相联系。传统的以匮乏为特征的社会转变为商品过剩的社会。生产过

* 本文作者为肖显静，原载《人文杂志》，2004年第1期，第170～175页。

剩和消费不足以成为摆在资本主义生产面前的一个大问题。经济学家和企业主、商业经理们认识到，如果不扩大消费者的需求，大规模生产出来的产品将卖不出去，经济将会处于停滞状态。由此出现市场经济潜在的无限生产力与销售产品的必要性之间的矛盾，也使资本主义内在的生产逻辑出现断裂，即在资本主义商品经济条件下，商品生产者所追求的是尽可能地提高生产效率，无限制地扩大再生产，以便获得更大的利润。但是，由于所生产的商品出现过剩状态，资本家追求利润的目的也就不能实现。

在这种情况下怎么办呢？怎样使卖不出去的商品消耗掉呢？可以通过游戏、宗教、战争等形式去摧毁和浪费这些过剩的产品，也可以通过礼物、供祭、消费竞赛、狂欢、炫耀性消费来消耗。后一种方法是消费社会关注的焦点，它导致市场经济社会中生产者和消费者关系的转变。

过去，生产所有商品的目的是为了消费，生产者是根据消费者的需求和态度来调整生产、安排生产计划的。但是到了20世纪，随着资本主义的扩展、科学管理与“福特主义”（Fordism）的盛行及凯恩斯的国家干预市场和刺激消费的主张的贯彻，建构新的市场，通过广告、电视以及其他媒介宣传来把大众培养成为消费者，就成了极为必要的事情。广告系统、时尚系统、商品设计和产品包装等手段的应用，充分调动了消费者所关注的文化意义、目标、价值、观念、理想等文化资源，并使商品同这种文化资源相结合，使商品成为能够强烈吸引消费者注意的负荷文化意义的象征符号。以广告为例，按照传统的经济理论，做广告是为了向购买者提供某种商品以及服务信息，使得市场能够顺利进行下去。但是，现在很多广告已不把这作为一个主要的目的，或者不作为一个目的了。它们在提供这一商品信息的同时，往往为了与其他同类产品相竞争，利用科技手段加以包装，利用某种表面上的美好以及含情脉脉对此进行粉饰，赋予它广泛的文化联系，把罗曼蒂克、珍奇异宝、欲望、美、幻想、成功、科学进步与舒适的生活等各种意象附着于各种普通的消费品上；运用形象化的描述，如性功能的充沛、永远年轻、幸福美好、价值意义等来代替产品的信息，使它们成为现实的享受、力量的象征、快乐的获取、幸福的获得的同义语。使得广告所涉及的商品成了一个如梦境一般美好的事物，成了一个只要拥有它就拥有了某种幸福和圆满的东西。使人们在对它的向往中，在人生的奋斗过程中，去获得这种商品所代表的现实；让人们在消费这种物品的同时，也获得成功、荣耀、富贵等心理上的满足。广告就是以这种特定的方式生产了商品的文化意义，成为人生价值以及文化意义的展现者，成为人们消费的对象，让人们在消费它所代表的意义中来消费这种产品。正所谓："如果我们把产品当做物来消费，那么，通过广告我们消费它的意义[1]。"正是这种意义的消费引导、刺激了人们的消费欲望，使人们产生匮乏感，并向人们展示解决匮乏感的方式——去购买。

这就是消费社会中商品符号意义的生产。它们刺激、引导并培育着人们的社会态度和社会需求，控制着市场行为，刺激人们的欲望，使人们的心理服从于他们的调节和控制；它们激发了人们对现状的不满以及对这种新产品的向往，培养了需求，生产了消费，兜售了消费主义，产生了消费社会。所以，商品符号意义的生产也就是消费的生产。"消费社会也是进行消费培训、进行面向消费的社会驯化的社会——也就是与新型生产力的出现以及一种生产力高度发达的经济体系的垄断性调整相适应的一种新的特定社会化模式[2]。"此时的"生产已经不仅仅是产品的生产，而且同时也是消费欲望和消费激情的生产，是消费者的生产"[3]；此时的社会"已经从传统的以'生产'（制造）为中心的社会转变到以'消费'（以及消费服务）为中心的社会。消费和消费服务不但对经济的作用和贡献加大，而且在社会和文化生活中也从原来所扮演的'边缘角色'变成了'时代的主角'之一"[3]。

二、商品的符号象征性

根据上面的分析，商品通过广告、大众媒体等富有技巧的展示，将社会所有的、能够吸引消费者的各种文化意义附着于商品之中，使得商品不再是单纯的、具体的物品，它本身已经成为表征某种意义和价值的符号，具有了"所指"与"能指"的双重含义。并且"使语言的结构、符号交换的结构产生转型，为消费主义新代码的出现创造了种种条件"[4]。

根据索绪尔结构主义符号理论，"能指"（the signifier）或"语词"是与"所指"（the signified）、"意象"（mental image）或"指称对象"相分离和割裂的，"能指"与"所指"之间的关系是任意的。将此应用到商品的分析中就是，一个固定的裸露的商品是一个所指，此时它只具有固定的功能。而一旦将各种意义放到该商品中，也就扩展到了能指的范围。能指的是应用工具如媒体、广告等对物品进行操作，使物品能够游离于具体的物品之外成为影像、符号以及一个仿真的存在。这些是对商品实物原形的拒绝，并代之以一个不稳定的、漂浮的能指领域。它们更多地消解了现实与想象之间的差别，成为连接现代社会环境的符号体系，从而能够应用于多样性的关系中。商品成了索绪尔意义上的记号，其意义可以任意地由它在能指的自我参考系统中的位置来确定。

如此，物品不仅是商品，而且还是“象征物”和“符号物”；不仅是一种所指，也是一种能指；不仅具有使用价值、交换价值，而且还有象征交往、符号价值。商品的符号价值具有两个层次，第一是商品的独特性符号，即通过设计、造型、口号、品牌与形象等来显示它与其他商品的不同和独特性。借此传达商品本身的格调、档次和美感，体现某种梦想、欲望和离奇幻想。第二是商品本身的社会象征性，商品成为指称某种社会地位、生活方式、生活品位和社会认同等的符号。绝大多数商品除了作为器具，用于我们的生活及生产之外，它还为消费者展现某种社会关系，体现某种社会地位，从而使某人具有了某种存在的资本、信用的资本和心理的资本。第一个层次是第二个层次的基础，第二个层次是第一个层次的本质体现。而且随着消费社会的发展，第二个层次的体现将会越来越深远。如对于电视，它首先是一种物，具有商品的特征，有使用价值和交换价值。但电视还可能被看做是社会象征的符号，是社会成员地位和身份的象征。作为消费者，正是凭借这种地位和身份而融合到社会系统中去的。

商品的这种符号价值发展具有历史性。在匮乏社会中，商品生产的目的比较简单明了，即为了维持基本而简单的生存，它的符号功能表现得不明显，从而被人们忽视了。但是，随着消费社会的形成及其扩张，人的目的及其意义的很多方面都被赋予到了物品上面，使得物品的符号功能和价值得到越来越多的、越来越广泛的体现。对波德里亚来说，正是现代社会中对物品影像生产能力的逐步增强、影像密度加大，使影像渗透到所有领域，形成一个全新的社会——消费社会。在该社会中，现实与影像之间的差别消失了，日常生活以审美的方式呈现出来，也即出现了仿真的世界或后现代文化。商品的物质消费功能，不断被弥漫的文化影像所调和、冲淡，而商品记号和符号方面的特征突现出来。如此，消费主义文化就是由具有象征意义的符号决定的，而消费活动可以看做商品所具有的符号意义的交换。成为消费客体的不仅商品本身，而且还是能指本身。个体在社会中的地位不仅是他们的工作类型，而且还有他们消费的商品及其商品的能指——所具有的意义。

三、商品消费的符号象征性

商品的符号象征性必然导致对商品消费的符号象征性。在消费社会中，既然物不仅作为物理的或自然的东西而存在，而且作为受某种规则支配、表达某种意义的符号载体而出现，那么对它的消费就不单纯是一种物质性消费，而是一种符号消费、一种系统化的符号操作行为或总体性的观念实践。这样的消费便大大超越了人与商品之间的关联，而进入到社会、历史、文化、乃至人类社会的所有领域。使得消费本身具有了符号性和象征性，从而也具有社会表现力。消费本身就成为文化，成为社会、交流和表演的过程，也成为差异发生的消费、人与人之间关系的消费。消费不仅意味着物品的耗费（consumption，消除），还意味着某种关系的实现。“消费既不是一种物质实践，也不是一种‘富裕’现象学。它既不是依据我们的食物、服饰以及驾驶的汽车来界定的，亦非依据视觉和听觉的意象和资讯的材料来界定，而是通过把所有这些东西组成指称来加以界定。消费是在具有某种程度的连贯一致性的话语中所呈现的所有物品和资讯的真实总体性。因此，有意义的消费乃是一种系统化的符号操作行为”[5]。

这种符号化的操作行为导致消费不仅是一种物理或物质层面上的消费，而且也是象征层面上的消费。后者称之为“象征消费”（symbolic consumption)。所谓象征消费指人的消费具有符号象征性。这种象征性表现在两个方面：一是消费符号；二是符号的消费。所谓消费符号指的是消费的过程实际上也是社会表现和社会交流的过程，借此消费就向社会观众传递了包括自己的地位、身份、个性、品位、情趣和认同，以此体现自己的社会地位。这一点随着消费社会的发展、消费主义的扩张体现得越来越明显。波德里亚就认为，在西方现代社会中，一个人越来越依据于他或她所使用的或消费的物的等级来识别，而越来越少依据其出生、血统、种族等级和阶级成分来划定。

因此，“物品和广告系统，作为‘社会地位’的编码，在历史上第一次成为普遍的符号和解释系统，成为占据统治地位的、对人们的地位和身份加以区分和辨认的符号系统”[3]。在这里，消费成为一种交流体系、一种语言的同等物，成为人的价值的展示，成为某个人社会地位的有形标记。从这点看，“人们从来不消费物的本身（使用价值）——人们总是把物（从广义的角度）用来当做突出你的符号，或让你加入视为理想的团体，或参考一个地位更高的团体来摆脱本团体”[2]。这就是说，消费者的行为反映了一种社会现象，即他们从一个社会阶层向另一个社会阶层迈进，或者在同一个社会阶层中进行比较。这里对物品的选择，表面上是满足物质需要，实际上是为了满足价值需求，是为了寻找依附于这些物品上的那些社会价值以及社会意义。“消费过程不仅是商品的交换价值和使用价值实现的过程，而且也是商品的社会生命和文化生命的形成、运动、转换和消解的过程。换句话说，消费不但是物质生活过程，而且也是文化、交往和社会生活的过程。消费在物理意义上消解客体的同时，也在社会和文化的意义上塑造主体，并因此找到了使个体整合到社会系统中去的媒介。消费是生活的‘辩证法’，它使某种东西（如商品）消失，同时又使其他东西（如自我与社会认同）产生。从消费主体来看，消费者不单单是一个‘经济人’，而是一个具有多重角色的人，甚至一个充满矛盾的人。消费者可以同时是理性选择者、意义传播者、生活方式的探索者、认同寻找者、快乐主义者、商品消费的牺牲者、反叛者、活动主义者和公民。”[6]

这一切说明，“消费并不仅仅是一种经济现象，而是一种复杂的、综合性的经济、社会、政治、心理和文化现象”[3]。消费者对一些物品的选择实际上是选择了一种特殊的生活风尚，从而也使他们选择了一种特殊的社会阶层。因此我们可以得到这样的结论：某个体消费某物品，因此他属于某团体；某个体属于某团体，因为他消费某物品。因此消费者在消费时体现的不仅是一种人与物的关系，而且也是一种人与人之间的关系，是每个个体向一个社会所公认的价值规则——消费至上靠拢的结果。人们对名牌的青睐在一定意义上正说明了这一点。这本身使得消费社会中的名牌商标成了一个非常类似于传统社会里神话的作用。对名牌商标物品的选择已经成为选择者把自己从一个较低的社会地位的团体中脱离出来，进入到另一个与消费这种物品相对应的地位较高的团体中去的标志。

所谓符号的消费是指在消费过程中，消费者除消费产品本身以外，还消费这些产品所象征和代表的意义、心情、美感、档次、情调和气氛，即对这些符号所代表的“意义”或“内涵”的消费。如果说消费的符号指的是通过消费来表达某种意义或信息的话，那么，符号的消费是将消费品作为符号表达的内涵和意义本身作为消费的对象。它包含下面几个层次：首先，作为消费品外观上的示差符号（物的第一层次符号），如造型、色彩、图案、包装等，传达了产品本身的格调、档次和美感，已经成为消费的对象，是消费过程中的一个组成部分；其次，消费品的地位象征符号（物的第二层次符号），如消费品所代表的社会地位、身份和品位（即社会含义），以及与之相联的自鸣得意等心理体验，也是消费的对象和内容；第三，消费品的消费环境，作为消费的空间符号，同样是消费的一个内容，例如，在豪华的酒店进餐，不但食品是消费的对象，酒店的氛围和气派也是消费的内容；第四，消费的仪式，如服务程式，作为一种符号，也可以是消费的一个内容，例如，餐厅服务小姐的服务，不但构成劳务消费品的一部分，而且构成饮食的附加消费仪式（即代表档次和身份的符号），而成为消费的对象。总之，我们“不但消费物，而且消费物作为符号所代表的‘意义’，包括情调、趣味、美感、身份、地位、氛围、气派和心情”[3]。人们对商品不仅消费的是其使用价值，而且还消费它们的形象，从形象中获取各种各样的情感体验——快乐、梦想、欲望及其离奇幻想。它暗示着，“在自恋式地让自我而不是他人感到满足时，表现的是那份罗曼蒂克式的纯真和情感实现”[7]。这点正如弗洛姆在谈到时尚食品的消费时所说“事实上，我，在‘吃’一个幻想，与我们所吃的物品没有关系。我们的消费行为根本不考虑我们自己的口味和身体。我们在喝‘商标’。因为广告牌上有漂亮的青年男女在喝可口可乐的照片。我们在喝这幅照片。我们在喝‘停一下，提提精神’的广告标语”[8]。

如此一来，“消费，不仅是一种满足物质欲求或满足胃内需要的行为，而且还是一种出于各种目的需要对象征物进行操纵的行为，所以，强调象征性的重要性就显得十分有必要。在生活层面上，消费是为了满足建构身份、建构自身以及建构与社会、他人的关系等一些目的；在社会层面上，消费是为了支撑体制、团体、机构等的存在与继续运作；在制度层面上，消费则是为了保证种种条件的再生产，而正是这些条件使得所有上述活动得以成为可能"[9]。

四、消费的异化

商品的符号化以及商品消费的象征性使得消费社会中的消费价值与非消费社会中的消费价值具有完全不同的特征。

在非消费社会中，商品的符号性以及象征意义不明显，所以，商品的使用价值主要就是该商品的自然物质结构所具有的可供消费的功能。商品的部分消费导致该商品所具有的使用价值的部分消失；商品的全部消费导致该商品的使用价值的全部消失。只要商品的可供消费的功能没有完全丧失，那么，该商品就还可以消费而不会退出消费过程。此时，商品的消费价值是由它的使用价值决定的。这必然延长商品的使用时间，体现了商品消费的节约性，是一种节约性的消费。这与非消费社会中的商品生产的有限性相一致。

而到了消费社会，情况就不一样了。消费的符号学分析比较充分地说明了消费不但是经济学意义上的消费者追求个人效用最大化的过程，而且也是社会学意义上的消费者进行“意义”建构、趣味区分、文化分类和社会关系再生产的过程。这就导致消费社会中消费呈现异化状态。

第一是浪费。在消费社会中，商品的消费价值主要不是由它的使用价值决定的，而是由它的符号和象征交往价值决定的。一个商品是否还具有消费价值，主要不是看它是否还具有使用价值，而是看它是否还具有符号和交往价值。由于消费社会是一个生产消费的社会，也就是一个生产商品符号和交往价值的社会；由于对这种符号和交往价值的生产是主观的、快速的、多变的、复杂的，嵌入在商品之中的符号交往价值呈现出主观的、快速多变的特征。这必然加速商品消费的速度，导致商品的快速死亡。这客观上导致了一次性用品的增加，用掉就扔习惯的养成以及产品更新换代的加快，也助长了过度消费和浪费。这一点也符合资本主义生产的逻辑。为了赚取更多的利润，资本主义奉行“消费得越多、生产得越多、赚取的利润就越多”的准则。实用坚固、持久价廉在消费社会中已不再是生产者和消费者考虑的焦点，它们不利于商品生产者和商品销售者更快、更多地赚取剩余价值，而美观、大方、气派、昂贵甚至变幻莫测倒是能够使他们获取更多的剩余价值。因为这会加快产品的死亡，缩短它的生命，加速生产、流通和消费的循环。对这一转变，消费社会创造了很好的条件。

第二是从理性消费走向感性消费。消费是人的消费，它必然带有人的主观性，是在人的思想观念指导下进行的。这是消费的决策。它有两种形式：理性消费和感性消费。所谓理性消费是指在已知消费的情况下，消费者根据其消费水平以最低的价格获取最大效用的商品及商品组合。所谓感性消费是指消费者在选择商品时以“是否喜欢”为首要考虑因素，包括商品的外观、造型、色彩等，以及商品是否时髦。前者与生活水平比较低的阶段相对应，后者一般与生活水平较高的阶段相对应；前者侧重的是产品的功用，贯彻的是实用原则；后者侧重的是产品的外观、感觉、情感、主观偏好和象征意义——品位、理念、价值等。因此，如果说实用型消费更多的是一种物理消费（或功能消费）的话，那么，感性消费则更多的是一种意义消费和心理消费。在传统社会以及早期现代化的社会中，理性消费是消费的主要特征，而到了晚期或高度现代化的社会，感性消费则成为消费的主要特征。

第三是炫耀性消费。既然消费不只是一种满足物欲的行为，而是一种出于各种目的需要对象征物进行操作的行为，那么，在消费社会中的大多数成员，尤其是富裕的上层阶级更多地把消费过程作为某种意义和信息的符号表达过程。通过对物品超出实用和生存所必需的浪费性、奢侈性和铺张性消费，向他人炫耀和展示自己的经济实力和社会地位，并由此带来荣耀、声望和名誉。这是一种典型的炫耀性消费。这一点比较充分地体现在对品牌或名牌的消费上。在这里，名牌或品牌本身作为符号表达了商品的档次、信誉以及消费者的身份、荣耀和心情，对它们的消费其实也就是某种心情或情感的获取和表达。这也是品牌或名牌所隐含的“意义”之一。

商品的符号化、商品消费的符号象征化必然导致商品的异化。而这种异化客观上又导致了商品的大量生产和消费，这虽然带来了经济的繁荣和社会的进步，但是，也不可避免地带来了资源的大量消耗和废弃物的大量排放，引发严重的资源危机和环境危机。与人口、技术相比较，消费对环境的影响一点也不小，只是由于消费具有较高的私人隐秘性，能够促进经济和社会的发展，提高就业率，给人类带来幸福，所以，它对资源环境的影响被普遍地忽视了。如此看来，就非常有必要考察消费社会中的消费文化与环境保护的关联，建构可持续发展的消费文化，达到可持续消费的目的。

参考文献

[1] Baudrillard J. Selected Writings. Cambridge：Polity Press，1988：10.

[2] 波德里亚．消费社会．刘成富等译．南京：南京大学出版社，2000：48，73.

[3] 王宁．消费社会学：一个分析的视角．北京：社会科学文献出版社，2001：1-3，108，199，203，204.

[4] 马克·波斯特．第二媒介时代．范静哗译．南京：南京大学出版社，2000：146.

[5] 波德里亚．物的体系．王宁静．斯坦福：斯坦福大学出版社，1988：21，22.

[6] Gabriel Y，Tim L. The Unmanageable Consumer：Contemporary Consumption and Its Fragmentation. London：Sage，1995：21.

[7] 迈克·费瑟斯通．消费文化与后现代主义．刘精明译．译林出版社，2000：39.

[8] 弗洛姆．健全的社会．孙恺祥译．北京：中国文联出版社，1988：133.

[9] 鲍曼．消费主义的欺骗性．何佩群译．中华读书报，1998-06-17，第6版．

阿伦特现代性反思视域中的自然破坏*

虽然汉娜·阿伦特一直认为，作为一个思想家、哲学家应该“在隐藏中生活”（伊壁鸠鲁语），因为沉思乃是自我与自身的对话，是一种纯粹的私人活动，但是她又是不折不扣的公众人物。这不仅是因为她与海德格尔之间的情感纠葛已经成了人们争相传闻的饭后谈资，更是因为她的创造性思想引起了社会的强烈共鸣和关注。她在发表公开演讲的时候，走廊和过道都会被拥挤得水泄不通，而 1975 年丹麦政府为表彰她对欧洲文明所做出的巨大贡献，特地授予她松宁奖（Sonning Prize），更是体现了她在公共世界当中的非凡影响力。本文无意对汉娜·阿伦特的思想作一个全面的论述，而是以《人的境况》一书为核心，探讨其现代性反思的生态意蕴，希望能对破解现代社会中生态危机的迷局有所助益。

一、古代社会中的自然

虽然《人的境况》是一部政治哲学著作，但它又不同于严格意义上的政治哲学著作，因为汉娜·阿伦特并没有在哲学分析的基础上为政治开出处方，即没有为未来政治描绘出一幅蓝图，甚至都没有告诉人们一条通往未来

---

* 本文作者为吴兴华，原载《自然辩证法通讯》，2012 年第 3 期，第 45～50 页。

的道路，而是着眼于当前，“仅仅是思考我们正在做什么”，“是从我们最崭新的经验和我们最切近的恐惧出发，重新考虑的人的境况”[1]。也就是说，《人的境况》这本书就如书名所显示的那样，就是讨论人类处境的，这种处境不仅包括了政治的、经济的、文化的环境，而且也包括了自然环境，所以自然也理所当然地成了汉娜·阿伦特所关注的一个对象。实际上，在《人的境况》中，自然问题并非是一个一般的关注对象，而且还是一个特别的关注对象，因为自然、地球构成了所有人类活动的最基本、最重要的处境，“地球是人之境况的集中体现，而且我们都知道，地球自然是宇宙中独一无二的能为人类提供一个栖息地的场所”，所以尤其值得人们关注[1]。

《人的境况》一书要探讨人类所处的环境。不过人类所处的环境与动物所处的环境不同。动物所处的环境是由自然赋予的，动物本身也构成了这个自然环境的一部分，所以它必须被动地去适应所处的自然环境，而人则并非如此。一方面，作为自然界当中的一个重要成员，人类无法从自然环境当中抽身而出，必须依赖于自然环境而生活，从而显示出被动性的一面，“人是被处境规定的存在者”[1]；但是另一方面，人类的处境并非一个纯粹天然的自然存在，而是一个人化的自然环境，也就是说，人类的处境全部打上了人为的烙印，“除了人在地球上的生活被给定的那些处境，人也常常部分地在它们之外，创造出他们自己的、人为的处境”[1]，“物和人共同组成了人的每一种活动的环境，没有这个环境，活动就是无意义的；而这个环境，这个我们出生于其中的世界，没有人的活动，就不存在——物的制造生产了它，土地的耕作照料了它，政体的组织创建了它”。也就是说，人类本身就是自己处境的制造者，人类当前的生活境况都与自己的积极活动有关，正是人类的所作所为造就了我们当前的处境。而这些活动主要包括：劳动（labor）、工作（work）和行动（action）。

人首先是一个自然存在物，“我们连同我们的肉、血和头脑都是属于自然界和存在于自然之中的”[2]。人类的自然属性决定了人类就像其他自然存在物一样，具有各种各样的自然需求，并且需要不断地从自然当中攫取满足自身需求的物品，从而与自然之间处于一个不断的能量交换之中。而人类满足自身自然需求的活动就是劳动，“劳动是与人身体的生物过程相适应的活动，身体自发的生长、新陈代谢和最终的衰亡，都要依靠劳动产出和输入生命过程的生存必需品"[1]。从阿伦特的概括当中，我们不难看出：首先，劳动与人类的生存必需性相关，劳动就是为了获得维持生命所必需的东西，也正是在这个意义上，我们也可以将劳动活动看成是谋生、营生活动；其次，由于劳动是与生物过程相适应的，所以劳动这个词所关注的不是劳动的产品、成果，而是其对于生命的维持作用，因为劳动的产品、成果需要被劳动者所消耗，否则它就失去了其作为劳动产品的意义，"一切劳动的特点正是留不下任何东西，它辛苦劳动的产物几乎在劳动的同时就被迅即消耗掉了"[1]；最后，劳动与生物过程相适应，而生物有生有死、有产出有输入，那么人的劳动及其生命过程实际上最终进入到了自然界的循环过程之中，与自然界合而为一，这就是说，劳动最终与自然过程融而为一，因此，从自然的角度来看，劳动对自然不具有破坏性。

劳动虽然具有维持人类生命的重要作用，但是劳动本身的特点决定了它不可避免地具有自身的局限性。劳动源自于生存的必需性，就意味着人类的不自由，它是对人们的束缚、折磨；劳动成果的迅速被消耗，就意味着它没有在此世界上留下任何痕迹，更谈不上有任何伟大的作品，从而也就不值得纪念；劳动陷入自然永恒循环运动的特点，意味着人类无法抵抗自然的侵蚀。正是为了克服劳动的局限性，人类还需要在劳动之外进行工作或制作，"工作是与人的非自然性相应的活动，即人的存在既不包含在物种周而复始的生命循环内，它的有死性也不能由物种的生命循环来补偿。工作提供了一个完全不同于自然环境的'人造'事物世界。每一个人都居住在这个世界之内，但这个世界本身却注定要超越它们所有的人而长久地存在"[1]。工作之所以能够克服劳动的局限性，就在于人们通过对材料的加工制作，从而制造出人造物品，而这些人造物品主要是我们使用的对象，通过对它们的使用，不仅可以减轻我们劳动的负担，更为重要的是，对这些人造物的恰当使用不会导致它们的消失，它们独立于生产和使用它们的人而存在，独立于自然循环运动的过程而存在，从而具有一定的客观性、持存性，因而它拥有"让人的生活稳定下来的功能"，"可以庇护人这个变化无常、难逃一死的生物"[1]。但是这种工作或制作会对自然造成严重的伤害。因为要想制造出一个人造物品，我们就必须从自然中选取加工的材料，但材料不是单纯给定的或预先储存在那里的，如果我们要想获得加工的材料，我们就必须对自然进行掠夺，打破自然的发展进程，使自然按照我们的设计蓝图向前发展，“这种侵夺和暴力的因素存在于一切制作当中，而技艺人、人造物的创造者，始终都是一个自然的破坏者”，“人的生产力本质上必然导致普罗米修斯式的反驳，因为它只有在部分破坏了由上帝所创造的自然之后，才能建立起一个人为世界”[1]。因此，现代社会中作为制造者和制作者的人类从根本上来说都是工匠、技艺人，“他们的工作是对自然采取暴力，来为自己建造一个永久的家”[1]。

虽然工作所创造的世界是以破坏自然为代价的，但是在古代社会里人们大可不必担心人与自然之间会产生不可调和的冲突，从而造成对自然的大面积破坏，这是因为在古代社会里，与自然直接相关的劳动和工作都受到了一定程度的抑制。亚里士多德作为古希腊思想的集大成者，他曾经指出，“和蜜蜂以及所有其他群居动物比较起来，人更是一种政治动物”，“人天生是一种政治动物，在本性上而非偶然地脱离城邦的人，他要么是一位超人，要么是一个恶人”[3]。政治生活的前提条件就是人的复数性，也就是政治生活依赖于人们共同生活的事实，依赖于他人的在场，处于人类社会之外的政治行动是无法让人想象的。既然人是政治动物，那么只有与他人相关的政治行动才最符合人性，最能体现人之本质或人之为人的活动当属政治行动，而劳动和工作则在积极生活的序列当中只能是等而下之，“劳动和工作不够有尊严，不足以构成完整意义上的生活（bios），一种自主的和真正属于人的生活方式”[1]。这其中一个很重要的原因，当然是因为劳动和工作都没有脱离人的需求。像劳动服务于必需的东西，工作是生产有用性的东西，从而限制了人类对于自由的追求。不过更为重要的是，劳动和工作都使人们脱离了公共世界，切断自我与他人之间的联系。像在劳动和工作中，我们无须他人在场，我们完全可以凭借一己之能进行劳动和工作，因此，在劳动和工作中，尽管我们也可能与他人在一起，但是这种生活是一种麇集性特征，自我与他人之间是同一性的，因而不符合政治所要求的复数性存在。在此意义上，劳动和工作是非政治的甚至是反政治的，所以，我们必须对劳动和工作加以限制，不能让其妨碍政治行动。正是对于劳动和工作的轻视，导致古代社会中人们对于自然的征服与改造并未大肆展开，从而使自然免遭人类肆无忌惮的破坏。

二、劳动的解放

在古代社会里，劳动与工作之所以受到压制，其中一个非常重要的原因就是劳动与工作主要局限在私人领域内，而与政治所要求的公共领域无关。劳动与工作只是一种私人的活动，当然这并不是说，古人没有意识到人不能在人群之外生活的事实，不过在他们看来，这种群与动物的种群之间没有质的区别，不过是一种自然的联合，没有构成人的本质规定性，而人在本质上是政治的。政治的就意味着所有的人类活动都依赖于人们共同生活的事实，而且生活在城邦、国家这些共同体当中的人是复数性的，人们之间存在着自我与他人之间的差别，每个人都是独一无二的，不像动物那样是高度同一化。因此，生活在公共世界当中的人们不能各自为政，必须向他人显现自身，而这种显现需要他人的在场。公共领域与私人领域之间的差别在于，私人领域会随着个体生命的消亡而消失，但是公共领域不是为一代人而建的，而是为千秋万代而建的，它超越了个体生命的长度，“共同世界是一个我们出生时进入、死亡时离开的地方，它超出我们的生命时间，同时向过去和未来开放；它是在我们来之前就在那儿，在我们短暂停留之后还继续存在下去的地方。它是我们不仅与我们一起生活的人共同拥有，而且也与我们的前人和后代共同拥有的东西”[1]。正是因为政治涉及的这种公共领域、共同世界的超越性、不朽性，使得其成为古人关注、追逐的对象，所以古人认为，人们必须在私人领域与共同领域之间划分明确的界线，所有那些仅仅为了谋生和服务生命过程的私人活动绝不允许进入公共政治领域，而这也使得自然在古代社会中幸免于被滥采滥伐的厄运。

在现代社会里，人们的生活发生了翻天覆地的变化，像家庭和家务活动这些原本很私人的领域现在开始与公共领域变得密不可分，“随着社会的兴起，随着家庭和家务活动进入公共领域，古老的政治和私人领域以及更晚近建立的私密空间不可抗拒地被吞噬的倾向，已经变成了社会这个新领域的典型特征之一”[1]。与这种变化相对应的是私人关心的内容转变为公共关心的内容，过去人们关心的是行动和言说，现在人们更加关注的是与生命必需性紧密相关的劳动，从而将劳动从私人领域的限制当中解放出来，“现代，颠倒了全部传统，也颠倒了行动和沉思的传统秩序以及积极生活内各种活动的传统等级；现代，把劳动赞颂为所有价值的源泉，把劳动动物提升到传统上由理性动物所占据的位置”[1]，“现代已经从理论上完成了对劳动的赞美，并导致整个社会事实上变成了一个劳动者社会……劳动是留给他们的唯一活动”[1]。一旦劳动从私人领域中被释放出来，一旦劳动篡夺了过去唯有行动才享有的尊荣，那么它必将会迎来前所未有的发展机遇，并将对世界产生重要的影响。“劳动活动，在最原始的生物学意义上总是和生命过程相联系，数千年来一直被限制在生命过程的循环往复中，停滞不前。而当它被允许达到公共性的地位时，也丝毫没有削弱它作为一种过程的特征，相反，它把这种过程从单调的循环往复中解放出来，转化成一个迅猛发展的过程，其结果是在短短的几个世纪里整个地改变了我们居住的世界。[1]”

正如前文所言，劳动与生命联系在一起，受到生存必需性的限制，而生命本身就是一个不断地输入与输出的过程，或者说就是一个消费、消耗的过程，所以，生命无时无刻不在消耗着物品，可谓是生命不息，消费不止。劳动与生命之间的内在关联，决定了劳动与消费之间具有不可分割的联系，劳动构成了消费的前提条件，而消费又反过来推动了劳动的开展，“劳动和消费只不过是生命必需性强加于人的同一个过程的两个阶段”[1]。既然在现代社会中，劳动被提升到了至高无上的地位，现代社会演变成了一个劳动者社会，而劳动与消费之间的关系又如此密不可分，那么也就意味着，现代社会中消费也被提升到了至高无上的地位，现代社会也可以说已经成了一个消费者社会，在现代社会中，人们所从事的一切活动，都不过是为了满足生存的需求，都是为了谋生。这样一来，所有的东西都成了消费的对象，不仅食物能够满足我们的需求，将会被饥饿所消费，而且就连公众赞赏、身份地位同样也能够满足我们的需求，将会被我们的虚荣心所消费，“在现代世界中，公众空洞地、每天以越来越大的数量被消费着，以至于货币酬劳这个最空虚的东西反而显得更为‘客观’和真实”[1]。实际上，在现代社会里，人们的消费已经不再被纯粹的真实的生理需求推动，经常是被虚荣心推动，所以消费不再仅仅是满足生存的必然性，同时也在满足不断膨胀的虚荣心，与劳动紧密相关的消费已经开始变成了炫耀性消费。在炫耀性消费的背景下，人们的需求开始被无限地放大，人们已经无法再满足于自然所提供的简单物品，而是要让自然提供出我们所想要的一切。为了满足日益膨胀的虚荣心，人们不得不向自然举起屠刀，在自然中、在地球上进行疯狂的掠夺，“我们整个的经济已在一定程度上演变为浪费经济，每个东西一在世界上出现就被尽可能快地吞噬和抛弃掉，只要这个过程本身还没有突然以灾难性的方式结束的话”[1]。

实际上劳动在现代社会中地位的提升，不仅削平了私人领域与公共领域的鸿沟，使行动与劳动之间变得界线不清，而且也削平了劳动和工作之间的区分。因为在一个劳动者社会中，人类的一切活动都被放在了获取生活必需品和物质富足的层面上来理解，我们的一切所作所为都被理解为“谋生”，也就是说，人类的一切活动都被变成了劳动，而那些不是为个体生命和种群生命所必需的活动，那些与劳动无关的活动都应该被看成是玩乐、业余爱好。在这样一个劳动主宰一切的世界里，“劳动和工作的区别消失了，所有工作都变成了劳动”，“工作现在以劳动的方式来进行，工作的产品，即使用的对象也被人们像对待消费品一样来消费”[1]。本来工作的成果不是消费的对象而是使用的对象，而使用对象最重要的特点就是它们的永恒性、稳固性和持久性，人们对于它们的恰当使用不会导致它们的消失，也正是工作产品的这些特点，为我们变化无常、难逃一死的人类提供了庇护，使我们在自然的循环运动当中保留了自身的同一性。然而在现代社会里随着劳动与工作之间界线的消弭，劳动也被赋予了生产的功能，因此在现代社会里不仅有非生产性劳动，而且也有生产性劳动，而劳动本身是一个循环往复、永无止境的过程，劳动过程的维持必须依靠无休止的消费来保证，而无休止的消费又依赖于无休止的生产，要确保无休止的生产永不停歇，就只能让工作的产品越来越快地失去其使用特征并迅速地变成消费对象。因此，阿伦特说，在现代社会里，“由于我们需要越来越快地替换掉我们周围的世界之物，我们就再也‘用不起’这些东西，再也不尊重和保护它们固有的持存性了：我们必须消耗、吞噬掉我们的房子、家具和汽车，仿佛它们也是一些如果不迅即卷入人与自然无休止的新陈代谢循环中，就会白白地损坏掉的自然的‘好东西’”[1]。阿伦特的论述并非主观臆想，而是现代社会的真实写照，现代社会中房屋的拆迁重建、生活用品的升级换代等，无不在证明着阿伦特的论断。然而问题在于，正像我们前面所说的，工作对于自然具有无与伦比的破坏性，消费与生产的迅猛发展也就意味着人们对于自然破坏的不断加速。

三、地球的异化

从前文的分析中我们可以看出，现代社会中许多自然问题的造成都与劳动在积极生活中地位的提升以及劳动与工作之间界限的模糊具有非常重要的内在关联。这种分析是从最终的结果上来说的，而在实际历史发展的过程中，在劳动地位上升到积极生活内等级秩序的最高位置之前，经历了一个工作在等级秩序中地位享有无限尊荣的过程，而且正是踏着工作的肩膀，劳动才逐渐爬上了积极生活中的最高统治地位。而工作在现代最突出的成就就是它所突出的一项科学成果——伽利略发明的望远镜，而现代社会一切转变的发生都能在此事件中找到根源，“从现代开端到我们自己的时代的突出特征中，我们都能发现技艺人的典型态度”[1]，因为对于阿伦特来说，“改变世界的不是观念而是事件”[1]。既然望远镜的发明在现代社会中具有如此重要的影响，那么人类与自然之间关系的探讨就不能对其视而不见。

在现代的门槛上共有三大事件：新大陆的发现、宗教改革和望远镜的发明，而望远镜的发明则是其中“最不起眼的”事件，因为当时人们看不出望远镜的发明有什么特殊的用途，也不知道它将会给人类社会带来什么样的影响，人们以为它只不过是在“人类已经十分丰富的工具库里又增添了一个新器具，它除了看星星外没什么用”[1]。然而历史发展的过程却证明人们的目光是如何短浅，正是这最不起眼、最不为人们重视的科学事件却对现代社会造成了巨大的影响，就连新大陆的发现与宗教改革在它面前也显得黯然失色，更为关键的是，这种影响还在持续不断地被推扩放大。因此，怀特海和阿伦特都将其与基督诞生相提并论，“正如基督在马槽里的诞生不仅标志着古代的终结，而且标志着某些新的、出乎意料的和未曾期望的东西的开始，以至希望它和恐惧它都无济于事一样，通过一种器具对宇宙的尝试性一瞥，立刻调整了人的感觉，并注定要揭开处于人的感觉之外的无限和永恒的秘密，从而开创了一个新的世界并决定了其他事件的进程，这些事件后来以更为轰动的态势把人类带入了现代”[1]。

在古代，人们被牢牢地束缚在地球之上，地球就是人类的家园，就是人们生活的基本境域，我们应该牢牢地扎根于地球，因为地球乃是宇宙的中心，像柏拉图就曾经说过，“大地是我们的保姆，随着那条纵贯宇宙的枢轴旋转，大地也是诸神中最年长的，位于天穹最内里的地方，是白天与黑夜的卫士和制造者”[4]。而且地球本身就已经被宇宙的创造主赋予了规律和秩序，所以人类要做的就是遵守自然的规律与秩序，与自然融而为一。尽管在现代社会像库萨的尼古拉、哥白尼和布鲁诺等人向地心说提出了挑战，试图推翻托勒密体系，像哥白尼就乘着想象的翅膀飞越地球，从太阳上俯瞰大地，从而提出了离经叛道的日心说。但是问题在于，这些纯粹只是天才的猜测和想象，而无法在现实当中被证实，从而无法真正将人们从地球上解放出来，赋予人们一个更加宽广的视界。望远镜的发明则彻底地扭转了这一不利局面，它把过去那些只能凭借猜测和想象所把握的对象都置于人类可感觉、可把握的范围内，尽管在现实生活中我们仍然立足于地球之上，但是我们似乎已经获得一种宇宙的立场、眼光，我们可以站在地球之外，立足于太空之中来俯瞰地球，从而将地球暴露给完全不同于自然规律的普遍宇宙力量，而这恰恰是现代社会的一个重要标志，“引领人类进入现代的，毋宁是归功于这一新工具的发现，即哥白尼的‘站在太阳上……俯视星球的男子汉’形象，不仅仅是一种形象或姿态，而且实际上暗示了人类虽身处地球，却能从宇宙角度来思考的惊人能力，以及一种也许更惊人的、把宇宙规律用做在地球上行动的指导法则的能力”[1]。

当人类站在太空之中来俯视地球的时候，人实际上就已经逃离了地球。尽管在历史上基督徒也曾经把地球比喻为泪之谷，哲学家也把身体视为灵魂的监狱，但是还没有人把地球看做人类的监狱并希望从地球上脱离开来，不过这在现代社会中已经成了人的一个日常梦想。像 1957 年第一颗人造卫星上天的时候，人们的第一反应并非骄傲或者喜悦，而是“大松一口气，人类总算‘朝着摆脱地球对人的束缚迈出了第一步’”[1]。然而问题在于，当人类借助望远镜、人造卫星这些人造的工具摆脱地球的时候，人类并没有被抛向太空，而是回到了人类自身。因为在这个时候，人们实际上并不是在和自然物或宇宙的存在物打交道，而是和人造物打交道，这个人造物当中包含着人类的所思所想、所作所为，尽管我们是利用望远镜在仰观俯察，但是我们观察的结果受制于望远镜这个人造物，受制于望远镜制造者的所思所想、所作所为，所以，通过望远镜这个人造物，“我们发现的是工具，而不是客观性质，更不是自然或宇宙，用海森堡的话说——人遭遇的只是自己”[1]。尽管最终改变世界的不是观念而是事件，但是事件要想改变世界就必须首先转化为观念，然后借由观念去指导人们的具体行动。伽利略发明望远镜这个事件后来在笛卡儿的哲学当中得到了生动的反映。就像望远镜挑战了传统的地心说一样，笛卡儿的“我思故我在”也对传统的所有思想观念都怀疑一遍，而最终唯一不能怀疑的就是我在怀疑这件事情本身，从而引导人类将目光转向自身，从而使人取代上帝成了世界万物存在的根据，人是世界秩序的根源，这种观念后来被康德明确地表述为“人是目的”、“人为自然立法”。在这样一种工匠式的制作观念当中，地球就是人类制作加工的材料，而人与材料本身又是相互分离的，人完全是按照自己的设计来对地球进行加工和改造的。

工匠式制作模式在现代社会的典型反映和最高范型就是数学知识，因为数学作为一种纯形式的知识，其形式不是由心灵之外的自然界所赋予的，而是由心灵自身所产生出来的，它基本上不需要外界对象的刺激或触发。现代数学发展的标志就是代数从几何的束缚下解脱出来，开始获得迅猛发展，并且最终使几何屈服于代数处理世界的方式。几何学起源于古埃及测量地形地势的知识，是一种勘天舆地之学，所以，与人们可触可感的具体空间密切相关，而代数学却是完全符号化、形式化的，它要把一切具体的感觉经验之物转化为抽象的符号、形式，使质转化为量。通过代数学的发展，世界上所有处于特定空间当中的事物都转变成了抽象的数学符号，从而大大提高了人们把握世界的能力，人们开始摆脱了空间的束缚，可以把广袤无垠的地球利用数字、符号等进行缩小到人们可感可知的程度。数学之所以能在现代社会里获得领导科学的地位，就是因为它成功把一切与人无关的自然存在物转化成了与人的心智结构相一致的模型，从而大幅提高了人类把握世界的能力，“只要有足够的距离来保持疏远和不介入，人的心灵就能够按照自己的模型和符号，来观察和处理大量的、复杂多样的具体事物”[1]。这一方面意味着人类就是世界的主人，享有至高无上的特权，可以像上帝一样指导世间万物的运行发展，而自然不过是“一块巨大的织布，我们可以任意裁剪来重新缝制出我们喜欢的任何东西”[1]；另一方面也意味着人类对自然的破坏能力急剧增长，“我们能够破坏地球上所有的有机生命，有一天也许甚至能破坏地球本身"[1]。而这绝非是危言耸听，因为它在现代社会已经获得了广泛的表现，消失的森林、融化的冰川、干涸的河流、濒临灭绝的物种等，无不在向人们诉说着地球毁灭的危机。

令人遗憾的是，虽然阿伦特在自己的著作中对现代社会中自然的破坏展开了详细全面的分析，但是她毕竟不是生态或生态伦理学家，所以她并没有专门去论述人类到底应该如何走出当前的生态危机。不过我们也不必太过失望，因为我们还是可以从她有关政治哲学的论述中找到一些走出生态危机的线索。政治生活涉及的是公共领域，而劳动和工作则完全是私人性的，则不需要他者的在场，而政治生活当中的行动则是一种显现活动，显现则必须要有他者作为见证，所以，政治注定要与他者在一起，政治与行动是复数性的。这样一来，我们就遭遇了公共领域中的他者，我们应该如何来对待他者呢？阿伦特给出的答案是宽恕与承诺。古人说，"往者不可谏，来者之可追"，既然过去已经一去不复返，我们就必须要宽恕自己过去所犯下的一切过错，让自己重新开始。不过对于未来我们就不能再像过去那样胡作非为，我们必须对于自己的所言所行承担起责任来，因此我们必须对于未来有所承诺并且要信守承诺。而这种承诺不是别的，乃是对责任的承诺，而信守承诺就是勇于承担责任。由于现代社会中的生态危机的产生和公共领域与私人领域、政治生活与私人生活的互相颠倒、渗透融合密切相关，所以，阿伦特对政治问题的解决之道同时也就是对自然问题的解决之道，尤其是我们对自然要有责任感并在现实生活中承担对自然的责任，唯有如此，我们才能拥有走出生态危机的阴影，为人类赢得一片光明灿烂的生活境域。

参考文献

[1] 汉娜·阿伦特．人的境况．王寅丽译．上海：上海人民出版社，2009.

[2] 马克思，恩格斯．马克思恩格斯选集（第四卷）．中央党校马克思主义哲学编译组译．北京：人民出版社，1995.

[3] 亚里士多德．亚里士多德选集·政治学卷．北京：中国人民大学出版，1999.

[4] 柏拉图．柏拉图全集（第三卷）．王晓朝译．北京：人民出版社，2003.

医学工程化的人文困惑及其消解*

作为人类健康与生命守护神的医学，其形态数千年来发生了巨大变化。特别是近百年来，医学与现代科学、技术和工程相结合，使得医学从个体化的职业医术发展成为集预防、诊断、治疗、预后以及卫生保健为一体的综合医疗体系。特别是随着现代工程学进入生命科学领域，电子显微镜、内窥镜、CAT（电子计算机断层扫描）、MRI（磁共振成像）、铁肺、超声设备等现代工业技术装备迅速应用到医学诊断和治疗，促进了医学的迅速发展。临床医学与工程技术等相结合，使得医学呈现出越来越明显的工程化特征。可以说，现代医学尤其是临床医学已经形成了对机器、仪器、信息技术的依赖，拥有现代化仪器设备的多少和档次的高低，已经成为评价医疗水平的重要指标。以生物医学工程、临床医学工程等学科的诞生与发展为标志，传统医学日益工程化，并产生了传统医学未曾遇到的新问题，当代医学的人文困惑即是其中之一。

医学工程化在给人类健康带来福祉的同时，也使医学去人性化，引发了医学的人文困惑，这种困惑在实践上导致了诸多新的医学及社会问题。由于医学涉及人类健康，其影响及于全社会，所以，人文困惑问题的成因及其消解就是一个重要而紧迫的问题。“质问医学的角色是重要的，这绝不是愤世

---

* 本文作者为李振良，原载《工程研究》，2010年第3期，第40～48页。

媄俗，而是为了理解医学——它的标准、基础和规则。"[1]循此，本文试图追问现代医学的角色冲突及其成因，在此基础上试图提出消解之道。

一、医学工程化的人文困惑及其结果

（一）医学工程化的人文困惑的解读

所谓医学工程化的人文困惑，是指医学工程化导致医生、患者及医疗管理部门对于医学属性判断及实践上的两难境地。

众所周知，医学是有关人类疾病与健康问题的科学，医术是有关人类疾病与健康问题的技术，其对象是人，“救死扶伤”是医学的根本目的，因此被公认为是人道主义的事业。早在2000多年前，古希腊的希波克拉底就“根据生理而不是精神原因科学地对疾病进行了定义”[2]，从而将医学从神秘力量中解放出来，使之具有“科学”的形态。在《医师论》中，他指出：“生命短暂、医术长久”，既强调了医学的“技”，又强调了医学的“艺”。在“希波克拉底誓言”中，更指出了医学的首要目的是为了挽救患者的生命与健康：“尽我所能诊治以济世，决不有意误治而伤人。病家所求亦不用毒药，尤不以示人以服毒或用坐药堕胎。为维护我的生命和技艺圣洁，我决不操刀手术，即使寻常之膀胱截石，亦责令操此业之匠人”[3]。同样的，中国古代传统医学“医乃仁术”的总结，也强调了医学的人文属性，强调了人文关怀作为医学的根本目的。

那么，何谓“人文”？通俗的理解，人文是“指人类社会的各种文化现象”[4]。而人文关怀，一般认为发端于西方的人文主义传统，其核心在于肯定人性和人的价值。医学人文既包括对人的价值尊重、也包括对人的全面理解，不仅将人看做生物的人，更看做是有精神需求的身心统一的人，其人格与尊严受到维护的社会的人。应该说，医疗技术作为重要的人类文化现象之一，也是为人服务的，“人文关怀”也应是技术的题中应有之义。在医学的发展史中，医疗技术作为治病救人的手段，其进步代表着医学前进的方向，医学也正是在不断的技术进步中凯歌高奏的。正是因为医疗技术的重要性，在其发展过程中，特别是在工程化的医学中，由于过度依赖而在某种程度上由手段异化为医学的重要目的，从而使医学偏离了“人文关怀”的轨道。因此，在某种意义上，现代医学中使用的“人文”概念更多的是在“非技术”层面上使用，医学人文就成为了一个与医学技术化、工程化相对立的概念。

随着越来越多、越来越大的机器设备在医疗中的普遍应用，人们发现，医疗技术发达了，可以诊断和治疗的疾病越来越多了，人们也越来越健康和长寿了，但人们对医学却越来越看不懂了，似乎医学正在远离人、远离人性，因为技术化和随之而来的市场化使得医学不再是单纯的“仁”学，不再是单纯的“人”学。原来“以人为本”的医生、医疗管理部门实际上经常面临着在“人文关怀”与附着在“工程技术设备”上的利益之间进行轻重选择的两难境地，从而产生了医学的人文困惑。

医学的人文困惑存在于医生、患者之中，也存在于医学管理部门的管理人员之中。

对于医生来讲，技术的进步使他们越来越有信心和能力对付疾病，特别是仪器设备的大量使用使他们能够对病灶看得更清，诊断得更准。然而与此同时，他们对医疗机器也产生了强烈的依赖，似乎正在成为机器的奴隶，以至于医疗工作变成了仅仅是对仪器设备的熟练使用和对影像图片和数据的正确阅读，而忽视了主观经验判断。以高技术设备为代表的技术的不断进步使技术精湛成为医生一生不断的追求，他们需要不断地学习、掌握发展速度远远超过他们学习和接受能力的新技术，然后再不遗余力地寻找实践这些技术的机会。由于现代技术几乎使各种疾病治疗成为可能，医生的目标也就变成了尽一切可能、使用一切技术，将可能变为现实，将不可能化为可能，极端情况下，医生不是在救人，只是在治病，“医生关心的不在病人，而是病人的癌细胞”[5]。这样，医生就从传统疾病诊疗过程中的“主导者”变成了现代医疗过程的“操作者”。在现代医疗过程中对机器的依赖，使医生的主观经验变得似乎“不重要”了，其地位也随之而有所下降。设备在医疗过程中变得如此重要，以至于在设备维护与患者利益之间，医生常常感到难以取舍。相形之下，医院中负责设备使用、维护与维修的医工部门工程师的地位变得日益重要了。他们“通过推进科研支持、信息支持、决策支持、药学支持、医学工程支持、物流支持等”[6]，在医疗过程中起着越来越大的支配作用。那么，到底是医生治病还是机器治病？是医生治病抑或工程师治病？设备与患者何者更重要？这里的核心问题是，先进的设备和最新的药物是不是就一定比传统的手段效果要好？忽视对患者病史的认真询问而过分依赖B超而造成妇科疾病的误诊[7]、错误阅读诊断信息而导致“错误出生”[8]等，由此引发的大量诉讼事例，似乎对此给出了否定的回答。

对于患者来讲，随着医学的工程化，他们与医生的交流变得越来越少了，也似乎越来越不必要了。患者在医生的指引下做一个个的化验和检查，面对的是冰冷的仪器，不见了医师的笑容，他们不明白自己是在“看医生”还是去“看机器”。在新的诊疗体系中，客观的生理病理指标代替了患者的主观感受，痛苦、疼痛、无力等指示疾病存在的症状变得无关紧要，于是患者感受到自己被呼来喝去，非但不能得到患者应当得到的关心与尊重，甚至有时连尊严都难以得到保证，似乎医学变得越来越不近人情了，过去对病人的温情似乎已经消失。现在的医生急匆匆地看完一个又一个病人，对病人呼来喝去，更没有时间履行传统医学所要求的倾听和安慰义务。另一方面，新药物、新检查使医疗变得准确的同时，也使之变成了高消费，即便是治愈了疾病，患者心中仍会存在着这样的疑问：是不是我们被“宰”了？相对于所患疾病而言，需要高昂费用的检查项目是必要的吗？一幅漫画尖锐地抨击了这种现象。经过一系列复杂的检查后医生告诉患者：你只是得了普通的感冒！患者面对一长串的检查项目，往往感到茫然。

对于卫生管理部门来说，大量仪器设备的开发和迅速投入使用，使得原来的医疗格局发生了巨大变化，仪器制造供应商、新药开发商在医院的建设与发展中获得了越来越多的话语权。在市场经济条件下仪器制造供应商、新药开发商的生存与发展对于医疗事业整体变得重要起来，医院的经济效益也变得重要起来，这样，经济效益与人本目的之间冲突日渐凸显出来。仪器制造供应商、新药开发商及医院应当如何平衡赢利与实现医学的人道目的经常存在着的矛盾与冲突呢？由于医疗技术的发展日益成为医疗服务水平与质量的决定性因素，那么，是不是为了医学技术发展的目的就可以让患者做出某些牺牲呢？这些问题是困扰着卫生管理部门的两难问题。

（二）医学工程化的人文困惑的后果

应当承认，以上人文困惑问题并不是无中生有，其实质体现了医学如何坚持其“人”性，如何呼唤“人文”回归的问题。这些人文困惑在医疗实践中造成的后果是严重的，不断地拷问着医学的目的，而且越来越多地制约着医学事业的健康发展。

首先，医生和医疗机构的声誉和形象受到了严重的负面影响，特别是近年来医患关系持续紧张已经成为严重的社会问题。由于医院为了维护自身的利益，经常在机器与患者之间采取有利于前者的措施，导致医生和患者之间变得越来越不信任，不仅影响着患者权益，更造成一系列的社会问题。在实践中，社会反响强烈的医药卫生问题主要有如下几类：药品虚高定价、乱开药等药品市场混乱现象；拉大网检查等项目滥用迹象；超需要服务等资源浪费现象；收红包、吃回扣等医德医风滑坡问题；医院追求经济收益的赚钱形象；服务态度差，质量不能令人满意等[9]。

其次，对患者而言，虽然工程化医学带来的诊断与治疗手段增加了患者就医的选择性，但医疗的市场化运作，先进的医疗设备的运用，带来了诊断与治疗的高成本，而这个成本最终必须由患者承担。其一，先进仪器设备的研制、生产、使用、推广和新型药物的研发和使用都是需要投入巨大资金的。设备的制造者需要尽快收回投资成本并产生经济效益，这些设备和药物投入的回收的唯一途径就是向患者收费。其二，医院引进先进的设备和技术，必然会提高其使用率，以尽快回收投入，这就必然会形成过度检查和过度医疗现象，全球范围内医疗费用急速上升也就不可避免了。由此，医疗费用的过度上涨为患者和社会造成了沉重的负担。与此同时，医学的高技术化使得治疗过程“物化”，使患者生理疾病得到治愈的同时并不能得到心理的关怀，从而使医学的目的大打折扣。在国内医学工程化程度最高的医院之一——中国人民解放军总医院2005～2009年的医技科室发生的73例医疗投诉中，服务态度差占了63.3%[10]，足以说明对患者心理关怀的重要程度。

最后，对于政策制定者来讲，医学工程化产生的高成本，意味着需要投入更多的医疗资源。虽然20世纪“人人享有卫生保健”作为纲领性文件被制定出来，但国家的医疗资源是毕竟是有限的，不可能满足方方面面的需求。有限的医疗资源是购置最新的最先进的医疗设备并投入少数的医疗机构，还是满足绝大多数的基本需要，如何解决效率与公平的矛盾也成为一个棘手的问题。事实上，随着医学工程化趋势的强化，医疗资源更多地向城市集中，农村的医疗保障不足问题变得日益严重起来。例如，由于卫生资源过分集中于大中城市，“根据1998年全国医疗保健服务调查数据，87.44%的农村居民没有任何社会医疗保障。”[11]这种现象到目前为止并没有明显改观。

总之，医学的工程化带来了人文困惑，由此所带来的社会问题不断考问着现行的医疗体系，考问着医疗管理制度。

二、医学工程化引发人文困惑的机制

医学的工程化进程既有哲学观念的根源，也有人类实际存在着的健康需求的拉动，更有工程本性的推动。

第一，“人是机器”的观念是医学工程化的思想基础，而医学的工程化反过来又强化了“人是机器”的观念，并与传统医学观念相冲突，从而引发了人文困惑问题。

人们对人体健康和疾病的总体认识被称做医学模式。在人类历史的演进过程中，人类对人体的认识、疾病原因的认识经历了不同的发展阶段，经历了神灵主义医学模式（Spiritualism Medical Model）、自然哲学医学模式（Natural Philosophical Medical Model）、生物医学模式（Biomedical Model）[12]。其中，解的经典命题，来自于法国医生拉美特利的著作《人是机器》，生物医学模式是现代医学的基础，它将医学建立在真正的观察与实验的基础之上，为疾病的诊断和治疗提供了科学的依据，促进了医学的快速发展。生物医学模式是以研究机体的物理、化学和生物学特性为基础，以探寻疾病的位置和原因为方法，以清除病灶、修补损伤为目的的治疗策略。

生物医学模式的理论根据是一个哲学命题——“人是机器”。生物医学模式促进了高精尖仪器设备和人体器官代用品的使用，促进了医学的工程化。与此同时，医学的工程化又反过来大大强化了生物医学模式，强化了“人是机器”的观念，强化了人的“机器化”倾向。

在传统医学观念中，人是有思想，有情感，有健康需要的灵肉一体的生物，“人是机器”的观念则与之对立。“人是机器”是近代医学科学的经典命题，来自于法国医生拉美特利的著作《人是机器》。“人是机器”的观念构成了生物医学的思想基础。在生物医学模式下，医学与“包括数学、物理学、化学、生物学等基础学科，也包括声、光、磁、电子、机械、化工等工程学科"[13]相结合，逐步走向工程化。它的一个重要特点就是新技术、新材料、新工艺、新设备的大量快速使用，其最终产品是用于疾病诊断与治疗、修复的仪器设备、检验诊断试剂、人工器官和组织的替代产品、杀死病原体的各种药物等。可以说，医学工程化对“人是机器”命题的意义作了最为深刻的诠释，“人是机器”构成医学工程化的哲学基础，是现代医学人文困惑问题总的观念根源。

建立在“人是机器”哲学基础之上的工程化医学，将人看做是可以通过修理和更换零部件以恢复身体机能的机器，从而使诊断和治疗疾病的活动变成了规模化、建制化的“修理机器”的活动。在临床上的突出表现就是，疾病的诊断过程是利用机器、试剂、射线（它们本身会对机体造成伤害）在人体内“探伤”的过程，医生的任务是阅读从机器中输出的图像、曲线和数字，以此来判断损坏“零件”的位置和损伤程度；疾病的治疗过程则是通过物理或化学过程清洗掉体内的“污染物”、疏通或阻滞通道；手术过程则是去掉损坏的或“无用”的“零件”，然后代之以人工器官或来自其他机体的（人的甚至是异体的）器官，或者将起搏器之类的“机器”植入人体，以代替失灵的器官与组织。而且，所有这些操作也都是在各种机器的全程监护下完成的。

可以说，工程化的医学将人与机器融为一体，但并不是将机器“人化”，而是将人更加“机器化”。虽然生物医学模式近些年来受到了越来越多的批评，但现代医学还是一如既往地沿着同样的道路前行，而医学工程化正是生物医学模式发展的一个新高度，由此导致了人文困惑问题。

其实，人的健康需求包括物质与精神两个方面，身心的相互作用既是引起疾病的原因，也是影响治疗效果的重要因素。对于患者来讲，治愈身体上的疾病是其第一需求，但却远不是患者需求的全部。患者希望治愈疾病，也希望获得尊重和体面。他们渴求早日康复并回归正常愉快的生活，实现自己的人生价值与目标。可以说，身、心两方面的需求是人的健康需求的一体两面，是不可须臾分离的。而在“人是机器”观念的支配下，将病患与患者分离，医生将其使命定位于“治病”，由此，在医疗实践上导致了有害的医疗行为。

第二，医疗市场化契合了医学工程化，进一步淡化了医学的“人道精神”，从而引发了人文困惑问题。

20世纪末，世界各国出于国家政治、经济和科技安全及社会发展的需要，不约而同地将生命科学、信息技术、新材料技术列为新世纪优先发展的科学技术领域，而将这三个科学技术领域汇集于一体的就是生物医学工程。生物医学工程居于工程化医学的上游，是工程在生物医学领域的一种表现形式。

作为一种工程活动，工程化的医学不仅可以有效地提高人们的健康水平，更可以有效地提高企业乃至国家的经济地位，甚至提高国家的政治地位。发达国家在生物医学领域越来越严格的专利保护，充分证明了工程化医学的政治、经济意义并不亚于其应用于提高人类健康水平的社会意义。在这种情况下，医院、医学管理部门直至医生，其关注的重点已经不仅仅是防病和治病，同样重要的是背后的巨大经济利益。

“市场化”和工程化的医学决定了医学不再仅仅是人道主义事业，而更像一个以追求利益为目的的功利主义事业。这样，为患者提供“优质”医疗服务，由于大量仪器设备的介入而往往变成了“优价”服务。医疗的市场化运作使医院的管理者不得不将医院的经济收支列在经营的首位，从而忽略了对患者的关心，更少地“为患者着想”。对于医生来讲，按服务程序与成本而不是按诊疗水平的收费制度，使医生主要从手术、化验和物理诊断等设备服务中获取报酬，而对病人的关怀、劝告、同情的服务却得不到任何报酬，也是医生忽视人文关怀的重要诱因。当铭刻着巨大利益并需要大量经费维护的设备及病人基本健康需要之间发生冲突时，医学当作如何选择呢？在某种程度上，医生已经被工程化的医学绑架，他们在“人道”立场与经济需求之间处于两难境地。

总之，医学工程化的一个重大的诱因是医疗市场巨大的经济价值，而医学工程化后又反过来加强了医疗的“市场化”，从而加剧了医学人文关怀缺失，医学丧失人道的趋势。

第三，健康需求拉动医学工程化，医学工程化反过来扭曲健康需求，其结果是面对非理性的健康需求，医生常常感到困惑。

健康长寿是千百年来人们梦寐以求的追求，随着医疗水平的不断提高，人们对健康和美好生活的期许不断提高。医学为我们解除了以传染性疾病为主的重大疾病的威胁，但人们并未因此而对医学感到满意与满足，反而对医学的要求越来越高，由此带来了医疗手段的不断更新和医疗水平的不断提高。这样，以生命支持肢体、组织修复、器官移植、物理与生化诊断、早期干预等一系列工程化医学的代表性技术就应运而生了。面对飞速发展的医疗技术，人们的健康需求也随之水涨船高，以至达到了非理性的程度。在医疗原则及非理性健康需求之间，医学常常感到困惑。这种困惑随着医学工程化趋势的增强而得到强化，并在医学实践中导致严重的后果。

由此可见，健康需求拉动了医学的工程化，使医生在技术与设备的帮助下能够更好地诊断、控制和治疗疾病，但与此同时，也导致医生和患者对大型医疗机器、新医疗材料的热衷与非理性依赖，致使患者的健康需求扭曲，而医生则忽略了人文关怀。

三、医学工程化的人文困惑的消解

如上所述，医学的工程化是现代医学发展的必然趋势，也是市场化在医疗行业的重要表现。我们在享受医学工程化带来的丰硕成果的同时，也应注意到它所带来的人文困惑问题。只有这样，才能有效地促进人类健康和人的全面发展。作者认为，针对医学工程化所导致的人文困惑问题，应当着重从以下几个方面进行消解。

第一，在实践中，将医学纳入“生物-心理-社会”医学模式，还原“仁学”本真，重塑医学的人道精神。

工程化的医学更强调工程的物质属性，而对于其在医疗活动中所形成的特殊的“人与人的关系”重视不够。现代医学以治疗为唯一目的使医学的目的本末倒置，忽视了人的心理需求，造成了人的“身心二分”。

医学的成功使人类的疾病谱发生了很大变化，由社会因素、心理因素诱发的非传染性疾病已经成为当前医学面临的主要问题。与之相适应，健康的内涵也在发生着变化——健康不仅是生理上的完好状态，更是一种在精神及社会生活上的完好状态。于是，“生物-心理-社会”医学模式，开始得到广泛的认同。在这种医学模式的指导下，工程化的医学既要重视人的生物性，又要重视人的社会性；既要重视医疗技术和医疗产品的生理功能，又要重视其心理功能；既要关注生物、理化等致病与治疗因素，又要关注社会、心理因素在致病和治疗中的作用；既要重视局部病变的处理，又要重视机体的整体统一性。

西方古老的医学格言“有时，去治愈；常常，去帮助；总是，去安慰”[14]指出了医学的目的是安慰、帮助和治疗，其中，治疗是最后的手段，而安慰和帮助则是医学的首要要求。中国古代的“医乃仁术”也指出医学首先是“仁学”。作为“仁学”，医学首先应当是关心人、尊重人，而不是将病人看做是待修理的“机器”。它规定的医生职业要求的顺序即，道德先于技术，治疗是帮助和安慰的手段。应当充分认识到，医学的任务不再仅仅是治疗疾病特别是肉体上的疾病，而在于维护人类健康，包括生理健康、精神健康和心理健康。因此，对医学、医生和技术的道德要求应当成为保健、诊断与治疗过程必需的前置过程，只有这样才有可能尽量减少工程医学的负面影响。

将医学从对机器的关注复归到对人的关注，还原医学的“人学”本质，是消解医学工程化所带来的人文困惑的重要方向。

第二，树立新的健康观念，抑制非理性需求。

医疗需求是医学发展的主要动力，医学工程化也是为了满足不断增长的医疗健康需求而产生的。然而，现实情况是医疗水平的提高并没有使人们的医疗需求得到满足，反而刺激了越来越多的医疗需求，特别是由医生和技术引导的医疗诊断、治疗、保健方面的需求。应该讲，这些需求有些是合理的、必需的，但其中也不乏非理性的、非必需的。非理性的医疗需求造成“小病大治”，增加患者负担、浪费社会资源、增加医源性疾病，进而损害医务工作者和医学工程的形象。因此，医务工作者、管理者和医学工程技术的开发者要联合起来，在全社会倡导新的健康观念，抑制不合理的医疗需求。新的健康观念将有效抑制医学工程化带来的人文困惑问题。

第三，发挥体制优势，整合卫生资源，全方位保障健康

医学的工程化以及由此带来的人文困惑不是一个孤立的问题，而是涉及医学、社会、经济、文化以及卫生体制等诸多方面的问题。从体制上讲，我们国家既有举国体制和公费医疗保障基本健康需求的成功经验，也有过度市

场化医疗带来的困惑。应该说，全方位地整合预防医学与临床医学、中心医院和基层医院、传统医学和现代医学，促进全民健康正是我们体制的优势所在。

推动预防医学与临床医学的整合，从根本上降低发病率。医学不仅仅是治疗学，而且是集预防、保健、公共卫生、疾病诊断、治疗、预后等为一体的综合性科学。疾病既有生物因素，也有心理和社会因素，疾病是可治的，更是可防可控的。事实上，对于健康来讲，“上工治未病”乃是医学的真谛。通过将预防医学与临床医学进行整合，通过健康档案、健康教育、早期干预可以使许多疾病消灭在最初的状态，既可以更有效地促进健康，又可以减少工程投入、节约卫生资源。

促进不同水平与等级医院的整合，减少过度医疗。经过数十年的建设与发展，大城市的中心医院与在农村和社区的基层医院的医疗条件和医疗水平形成了两极分化的状态。这也是产生“小病大治”、“过度医疗”的重要原因之一。整合中心医院与基层医院的人才和物质资源，从患者的利益出发合理地定位两者的功能，特别是提高基层医院满足基本医疗需求的能力，使二者首尾衔接、功能互补，不仅可以减缓医疗工程化的压力，也能够有效地消解人文困惑问题。

促进中西医整合，中西医并重，发挥传统医药在维护人类健康中的重要作用。中医是经过几千年实践检验的有效的医疗体系。中医药具有安全、简单、有效、价格低廉等优势，在我国医疗体系中占有重要地位。同时中医体系又是一个提倡人文关怀，是导“天人合一”的“身心”医学，具有现代医学不可代替的巨大价值。大力发展包括中医药、民族医药在内的传统医药，发挥其在疾病预防、保健、辅助治疗和愈后保养等方面的巨大优势，促进医学与人文的结合，也将有利于医学人文困惑的消解。

总之，消解工程化带来的人文困惑，需要从医学理念、健康观念以及体制改革等多方面入手。其核心是以患者利益为中心，而不是以医院利益为中心。

四、结　语

就其本质而言，医学“不管把它定义为一门科学，一项综合的应用技术或技艺，还是把它视做一类知识，一种文化，一种生活方式，它都是以人、人的生命、人的健康为服务对象，以‘向善’为基本原则"[15]的学问。工程化医学的重要特点是高技术的广泛应用，从而使医学成为一个复杂的工程系统，这个系统通过对医学、医务工作者及其群体和对患者认识与对待而对传统的医学文化产生影响。在乐观地看待生物医学工程带来的丰硕成果的同时，人们也已经注意到“某些已经出现的挑战，特别是来自社会的和人道主义的挑战"[16]。

医疗技术的提高和医学工程化的发展削弱了医学应有的人文关怀，大量设备的使用使医学物化，造成医师、患者和管理者的人文困惑。医学人文困惑造成了医学实践上的医德下降、看病难、影响社会公平等问题。本文试图阐明，导致当代医学人文困惑的主要因素在于医学的工程化，由此引发了生物医学模式的工程技术化变迁、刺激了非理性健康需求及强化了医疗过程中的逐利行为。基于以上论述，提出消解医学人文困惑问题的途径，即转变医学模式、规范健康需求、还医学“仁学”的本真。

参考文献

[1] Porter R. The Cambridge History of Medicine. New York：Cambridge University Press，2006：5.

[2] Knight J，Schlager N. Science，Technology，and Society，Vol I. Detroit：Thomson Gale，2002：30.

[3] 希波克拉底．希波克拉底文集．赵洪钧，武鹏译．北京：中国中医药出版社，2007：1.

[4] 中国社会科学院语言研究所词典编辑室．现代汉语词典．北京：商务印书馆，1983：962.

[5] 山崎章郎．最后的尊严．林真美译．上海：上海文化出版社，2001：72.

[6] 刘杰．亮出医学工程的锋芒．中国医院院长，2008，(20)：46-48.

[7] 仝亚红．过分依赖 B 超致民位妊娠误诊 21 例分析．基层医学论坛（A 版），2007，11（5）：478，479.

[8] 金福海，邵雪冰．错误出生损害赔偿问题探讨．法学论坛，2006，21（6）：37-41.

［9］郝模．医药卫生改革相关政策问题研究．北京：科学出版社，2009：1，2.

［10］卢慧铭，江海涛．73例医疗纠纷原因分析．军医进修学院学报，2010，31（8）：819，820.

［11］程新宇．弱势群体与医疗保健服务公平问题初探．医学与哲学，2004，25（6）：15，16.

［12］张大庆．科学技术与20世纪的医学．太原：山西教育出版社，2008：194-196.

［13］黄家驷．发刊词．中国生物医学工程学报，1982，1（1）：1.

［14］Gordon J. Medical humanities：To cure sometimes，to relieve often，to comfort always. The Medical Journal of Australia，2005，182（1）：5-8.

［15］凌子平，黎东生．论人文医学与医学的人文精神．保健医学研究与实践，2008，5（2）：67-69.

［16］Milsun J H. 生物医学工程的几个重要侧面．刘普和译．国外医学：生物医学工程分册，1980，（1）：6-11.

科学战对文化研究的启示*

“科学”活动，向来被视为这样一种知识生产过程——科学家们在实验当中，理当以“中立”、“客观”的立场来发掘“真理”。然而，20世纪70年代以来，科学研究却开始解构这一知识生产过程。尽管其中存在着不同的研究派别，关注焦点也各有不同，但是，从科学知识的社会生成这一层面出发，挑战过去科学哲学所谓“科学知识的客观性”的观点，则是科学研究者们一致的想法。或许正是因为感受到了科学研究的强力挑战，科学家们终于在20世纪90年代展开反击，并由此而发生了著名的“科学战”。只是，在回击当中，科学家们或许有些乱点鸳鸯谱，在他们的眼中，科学研究与文化研究都分享了后现代思潮，所以彼此之间想必互通声息（事实上，两个领域之间的互动极少）。于是乎，在科学战当中，两个新兴的研究领域共同成为了科学家一方批判的对象。但是，这场科学家们的乱点鸳鸯谱却也带给文化研究一个反省的机会。

“科学战”源于1996年的“索卡尔事件”。阿兰·索卡尔（Alan Sokal）是一位抱持左派政治观点的美国物理学家。当时，生物学家保罗·格罗斯（Paul R. Gross）与数学家诺曼·莱维特（Norman Levitt）所写的《高级迷信》（Higher Superstition）一书给索卡尔以启发，他撰写名为《逾越边界：

---

* 本文作者为李政亮，原载《读书》，2005年第2期，第32～37页。

迈向量子重力的一个转型诠释学》的文章，发表在《社会文本》（Social Text）杂志上。这可是美国著名的文化研究期刊，当时为文化研究的健将安德鲁·罗斯（Andrew Ross）所领导。索卡尔的文章大量引证科学的建构论、后现代主义、文化研究、女性科学哲学等学派论科学的相关文献，并以这些观点诠释了量子重力理论。然而，数天后，索卡尔却在另一本期刊《佛兰卡语》（Lingua Franca）上发表了一篇《一位物理学家在文化研究上的实验》，在该篇文章中说明，他在《社会文本》上所发表的文章，只是一堆胡诌。由是，引发了科学界与人文界之间的一场“科学战”。

在这场科学战当中，各方竞讼盈庭，身为当事人之一的罗斯随即号召来自自然科学、社会科学与人文学科的不同研究者，主编了《科学大战》一书作为回应；而支援索卡尔的研究者则出版了《沙滩上的房子——后现代主义者的科学神话曝光》一书，继续对科学研究展开猛烈的进攻。至于索卡尔本人，更在 1998 年与让·布里克蒙（Jean Bricmont）合著《时髦胡诌》（Fashionable Nonsense）一书，当然，该书的内容并非戏谑之文，而是从科学知识的角度，分析了法国人文学者如布希亚、德勒兹、克里斯托娃等人的论述当中所误用的科学知识。

从当年的这一场科学战出发，得以开展的讨论面向相当多，本文的关注则是，历经科学战之后，英国物理学家兼小说家查尔斯·斯诺（C. P. Snow）所说的两种文化——科学与人文，二者之间的对话能否实现？从科学研究与文化研究来说，二者缘起于同样的时代精神，也都有进行跨领域的研究这一特点，在这些方面，有着相类似的背景。文化研究的兴起，与英国新左派的形成以及战后英国文化工业体制的变化有着直接的关联；而科学研究的形成背景，则与科学家对环保运动的推动以及与之相随的对工业社会的批判有关。侧重社会实践，可以说是这两个领域之间的共通之处。而就跨领域的实践来说，虽然 20 世纪六七十年代的第一代科学研究者仍是以科学与工程相关领域的学生为主，但是，第二代的科学研究者，已经开始网罗各领域的学生。关于这两个领域的跨学科趋向，罗斯指出，文化研究与科学研究都扮演了不同领域之间的桥梁的角色，文化研究跨越人文学科与社会科学，科学研究则是结合了社会科学与自然科学这两个领域。

罗斯的这一分析本身，似乎已经指出了两者合作的可能性，最起码，两者可对科学的社会角色提出不同面向的讨论。不过，事实却并非如此简单。一场科学战的发生，对这两个领域都造成了伤害，科学研究受害尤其深。而“索卡尔事件”之所以发生，实际也源自于文化研究领域的粗疏大意，因此，事件爆发之后，使得科学研究对文化研究颇有微词。对这些微词，可分两个层次观察，第一个层次，可以以欧美科学研究理论者的评论为参考；第二个层次，则可以以中国台湾科学研究对科学战的回应为例说明。

就第一个层次来说，面对索卡尔的猛烈批判，科学研究的重要研究者布鲁诺·拉图尔（Bruno Latour）发表了《是不是有冷战之后的科学?》一文，当中指出：“那么为什么这篇惹人讨厌的文章却会被一个专门讨好读者的刊物所接受呢？很简单，因为这是一个坏刊物……但更严重的是，负责这个刊物的那些文人都被索卡尔这篇文章搞得晕头转向，同时还表现得自以为是。‘请诸位想想，一个读过拉康而且能引用维希里欧观点的物理学家，我们应该要谅解他难免会说错话，值得同情！’要命的错误就在这儿。自以为是的高傲时代，正如带有自卑情结的时代，都已经过去。我们都已经不是高中生了。所有学科都已经过度牵扯在一起，过度受到威胁，过度不稳定，以至于不能平等相待”。

而第二个层次则可以以中国台湾为例。中国台湾的例子之所以值得讨论，在于文化研究与科学研究这两个领域在大致同样的年代进入中国台湾。中国台湾科学研究的逐渐形成，大约是在社会转型的20世纪80年代末期。在那个时期，这两个新兴领域，以及传播政治经济学，这三者有着“革命情感”一般地共同在学院建制内外进行“边缘战斗”，已停刊的《岛屿边缘》、目前仍发行的《当代》、《台湾社会研究季刊》，则是这三个领域的发言场域。传播政治经济学学者冯建三对文化研究得以受到中国台湾重视的一段分析——“多少可以为显示社会现势（social being）（政治经济的急速改变）提供了社会意识生成的必要条件”，事实上也同样适用于科学研究。放在当时的公共议题当中来说，比如，中国台湾应不应该兴建核四厂这样一个决策，应当是由专家决定还是由民众决定，这个问题就给予了科学研究参与、介入的空间。随着这三个新兴领域逐步进入学院建制，三者也各有不同的发展。在科学战爆发之后，文化研究领域基本上并未回应，而科学研究领域对“索卡尔事件”及《高级迷信》一书的回应，则出现在《当代》杂志的“科学霸权：挑战与反击”专辑及《台湾社会研究季刊》的“科技与社会”专辑中。

这两个专辑中的回应文章，或从知识/权力的观点出发讨论科学的社会角色，或从“两种文化”的观点出发进行反思，或从女性主义的观点出发，澄清对女性主义的种种误解。其中，值得文化研究领域加以思索的，则是陈信行的《“科学战”中的迷信、骗局与争辩》一文。作者除了从社会建构论的观点出发，回应前述两本引起高度争议的著作之外，还提出了另一个问题：启蒙理性在当前世界局势中对左翼实践的意义。

陈信行援引了两个例子，一是科学战之后美国左翼的情形，第二则是“人民科学运动”在印度所引起的争议，由此，展开了对上述问题的分析。就前者来说，后现代派经过十多年的渐进，本来已经在美国左翼站稳了发言位置，但一场科学战的风波却使之威信尽失，一时之间，在课堂、读书会等场合都出现了各种针对其的叫骂之声。不过，科学战对美国左翼造成的余荡，很快就被现实所解决。与科学战大约同时出现的是逐渐风起云涌的反全球化运动，而这一运动的迫切性，使得后现代的各种派别得以在尊重差异的基础上团结一致，于是，科学战的余荡很快也就平息。而就后者而言，方兴未艾的印度“人民科学运动”，则不得不面对本国实际的政治形势。20 世纪 90 年代以来，印度基本教义派的印度人民党（Bharatya Janata Party，BJP）兴起，不但在 1996 年的国会大选中获胜，并且持续执政到最近的时期。印度人民党所主张的意识形态中，反对一切西方文化的侵略（包括现代科学、堕落的资本主义和无神论的社会主义、自由主义、女性主义等）、高举传统文化（包括传统迷信和种姓制度），与此同时，在印度国内则表现出反穆斯林的情绪，乃至爆发一次又一次的宗教冲突。正是面对这样的情势，在科学战发生之后，出身于“人民科学运动”的科学研究者南达（Meera Nanda）以第三世界女性的身份，发言支持“高级迷信”一派的论者。她认为，在原教旨主义日益兴盛的印度与伊斯兰世界的今天，传扬科学及启蒙理性已成为迫切的中心课题，而“人民科学运动”正是把现代科学所创造的批判武器带给人民的革命性事业。然而，后现代派的第三世界分支——后殖民论述的重要人物、印度的南地（Ashis Nandy）却对南达的这一观点进行了批判，认为这是在移植西方的理性启蒙意识形态，而忽略了第三世界人民的文化遗产。

发生在印度的关于启蒙理性的论争，显然也是第三世界国家都必须回应的重大议题。

尽管文化研究与科学研究在中国台湾的发展过程中曾有过“革命情感”，但是，这里的科学研究者们在对科学战的回应之余，仍不免要回过头来，对文化研究领域加以批判。引领科学研究进入中国台湾的傅大为便指出：“（文化研究的某些流派）高蹈但又有‘空虚’嫌疑的所谓‘理论’，在今天从西方到台湾的某些人文界中，往往具有相当可疑的引诱力；我们常听某某人自道‘我是做理论的人……’，常听到说做‘理论’的人是‘最前卫’的等，这些均是以艰涩的理论为堡垒自重，但却又没有深入经验研究的大流弊。”

来自科学研究的两个不同层次的对文化研究的批评，其实倒更应视为善意的提醒。不过，一场科学战的风云，难道会使得科学研究与文化研究之间从此再无法寻找到结合之处吗？确实，对两个大约在同样年代逐渐兴起，又同样侧重跨领域与社会实践的研究领域来说，经历了科学战的纷纭之后，再来大谈二者之间结合的可能性，或许太过好高骛远、不切实际。那么，从个案当中寻求可能的结果，或许才是比较好的方式。

就在科学战如火如荼进行之际，一本有趣的书悄然问世。这本书的原旨，倒并非有心于寻求科学研究与文化研究的可能性合作，不过，如果我们由这个角度切入，却能获得一个恰得其所的路径。1997 年，文化研究的重要人物斯图尔特·霍尔（Stuart Hall）等人共同出版了《做文化研究：索尼随身听的故事》(Doing Cultural Studies：The Story of the Sony Walkman，以下简称《做文化研究》）一书。这本书中从分析索尼随身听最初的设计理念开始，进而就其作为本土/全球的生产/消费文化现象，进行了广泛的讨论。该书虽然并非出自科学研究领域的学者之手，不过，却剖析了当一种科技产品被产生出来时，隐藏在背后的政治经济社会脉络，以及由科技产品衍生出来的文化现象。1999 年，科学研究领域的重要刊物《科学，技术与人类价值》(Science，Technology and Human Value）发表了关于这本书的讨论。书评作者认为，如果科学研究的研究方法包含“对资料搜集与分析的不同策略”与“对已搜集资料进行解释的方法”两者，那么，后者已经具有“强纲领”等基础。然而，尽管科学研究者们已经在利用参与观察法、民族志研究等方法来进行跨学科的研究，但是，如此的研究恰恰也说明，研究者依然是依赖于各自所出身的专业领域中既有的研究手段。对强调跨领域的科学研究领域来说，欠缺教科书，是其教学或者说在知识传递上所无法回避的问题，而《做文化研究》一书恰恰提供了一个有用的范例。

事实上，文化研究者早已开始关注科技产品的文化、社会意义，《做文化研究》并非头一遭。早在 1973 年，于文化研究有理论开山祖师之尊的雷蒙德·威廉姆斯（Raymond Williams）就发表《电视：科技与文化形式》（Television：Technology and Cultural Form）一文，文章倾力于作为科技产品的电视，但是，却超越科技决定论与社会决定论，以“意向”（intention）这一范畴来分析电视之所以问世这一现象中所凝聚的社会想象，及其政治社会背景；此外，又以“流程”（flow）的概念分析了电视所带来的文化形式。今年中国内地所翻译出版的《文化转向：当代文化史概览》一书当中，作者大卫·约翰指出了文化研究的几种研究取向，其中之一即是采纳科技形式的视角，分析科技形式所带来的文化形式与效应。虽然说，这样的研究取向并非现今文化研究的主流，不过，却提供了另一种研究方式，或者另一个层面的分析。举例来说，“视觉文化”是现今备受文化研究领域讨论的议题，论者往往会从视觉/现代性的视角出发分析不同的艺术形式，然而，这样的讨论，其前提是把视觉文化，如摄影技术的出现，视为自然与当然的现象。如此的前提所没有考虑到的是，某个技术一旦产生，为何会被某个特定时空的社会所接受，这本身其实同样也是值得探究的。再举一个与视觉文化相关的议题——电影。在今天的电影史教科书当中，几乎都把法国的卢米埃兄弟在咖啡馆中放映电影一事，视为电影的首次放映。然而，在此之前，美国的爱迪生已经发明了相似的技术。只是，爱迪生想象中的“电影”，是只供一人观赏的。为什么我们界定卢米埃兄弟所放映的是电影，而爱迪生的不是？这是否与当时人们的科技想象有关？当时造成这种科技想象的社会脉络又是什么？

科学战的烽火虽然缘起于美国文化研究领域的刊物，但是，文化研究领域的回应却不多，倒是在科学研究领域，东西方都有不同程度的回应。而科学研究对科学战的回应，对文化研究至少提供了几个可供参考之处。第一，就文化研究领域的终极关怀来说。陈信行所举的美国与印度的例子都在警示着，到底什么才是文化研究的终极关怀？尽管不同方式的“反抗”都成了文化研究领域当中的“关键词”，但是，反抗的终极目标是什么？而其另类方案又是什么？第二，就文化研究领域的发展来说。傅大为对中国台湾文化研究领域的善意批判，确实点出了中国台湾以及其他地方文化研究发展过程当中不乏存在的某些问题，例如，拼命追逐西方理论，尤其是热衷一些时髦的词汇或抽象理论与艰涩概念。文化研究领域强调脉络化的思考，这其实需要更多脉络化的个案研究来累积其厚度，在深厚的积累之下，关于前述终极关怀的问题，或许会激发出新的讨论。第三，就强调跨学科的文化研究来说，虽然经历了科学战的纷争，但是，仍然要看到，科学领域始终可以是文化研究尝试进入的领域。威廉姆斯、霍尔都在这方面做出了尝试，同时也都提供了不同的分析方法。像他们一样进行个案研究的累积，或许才能开启两个领域对话的契机。

媒体、文本与文化工业*

近一两年来，道格拉斯·凯尔纳（Douglas Kellner）关于媒体文化的专书《媒体文化：介于现代与后现代之间的文化研究、认同性与政治》（以下简称《媒体文化》）及《媒体奇观：当代美国社会文化透视》（以下简称《媒体奇观》），与讨论文化研究的文章《失去的联合：法兰克福学派与英国文化研究》，陆续在中国内地被翻译为中文。应该看到，凯尔纳的这些论著，连同其尚未被翻译成中文的著作，自有其一贯之处——都是将法兰克福学派进行脉络化的解读，并进一步分析文化工业的形成、运作以及文本与政治社会之间的关联。这一分析方式看来似乎并无特别之处，不过，媒体研究（主要是传播政治经济学）从1970年至今对文化研究一直批判不断，由这一批评脉络来审视，凯尔纳的分析方式在理论上确实提供了另一种可能性；另外，凯尔纳的观点对曾有着法兰克福学派情结的中国文化研究来说，也同样有其参考之处。

文化研究在20世纪60年代进入英国伯明翰大学，并催生了该大学的当代文化研究中心，引领了一波新的批判风潮，不过，同样源生于英国的传播政治经济学领域对文化研究的持续批判，却是它不得不面对的问题。传播政治经济学的学科宗旨，可以默多克（Graham Murdock）与戈尔丁（Peter Golding）发表于1973年的《论大众传播政治经济学》（*For a Political Econo-*

---

* 本文作者为李政亮，原载《读书》，2004年第7期，第21～25页。

my of Mass Communications）一文为代表。这篇文章指出，传播政治经济学最主要的一点，是对生产与分配商品的工业与商业组织的研究，其次，是以经济但同时也是以政治的取向研究媒体生产过程中的意识形态面向。文章同时也针对当时英国复杂的媒体生态（如广播、报纸、唱片业等）进行分析，并指出政治经济学研究取向的必要性。值得注意的是，默多克本人早年也曾参与伯明翰大学当代文化研究中心的研究计划，不过，最终却与文化研究分道扬镳，他对文化研究领域的批判，可见于他与戈尔丁在 1978 年英国社会学年会上所发表的文章《意识形态与大众媒介：关于决定论的问题》（*Ideology and the Mass Media*：*The Question of Determination*）中。在文中，他们指出，对文化研究领域的威廉姆斯（Raymond Williams）与霍尔（Stuart Hall）来说，媒体"最主要是属于意识形态的范畴"；但默多克与戈尔丁却认为，媒体"最主要是晚期资本主义的经济秩序之下，生产与分配商品的工商业组织"。由这样的观点引申开来，默多克与戈尔丁针对当时跨国公司大量进入英国的文化市场这一现象，指出，对这样的现象，应该具有与文化研究不同的分析方式——霍尔延循葛兰西的分析方式，只着重于研究单一国家内部的文化霸权形成过程，也就是只专注于传媒与国家之关系的分析。默多克与戈尔丁则认为，国家固然是重要的，但是必须将它放在一个国家与跨国间的经济结构的关系之内审视，才能充分地掌握国家的重要性与其所扮演的具体角色。

传播政治经济学对文化研究的批判，并非仅止于默多克与戈尔丁，不过，多年来，这两个领域之间的攻防多是隔空交火，直到 1995 年，在美国传播学界的重要刊物《大众传播的批判研究》（*Critical Studies in Mass Communication*）上才发生了正面交锋。虽说这是第一次正面对决，但纵观论争中双方的攻守，大致可说是两个领域 20 多年来互相批判的各个焦点的总集合。在这场攻防中，传播政治经济学学者伽纳姆（Nicholas Garnham）与文化研究的格拉斯堡（Larry Grossberg）两人的论锋最为犀利，论辩也最为全面。其中涉及两个彼此相扣的问题，第一，是学科与终极关怀或者说是运动目标的关系问题，与此相关的第二个问题则是关于方法论的论辩。

伽纳姆的《政治经济学与文化研究：再合作或分离》（*Political Economy and Cultural Studies*：*Reconciliation or Divorce*?）一文当中首先指出，传播政治经济学与文化研究之间的敌意，肇始于对传播政治经济学的误解，文化研究的意图只有在与传播政治经济学重新联结的情形之下才有可能达成；他同时指出，文化研究主要做出了两大发展：第一，意识形态问题被大量讨论；第二，主导/从属的概念被从阶级分析扩大运用到了对种族与性别的审视中，第二种发展的结果，使得对手不仅包括资本主义，还包括约翰·菲斯克（John Fiske）所说的“白人父权体制”。“对手”到底是谁？伽纳姆回顾了英国文化研究的几位奠基者威廉姆斯、汤普森等人的作品，然后指出，早期的文化研究的目标致力于找出，是在什么样的机制之下，导致受支配者沉迷于某种意识形态、“虚假意识”之中，以至于受支配者无法被动员起来支持解放的大业。这里提出“虚假意识”，其意并非是在指责大众，也不是要以精英立场去指导大众，而是在于明确这样一个实情：尽管受支配阶级在人数上要远多于支配者，但却不能以行动去支持解放、推翻资本主义文明。伽纳姆进而指出，正是强调“虚假意识”的存在，才能让知识分子得到适才适所的角色，因为：第一，知识分子只有在承认了这样一个前提之后，才能说是站在了一个必要而有正当性的分工位置，从事着从受支配阶级纷乱分裂的经验中，打造阶级意识的工作；第二，知识分子正是通过这一研究而提供了关于支配的结构及抗争地形的地图，然后才能从中提炼有效的政治策略。受支配阶级对“虚假意识”的体认，恰恰成为催发能动力量的基础。伽纳姆最后指出，虽然种族与性别在研究与实际形势中都有其重要性，但是对阶级的关切仍然应该占优先地位。

面对伽纳姆的批判，格拉斯堡则在《文化研究与政治经济学：谁人挑起这个论争?》（*Cultural Studies vs. Political Economy：Is Anybody Else Bored with the Debate?*）一文当中指出，伽纳姆其实误解了英国文化研究奠基者的企图。尽管文化研究者采取与资本主义对立的态度，但是，这并不表示文化研究是挪用政治经济学的模式来解释文化现象，事实上，文化研究是有意识地、单纯地以经济学思路解释文化的方法保持着距离。格拉斯堡认为，文化研究作为一个有意义的政治事业，其内部其实包容了不同学科与思潮，这些学科与思潮有着各自的发展方向，彼此间且多有质疑与论辩（如20世纪70年代结构马克思主义对文化主义的质疑），这些论辩则促生了文化研究发展过程当中的几波转折（或者说调整），因此，文化研究必须在坚持将问题脉络化，以及坚持在开放的、接受挑战的状态中不断调整维持其进程。面对伽纳姆所提出的分析方法，格拉斯堡提出反驳：这是一种去历史化（ahistory）的分析方式，如果各个资本主义社会的形态是有所不同的，我们凭单一标准，又如何能够说明这些不同？为什么有些现象会发生在美国而不是法国或日本？这种具体情况，不仅不是上层结构的问题，也不是所有者、生产工具/受雇劳工简单二元划分可以分析的问题；正因为伽纳姆忽略了文化研究所强调的“接合”——生产、消费、政治与意识形态之间如何扣连的问题，以致传统政治经济学的分析无法解释上述实际情况。

历经这场论战之后，文化研究与媒体研究是否可以有其结合之处？悲观者以默多克为代表，乐观者则以凯尔纳为代表。默多克长期对文化研究的批判，近年来似乎有更加激烈之势，他甚至提出了放弃“文化研究”的说法。默多克认为：“传统意义上的文化研究，长期致力于对象征系统的分析，其次是对社会系统的分析。对经济系统，它几乎一窍不通。所以，在英语里，我们可以完全放弃‘文化研究’一词，代之以对急剧变迁的社会与文化的分析，这也是我在自己研究工作中想要努力做到的”。

就凯尔纳来说，他一方面承认媒体研究与文化研究之间的差异，但另一方面，却提出了共同的、迫在眉睫的研究目标。2001 年，在凯尔纳与达勒姆（Meenashi Gigi Durham）合编的《媒体与文化研究》（*Media and Cultural Studies*）一书当中，强调了这样的观点，“政治经济学的研究取向与文化研究在传播与文化研究领域再制了许多不同的流派，而这两个领域有彼此相异的方法论、研究客体、文本的内容；这是源于传播研究以社会科学为基础、并以媒体与传播为研究对象，而文化研究则是以人文学科为基础、以文本的视角关注文化”。但是，凯尔纳与达勒姆进一步指出，在新的经济全球化形势之下，文化研究或是媒体研究都必须把握住全球、国家以及地方的媒体的生产与分配的问题。

然而，其可能的联结何在？凯尔纳将法兰克福学派进行脉络化的解读，提供了一个可能的方向。事实上，法兰克福学派在文化研究领域有着尴尬的位置；尽管“文化工业”一词频繁地被文化研究领域使用，但文化研究领域对法兰克福学派的批判却也未见稍缓，最尖锐的批判，或许如斯托雷（John Storey）所言：“法兰克福学派尽管熟稔马克思主义，但是在处理流行文化的文化消费时，根本上还是一种以高高在上的态度来谈论他者文化的保守论述

(一种区分‘我们’与‘他们’的论述)；此外，从这种分析出发，我们再一次面对文化消费时，几乎看不到任何批判可以参与的空间，只有这种一切答案了然于胸的高傲”。然而，有趣的是，尽管文化研究领域当中对法兰克福学派有着诸多争议，但是，几乎所有的文化研究读本当中，都收录了阿多诺与霍克海默的著名篇章《论文化工业》。那么，法兰克福学派与文化研究之间的适切关系应该是什么？凯尔纳在1989年的《批判理论，马克思主义与现代性》(*Critical Theory*，*Marxism and Modernity*)一书当中，就将法兰克福学派进行脉络化的解读。在他眼中，将《论文化工业》收录其中的《启蒙辩证法：哲学片断》一书，其意义并非在于提出一个总体性的哲学论述，而是分析了资产阶级社会形成的社会化过程；在凯尔纳发表于1997年的《失去的联合：法兰克福学派与英国文化研究》一文中，这个观点得到了进一步的阐释，同时，凯尔纳还尝试指点出文化研究与传播政治经济学相结合的可能起点。依笔者的理解，凯尔纳似乎认为，英国文化研究在其发展之初，即与法兰克福学派的高/低文化的划分方式作了告别，而专注于工人阶级或是青少年亚文化的研究。然而，在这样做的同时，文化研究领域的学者们却忘记了法兰克福学派另一个重要的理论资源——关于资本主义之下的文化工业的讨论。特别是当文化研究因为只侧重文本分析，但忘却政治经济分析，而遭到传播政治经济学强烈批判之际，法兰克福学派的这一个重要的理论资源便显得格外有意义。唯有将文化工业的观念与文化研究产生联结，传播政治经济学与文化研究才有可能开启合作关系。从理论上来看，重要的是，重新纳入法兰克福学派的文化工业概念，意味着一种新的思考方式：文化工业所生产的文化产品，既是文化的(这是文化研究所侧重的面向)，同时也是商品(这是传播政治经济学所关心的重点)；找回这一“失去的联合”，正可让文化研究走出既有框架。同年，传播政治经济学领域出版了名为“对文化研究的质疑”(*Cultural Studies in Question*)的合集，在这本合集当中，可以看到传播政治经济学研究者对文化研究的不同看法。而凯尔纳则在《跨越鸿沟：文化研究与政治经济学》(*Overcoming the Divide*：*Cultural Studies and Political Economy*)这篇文章当中，回顾了文化研究中的文本研究与阅听人研究，然后指出，政治经济学的研究取向有助于这两类研究。在《媒体文化》及《媒体奇观》二书中，我们还可以看到将“文化工业”进行政治经济学的解读的方式——这或许可说是凯尔纳将前述理论具体化的例子。在《媒体文化》一书中的海湾战争个案研究里，他指出了在官方意识形态/市场之间、自由与保守的媒体之间的复杂关系，以及自由的与保守的媒体又如何塑造出与官方意识形态相符合的主流论述；《媒体奇观》一书当中，他又提出技术/资本主义之间的紧密关联，用以分析当代美国的媒体现象。

凯尔纳的分析方式，或有可供中国文化研究参考之处。中国文化研究当中存有某种"法兰克福学派情结"，赵勇的《法兰克福学派的中国之旅：从一篇被遗忘的"序言"说起》一文，就谈到了法兰克福学派在中国的"理论旅行"，以及中国知识分子面对法兰克福学派的不同态度。然而，尽管中国知识分子面对法兰克福学派具有不同的态度，但面对全面市场化以来流行文化的盛行，法兰克福学派却几乎成了他们批判流行文化的唯一理论武器（中国知识分子对法兰克福学派的偏好，有其特定的脉络，这也构成另一个值得研究的议题），尤其是法兰克福学派对大众媒体欠缺分析的不信任、高/低文化的区隔等观点，更构成了20世纪90年代中国文化批判的主流论述。如果以近年来一个重要议题——媒体与社会身份想象（如中产阶级、小资、白领、成功人士等）之间的关联来看，90年代的分析方式大致出现媒体炒作、同一性、虚幻意识之类的"关键词"。然而，问题可能是更复杂的，如为什么某些媒体所指向的社会身份想象是小资？有的则是中产阶级？有的则是其他？如果不将文化工业在脉络化的前提下进行具体的个案研究，我们极可能无法从一个动态的过程当中理解本土/全球之间的文化工业的迁转，乃至个别文本的变化。此外，有关媒体研究的书籍，在中国内地的出版也越来越多，其中大约可分为几类，第一类是将媒体视为一种如MBA的经营项目，这类书籍当中不乏媒体经营成功者的传奇故事，这或许与来自市场的"传媒是中国最后一个暴利产业"的看法有关；另一类则是源自美国20世纪二三十年代所逐步建立的实证研究取向，也就是尝试以一种"客观中立"的方法论就受众、市场进行实证的分析；最后一类，但也是最为薄弱的一类，则是对媒体进行批判性的分析与解读。

强国象征与公众幻象*

近代中国积弱几百年，多少代人都一直在希望国家强盛。强国需要榜样，需要象征，需要激励。

侯德榜（1890～1974）就曾经是这样一个象征。他拥有众多头衔，曾任中央研究院评议员、院士，中国近代第一个大型民族化工企业——永利化学工业公司的总经理，中国科学院学部委员，化工部副部长等，是集顶级学者、优秀企业家和政府高官等诸多角色于一身的精英人物。1926 年以侯氏为技术核心的永利公司生产的红三角牌纯碱在美国费城博览会上获得金质奖章，该产品被誉为“中国工业进步的象征”；1933 年，他在美国出版《制碱》一书，揭开索尔维法的奥秘，引起世界学术界的关注；1943 年他发明侯氏制碱法，在工业上联合生产纯碱和化肥氯化铵，该方法克服了当时国际上工业制碱普遍采用的索尔维法的缺点，提高了原料利用率，简化了操作流程，到目前仍在使用。在当时的社会背景和学术背景下，侯德榜取得如此成就，让他成为名副其实的强国象征。

国内公众对侯德榜作为强国象征的了解更多地来源于侯氏制碱法，而且是被放大和修饰后的侯氏制碱法。1990 年邮电部发行了一枚邮票，图案主体是侯德榜肖像，背景则是侯氏制碱法的流程图与化学反应方程式。邮票设计

---

* 本文作者为叶青，原载《读书》，2008 年第 4 期，第 48～52 页。

者用紫灰混合色调烘托这位制碱技术权威在逆境中拼搏奋斗的精神。不仅一张邮票如此，在很多工具书和教科书中对侯德榜的介绍也是突出或是仅仅介绍侯氏制碱法。王宗华主编的《中国现代史大辞典》和陈少岚等编写的《新中国知识手册》等书中，都写着，“侯德榜：一九四一——一九四三年，发明侯氏制碱法”，仅此一句。似乎侯德榜的学术贡献都浓缩在发明侯氏制碱法这一项成就之中。一九八六年王君瑞等编的《人名小词典》中则直接指出：“侯德榜的主要贡献是发明了侯氏制碱法。”自 1964 年侯氏制碱法在我国开始推广使用之后，中国社会语境下的侯氏制碱法就一直被这般塑造，并广泛传播，大肆渲染。

渲染之一，侯氏制碱法经历的磨难。历史上伟大的科学成就常常是经历一番磨难才取得成功的，某些磨难被突显并加工成科学史中的“神话”。抗战时期原本在香港、上海和美国纽约三地进行的侯氏制碱法初期试验，被描述成在既无设备又无原料的四川五通桥进行，那里是侯德榜所任职的永利公司抗战时期内迁的所在地。当时西方注重知识产权，正常的技术保密被描述成对中国的技术封锁和歧视。20 多年的实践经验是侯德榜研制侯氏制碱法的宝贵财富，而且，新技术的研制过程中，侯德榜大多时间身在美国，密切关注当时国际化工技术进展并能获得最新资料，同时期他发表在《海王》旬刊上的科技文章可以印证这一点。侯德榜带领永利公司的技术人员在中国社会动荡时期力图技术创新肯定艰苦，但他在此前没有任何制碱实践经验、没有技术资料的情况下，摸索索尔维法的过程其实更加艰辛！

渲染之二，侯氏制碱法的伟大。原本由永利命名的制碱法被描述成由中国化学工程师学会、中国化学会，甚至是国际化工界命名的学术成果。联合制碱思想被夸大成完全是侯德榜的首创之举，事实上，在侯氏之前，德国和日本都尝试改进原有的制碱技术并取得不同程度的成功，侯德榜本人在其 1942 年《制碱》一书的修订版中对此也有客观评述；日本早在 20 世纪 50 年代就开始使用非常类似于侯氏制碱法的联合制碱方法，比中国在应用上还早了近 10 年。但是，这些内容在侯氏制碱法的故事里很少被提及。1943 年公布、直到 1961 年才得以在工业上应用的侯氏制碱法被绘声绘色地描述成发明之后就很快投入使用并技术输出到印度等国家。永利准备申请并最后取得专利权的侯氏制碱法被描述成一旦发明成功就立即公之于众，让全人类共享其知识成就。目前只是在中国范围内推广使用的侯氏制碱法还被放大成世界范围的普适技术。

渲染之三，侯氏制碱法获得的赞誉。1935 年侯德榜获得中国工程师学会第一枚荣誉金牌，这一荣誉被归功于他创立了侯氏制碱法，尽管从时间上就可以看出二者完全没有关系——侯氏制碱法是 1939 年才开始试验的。1943 年侯德榜获得英国化工学会荣誉会员称号，同样这一荣誉也被归功到他创立了侯氏制碱法，事实上他在获得这一荣誉时，侯氏制碱法尚未对外公布，当时西方世界对它几乎一无所知。凡此种种渲染，产生了很多误传，以至成为公众幻象。

在中国人的强国之旅中，出现了自己独创的技术——侯氏制碱法，这无异于一针强心剂，给国人极大的振奋和激励：中国人有了以自己的名字命名的科技成果！然而，实际上，国际化学化工界对侯氏制碱法并不熟悉，目前西方国家也根本不使用这项技术，SCI 检索中未发现任何关于侯氏制碱法的论文或引用。

当然，国际学术界非常尊重侯德榜，不过，为侯氏赢得国际学术地位的并不是侯氏制碱法，而是侯氏制碱书——《制碱》（*Manufacture of Soda: With Special Reference to the Ammonia Process*）。20 世纪 20 年代，在中国工业技术基础极其薄弱的情况下，侯德榜揭开了索尔维法的奥秘，并于 1933 年用英文撰写出《制碱》一书。它系统地阐述了索尔维制碱工艺，成为国际化工技术的基础教程，这不仅对中国的化学工业，而且对世界化学工业都产生了很大的影响。国际学术界认为《制碱》表明中国对索尔维制碱技术的掌握已经达到了同时代的国际水平，美国化学家 E. O. 威尔逊教授称“《制碱》是中国化学家对世界文明所作的重大贡献”。

《制碱》出版的规格很高，它是国际纯粹与应用化学联合会（International Union of Pure and Applied Chemistry，IUPAC）倡议出版的一套化学化工专著丛书中的一本。一经问世，立即引起世界化工界的广泛关注，权威的《科学》（*Science*）和《化学文摘》（*Chemical Abstracts*）等杂志对《制碱》第一版（1933 年）和修订版（1943 年）的出版都在新书信息栏目及时给予报道。侯德榜在序言中这样写道：“本著作可以说是对存心严加保密长达一个世纪之久的氨碱工业的一个突破。在以英文撰写的此类专著中或许是第一部。”

再版的《制碱》根据后来的技术进展和读者反馈意见充实了很多内容，

尤其是新增“氨碱法（也就是索尔维法）的改进和新发展”一章，介绍了国外关于氨碱法的各种改进，着重谈到德国法本公司（I. G. Farbenindustrie, A. G.）同时生产纯碱和氯化铵的所谓“改良的索尔维法”和德国人提出的察安法（Zahn Process）。这是后来的侯氏制碱法的先声，也说明联合制碱思想非侯氏首创，侯氏本人早在 1942 年就坦诚地介绍了这些情况，可惜未被国人关注。

国内唯一一篇详细介绍《制碱》的文章是郭如新的《〈纯碱制造〉的出版、作用及其深远影响》一文（他把《制碱》的书名翻译成《纯碱制造》，国内很多文献也如是翻译，实际上并不准确，soda 一词就是碱的意思，而纯碱一般称为 soda ash）。郭文中指出：《制碱》是有关氨碱法工艺专著和专利说明书的首引文献。1968 年，德国工程师兰特（Rant）著述的《索尔维法制碱》（I. Rant Die, *Erzeugung von Soda nach den Solvayverfahren*）中则说道，《制碱》一书“水平较高，既有精辟的理论阐述，又有可作为依据的大量数据资料”。1992 年，《天然碱资源加工和应用》（D. E. Garratt, *Natural Soda Ash: Occurrences, Processing and Use*, 1992）一书的作者美国教授加莱特（Garrett）认为侯德榜的《制碱》仍然是迄今为止有关索尔维法的最出色论著。

从《制碱》一书被反复引用的情况，可以看出它的学术价值和在学界的地位。通过 SCI 检索，我们发现《制碱》自出版至今已被引用 20 次。被引时间最早是 1934 年，最晚是 2004 年。引用的论文作者来自美国、意大利、波兰、印度、韩国、沙特阿拉伯等多个国家，可见影响范围之广。引用论文绝大部分（19 篇）还是集中在应用化学、化工领域。在现代科学界，相当多的科学专著发表后并没有任何人引用，或者一时被引用过后很快就被新的文献淹没。科学注重的是创造新的实在知识。然而侯德榜 1933 年出版的著作，到 2004 年仍在被引用，这足以说明其经典学术的地位。

然而，在国内的学术界和普通公众的心目中，《制碱》一书的地位与影响又如何呢？SCI 检索中，没有发现中国作者引用《制碱》；通过中国学术期刊网的检索，我们发现《制碱》被引用仅有五次。学界尚且如此，国内普通公众对《制碱》更是陌生。侯氏制碱书与侯氏制碱法相比，几乎被湮没了。

侯氏制碱书毫不逊色于侯氏制碱法，甚至在国际学术界的影响力更大，在时间上《制碱》也比侯氏制碱法要早得多，为什么它没有成为强国的象征？对公众来说，侯氏制碱法应用于国内化工生产行业，制造出大量的纯碱，可视性很强，也易于理解。看得见且易于理解的事物是最容易被接受和广泛传播的。《制碱》尽管在国际学界是经典之作，被反复引用，但它离公众太过遥远，国人厚“侯氏制碱法”而薄“侯氏制碱书”也就不难理解。

另外，洋务运动以来，国人一向注重器物层面的科学，近代“实业救国”的理念也是注重器物和技术。侯氏制碱法是一种实实在在的技术，是我们所理解的器物层面的科学，充分满足了国人急功近利以求强国的心理。而《制碱》所反映的学术精神和它产生的学术影响，从某种意义上说是精神层面的科学，国人不去关注，也不够重视。就侯德榜本人来说，他一向注重“科学救国”与“实业救国”相结合，强调实践基础上的学术研究。早在1918年，还是学生时代的侯德榜就认为“科学家也能将其所得施诸实用，即成为工业家；工业家在其事业考求新法，发明新理亦称科学家，科学工业体同而用异耳”。侯氏早期的努力是在中国应用当时技术成熟的索尔维法。到了抗战时期，在索尔维法不适用的情况下，他才开始转入侯氏制碱法的研制。可以看出，侯德榜希望尽量利用国外所受的科学教育振兴中国工业，虽然也注重创新，但不是刻意为创新而创新。

我们固然应该重视器物层面的科学，应该重视技术创新，但绝不可因此而忽视了精神层面的科学。如果国人的思想还是停留在洋务运动时期，连侯德榜在1918年的认识都达不到，那么，我们的强国之路就非常之远！

主题索引

阿加佩　110
本体论　43，44，48，58，62，67～69，73，74，91，95，140，223，236，244，248，267，311
对话论　253，254，256
厄洛斯　110，111
二元论　76，218，310
反科学主义　193，194
反实在论　276，278～280，287
方法论　5，45，50，55，57，58，62，63，91，95，124，141，142，153，155，157，170，176，199，206，207，216，217，222～226，231，360，362，364
非认知价值　99，101，102，193～196
工具理性　8，44
功利主义　4，20～22，24，27，28，30，32～41，44，114，126，163，164，217，269，346
古典文化　146，147
古罗马文化　98，99，101，102，146，155
古希腊文化　92，94～100，102，106，110，121
合法化危机　234，239
赫尔墨斯神智学　123，134，136
后现代科学　197，234，239～241，243
后现代主义　16，193，194，234，241，244，310，314，353
后现代状况　234，241，243
环境伦理　316
积极活动　329

价值论　91，99
价值张力　206，209
价值中立　43，46～48，58，62，198～201，206～208
建设性后现代主义　310
经典　3～7，11，16，29，52，58，61，62，77，111，113，114，133，138～142，147，151，178，212，217，223，237，252，264，272，344，368，369
开出论　249～252，255～257
科学传播　172，180～184，186～188
科学的从属性　268
科学的动力　32，34，36，38，39，114
科学的价值　34，40，80，81，99，184，193，195，204，205，214，227，256
科学的结构　112，213
科学的目的　21，34，38，126，129，205，223，224，230
科学的自主性　206，214，261，262，264，267～269
科学革命　5～8，111，112，142，146，150，153，223，224，271，278，287，307
科学精神　5，8，12～14，20，22～25，27～30，43，52，60，74，133，180～184，186～188，197，203，228
科学救国　369
科学人生观　75，83，85
科学人文主义　75～78，80，83，86，132，134，135，218
科学世界概念　75
科学素养　272
科学文化　5～8，10～19，21，24，28，56，57，74，85，89，193，198，224，229，231，271，293，294，298，301
科学文化学　10～12，14～19
科学战　352～358
科学知识　5，13，14，16，18～20，32，33，67，69，73，77，79，81，95，98，100～102，107，120，134，140，141，174，183，185，186，196，206，214，219，227，229，237～240，256，263，292，293，305，352，353
科学主义　7，8，18，20～22，24，28，30，44，46，47，51，56，57，62，79，80，188，193，194，198，256
客体　43～45，47～49，58，62，63，107，109，161，162，193，202，205，206，294～296，303，305，307～313，315，316，322，323，362
浪漫主义　142，224，225，228，230，315
理想主义　26，32～39，41，149
两种文化　8，10，15，17，22，24，28，57，102，155，219，353，355
逻辑实证主义　44，53，114，141，199，213，292，304
启蒙运动　58，123，124，224，271，272，281，284，287，315
强力意志　112，113
清教主义　169
人的发现　154，155
人的境况　328，329
人民科学运动　355

人文背景　115，122，132，135，138，145，155，159，188
人文根源　91，95，97，99，101
人文精神　5，8，20～25，28～30，59～61，63，74，252，256，257
人文主义　16，18，57，75～80，83，86，102，109，110，112，113，132～136，140，141，146～151，153～158，163，165～167，170，171，198，218，219，224，227，269，340
人性观　105～107，109～113，115，116，133，134，138，159，164～166，168
认知价值　99～102，140，193～196，205，206，208
商品的符号象征性　320，322
社会建构主义　194，224，225
身心二分　289，290，292，347
身心合一　289，295
神秘主义　7，76，77，123，124，134～136，138，225，230
神目观　69，138，139，142
生存论　43，44，53，66，298
生活世界　45～47，50，51，61～63，80～83，85，86，96，108，114～116，127，156
生命哲学　113
实业救国　369
实证主义　15，44，46，53，114，141，188，196，199，206，213，218，269，287，292，304，315
世界的发现　154～156
思想考古学　55，57，63
苏格兰启蒙运动　271，272，281，284
索卡尔事件　352，354
体用论　245～252
统一科学　78
透视主义　66，69，71，73，74
维也纳学派　71，75～79，83，86，126，239
文化观　20，22～25，28，119，209，293
文化性格　47，48，50
文化研究　16，17，352～364
文化语境　55，56，59
文艺复兴　14，23，29，95，97，98，100，102，109，110，123，132，133，135，136，145～157，159，162，163，165～168，227，306
现代新儒家　22～24，245～257，261，262，268，269
现实主义　147～150，153，154，156
消费的符号象征性　322
消费的异化　325
消费社会　318～323，325～327
消费主义　196，318，320，322
心理主体　51
新柏拉图主义　134，150～152
新文化运动　180～188
形而上学　11，67，69，76～78，80，86，91，100，110，137～140，142，143，166，176，188，219，227，235，236，238，239，273，279，280，283，285，287
叙事知识　59，236，237，239

学术左派　228
演绎推理　59，172～179
洋务运动　246，369
医学工程化　339，340，342～348，350
医学观　289，292～295，344
医学模式　289，290，292，295，298，344，345，347，350
艺术革命　150，153
约定论　280，287
真理　13，16，18，25，27，28，30，33，36～40，44，62，66～74，78，80～82，94，99，100，102，107～110，115，118，127，133，135，139～141，146，151，152，155，166，187，194，195，198～200，204，205，208，209，214，218～220，226，228，237，238，252，253，263，266，276～280，282～287，294，307，311，312，352
真理观　66～74，140，166
主体　8，12，14，18，22，26，43～53，57，58，62，63，71，73，79，95，107，109，110，115，116，128，141，160，162，165，166，168，179，182，193，194，200，205，218，224，229，238，245，250～252，262，266～268，279，280，283，292，293，295，297，298，303～305，307～313，315，316，323，365
自然辩证法　10，43，66，75，91，118，159，172，180，193，212，222，234，245，261，289，303，328
自然观　92，136～138，141，159，162，168，201，222，226，229～231，305，306
自然神论　122，279，283，285～287
自然主义　106，107，115，119，136，138，151，212，304，305
宗教改革　159～169，335

作者简介*

陈阵，中国科学院研究生院博士，研究方向为科技哲学、科学文化。

高阳，中国科学院研究生院硕士，研究方向为科学哲学、科学文化。

郝苑，中国科学院研究生院哲学博士，北京市社会科学院哲学研究所助理研究员，研究方向为科学哲学、科学文化。

胡新和，中国社会科学院研究生院哲学博士，中国科学院大学人文学院教授，研究方向为科学哲学、科技与社会。

雷健坤，中国科学院研究生院博士，中共中央党校哲学教研部讲师，研究方向为科学哲学、科学文化。

李振良，中国科学院研究生院博士，河北北方学院教授，研究方向为科学文化、医学哲学。

李政亮，北京大学哲学博士，在任定成教授指导下获得博士学位，研究方向为传播学、科学文化。

孟建伟，中国人民大学哲学博士，中国科学院大学人文学院教授，研究

* 以姓氏拼音为序。

方向为科学哲学、科学文化。

孟维杰，吉林大学心理学博士，孟建伟教授的合作者，黑龙江大学教授，研究方向为理论心理学、心理学史。

庞晓光，中国科学院研究生院博士，中央财经大学副教授，研究方向为科学思想史、科学哲学、科学文化。

任定成，北京大学哲学博士，中国科学院大学人文学院教授，研究方向为传统科学文化、生命文化资源、科学方法论、科学传播。

尚智丛，北京大学哲学博士，中国科学院大学人文学院教授，研究方向为科学社会学、科技与社会。

孙红霞，中国科学院研究生院博士，中国科普研究所博士后，研究方向为科学哲学、科学思想史、科学文化。

吴兴华，中国科学院研究生院博士，安徽师范大学政法学院副教授，研究方向为科学文化。

肖显静，中国人民大学哲学博士，中国科学院大学人文学院教授，研究方向为科学哲学、科技与社会。

徐竹，清华大学哲学博士，中国科学院大学人文学院讲师，研究方向为科学哲学、分析哲学。

杨渝玲，中国科学院研究生院博士后，东北大学秦皇岛分校教授，研究方向为科学文化与人文文化、科学方法论、经济学方法论。

叶青，北京大学哲学博士，在任定成教授指导下获得博士学位，研究方向为科学史、科学与现代化。

张焱，中国科学院研究生院硕士，主要研究方向为科技传播，现任职于光明日报社。